Jetzt helfe ich mir selbst

Dieter Korp

VW Transporter
VW Bus

alle Modelle
bis Juni '79

Jetzt helfe ich mir selbst

Unter Mitarbeit von
Stefan Woltereck
und
Thomas Lautenschlager

Motorbuch Verlag Stuttgart

Umschlagentwurf und Buchgestaltung: Peter Werner / Siegfried Horn
Titelbild Albrecht G. Thaer

ISBN 3-87943-210-4

Auflage Nr. 108 28 11

Eine Abteilung des Buch- und Verlagshauses Paul Pietsch GmbH & Co. KG.

Idee und Gestaltung des Störungsfahrplanes in der vorderen Buchklappe: Verfasser.
Fotos: Autopress 1, Continental 2, Dunlop 1, Fulda 1, Haeberle 15, Herrmann 1, Lautenschlager 1, Phoenix 1, Schmarbeck 1, Solex 2, Thaer 22, VW 15, Woltereck 73.
Zeichnungen: Ate 1, Eberspächer 1, Solex 4, Teroson 2, VW 10, Werner 1, Archiv Verfasser 3.
Schaltplan in der hinteren Buchklappe nach Unterlagen des Volkswagenwerks.
Buchherstellung: Staib & Mayer, Vereinigte Druckereien, Stuttgart 13.
Buchbinderische Verarbeitung: Verlagsbuchbinderei Wilhelm Nething, Weilheim/Teck
Printed in Germany.

Sie finden in diesem Buch

Antrieb und Fahrwerk

Pflege der Karosserie

Dies und jenes

Vorwort

So bleibt Ihr Auto mobil

Zeit ist Geld. Vor allem bei einem Fahrzeug, das wie ein Transporter zum Geldverdienen gebraucht wird. Wer durch eine Panne zu spät ankommt oder überhaupt nicht, kann sich eine Menge Ärger einhandeln. Und ein Fahrer, der bei einem unfreiwilligen Halt selbst Hand anlegen kann, ist König – nicht nur bei seinen Kunden, sondern auch bei seinem Chef. Zum Beispiel wenn das Auto mitten in der Fahrt zu stottern anfängt oder schließlich ganz stehen bleibt.*)
Die meisten Pannen unterwegs haben kleine Ursachen. Vielfach ist man selbst wieder flott, bevor der Abschleppwagen aus der Werkstatt angekommen wäre.
Die laufende Werterhaltung ist freilich genau so wichtig. Allerdings muß man auch hier wissen, wo und wie Hand anzulegen ist. Dieses Buch verhilft dazu. Es gilt für alle Fahrzeuge, die werksintern »Typ 2« genannt werden, also für den VW-Transporter, -Kombi und -Bus. Direkt angesprochen ist die Ausführung, die von August 1967 bis Juni 1979 gebaut wurde, einschließlich der Motoren mit 1,7 l, 1,8 l und 2,0 l Hubraum.
Das Buch (das als 31. Band einer Reihe für alle verbreiteten Automodelle erscheint), möchte dabei weniger als Reparaturanleitung verstanden werden, sondern gewissermaßen als erweiterte Betriebsanleitung, in der vor allem die Selbsthilfe wichtig ist. So hält das Buch auch die Werkstatt von Bagatellangelegenheiten frei. Das Buch möchte außerdem allen, die nicht selbst zum Schraubenschlüssel greifen wollen, das notwendige technische Rüstzeug geben, um auch mit Fachausdrücken in der Werkstatt fertig zu werden.
An dieser Stelle sei allen freundlichen Leuten gedankt, die auch diesem Band ihre Unterstützung nicht versagten.

Die Verfasser

---

*) Ehe man Zeit und Geld für teuren Schlepp in die Werkstatt aufwendet, sollte man versuchen, den Fehler einzukreisen. Es kommt fast immer nur die Zündung in Frage oder die Kraftstoffversorgung des Motors. Bei »langsamem« Sterben des Motors mit Stottern ist das letztere das wahrscheinlichere: Schlauch von der Benzinpumpe zum Vergaser abziehen. Läuft Benzin heraus? Wenn ja, weiß man, daß vom Tank bis hierher alles in Ordnung ist und der Fehler im Vergaser liegen muß. (Siehe auch den Störungsplan in der vorderen Buchklappe und das Kapitel »Vergaser«.)

Für diesen VW Bus kommen natürlich die Tips und Tricks in diesem Buch zu spät. Er dient nur noch dem »stationären Betrieb«. Ihrem VW Transporter oder Bus wollen wir aber dieses Schicksal möglichst lange ersparen. Eigens zu diesem Zweck enthält unser Buch z. B. ein gesondertes Kapitel, das sich nur der Werterhaltung, also in unserem Falle hauptsächlich der Rostvorsorge widmet. Aber auch wenn der Rost schon Löcher in die zahlreichen Verstrebungen am Wagenboden gefressen hat, können wir Ihnen sagen, wie sich das preiswert beheben läßt (siehe Seite 228). Außerdem finden Sie natürlich auch die Mechanik und die Elektrik ausführlich erläutert.

Vor allem Selbsthilfe

Die Überschrift dieses Kapitels drückt es schon aus: Unser Buch soll Ihnen mit Rat und Tat beim täglichen Umgang mit Ihrem VW-Transporter, -Kombi oder -Bus zur Seite stehen. Dies gilt sowohl für besondere Fahrsituationen als auch für die Pflege und Wartung und für kleinere Reparaturen, die sich auch bei bester Behandlung des Wagens auf die Dauer nicht vermeiden lassen.
Zwei Tips für den richtigen Umgang mit diesem Buch möchten wir Ihnen vorweg geben: Dieser Band ist kein Roman. Sie müssen Ihn keineswegs unbedingt von der ersten bis zur letzten Seite durchlesen. In diesem Buch können Sie getrost »naschen«, wenn Sie das eine oder andere über Ihren Wagen wissen wollen. Und damit Sie den gesuchten Punkt schneller finden, haben wir auf den letzten Seiten ein Stichwortverzeichnis vorgesehen, das Ihnen schnell die Seite nennt, wo Sie den gerade benötigten Sachverhalt erklärt finden.
Und noch etwas: Stellen Sie dieses Buch nicht in den Bücherschrank. Auch wenn es hier schmuck aussieht – was kann es Ihnen aber zu Hause nützen, wenn Sie sich neben dem nicht mehr weiter wollenden Wagen die Haare raufen und sich vielleicht nicht zu helfen wissen? Das Handschuhfach ist der beste Platz für dieses Buch, immer griffbereit.

Erste Pannenhilfe

Jeden Wagen trifft einmal unterwegs eine Panne, auch bei sorgfältigster Pflege. Deshalb nehmen in diesem Handbuch die Hinweise zur planmäßigen Störungssuche bei überraschenden Pannen (besonders wichtig: »Entstörungs-Fahrplan« in der vorderen Buchklappe) einen breiten Raum ein. Denn Hilflosigkeit unterwegs kommt meist teuer zu stehen. Ganz abgesehen von den Abschleppkosten, die schnell 70,– bis 100,– DM oder noch mehr betragen und die sich mit einem »Gewußt wie« so oft vermeiden lassen. Denn mit einiger Sachkenntnis läßt sich fast immer ein Weg finden, bis zur nächsten Werkstatt mit eigener Kraft zu rollen – wenn nicht gerade ein Unfall die weitere Fortbewegung hemmt.

Autopflege als Hobby

Personenwagen sind für ihre Besitzer oft mehr als nur ein Mittel zur Fortbewegung. Sie freuen sich an seinem Anblick, fahren ihn mit Genuß und pflegen und hegen ihn mit mehr Sorgfalt, als sie – so hört man wenigstens – etwa der Ehefrau zukommen lassen. Doch nicht selten geschieht es, daß ein so liebevoll umhegtes Auto in Wirklichkeit zu Tode gepflegt wird. Das ist leicht möglich, wenn es an der rechten Sachkenntnis und an der richtigen Wahl der Hilfsmittel mangelt.
Bei einem Nutzfahrzeug wie einem Transporter ist diese Gefahr freilich geringer. Doch für denjenigen, der einen Transporter oder Bus als Großraum-Personenwagen oder Campingfahrzeug besitzt, hält sich dieses Buch bereit, beim Hobby »Autopflege« ein getreulicher Berater zu sein.

Wartungspläne müssen von den Autofabriken mehr oder weniger »über den Daumen gepeilt« werden, denn sie stellen nur einen Kompromiß aus den unterschiedlichsten Beanspruchungen dar, welchen ein Auto in der Praxis unterworfen ist. Der eine fährt nur bei schönem Wetter auf guten Straßen, der andere – wie hier unser Gärtner – muß bei jeder Witterung auch querfeldein. Dieser bewegt seinen Wagen vor allem zügig auf langen Strecken, jener muß vorwiegend im Stadtverkehr von Ampel zu Ampel hüpfen. Das sind grundsätzlich andere Beanspruchungen, denen ein Auto unterworfen wird und dementsprechend kann man sich, bei genügender eigener Erfahrung, seinen eigenen gezielten Pflegeplan aufstellen. Auch dazu soll Ihnen unser Buch helfen.

Diese Selbstpflege braucht sich keineswegs auf das wochenendliche Autowaschen und die gelegentliche Lackpflege zu beschränken – vor allem hier ist allzuviel schnell ungesund –, denn bald werden Sie feststellen, daß sich viele der regelmäßigen technischen Wartungsarbeiten ohne große Mühe und ohne viel Aufwand selber machen lassen, darüber hinaus der Zuverlässigkeit des Wagens sehr zugute kommen und jene Umständlichkeiten ersparen, die mit dem Weg zur Werkstatt verbunden sind.

Erleichterungen sind möglich

Bei zunehmender Erfahrung stellt mancher Autobesitzer gelegentlich fest, daß er seinen Wagen der Werkstatt zur Wartung nur deshalb weggab, weil sich im Kundendienst-Scheckheft ein Blatt für den gerade erreichten Kilometerstand vorfand, dem Wagen in Wirklichkeit aber eigentlich gar nichts fehlte. Weil das auch die Werkstätten wissen, geht es dort manchmal leider recht großzügig zu, und ein ADAC-Test zeigte unlängst, daß man heute aus personellen und zeitlichen Gründen in vielen Werkstätten oft nicht in der Lage ist, sich um alle Wartungspunkte gründlich zu kümmern. Warum also routinemäßige Wartung, wenn sie in diesem oder jenem Punkt noch gar nicht nötig ist oder in anderen Punkten doch nicht gemacht wird (obwohl man sie bezahlen soll)? Kann man daraus dem Fahrzeughersteller den Vorwurf machen, er locke die Autobesitzer unnötig in die Werkstatt? Auch nicht, denn die regelmäßig vorgeschriebenen Wartungs- und Pflegearbeiten müssen notgedrungen ein Kompromiß aus der Vielzahl unterschiedlichster Beanspruchungen während der Fahrpraxis sein.
Der eine bewegt seinen Wagen vorzugsweise ruhig und auf guten Straßen, dazu auf längeren Strecken – das mag jedes Auto am liebsten. Der andere »bolzt« in der Stadt – das kostet Kupplungs- und Bremsbelag, Benzin und Reifen. Der dritte schließlich ist voll beladen auf Feldwegen unterwegs, muß sich durch Baustellen wühlen – was dem Fahrwerk das Letzte abverlangt. Alle diese Betriebszustände müssen beim Aufstellen eines einheitlichen Wartungsplans berücksichtigt werden, was zwangsläufig vor allem bei normal eingesetzten Fahrzeugen ein gewisses Übermaß an Wartung ergeben kann. Bei ausreichender Erfahrung und sorgfältiger Überlegung läßt sich die Wartung den eigenen Fahrverhältnissen anpassen, ohne daß an der Verkehrssicherheit etwas versäumt wird.

Gezielte Inspektionsarbeiten

Es gibt nicht wenige gewissenhafte Autobesitzer, die sich zwar während der Garantiezeit genau an die Werksempfehlungen halten (um etwaiger Garantieansprüche nicht verlustig zu gehen), danach aber alles, was sie sich an Wartungsarbeiten selbst zutrauen, in unterhaltsamen Hobbystunden regelmäßig erledigen und nur noch aus zwei Gründen die Werkstatt aufsuchen: Wenn tatsächlich Störungen oder Schäden die Hilfe des Fachmannes erfordern, oder wenn wichtige Wartungsarbeiten notwendig erscheinen, die entsprechendes Wissen, Geschick und spezielle Werkstatthilfsmittel erfordern.
Das sind vor allem jene Wartungsarbeiten, die in unserem Wartungsplan auf den Seiten 37 und 38 mit »W« (= Werkstatt) gekennzeichnet sind, bei der Selbstpflege-Wartung »übrig« bleiben können, natürlich nicht versäumt werden dürfen und wesentlich schneller und preiswerter als ein kompletter Wartungsdienst von der Werkstatt erledigt werden.

Verstärkte Eigenkontrolle

Wer hauptsächlich an Selbstbedienungs-Tankstellen sein Benzin zapft, kommt ohne ein bestimmtes Maß an Eigenkontrolle nicht aus. Dazu wären vor allem jene Kontrollen zu nennen, die nicht nur bei jedem offiziellen Wartungsdienst, sondern in kürzeren Zeitabständen vorgenommen werden müssen:

- Beleuchtung (Seite 148)
- Batteriesäurestand (Seite 108)
- Bremsflüssigkeitsstand (Seite 195)
- Keilriemenspannung (Seite 118)
- Motorölstand (Seite 47)
- Reifenluftdruck und -zustand (Seite 208)
- Scheibenwischer und -wascher (S. 176)
- Wirkung der Bremsen (Seite 195)

Der Spezialist macht's möglich

Bei Störungen und Schäden an seinem Fahrzeug fühlt man sich als Transporter-Fahrer natürlich zu den VW-Werkstätten hingezogen und ist damit im Prinzip auch gar nicht schlecht dran. Zumal das VW-Zeichen häufiger als andere Marken an Werkstätten zu finden ist. Aber die nächste VW-Vertretung mag gelegentlich stark überlastet sein. Was tun? In vielen Fällen kann dann der Weg zum Spezialisten nützlich sein. Einer Karosserie- oder Reifenwerkstatt, einer Autolackiererei oder Autopolsterei ist es einerlei, welches Markenzeichen der Wagen trägt. Auf ihrem Spezialgebiet ist sie mit jedem Wagen vertraut. Dort lassen sich auch zumeist leichter spezielle Wünsche erfüllen

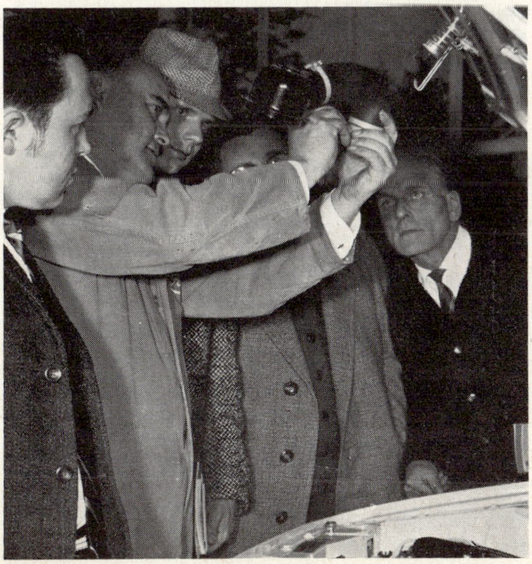

In allen größeren Städten werden heute immer wieder »Pannenkurse« veranstaltet. ADAC und AvD, Do-it-yourself-Zentren, Bosch-Dienste, Mineralölgesellschaften, die Autozubehör-Abteilungen der großen Kaufhäuser und nicht zuletzt die VW-Dienste bemühen sich auf diesem Gebiet. Redegewandte Kraftfahrzeugmeister oder Techniker erklären den Besuchern, wie sie sich unterwegs selbst helfen können. Durch die Teilnahme an solchen Veranstaltungen läßt sich vieles lernen und durch Fragen manches »Buch mit sieben Siegeln« öffnen. Es ist die schlechteste Idee nicht, wenn ein Chef seine angestellten Fahrer hier teilnehmen läßt – in der Dienstzeit, oder, wenn die Kurse abends stattfinden, gegen zwei Stunden Sonder-Urlaub oder eine Extra-Vergütung.

Gewissermaßen beim Spezialisten ist man auch bei den Vertragswerkstätten jener Firmen, die die VW-Werke mit ihren Erzeugnissen beliefern. Das sind:

Für alle elektrischen Dinge: Bosch-Dienste

■ Die Bosch-Vertretungen für alle Fragen der Autoelektrik. Man beschränkt sich dort keineswegs auf Zündkerzen und Scheinwerferlampen, sondern unterhält teil- und vollelektronische Motortestgeräte, die u. a. auch zur Prüfung der Unterdruckverstellung des Zündverteilers, für die richtige Zündeinstellung, Vergasereinstellung und weitere Messungen geeignet sind. Von der Kundendienstabteilung der Robert Bosch GmbH, 7 Stuttgart 1, Postfach 50, erhält man auf Anforderung ein Verzeichnis aller Bosch-Dienste. Unterwegs zeigt aber auch das Telefonbuch, wo der nächste Bosch-Dienst zu finden ist.

Für Vergaser: Solex-Dienste

■ Die Solex-Vertretungen sind für alle Probleme des Vergasers und der Kraftstoffpumpe zuständig. Die Adressen der Solex-Dienste sind in erster Linie von der Pierburg GmbH & Co. KG, 4040 Neuss 13, Postfach 838 (früher Deutsche Vergaser-Gesellschaft), zu haben.

Notdienste am Wochenende

Für dringende Reparaturen an Wochenenden stehen im Bundesgebiet und in Westberlin VW-Notdienste bereit. Über die Wolfsburger Rufnummer (0 53 61) 22 50 50 erfährt man sonnabends, sonntags und an Feiertagen von 8 bis 18 Uhr, welche VW-Werkstatt in der Nähe einsatzbereit ist.

Auch Tankstellen können helfen

Suchen Sie sich eine gut geführte Stamm-Tankstelle, wo man noch Zeit für den Kunden hat. Das ist im Zeitalter der Selbstbedienungs-Tankstellen nicht mehr ganz einfach, aber etwa für den Ölwechsel wichtig, wenn man ihn nicht selbst machen will. Das Öl soll in warmem Zustand gewechselt werden, was an der Tankstelle meist schneller geht. An einer Tankstelle, die (vielleicht neben einigen SB-Zapfsäulen) auch noch Service leistet, sind Sie mit kleineren autotechnischen Nöten gut aufgehoben, denn solche Tankstellen bieten in der Regel mehr als nur Benzin und Öl. Einige Aral- und Esso-Stationen haben auch Motor-Prüfstände, mit denen die Zündung und der Vergaser von geschulten Leuten geprüft und eingestellt werden kann. Auch Unterbrecherkontakte kann man dort beispielsweise austauschen lassen; regelrechte Reparaturen werden aber nicht angenommen.
Die wirklichen reparaturtechnischen Feinheiten Ihres Wagens kann verständlicherweise auch nur die VW-Werkstatt kennen.

»Hohe Schule« der Selbsthilfe

Der erfahrene Autopraktiker – es gibt viele auch in anderen Berufen außerhalb des Kraftfahrzeughandwerks – kann sich noch mehr selbst helfen. Allerdings muß dazu sein Werkzeugschrank schon recht gut ausgestattet sein. Unser Buch ist auch auf diese »Hohe Schule« der Eigenhilfe abgestimmt, wobei jedoch nicht verschwiegen wird, was Sache der Werkstatt bleiben muß.
Wer als Autofahrer gerne selbst Hand anlegen möchte, aber nicht über einen geeigneten Platz und Werkzeug verfügt, kann in einigen größeren Städten Auto-Hobby-Werkstätten aufsuchen. Dort stehen Hebebühnen und Werkzeug gegen eine Mietgebühr zur Verfügung und vielfach können erfahrene Eigenpfleger oder fachkundiges Personal bei Bedarf mit Tips und Ratschlägen weiterhelfen.

Präzise Aufträge – niedrigere Rechnungen

Wer nun Freude daran findet, sich aufmerksam mit seinem Wagen zu befassen, oder auch nur wissen will, was der Mann in der Werkstatt mit seinem Fahrzeug macht, wird in zahlreichen Kapiteln dieses Handbuches die theo-

Die neue Ausführung des VW-Transporters verfügt über ein ganz ausgezeichnetes Scheinwerferlicht. Die Leuchten sitzen hoch, beim 12-Volt-System kommt die Spannung auch weitgehend in voller Höhe an den Glühbirnen an. Dennoch sollte man seine Scheinwerfer hin und wieder überprüfen – ein »halbes« Licht ist gefährlich. Einmal, weil man selbst nicht recht sieht, zum anderen, weil Entgegenkommende unter Umständen das schwache Standlichtbirnchen im defekten Scheinwerfer (speziell bei verschmutzten Gläsern) übersehen und den entgegenkommenden Bus für ein Motorrad halten.

retischen und praktischen Kenntnisse der VW-Intimitäten erfahren können. Diese Wissensvertiefung sollte nicht unterschätzt werden. Auch wenn zu Anfang der Kraftfahrzeugmeister etwas gequält das Gesicht verzieht, falls Sie Ihr neues Wissen anzubringen versuchen, mit der Zeit werden Sie schon bei der Reparaturannahme Ihre Sorgen und Wünsche präziser vorbringen können. Die Werkstatt weiß genau, was zu tun ist – und was nicht. Letzteres hat durchaus Einfluß auf den Rechnungsbetrag!

Sparen helfen

»Erst unter dem Strich wird zusammengezählt«, sagt man. So auch in diesem Kapitel. Und darum steht an letzter Stelle desselben, jedoch keineswegs an letzter Stelle in der Bedeutung, das Bestreben dieses Handbuches, Ihnen sparen zu helfen. Denn mit dem Autokauf ist das Geldausgeben ja keineswegs beendet. Das gute Stück will auch betrieben werden. Dies kostet nicht nur Benzin, Öl, Steuer, Versicherung und eventuell Garage. Das kostet auch Wartung und Reparaturen. Ganz abgesehen von der Wertminderung, die Ihr Wagen bei jedem Kilometer und an jedem Tag erleidet.
Kann man daran etwas sparen? Auf keinen Fall an der Steuer. Auch nicht an der Versicherung, eher legt man bei ihr noch einige Mark hinzu, um höher haftpflichtversichert, kaskoversichert oder auch noch Insassenversichert zu sein. Also hier ist nichts zu holen, abgesehen von den Schadenfreiheitsrabatten, die man sich bei der Versicherung durch schadenfreies Fahren während mehrerer Jahre erringt.

Eine halbe eingesparte Werkstatt-Stunde – und der Preis für dieses Buch ist »amortisiert«!

An Kraftstoff und Öl können Sie aber bereits sparen. Darüber geben verschiedene Kapitel des Buches Auskunft. Und auf die vielen Möglichkeiten, durch richtige Wartung und Pflege zur Werterhaltung des Wagens beizutragen, sowie die Wartungskosten durch Selbsthilfe zu senken, haben wir bereits ausführlich hingewiesen. Da ist es unser ganzer Stolz, daß Sie schon mit einer halben ersparten Werkstattstunde – mit Hilfe dieses Handbuches durch Selbsthilfe erspart – bereits den Kaufpreis dieses Buches »herausgewirtschaftet« haben. Fürwahr, so kann man sagen: Guter Rat ist gar nicht teuer.
Sollten Sie aber nun noch dies und jenes in unserem Handbuch vermissen, was Ihnen als Heimwerker wissenswert erscheint, dann seien Sie bitte nicht gleich ungehalten. Wollte man alles berücksichtigen, was an einem Auto zu tun ist, müßte dieses Buch viermal so umfangreich werden. Sie wollen aber auch noch andere Dinge im Handschuhkasten Ihres Wagens unterbringen und ihn nicht von einem dicken Werkstattwälzer blockieren lassen.

Mit Auge und Ohr

Die meisten Fahrer haben den richtigen Klang beim Betrieb ihres Wagens regelrecht im Ohr. Ungewohnte Geräusche erwecken sofort ihre Aufmerksamkeit – sie halten notfalls an und versuchen, die Ursache zu finden. Oft stellt sich dann eine Kleinigkeit heraus, man kann ruhig weiterfahren und den Fehler dann gelegentlich in der Werkstatt beheben lassen oder auch selbst abstellen. Auch im Stand lassen sich viele Punkte sehr einfach prüfen.

Prüfen während der Fahrt

Pflegepunkt Nr. 50

Betrachten Sie hin und wieder eine Fahrt als »Probefahrt«. Die Werkstätten können ohnedies Probefahrten nur noch selten ausführen (zuviel Verkehr, Zeitmangel). Suchen Sie sich eine wenig befahrene Straße oder (besser) einen leeren Parkplatz. Dennoch: Ein Blick in den Rückspiegel vor Bremsversuchen!

■ Bremsen (mit losgelassenem Lenkrad): Zieht der Wagen einseitig? Zieht die Handbremse ebenfalls gleichmäßig? Kann man mit der Handbremse die Hinterräder bis zum Blockieren bringen? Läßt sich die Fußbremse nicht zu weit durchtreten?

■ Geht die Lenkung leicht? Kommt das Lenkrad nach der Kurve von allein in die Geradeausstellung zurück? Gibt es kein Spiel (in Mittelstellung des Lenkrades)?

■ Rollt das Fahrzeug leicht (Schalthebel im Leerlauf)? Die Prüfung ist vor allem nach Wartungsdiensten anzuraten, wenn die Bremsen nachgestellt wurden.

■ Läuft der Motor ruhig und gleichmäßig? Der Leerlauf soll auch nach längerer Fahrt normal (nicht langsamer und nicht schneller als sonst) sein. Geht der Motor beim Gasgeben sauber mit, gibt es Löcher beim Beschleunigen? Gaswegnehmen bei höherer Geschwindigkeit: Gibt es abnormale Geräusche im Motor, im Getriebe? Knallt es im Auspuff?

■ Trennt die Kupplung beim Schalten richtig (kein Kratzen im Getriebe)? Rutscht sie beim scharfen Gasgeben gleich nach dem Schalten und entlastetem Kupplungspedal durch (Motor dreht hoch, ohne daß sich Fahrgeschwindigkeit erhöht)?

Prüfen im Stand

■ Alle Lichter in Ordnung? Bremslicht beobachten lassen (oder selber beobachten, z. B. rückwärts vor einer hellen Hauswand oder an einem Schaufenster).

■ Reifen einwandfrei (Reifendruck, Profilzustand, Reifenflanken, Ventilkappen)? Reservereifen nicht vergessen. Ohne Luft nützt er im Notfall nichts!

■ Unter die Motorhaube sehen. Bei stehendem Motor Ölstand kontrollieren, Keilriemen ansehen. Neue Ölspritzer? Bei laufendem Motor: Keine ungewöhnlichen Geräusche, Ventile nicht zu laut?

■ Wagenstandplatz ansehen: Keine neuen Ölflecken? Wenn ja, woher? Ölverluste treten allerdings in erster Linie beim Fahren auf, weil hier das Öl heiß und damit dünner ist.

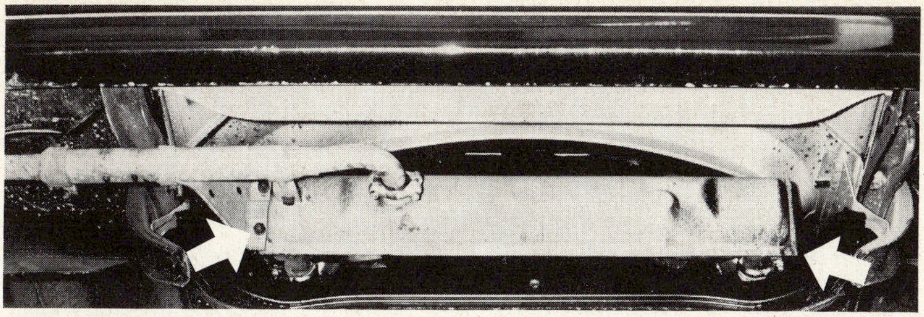

Auch eine Prüfung, zu der Sie kein Werkzeug benötigen: Den Auspufftopf auf Durchrostung prüfen. Zumeist hört man es schon am Patschen und Knallen, wenn man während der Fahrt den Fuß vom Gaspedal nimmt, daß die Auspuffanlage irgendwo undicht oder durchgerostet ist. Besonders gefährdet sind am Auspufftopf die unteren Ecken (Pfeile). Schutzanstriche nutzen nicht viel, denn die Durchrostung frißt genau so gut von innen. Mehr über die Auspuffanlage auf Seite 70.

Wenn der Wagen einmal hochgehoben ist (z. B. Ölwechsel oder Abschmieren), wirft man einen kritischen Blick auf alle Reifen, auf eingedrungene Fremdkörper. Dazu betrachtet man den Bauch des Wagens einmal von unten:

- Rost am Wagenboden, insbesondere an den Bremsleitungen?
- Bremsleitungen, Stoßdämpfer, Motor, Getriebe, Achsantrieb unten ölfeucht?
- Schwergängige Räder? Geräusch in den Radlagern beim Drehen des Rades? Schleifen der Bremsen?
- Auspuff durchgerostet oder beschädigt?

Benzinverbrauch

In allen Diskussionen über Automobile spielt der Benzinverbrauch eine große Rolle. Dies gilt genauso für den Transporter oder Bus. Man darf sich aber nicht dazu hinreißen lassen, die Verbrauchswerte seines Wagens mit einem Pkw zu vergleichen, der vielleicht ähnliche Fahrleistungen aufweist. Größeres Gewicht und höherer Luftwiderstand der Karosserie kosten Benzin. Unter zehn Litern läßt sich der Transporter kaum fahren. Je nach Fahrweise und Motorvariante können es weit über 15 Liter werden.
Wie mißt man den Verbrauch eigentlich richtig?

Verbrauchsmessung mit Fahrtenbuch

Einzelne Nachtankmessungen (getankte Menge geteilt durch gefahrene Kilometer) ergeben allenfalls den Verbrauch für die an jenen Tagen herrschenden Einsatzbedingungen. Für einen echten Durchschnittsverbrauch muß man über einen längeren Zeitraum beobachten. Wer nur zwischendurch einmal den Verbrauch mißt, sollte sich weder über sein besonders sparsames Auto freuen, noch den scheinbaren Säufer zur Überprüfung gleich in die Werkstatt bringen. Eine wirklich richtige Aussage bringt nach unseren Erfahrungen nur ein über mindestens 1000 und mehr Kilometer sorgsam verbuchter Verbrauch. In solch einer Strecke – über mehrere Tage oder Wochen – mischen sich erfahrungsgemäß alle Fahrweisen und man erhält einen wirklichen Durchschnittsverbrauch.
Für diese laufende Verbrauchsbeobachtung eignet sich am besten ein ordentlich geführtes Fahrtenbuch (kostenlos bei der Tankstelle erhältlich). Die Verbrauchsmessung geht dann so: Jeweils getankte Benzinmenge eintragen, alle paar tausend Kilometer zusätzlich nach dem Volltanken den genauen Kilometerstand eintragen. Alle Nachfüllungen zwischen zwei km-Eintragungen addieren und den Gesamtverbrauch durch die gefahrenen km (mindestens 1000 km!) teilen und mit 100 multiplizieren – das ganze ergibt den Liter-Verbrauch auf 100 km.
Beispiel: Letzte km-Notierung 37 396, vorletzte Notierung km-Stand 36 104, ergibt 1292 km Meßstrecke. Getankt wurden nach km-Stand 36 104 (ohne die damalige Volltankung!) bis einschließlich km-Stand 37 396 insgesamt 156,59 Liter. 156,59 : 1292 = 0,1211 (das ist der Liter-Verbrauch je 1 km). 0,1211 x 100 = 12,11 Liter Verbrauch auf 100 km.

Nicht übertreiben

Eine sparsame Fahrweise läßt sich bei der Dichte unseres modernen Verkehrs praktisch kaum noch durchführen. Und schließlich ist es im Interesse des allgemeinen Verkehrsflusses auch besser, man braucht einen Liter mehr, als daß man zwar sparsam, aber als rollendes Verkehrshindernis den Zorn der Autofahrer-Kollegen auf sich zieht. Außerdem werden Motoren, die immer niedertourig gefahren werden, sehr schnell faul, es bilden sich viele Rückstände durch zu geringe Erwärmung. Dazu ist die Schmierung bei zu niedriger Betriebstemperatur nicht optimal, was den inneren Verschleiß erhöht.

Zu hoher Verbrauch

Man sollte nicht zu kleinlich sein und nicht gleich in die Werkstatt laufen, weil man den Verbrauch für zu hoch hält. Den vom Werk angegebenen sogenannten Normverbrauch (11,4 bis 13,3 l/100 km) wird man praktisch nie erreichen können, und der schon erwähnte dichte Verkehr heutzutage treibt bei allen Fahrzeugen den Benzindurst in die Höhe. Trotzdem hängt es sehr stark vom Fahrer ab, wieviel Liter er durchschnittlich pro hundert Kilometer braucht. Erhöhter Verbrauch, durch den Fahrer verursacht, kann folgende Günde haben:

Fahrerursachen

- Gänge werden zu scharf ausgefahren. Der günstigste Verbrauch liegt bei allen Transporter-Motoren im Drehzahlbereich der größten Durchzugskraft (max. Drehmoment), also etwa zwischen 2000 und 3000 U/min. Das entspricht folgenden Geschwindigkeiten (Klammerwerte für 1,7-, 1,8- und 2,0-Liter-Motor):

10–20 (15–25) km/h im 1. Gang	35–55 (25–40) km/h im 3. Gang
20–35 (25–40) km/h im 2. Gang	55–80 (60–90) km/h im 4. Gang

- Unruhiger Gasfuß läßt die Beschleunigungspumpe des Vergasers bei jeder Bewegung des Gaspedals einen Fingerhut voll Benzin in das Saugrohr des Vergasers spritzen. Und jeder Tropfen leert den Tank!

Äußere Ursachen

- Vorwiegend Stadtverkehr: Viel Leerlauf, zu geringe Motortemperatur, der Kraftstoff vergast schlecht. Häufiges Anfahren, viel Beschleunigungsvorgänge.
- Kalte Witterung: Niedrige Motortemperaturen, zähflüssiges Motor- und Getriebeöl mit höherem Reibungswiderstand.
- Streckenbeschaffenheit: Bergiges und kurvenreiches Gelände.
- Schnee und Matsch in den Wintermonaten mit erhöhtem Rollwiderstand.

Wagenursachen

- Zu niedriger Reifendruck (etwas erhöhter Luftdruck ist günstiger).
- Schwergängige Räder: Zu knappes Lagerspiel, Bremsbacken bzw. Bremsklötze können schleifen (hinten durch nicht richtig gelöste Handbremse).
- M + S-Reifen haben einen größeren Rollwiderstand, sie können zu einer Verbrauchserhöhung führen.
- Radeinstellung (Vorspur) stimmt nicht.
- Wagen wird vorwiegend mit großer Belastung gefahren oder ist überlastet. 100 kg Mehr-Zuladung ergibt bis zu einem Liter Mehrverbrauch auf 100 km.
- Wagen wurde in der Sonne geparkt: Benzin dehnt sich bei starker Erwärmung aus und verläßt durch die Entlüftungsleitung den Tank.

Motorursachen

- Verschmutztes Luftfilter.
- Neuer oder Austauschmotor noch nicht ganz freigelaufen.
- Zündkerzen nicht mehr einwandfrei, Zündzeitpunkt verschoben.
- Startautomatik nicht richtig eingestellt oder gestört.
- Motorverschleiß stark fortgeschritten, undichte Ventile, klebende Kolbenringe, verschlissene Zylinder.

■ Serienmotoren streuen sowohl in der Leistung als auch im Verbrauch etwas (bis zu ± 5 Prozent).
Keinesfalls sollten Sie den Normverbrauch als Vergleichsmaßstab benützen. Er stellt lediglich einen nach DIN 70 030 aufgestellten Norm- und Vergleichsfaktor dar, der unter günstigsten Umständen ermittelt wurde, bei halber Nutzlast und gleichbleibend 3/4 der Höchstgeschwindigkeit mit einem Zuschlag von 10 Prozent.

Die Höchstgeschwindigkeit

Die Betriebsanleitung empfiehlt für Transporter und Bus je nach Baujahr eine Höchstgeschwindigkeit von 95 bis 110 km/h; mit den großen Motoren werden sogar über 125 km/h erreicht. Gut eingefahrene Wagen laufen, vor allem leer, erheblich schneller. Bei Dauervollgas jedoch kann man speziell bergab in Drehzahlbereiche kommen, die dem Motor nicht mehr unbedingt bekömmlich sind. Die meisten Transporter haben deshalb serienmäßig einen Drehzahlbegrenzer, der schädliche Überdrehzahlen verhindert. Der Verteilerläufer besitzt ein eingebautes Fliehgewicht, das bei Überschreiten einer Maximaldrehzahl die Zündung unterbricht.

Tachometer zeigen zu viel an

Bei der Höchstgeschwindigkeit darf man sich allerdings nicht zu genau auf die Angaben verlassen, die einem das Tachometer vorspiegelt. In den meisten Fällen schwindelt es nämlich einige Prozente zur tatsächlich gefahrenen Geschwindigkeit hinzu. Dies sogar mit gesetzlicher Erlaubnis, soweit 7 % dabei nicht überschritten werden. 120 km/h auf dem Tacho sind in der Regel echt nur 110 km/h. Man kann die sogenannte Voreilung selbst nachprüfen. Voraussetzung ist neben einer nur mäßig befahrenen Autobahnstrecke ein Beifahrer mit Stoppuhr oder wenigstens Armbanduhr mit Sekundenzeiger. Nachdem man bei Vollgasfahrt den Punkt auf dem Tacho erreicht hat, bei dem keine Geschwindigkeitszunahme mehr feststellbar ist, läßt man den Beifahrer die Zeit für einen Kilometer messen, wozu man die am Rande aufgestellten Kilometerangaben benutzt. Die Geschwindigkeit in Kilometer pro Stunde (= 3600 Sekunden) ergibt sich, wenn Sie 3600 durch die gestoppte Zeit (in Sekunden) dividieren. Selbstverständlich schließt man für diesen Versuch alle Wagenfenster und ein eventuell vorhandenes Schiebedach.

Als Höchst- und Dauergeschwindigkeit werden für Transporter und Bus mit 50 PS-Motor 110 km/h angegeben. Mit Rückenwind oder bergab erreicht man jedoch wesentlich höhere Geschwindigkeiten, gut eingefahrene Wagen sind sogar in der Ebene bald 10 km/h schneller. Anders als bei den übrigen VW-Modellen ist jedoch beim Transporter stures Dauervollgas nicht ratsam. Die Hinterachse ist für ordentliche Zugkraft am Berg recht »kurz« untersetzt, und der Motor erreicht unter Umständen Drehzahlen, die ihm auf die Dauer nicht guttun. 130 km/h z. B. entsprechen einer Drehzahl von fast 5000 U/min – die Nenndrehzahl des 50 PS-Motors ist nur 4000 U/min. Beim 66 PS-Motor sind Höchst- und Dauergeschwindigkeit 125 km/h, beim 68- und 70-PS-Motor sind es 127 km/h.

Natürlich läßt sich auf die angegebene Weise auch das Tachometer eichen: 3600 geteilt durch die zwischen zwei Kilometermarkierungen auf der Autobahn gemessene Zeit, während man genau nach Tacho ein bestimmtes Tempo fuhr. Beispiel: 3600 : 38 sec = 95 km/h (Tacho zeigte zum Beispiel 100 km/h). Nicht nur die Tachos lügen im allgemeinen, sondern auch die Kilometerzähler. Auch das kann man gelegentlich auf der Autobahnfahrt prüfen. Zu Beginn der Fahrt km-Markierung auf der Autobahn und den Stand des km-Zählers notieren. Bevor man die Autobahn verläßt, vergleicht man wiederum beide Zahlen. Die Mehranzeige der Kilometerzähler führt natürlich auch zu einer ungenauen, nämlich zu günstigen Kraftstoff-Verbrauchsrechnung.
Zuletzt spielen auch noch die Reifen bei der Tachoanzeige eine Rolle. Wenn das Profil dünner wird, der Reifenumfang also geringer wird, wird auch die pro Radumdrehung zurückgelegte Strecke etwas kürzer. Und da der Tacho eigentlich nur die Radumdrehungen zählt, wird der Wagen bei abgefahrenen Reifen laut Tacho scheinbar schneller.

Höflichkeit hat Vorfahrt

Autos müssen in die Werkstatt – sei es, daß sie eine Inspektion nötig haben (die man nicht selbst durchführen möchte), sei es, daß eine Reparatur nötig ist, zu der das fachliche Können und die Spezialwerkzeuge der Werkstatt gebraucht werden. Anders freilich, als wenn man nur Ersatzteile kauft und sie selbst einbaut, erheben sich hier zwei Fragen: Wie kommt man mit der Werkstatt zurecht? Und vor allem: Was wird das wohl kosten?

Umgang mit der Werkstatt

Gute Werkstätten sind bisweilen überlastet, und selbst der hilfsbereiteste Werkstattchef kann einem Kunden nicht immer so schnell dienlich sein, wie dieser sich das wünscht. Deshalb einige Ratschläge:

- Kündigen Sie vorhersehbare Reparaturen oder Wartungsarbeiten möglichst frühzeitig persönlich oder telefonisch an und vereinbaren Sie einen festen Termin mit Uhrzeit. Zur Voranmeldung sollten Sie nicht frühmorgens an der Reparaturannahme auftauchen, nach 10 Uhr und vor 15 Uhr ist es dort wesentlich ruhiger und man hat für spezielle Fragen oder Sonderwünsche offenere Ohren als im Morgentrubel oder kurz vor Feierabend.
- Möglichst morgens zwischen 7 und 8 Uhr vorfahren; da werden die Arbeiten für den Tag eingeteilt. Besser den Wagen am Vorabend hinbringen, und möglichst noch während der Arbeitszeit abholen (für den Fall von Reklamationen).
- Ganz klaren Reparaturauftrag geben (dieses Buch soll dazu helfen). Defektes Teil reparieren oder durch neues ersetzen? Ölwechsel ja oder nein?
- Eigene Telefonnummer hinterlassen. Wichtig für Rückfragen wegen zusätzlicher Arbeiten, die der Werkstatt empfehlenswert erscheinen.
- Führen Sie die Mechaniker nicht durch wertvollen oder verlockenden Inhalt Ihres Wagens in Versuchung. Das sind auch nur Menschen.
- Ausgebaute oder ersetzte Teile wandern auf den Schrotthaufen. (Rückgabe-Austauschteile natürlich ausgenommen.) Lassen Sie auf dem Auftrag vermerken, daß man die defekten Teile in den Wagen legt oder zur Hand hält. Dadurch haben Sie eine gewisse Kontrolle der Werkstattarbeit.
- Wenn Sie anderer Meinung als die Leute von der Werkstatt sind, toben Sie nicht durch die Werkhalle – Sie erheitern dadurch nur die Lehrlinge –, sondern sprechen Sie sachlich und ruhig mit dem Chef. Lassen Sie sich seine Gründe so erklären, daß Sie sie als Laie verstehen können. Und wenn die Meinungsverschiedenheiten über Arbeitsausführung oder Höhe des Rechnungsbetrages unüberwindbar sind, kann man sich – kostenlos – an die nächstgelegene Schiedsstelle wenden. Deren Sitz erfährt man von der Kfz-Innung, den Handwerkskammern, den Automobilclubs oder vom TÜV. Sagen Sie es der Werkstatt, daß Sie zur Schiedsstelle gehen; vielleicht kommt man Ihnen doch noch entgegen. Die Schiedsstellen sind aber nur für Reklamationen gegenüber Werkstätten zuständig, die der Kfz-Innung angehören. »Wilde Werkstätten« und Schwarzarbeiter kann man durch sie natürlich nicht belangen, es sei denn,

ein Mann wird damit seiner Schwarzarbeit überführt. Aber Schadenersatz hat man in diesem Falle dadurch noch lange nicht. Der Innung gehören grundsätzlich alle Vertragswerkstätten an und alle anderen, die das weiße Schild »Meisterbetrieb des Kfz-Handwerks« führen.

■ Falls Sie mit der Entscheidung der Schiedsstelle nicht zufrieden sind, steht Ihnen noch der Weg zum ordentlichen Gericht offen. Allerdings wird der Richter nur selten zu einem anderen Ergebnis als die Schiedsstelle kommen können.

■ Unterwegs sollten Sie einen kleinen Block und Bleistift mit sich führen, damit Sie nicht vergessen, was Sie dem Werkstattmann mitteilen wollten.

■ Bei Abnahme des reparierten Wagens sollten Sie noch auf dem Werkstatthof prüfen, ob die Reparatur auch den gewünschten Erfolg hatte. Solange Sie noch im Bereich der Werkstatt sind, lassen sich Beanstandungen aller Art besser und überzeugender anbringen, als an einem der folgenden Tage, wenn der Werkstattmann sich auf den Standpunkt stellen kann, das sei erst nach Verlassen der Werkstatt passiert.

Reparatur-Garantie

Auch wenn die Neuwagen-Garantie Ihres VW Bus schon lange abgelaufen ist, muß Ihnen die Fachwerkstatt auf alle Reparaturen Garantie geben. Das ist unter Autofahrern immer noch weithin unbekannt. Aus dem umfassenden Vertragswerk, das der ADAC darüber mit dem Kraftfahrzeughandwerk 1977 ausgehandelt hat, hier die wichtigsten Punkte:

■ Die im Zentralverband des Kraftfahrzeughandwerks (ZdK) organisierten Werkstätten (alle Vertragswerkstätten) leisten auf ihre Reparaturen 6 Monate Garantie ohne Kilometerbegrenzung. Nur bei Firmenfahrzeugen gelten höchstens 10 000 km Fahrstrecke.

■ Wenn die Werkstatt eine Reparatur mangelhaft ausgeführt hat, trägt sie innerhalb der Garantie alle Kosten, die mit der Beseitigung des Mangels entstehen. Sie muß zum Beispiel auch die Abschleppkosten übernehmen, wenn das Fahrzeug wegen der Reparaturmängel unterwegs liegen geblieben ist.

■ Die Werkstatt muß auch für Folgeschäden haften, wenn ihr grobe Fahrlässigkeit bei der Reparatur nachzuweisen ist (was allerdings in der Regel sehr schwierig ist). Wird der Nachweis der Fahrlässigkeit aber erbracht (z. B. bei vergessenen Schrauben), muß die Werkstatt sowohl für die Sach- wie auch für die Personenschäden aufkommen, wenn der Reparaturmangel Ursache eines Unfalls war. Bei Fahrzeug-Totalschaden muß sie den Fahrzeug-Tageswert erstatten.

■ Bei der Nachbesserung darf die Werkstatt nur das berechnen, was sich über die Erstreparatur hinaus als zusätzlich notwendig erwies. Dies ist ein kritischer Punkt, wenn zum Beispiel die Werkstatt vor der Erstreparatur die eigentliche Ursache des Schadens nicht richtig erkannte (als Beispiel: wegen schlechter Motorleistung wurde das Vergasersystem überholt und teilweise ersetzt; Ursache war aber die Zündanlage). Hier muß die Werkstatt die Kosten für die erste sinnlose »Reparatur« gutschreiben.

■ Wird ein fester Fertigstellungstermin vereinbart und um mehr als 24 Stunden überschritten, hat der Autofahrer Anspruch auf Stellung eines gleichwertigen Ersatzfahrzeugs oder Erstattung von 80 % entsprechend anfallender Mietwagenkosten.

■ Die kostenlose Beseitigung des Garantiemangels muß grundsätzlich in der gleichen Werkstatt erfolgen, wo auch die erste Reparatur gemacht wurde. Wird das Fahrzeug allerdings wegen des Reparaturmangels mehr als 30 km von dieser Werkstatt entfernt fahrunfähig, kann auch eine andere Fachwerkstatt den Schaden beheben. Dazu ist aber unbedingt die Zustimmung der ersten Werkstatt notwendig, denn vielleicht schleppt sie doch lieber das defekte Fahrzeug in den eigenen Betrieb.

■ Auch wenn eine Reparaturrechnung sofort bei Abholung des Fahrzeugs bezahlt werden muß, beträgt die Frist für Beanstandungen des Rechnungsbetrages vier Wochen.

Was wird das wohl kosten?

Die größte Scheu haben Autofahrer, wie wir immer wieder beobachteten, vor der Frage nach den Kosten. Man will seine Unkenntnis nicht zugeben (obwohl unmöglich ein Mensch erwarten kann, daß man etwa als Gipsermeister die Ersatzteilpreise für eine Stoßstange und die zugehörigen Montagekosten kennt), läßt sich etwas Unverständliches erzählen, erteilt dementsprechend verschwommene Reparaturaufträge und wartet dann mit banger Sorge auf die Höhe der Rechnung, wenn die Finanzreserven knapp sind. Jene Leute, die mit fröhlicher Unbekümmertheit erklären, daß sie rein gar nichts vom Auto verstehen (obwohl sie vielleicht recht gut Bescheid wissen) und daher keine Ahnung hätten, wieviel Geld sie zum Abholen des Wagens in die Tasche stecken müßten (Reparaturen nur gegen bar! Wer kennt das Schild nicht), sind da viel besser dran.
Machen Sie es wie letztere. Sie werden manche Mark sparen, weil Sie diese oder jene eifrig angebotene Arbeit abweisen können, bevor sie auf Ihrer Rechnung erscheint.

Die Rechnung muß stimmen

Gelegentlich hört man von Rechnungen, deren sparsamer Text sich in dem Satz »Wagen instandgesetzt 217,58 DM« erschöpft. Solch eine Rechnung ist keine Rechnung. Man darf sie sich nicht gefallen lassen, denn es ist das gute Recht des Kunden, genau zu erfahren, was ihm da alles berechnet wurde. Und nicht zuletzt gilt eine genaue Rechnung auch als eventuelles Beweismittel bei Reklamationen.
So ist es für eine gut geführte Werkstatt selbstverständlicher Brauch, daß die Rechnung genau beschreibt, wie und was eigentlich repariert wurde, welche Teile und zu jeweils welchem Preis dazu nötig waren und wie hoch der Betrag für die Arbeitszeit war.
Gerade der Arbeitslohn für eine Instandsetzung bringt manchen unkundigen Autobesitzer zum erschreckten Luftanhalten, denn in sehr vielen Fällen sind die Kosten der Montage wesentlich höher als der Preis des eigentlichen Ersatzteiles.
Wenn man seinen defekten Wagen zur VW-Werkstatt bringt, genügt es also keineswegs, nur nach dem Preis der notwendigen Ersatzteile zu fragen. Auch der Arbeitslohn dazu muß erfragt werden, wenn man sich ein Bild machen will, wie tief man in die Tasche greifen soll.

Fleißige Hände kosten Geld

Solch ein Kostenvoranschlag über den Arbeitslohn – besser: Arbeitspreis – ist für eine VW-Werkstatt kein Problem. Bis Anfang 1970 konnte man ihn sich sogar selbst ausrechnen, denn bis dahin gab es bei jeder VW-Vertretung auf Anfrage ein vom Volkswagenwerk herausgegebenes kleines Heftchen »Arbeitspreise für Instandsetzungen« zu jedem VW-Modell, in dem alle öfter vorkommenden Reparatur- und Wartungsarbeiten mit Richtpreisen aufgeführt waren. Weil aber diese Richtpreise (nach denen sich die VW-Werkstätten richten sollten, aber nicht mußten) von den VW-Fahrern vielfach mit Festpreisen (die das Volkswagenwerk seinen geschäftlich unabhängigen Vertretungen nach dem Gesetz nicht vorschreiben darf) verwechselt wurden, gibt es dieses kleine Heftchen mit den Arbeitspreisen leider nicht mehr.

Dafür haben alle VW-Vertretungen seit Frühsommer 1970 ein umfangreiches Buch mit den Arbeitspreisen für alle vorkommenden Reparatur- und Wartungsarbeiten. Diese Preise sind aber nicht vom Volkswagenwerk festgelegt, sondern in Wolfsburg hat man zu allen diesen Instandsetzungsarbeiten nur den notwendigen Zeitaufwand ermittelt, den eine mittlere, gut ausgestattete VW-Werkstatt jeweils dafür braucht. Dieser Zeitaufwand ist in »Zeiteinheiten« (ZE) festgelegt (wobei 100 ZE einer Stunde entsprechen), die für alle VW-Werkstätten bindend sind. Nicht gebunden sind aber die VW-Werkstätten in dem Preis, den sie für je 100 Zeiteinheiten fordern – den müssen sie selbst kalkulieren.
Nun rechnet die Werkstatt in diesen Stundenarbeitspreis nicht nur den Stundenlohn für den an Ihrem Auto beschäftigten Monteur, sondern dazu gehört auch der entsprechende Anteil an den anderen Unkosten des Werkstattinhabers, also Bürogehälter, Gebäude- und Geräteamortisation, allgemeine Betriebsunkosten, Steuern, Versicherungen, Stromkosten und natürlich auch noch ein wenig – oder ein bißchen mehr – Unternehmergewinn.
Diese Kalkulation macht es verständlich, daß der Werkstattinhaber auf ererbtem Grundstück in der Kleinstadt und bei niedrigeren Löhnen billiger sein kann als der Inhaber einer aufwendigen Großstadt-»Reparatur-Fabrik« auf sündteuerem Grund und Boden, was letzterer nur durch eine besser rationalisierte Werkstattorganisation einigermaßen ausgleichen kann.
Diesen selbst kalkulierten Stundenarbeitspreis mußten nun alle VW-Werkstätten mit je 100 Zeiteinheiten der Instandsetzungsarbeiten gleichsetzen, alle Preise des Buches entsprechend ausrechnen und das Ganze vom Volkswagenwerk überprüfen lassen. Ihre VW-Werkstatt hat also Festpreise für alle Routinearbeiten, einerlei, wie lange der Monteur dann an der Sache herumwerkelt (das bekommt er an seinem Geldbeutel zu spüren, wenn er Leistungslohn hat) und dementsprechend fällt ein genauer Kostenvoranschlag nicht schwer. Ausgenommen sind davon allerdings Arbeiten, deren Zeitaufwand vorher nur schwer bestimmbar ist, vor allem Ausbeularbeiten am Blech, Richtarbeiten an einem zerknautschten Bug und dergleichen. Auch gibt es gelegentlich »Erschwernis-Zuschläge«, wenn etwa an einem ziemlich vergammelten Fahrzeug erst mal entrostet oder mit dem Schweißbrenner gearbeitet werden muß, bis die eigentliche Instandsetzung beginnen kann.

Wie bindend ist der Kostenvoranschlag?

Trotzdem gibt es beim Abholen des Fahrzeugs viel Ärger (laut geäußerten und hinuntergeschluckten), wenn die Rechnung weit über das hinausgeht, was der Meister vorher so über den Daumen gepeilt hatte. Denn natürlich macht das Heraussuchen aller Arbeitspreise aus dem Festpreisbuch bei der Reparaturannahme Arbeit, die sich der VW-Mann bei dem Kundengedränge gerne spart (die Dame, die hinterher die Rechnung für Sie schreibt, schaut aber sehr genau nach). Man muß also, wenn man es genau wissen will, darauf dringen, daß die Preise herausgesucht und irgendwie schriftlich fixiert werden. Erst dann ist der Kostenvoranschlag wirklich bindend.
Bei größeren Reparaturen sollte man also grundsätzlich einen schriftlichen Kostenvoranschlag verlangen. Dabei genügt durchaus eine Durchschrift des Reparatur-Auftragszettels mit jeweils dahintergeschriebenen Preisen. Ein solcher Kostenvoranschlag darf nach Brauch der Branche bis 500 DM um höchstens 20 % und ab 500 DM um nicht mehr als 15 % überschritten werden (wohlgemerkt plus Mehrwertsteuer), ohne daß man Sie deshalb um Erlaubnis fragen muß. Was aber darüber ist, darf nur nach Rückfrage bei Ihnen ausgeführt werden und auf der Rechnung erscheinen! Deshalb ist die Angabe der eigenen Telefonnummer oder Anschrift so wichtig. Allerdings können

Sie zusätzliche Arbeiten nicht ablehnen, die sich während der Reparatur als notwendig für die Verkehrssicherheit des Wagens herausgestellt haben (fragen muß man Sie trotzdem). Verweigern Sie jedoch solche Arbeiten, müßte der Werkstattbesitzer eigentlich Ihren Wagen der Polizei als nicht mehr verkehrssicher melden. Bis das jedoch geschieht – da muß in der Regel erfahrungsgemäß erst ein recht gepflegter Krach zwischen Kunden und Werkstattchef vorausgegangen sein, so daß letzterer sowieso auf weitere Geschäftsverbindung verzichten möchte.

Fingerzeig: *Die unterschiedlichen Stundenarbeitspreise der VW-Werkstätten machen es bei größeren Reparaturen – wobei wir speziell an den Campingwagen denken – unter Umständen lohnend, irgendwo auf dem Lande eine zuverlässige VW-Werkstatt aufzusuchen, wo man Sie billiger bedienen kann.*

Ersatz- oder Austauschteile

Ihr Wagen besteht aus vielen tausend Einzelteilen. Die meisten davon sind – leider, leider – zum Verschleiß bestimmt. Ist es soweit, kann man das Stück neu als Ersatzteil kaufen. Aber vielfach kommt man preiswerter mit Austauschteilen davon. Das sind gebrauchte Teile, die im VW-Ersatzteilwerk überprüft und aufgearbeitet wurden und damit praktisch neuwertig sind. Auf diese VW-Austauschteile erhalten Sie ebenso ein Jahr Garantie wie bei neuen Ersatzteilen. Es lohnt sich also zu fragen, ob es das defekte Stück auch als Austauschteil gibt.
Trotzdem ist die Entscheidung zwischen Austausch und Reparatur nicht immer einfach. Ein Austauschmotor wird z. B. in der Regel erforderlich, wenn die Laufzeit schon auf die 100 000 km zugeht und die Motorleistung aus irgendeinem Grunde dürftig geworden oder gänzlich abhanden gekommen ist. Dann hat es keinen Sinn mehr, einzelne Kolben oder Kolbenringe zu ersetzen. Ist aber bei km-Stand 60 000 ein Ventilschaft oder die Nockenwelle gebrochen, laßt man den Motor billiger reparieren – damit wird er es voraussichtlich noch eine Weile aushalten.

Verschleißteile

Ölfilter, Luftfilter, Glühlampen, Zündkerzen, Unterbrecherkontakte, Auspuffanlagen, Bremsbeläge und Stoßdämpfer kann man auch im Zubehörhandel, Großmarkt und Waren- oder Versandhaus erwerben, wobei die Preise bis zu 100 % unter dem jeweiligen Werkstattpreis liegen können. Falls Sie günstige

Einkaufen auf dem Autofriedhof kann sich sehr lohnen, wenn man rechnen muß. Am günstigsten sind kleinere Verwertungen, bei denen man sich die benötigten Teile selbst abbaut – hier kann man sie meist vorher prüfen. Für Ersatzfelgen (Winterbereifung), für Motorteile oder einen Scheibenwischermotor bezahlt man kaum mehr als ein Drittel des Neupreises. Selbst Scheinwerferlampen und dergleichen kann man sich hier für ein Spottgeld holen.

Einkaufsquellen nutzen wollen, dann mit zwei Einschränkungen: Nur Bremsbeläge aus der Vertragswerkstatt sind entsprechend getestet worden und versprechen bestmögliche Bremsverzögerung; Eigenversuche mit Billigware können lebensgefährlich werden. Preisgünstige Stoßdämpfer sollten Sie auch nur von bekannten Herstellern kaufen, wobei allerdings die großen Versand- und Warenhäuser auch unter eigenem Namen Markenfabrikate vertreiben. Billige Auspuffanlagen passen bisweilen nicht so exakt wie Originalteile, auch kann es mit der Lebensdauer Enttäuschungen geben.

Nicht nur Leichen auf dem Autofriedhof

Wer sehr genau rechnen muß und sich selbst einige handwerkliche Fähigkeiten zutraut, wird schnell merken, wie lohnenswert der Weg zum Autofriedhof ist. Dort werden ja alle Tage praktisch sämtliche Automodelle als mehr oder weniger traurige Überreste angeliefert, aber da ist manches Teil noch sehr gut zu gebrauchen: Bei einem Unfall etwa werden durchaus nicht immer sämtliche Teile beschädigt, und selbst bei einem Wagen, der aus Altersschwäche den Weg zum Friedhof antreten mußte, können Teile noch voll gebrauchstüchtig sein – etwa weil sie erst vor kurzem erneuert wurden. Den VW-Transporter übrigens findet man sowohl bei den Verwertungen, die sich auf den Personenwagen spezialisiert haben als auch bei jenen, die in erster Linie Lastwagen ausschlachten. Wenn Sie sich einen Motor von der Autoverwertung besorgen, braucht dessen Fabriknummer nicht mehr in die Fahrzeugpapiere eingetragen zu werden, wie das früher noch erforderlich war. Voraussetzung ist allerdings, daß Sie einen Motor mit gleichem Hubraum und gleicher Leistung wie bisher einbauen. Wer dagegen etwa von 34 auf 47 PS umrüstet, muß diesen Umbau dem TÜV zur Begutachtung vorführen. In der nachstehenden Tabelle haben wir zusammengestellt, welche Motoren in den VW Bus und Transporter eingebaut werden können:

PS	Hubraum cm^3	Kennbuchstabe	Bedingungen
34	1200	ohne	Fahrzeuge ab Fahrgest.-Nr. 1 144 803 (August 1963) Zulässig auch für ältere Fahrzeuge bei hydraulischer Bremsanlage mit den Abmessungen: Trommelbremse vorn und hinten 250 mm Ø Bremsbackenbreite vorn 55 mm hinten 45 mm Gürtelreifen der Größe 185 R 14 C (6 PR) oder 185 SR 14 reinforced verwenden
40	1500	L	
42	1500	ohne	
44	1500	H	
44	1300	AB *	
44	1300	AR *	
44	1500	C	
46	1600	AF	
47	1600	B	
50	1600	AD *	
50	1600	AS *	
62	1700	CE *	Fahrzeuge ab Fahrgest.-Nr. 2.2 2 000 001 (August 1971) Gürtelreifen der Größe 185 R 14 C (6 PR) oder 185 SR 14 reinforced verwenden 70-PS-Motor: verstärktes Getriebe 091 mit einbauen
66	1700	CA *	
68	1800	AP *	
70	2000	CJ *	

Die mit einem * hinter dem Motorkennbuchstaben bezeichneten Motoren erfüllen die zur Zeit geltenden Abgasbestimmungen in Verbindung mit dem Bus oder Transporter. Nicht in dieser Form gekennzeichnete Motoren dürfen nur in Fahrzeuge eingebaut werden, die vor dem 1. Oktober 1971 erstmals zum Verkehr zugelassen wurden. In Fahrzeuge, die nach dem 1. Oktober 1975 bzw. dem 1. Oktober 1976 erstmals zugelassen wurden, dürfen wegen verschärfter Abgasbestimmungen nur Motoren mit Bauzustand ab 1. Oktober 1975 bzw. 1. Oktober 1976 eingebaut werden.

Prüfen vor der TÜV-Kontrolle

Am 1. Januar 1972 traten Ergänzungen zur Straßenverkehrs-Zulassungsordnung (StVZO) in Kraft. Nach ihnen gibt es als wichtigstes für VW-Transporter keinerlei allgemeine Geschwindigkeitsbegrenzung mehr. Dazu müssen Transporter – wie Pkw – nur noch alle zwei Jahre zur Hauptuntersuchung bei TÜA oder TÜV. (Busse, die gewerbsmäßig für die Personenbeförderung eingesetzt werden, müssen allerdings nach wie vor jedes Jahr zum TÜV.)
Zur Untersuchung muß man nicht unbedingt beim heimatlichen TÜV vorfahren – man kann gut auch in eine Nachbargemeinde ausweichen, wenn hier beim TÜV weniger los ist und man nicht so lange warten muß. Bei sehr großem Andrang werden allerdings zuweilen auswärtige Fahrzeuge nicht angenommen. Man muß mit seinem Wagen auch nicht selbst erscheinen, sondern kann irgendjemanden beauftragen, vorzufahren. Ungünstige Zeiten für die Überprüfung sind: Frühjahr, Tage vor Feiertagen und vor Ferien.
An Hand dieses Buches kann man selbst schon die meisten Funktionen durchprüfen, damit es keine Beanstandungen gibt. Diese Selbstprüfung ist sogar dringend empfehlenswert: Findet der Prüfer am Wagen nur einen einzigen Fehler, und ist dieser nicht allzu schwerwiegend, so wird er in der Regel nicht verlangen, daß man noch einmal vorfährt.
Freilich ist es auch bei gründlicher Selbstkontrolle möglich, daß der Prüfer etwas Negatives findet, zum Beispiel Spiel an der Vorderachse oder ungleichmäßige Wirkung der Handbremse. Um das zu vermeiden, ist es aber nicht unbedingt zu empfehlen, eine Werkstatt aufzusuchen, um dort zu erklären: »Ich muß zum TÜV, bitte schauen Sie doch nach, ob alles in Ordnung ist!« Damit hat man nämlich der Werkstatt einen Blanko-Auftrag gegeben und man darf sich hinterher nicht über den Rechnungsbetrag wundern.
Besser ist es unserer Meinung nach, wenn man es getrost darauf ankommen läßt, daß der Prüfer des TÜV etwas Beanstandenswertes findet. Die Punkte kreuzt er auf seinem Berichtsbogen an, und genau diese Punkte läßt man dann in der Werkstatt beheben. Dann fährt man zum zweitenmal zum TÜV. In der Regel wird man mit dieser Methode billiger davonkommen. Unter Umständen kann man dem Prüfer gleich von vornherein sagen, daß man auf Grund des oben Gesagten vorher nicht zur Werkstatt gegangen ist. Das wird kaum auf Unverständnis stoßen. Übrigens raten wir Ihnen, vor der Durchsicht dem Fahrzeug eine Ober- und Unterwagenwäsche zu gönnen. Bei dieser Gelegenheit können Sie gleich die Bremsleitungen kritisch betrachten und sie vom Unterbodenschutz befreien. Der Prüfer will sie genau inspizieren. Sollten sie leichten Flugrost aufweisen, so dürfen die Rostspuren mit feinem Schmirgelpapier entfernt werden. Rostnarbige Bremsleitungen dagegen müssen unbedingt ausgewechselt werden.

Fingerzeig: *Eine weitere Methode, zu der ersehnten Plakette zu kommen, ist die DEKRA-Untersuchung in der Werkstatt. Ein Sachverständiger des Deutschen Kraftfahrzeug-Überwachungsvereins (auch er ist zum Vergeben der Plakette berechtigt) nimmt dort die Untersuchung der angemeldeten Fahrzeuge vor. Eine bequeme Sache, so scheint es, doch der Haken ist nicht weit: Zwar erhalten Sie die Prüfplakette auch auf zwei Jahre, doch müssen Sie nach einem Jahr zu einer Zwischenuntersuchung nochmals bei Ihrer Werkstatt vorfahren. Diesen Termin dürfen Sie höchstens um einen Monat überschreiten, sonst darf der DEKRA keine Prüfung mehr an Ihrem Wagen durchführen. Außerdem kostet der ganze Spaß etwa doppelt so viel wie die TÜV-Untersuchung.*

Hand anlegen

Der Herrenfahrer vor fünfzig Jahren erhielt mit seinem Automobil ganze Kisten voll Ersatzteile und voll Werkzeug. Mit der steigenden Zuverlässigkeit der Fahrzeuge nahm die Zahl der mitgelieferten Hilfsmittel immer mehr ab – manche Firmen geben ihren Fahrzeugen nur mehr einen Wagenheber mit und einen Schlüssel, mit dem sich die Radschrauben aufdrehen lassen – sonst nichts! Das Werkzeug im VW-Transporter entspricht etwa dem Durchschnitt: Man ist nicht völlig hilflos, für ernste Reparaturen aber reicht es freilich nicht.

Richtiger Werkzeugkauf

Bei den Autoproduzenten meint man dazu, mehr wäre sowieso nicht nötig, denn gar zu oft fände sich das Bordwerkzeug beim Wiederverkauf des Wagens noch völlig unausgepackt vor. Mag sein, aber wenn Sie sich schon dieses Buch gekauft haben, werden Ihre Gedanken folgerichtig bald in Richtung Werkzeugkauf gehen. Unbedingt sollte die Qualität dieser Neuerwerbungen gut bis sehr gut sein. Denn nur mit wirklich gutem Werkzeug läßt sich leicht und zuverlässig arbeiten. Ein Werkmeister kann zur Not auch mit schlechtem Gerät hantieren – er weiß sich zu helfen. Aber ein Heimwerker, der den Umgang mit Werkzeug nur nebenbei und ungelernt betreibt, ist mit schlechten Schraubenschlüsseln und Schraubenziehern schnell am Ende seiner Kunst. Gutes Werkzeug ist aber nicht billig. Um so wichtiger ist es, daß man sein gutes Geld zweckmäßig anlegt und nicht einfach aufs Geratewohl ganze Werkzeugsätze kauft, denn manches Teil des so in Bausch und Bogen gekauften Werkzeuges wird dann gar nicht benötigt. Dagegen können Sie für Ihren VW

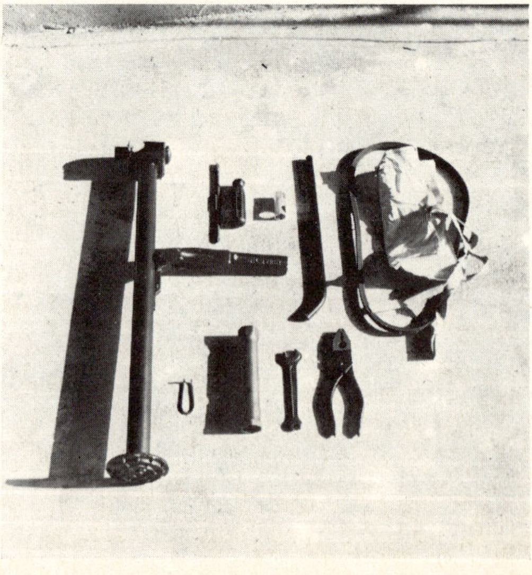

Dieses Werkzeug, dürftig im Umfang und keineswegs »Deutsche Wertarbeit«, haben Sie beim Kauf Ihres Wagens mit erworben. Haben Sie beispielsweise schon entdeckt, daß die Klinge des Schraubenziehers in ihrem Handgriff umsteckbar und so für Querschlitz- und Kreuzschlitzschrauben verwendbar ist? Die Kombizange und der Keilriemen sind seit August 1972 nicht mehr enthalten. Die kleine Kralle dient zum Abziehen der Radzierdeckel vor dem Radwechsel.

verschiedene Spezialwerkzeuge recht gut gebrauchen, sie sind aber in allgemeinen Werkzeugsätzen nicht enthalten. Aus diesem Grunde erscheinen uns auch fertige Werkzeugsätze »für den Herrenfahrer« gar nicht empfehlenswert, denn ihre Zusammensetzung ist viel zu allgemein gehalten.
Aus der nachfolgenden Liste ist erkennbar, was als schon recht vielseitig verwendbare Grundausrüstung für den heimischen Werkzeugschrank empfehlenswert erscheint. Die Verwendungsmöglichkeit einzelner Werkzeuge ist anschließend erläutert. So können Sie selbst entscheiden, ob Sie das betreffende Werkzeug früher, später oder gar nicht anschaffen wollen, je nachdem, ob Sie die entsprechenden Arbeiten ausführen wollen oder nicht. Wer beispielsweise nach dem Getriebeöl nur den Tankwart seiner Stammtankstelle sehen lassen will, braucht nie den Sechskant-Steckschlüssel 17 mm aus unserer Aufstellung.

Empfehlenswerte Grundausrüstung

1 Satz Doppel-Gabelschlüssel 10 x 11, 10 x 13, 17 x 19
1 Gabel-/Ringschlüssel SW 13 beidseitig
1 Satz Ringschlüssel 10 x 13, 17 x 19, 21 x 36
1 Rohr-Steckschlüssel 8 x 10
1 Kleingabelschlüssel 7 x 8
1 Innenvielzahn- oder Innensechskantschlüssel SW 5
1 Ölwechselschlüssel, Sechskant SW 17 und Ring SW 21
2 Winkelschraubenzieher
3 Schraubenzieher, Größe 3, 5 und 7 für Querschlitzschrauben
2 Schraubenzieher für Kreuzschlitzschrauben, verschiedene Größen
1 Rohrzange, 240 mm lang
1 Kombizange
1 Spezial-Quetschzange (z. B. von Hella; siehe S. 128)
1 Seitenschneider
1 Schlosserhammer, 300 Gramm
1 Fühlerblattlehre, 0,10 bis 0,70 mm
1 Flachmeißel und 1 Kreuzmeißel
1 Körner
1 Durchschläger, 3 mm
1 Satz Schlüsselfeilen, flach, dreikant, rund
1 Zündkerzenschlüssel, verstellbar
1 Radmutternschlüssel SW 19 (siehe S. 211)

Was die Größenangaben bedeuten

Bei der Aufzählung der Schraubenschlüssel ist verschiedentlich von SW 13 oder 17 x 19 die Rede. Natürlich müssen Sie wissen, was das bedeutet; es ist schnell erklärt: Bei uns in Deutschland, wie in Frankreich und vielen anderen Ländern, werden Maschinenteile und Werkzeuge in der Regel nach dem metrischen Maßsystem gemessen. In manchen Fällen ist jedoch auch noch das amerikanische oder englische Maßsystem üblich. Im metrischen System werden alle Größen natürlich in Zentimeter und Millimeter angegeben, im amerikanischen Maßsystem in Zoll. Das Kennzeichen für Zoll ist ein oben an der betreffenden Zahl stehendes Gänsefüßchen ("). Ein Zoll (1") entspricht 25,4 mm. zumeist kann man schon an den Zahlen selbst erkennen, welchem Maßsystem sie zuzuordnen sind, denn Zollangaben werden in der Regel mit Bruchstrichen gemacht, also ½" (= 12,7 mm) oder etwa ⅜" (= 9,53 mm), während metrische Angaben entweder ein Komma haben oder vollständig in Millimetern geschrieben werden.

Bei Schraubenmuttern mißt man den Abstand der einander gegenüberliegenden Flanken in mm oder Zoll und schreibt auf den jeweils dafür passenden Schraubenschlüssel die entsprechende Schlüsselweite (Kurzbezeichnung: SW). Ein Doppel-Gabelschlüssel (man nennt den Gabelschlüssel vielfach auch Maulschlüssel) mit der Bezeichnung 13 x 17 hat also auf der einen Seite eine Gabel oder ein Maul für eine 13 mm breite und auf der anderen Seite für eine 17 mm breite Schraube. Schraubenschlüssel mit Zollangaben kommen an unserem VW nicht in Frage. Im übrigen soll man auch geschenkte Schraubenschlüssel mit Zollangabe nicht benutzen, denn ihre Größen passen um Bruchteile von Millimetern nicht, so daß man sich nur die Flanken der Schrauben oder Muttern damit beschädigt.

Welches Werkzeug für welchen Zweck?

Nicht zu viel kaufen

Die Schlüsselweiten des zu Anfang der Liste aufgeführten Satzes Gabelschlüssel sind die gängigen an Ihrem Wagen. Besonders oft werden SW 10, 13 und 17 gebraucht. Deshalb benötigt man von diesen jeweils ein zweites Stück zum Gegenhalten bei Kontermuttern (das sind fest gegeneinander verschraubte Muttern auf einem Gewinde zum Schutz gegen unfreiwilliges Lockern) oder bei beidseitigen Verschraubungen, wie etwa an den Auspuffverbindungen. Wir haben dazu Ringschraubenschlüssel gewählt, die sich intensiver als Gabelschlüssel handhaben lassen, weil sie gleichzeitig an allen sechs Kanten einer Schraube oder Mutter angreifen und nicht nur an zwei gegenüberliegenden Flanken wie bei den Gabelschlüsseln. Am besten kauft man sie in der hoch gekröpften Form, weil man dadurch mit den Fingerknöcheln ein wenig Respektabstand von dem Werkstück hat. Überflüssig ist übrigens der Ringschlüssel mit den SW 21 und SW 36, wenn man den Spezial-Ölwechselschlüssel mit Sechskant SW 17 und Ring SW 21 hat, denn die SW 36 wird nur für die Achsmuttern benötigt (an denen man vielleicht gar nicht drehen will), und SW 21 für Motorölwechsel und Lichtmaschinenkeilriemenscheibe hat man ja schon am Ölwechselschlüssel. Letzteren kann man sich hinwieder ersparen, wenn man nicht den Getriebeölstand mit dem Sechskant-Steckschlüssel SW 17 prüfen will und für Motorölwechsel den erstgenannten Ringschlüssel 21 x 36 besitzt. Die besonders oft gebrauchte SW 13 ist in unserer Liste noch einmal durch einen Gabelringschlüssel SW 13 vertreten, der also auf der einen Seite einen Ring und auf der anderen eine Gabel jeweils SW 13 hat (man kann nämlich nicht an alle Schrauben mit einem Ringschlüssel heran).

Ohne den Rohrsteckschlüssel SW 10 lassen sich der Ölsiebdeckel an der Unterseite der Motorölwanne und die Klemmschraube am Zündverteilersockel nicht ohne weiteres lösen. Der Kleingabelschlüssel 7 x 8 wird vor allem an Teilen der Autoelektrik und am Vergaser benötigt.

Unser Sortiment nennt fünf verschiedene Schraubenzieher. Sie können sich statt dessen auch einen Einsteckwerkzeugsatz mit entsprechend verschiedenen Einsteckklingen für Querschlitz- und Kreuzschlitzschrauben kaufen.

Rohrzange, Kombizange und der Seitenschneider zum Abschneiden von Kabeln dienen als allgemeine Hilfswerkzeuge, ebenso Hammer, Meißel, Körner, Durchschläger und die feinen Feilen in verschiedenen Ausführungen. Wer sich an seinem Wagen besonders der Elektrik widmet und dieses oder jenes Zusatzgerät einbauen möchte, braucht die Spezial-Quetschzange der Firma Hella, mit der man sehr gut Kabelverbindungen herstellen kann und die wir besonders auf Seite 128 im Bild zeigen. Die Fühlerblattlehre wird zum Ventileinstellen, zum Messen des Unterbrecher-Kontaktabstandes und des Elektrodenabstandes der Zündkerzen gebraucht. Da das Montieren der Zündkerzen mit dem Bordwerkzeug-Steckschlüssel im engen Motorraum gerade des Trans-

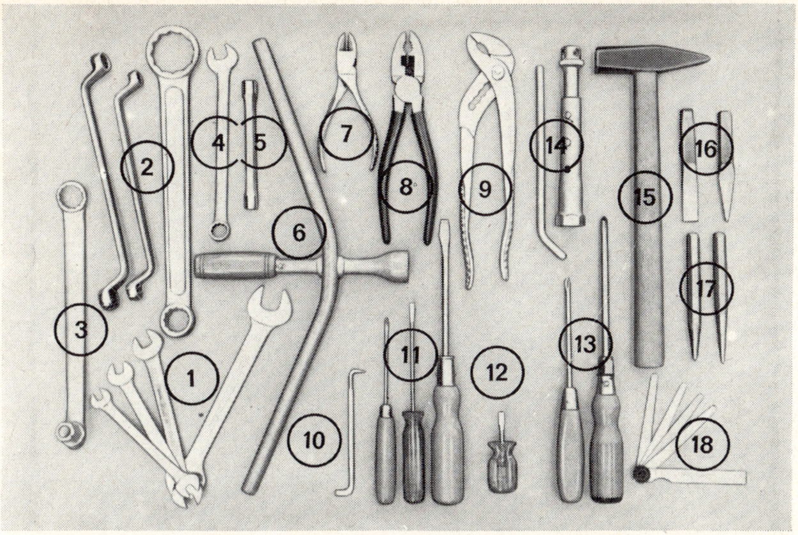

Werkzeuge, die wir für größere Arbeiten vorschlagen: 1 = Doppel-Gabel-Schraubenschlüssel; 2 = Ringschlüssel, hoch und flach gekröpft; 3 = Spezial-VW-Ölwechselschlüssel; 4 = Gabel-Ring-Schlüssel; 5 = Rohrsteckschlüssel; 6 = Radmutterschlüssel; 7 = Seitenschneider; 8 = Quetsch-Kombizange; 9 = Rohrzange; 10 = Winkelschraubenzieher für Querschlitzschrauben; 11 = Querschlitzschraubenzieher; 12 = Vergaser-Schraubenzieher; 13 = Kreuzschlitz-Schraubenzieher; 14 = Zündkerzenschlüssel mit verstellbarer Schaftlänge; 15 = Schlosserhammer; 16 = Flachmeißel und Kreuzmeißel; 17 = Körner und Durchschläger; 18 = Fühlerblattlehre.

porters reichlich mühselig ist, empfiehlt sich trotzdem der zwar teure, aber sehr praktische, verstellbare Hazet-Zündkerzenschlüssel. Und ebenso ist die auf unserem Werkzeugbild gezeigte Radschraubenkurbel (SW 19) wesentlich zuverlässiger und besser zu handhaben als der dürftige Bordwerkzeug-Rohrsteckschlüssel.
Überlegen Sie sich aber vor dem Werkzeugkauf, ob Sie diese oder jene Arbeit auch selbst machen wollen, bevor Sie den Geldbeutel zum Werkzeugkauf ziehen.

Hilfsmittel für die Wagenpflege

Zum eigentlichen Werkzeug der Grundausrüstung gehören noch einige Hilfsgeräte, die nicht vergessen werden dürfen. Wir nennen davon:

1 Ölspritzkanne
1 kleine Fettpresse
1 Reifendruckprüfer
1 Prüflampe
1 Fensterleder, erste Qualität
1 Waschpinsel ohne Metallfassung
1 Autoschwamm oder Waschhandschuh
1 Waschbürste mit Stiel

Vielleicht vermissen Sie in unserer Aufzählung die in jedem Herrenfahrer-Werkzeug vorhandene Zündkerzenbürste. Wir halten nichts davon; auch eine Kontaktfeile ist von gestern.

Ringschlüssel empfehlenswert

Wer seine Werkzeugausrüstung für den Transporter weiter ergänzen will, sollte sich weitere Ringschlüssel und auch Steckschlüssel mit Sechskant-Einsätzen (z. B. SW 15 für Arbeiten am Motor) anschaffen. Ring- und Steckschlüssel haben vor den Gabelschlüsseln erhebliche Vorteile: Sie fassen eine Schraube an allen sechs Kanten, während ein Gabelschlüssel nur an zwei gegenüberliegenden Flanken angreift. Man kann also Ring- oder Steckschlüssel wesentlich kräftiger handhaben, während bei gleichem Druck ein Gabelschlüssel einfach die beiden anliegenden Kanten abwürgt oder sich, wenn er minderer Qualität ist, auseinanderbiegt und abgleitet. Meist kostet das dann blutige

Fingerknöchel. Ringschlüssel gleiten dagegen nur ab, wenn die falsche Größe gewählt wird oder die betreffende Schraube vorher mit einer Kombizange mißhandelt und beschädigt wurde.
An Ringschlüsseln brauchen nur noch einige Größen angeschafft zu werden, weil ein Teil der Ringschlüssel bereits zur Grundausrüstung gehört. Je nachdem, wo diese Ringschlüssel gebraucht werden, wählt man sie in der ganz flachen Form (sie passen auch in schmale Schlitze), flach oder hoch gekröpft (damit die umfassenden Fingerknöchel nicht direkt an das Werkstück streifen). Leichtere Arbeit ermöglichen in vielen Fällen auch die schon erwähnten Sechskant-Steckeinsätze (sogenannte Nüsse). Sie sind den ebenfalls marktgängigen Zwölfkant-Nüssen vorzuziehen, weil sie selbst auf stark verrosteten Schrauben nicht so schnell durchrutschen. In Verbindung mit einer vielzahnigen Knarre, den entsprechenden Verlängerungs- und Gelenkstücken sowie eines Hebels (für schwere Arbeiten) lassen sich diese Steckschlüssel fast überall einsetzen. Die Einsätze selbst haben auf der »Werkseite« die jeweils angegebene Schlüsselweite und auf der anderen Seite ein Vierkantloch von ½″ oder ⅜″ Kantenlänge zum Einstecken der bereits erwähnten Betätigungswerkzeuge.

Ergänzung nach Bedarf

Gelegentlich wird man bei Bekannten oder in einer Werkstatt weiteres Werkzeug sehen, das man sich auch kaufen möchte. Überhaupt hat ein eifriger Heimwerker mit der Zeit Lieblingswerkzeug, mit dem er besonders gerne arbeitet. Bis zur Anschaffung eines Drehmomentschlüssels, einer Bohrmaschine, Gewindeschneidern und einem bestens ausgestatteten Werkzeugschrank, der selbst einen Werkstattbesitzer vor Neid erblassen läßt, sind da keine Grenzen gesetzt. Wir wollen in dieser Richtung keine Vorschläge machen, denn solch ein Hobby entwickelt sich individuell. Nur vor einer Werkzeugsorte wollen wir warnen: Vor sogenanntem Universalwerkzeug, mit dem man beispielsweise – wir übertreiben nur wenig – zugleich Schrauben anziehen, Draht abkneifen, die Gartenhecke scheren, Nägel einklopfen und vielleicht noch Butterbrot schmieren können soll.

Umgang mit Werkzeug

Wenn Sie es zusammenrechnen, kostet ordentliches Werkzeug eine hübsche Stange Geld. Dieses Kapital sollten Sie zweckdienlich ausnutzen und sorgsam pflegen. Das bedeutet, daß grundsätzlich das Werkzeug nur zu jenem Zweck verwendet wird, für den es entwickelt ist. Einen Schraubenzieher etwa als Meißel zu benutzen, ist genauso schädlich wie etwa das Lösen oder Anziehen einer Schraubenmutter mit der Zange. Eine Zange ist nur ein Haltewerkzeug, und mit der Rohrzange darf, wie ihr Name sagt, nur an Rohren und Wellen herumgedreht werden, aber nicht an Schrauben. An den Schraubenziehern soll die Klingenspitze immer sauber gerade geschliffen sein, aber sie darf keine scharfe Schneide bilden, sondern muß flach wie ein Messerrücken sein. Eine scharf zugeschliffene Klingenspitze dreht sich nämlich leicht aus dem Schraubenschlitz, da ihre Flanken schräg sind.
Zum Aufbewahren des Werkzeuges genügen zu Anfang Holzkisten oder Tischschubladen, die am besten durch einige eingebaute Brettchen aufgeteilt werden, damit der ganze Inhalt nicht durcheinanderfällt und umgerührt werden muß, bis das gesuchte Stück endlich gefunden ist. Für unterwegs ist eine Werkzeugtasche (aus starkem Leinen oder Kunstleder selbst nähen) praktisch, notfalls genügt eine alte Aktenmappe. Später kann man sich einen Werkzeugkasten aus Blech kaufen, wobei der fünfteilige mit Tragegriff, wie ihn die Schlosser haben, besonders praktisch ist.

Flüssige Hilfen

Als Lösemittel für starken Rost und festsitzende Schrauben haben sich beispielsweise »Caramba Super« und »Multigliss« von Molykote sehr bewährt. Man muß nur ein wenig Geduld haben und die Flüssigkeiten lange genug einwirken lassen (Frühstückspause derweilen machen), bevor man dann den Ringschraubenschlüssel ansetzt. Damit die solcherart locker gemachten Schrauben nicht wieder anrosten, entweder vom Bleistift Graphit auf das Gewinde schaben (Graphit ist ein Festschmierstoff) oder mit einem graphitierten Öl (z. B. von BP, Aral, Pingo oder Shell) einsprühen.
Als Schutz gegen Rost lassen sich einzelne Teile sehr wirkungsvoll mit »Tectyl« von Valvoline oder »Aral Unterbodenschutz« überziehen. Diese wachsartigen Rostschutzmittel gibt es ebenfalls in Sprühdosen. Dabei eine Zwischenbemerkung zum Rostschutz: Sie können dazu auch frisches Motoröl oder reine Vaseline nehmen, aber auf keinen Fall Altöl. Denn Altöl enthält sehr oft rostfördernde Säuren, bewirkt also das Gegenteil.
Für angerostete Fahrwerksteile, Fahrzeugböden usw. werden im Fachhandel eine Vielzahl von sogenannten Rostumwandlern angeboten. Wie Tests und eigene Erfahrungen zeigten, machen sie nicht alle ihrem Namen Ehre; bisweilen zeigt sich schon wenige Tage nach der Behandlung erneuter Rostbefall. Brauchbare Ergebnisse erzielten wir mit Rostumwandlern auf Tanninsäurebasis, die den Rost (Eisenoxyd) in eine Tanninsäure-Eisenverbindung umwandeln und so weiteres Rosten verhindern. Schon nach etwa einer Stunde kann der blauschwarz gefärbte Untergrund mit Grundierung und Decklack oder Unterbodenschutz weiterbehandelt werden.
Vorläufig sind uns nur zwei derartige Erzeugnisse bekannt, und zwar das recht preiswerte »Pingo-Roststop« (Bezugsquellennachweis: Pingo-Erzeugnisse, 8046 Garching, Gutenbergstraße 13) und das sehr teure »Rostsiegel«, das aus dem eigentlichen Rostumwandler und einem Überzugslack besteht (Vertrieb: Heim + Sport, 7065 Winterbach, Schorndorfer Straße 18).
Sollen fettverschmierte Motorteile, die Innenseiten der Felgen oder der ganze Motorraum gereinigt werden, dann gibt es hierzu, ebenfalls in Sprühdosen, spezielle Motorreiniger (besonders wirksam fanden wir den von Aral). Damit wird das betreffende Teil eingesprüht und nach wenigen Minuten mit Wasser abgespritzt oder mit dem Pinsel abgewaschen. Selbst die dicksten Fettkrusten lösen die »Motorreiniger« und geben dazu den Teilen noch Glanz. Fahrbenzin ist demgegenüber zur Motorreinigung gar nicht zu empfehlen. Nicht nur, weil nach dem Trocknen die Teile grau und unansehnlich sind, sondern vor allem, weil das Fahrbenzin Bleiverbindungen enthält, die giftig sind.

Flüssige und fette Spezialisten für die Fahrzeugpflege:
1 – Motorreiniger zum Anlösen schmutziger Fettkrusten; 2 – Besonders intensiver Spezial-Rostlöser; 3, 4, 5 – Mehrzweck-Sprays zum Rostlösen, Schmieren und vielseitigen Anwendungsmöglichkeiten; 6 – Isolierspray, speziell feuchtigkeitsverdrängend; 7 – Graphit-Öl mit meterweitem nadelfeinem Sprühstrahl für versteckte Schmierstellen; 8 – Graphitpuder als Trockenschmierstoff (verklebt nicht mit Staub); 9 – Vielseitig verwendbares Haushaltsöl; 10 – Spezialspray zur Gummipflege; 11 – Batterie-Polschutzfett Bosch Ft 40 v 1; 12 – Heißschrauben-Compound von Liqui Moly und Molykote, verhindert Festrosten von Schrauben; 13 – Gleitlack, ohne Schmierfilm; 14 – Festschmierstoff-Montagepaste (auch als Spray), wichtig bei Motor- und Getriebemontagen.

Isolierspray

Die zahlreichen Lackpflegemittel, Scheibenwaschwasserzusätze, Chromschutzmittel, Plastikreiniger usw. gehören eigentlich auch zu den »Flüssigen Hilfen«. Ihnen sind die Kapitel »Lackpflege« und »Winterschutz« besonders gewidmet. Wegen ihrer Bedeutung sollen hier jedoch noch die sogenannten »Isolier-Sprays« genannt werden, die bei Feuchtigkeitsstörungen in der Zündanlage wirkungsvoll helfen, was aber unter den Autofahrern noch immer weithin unbekannt ist. Als Beispiele wären zu nennen »Aral Intact«, »Teroson mo«: Das Isolierspray unterwandert auch die feinsten Feuchtigkeitströpfchen und stellt die Isolierung sofort wieder her, z. B. in feucht gewordenen Zündverteilerkappen. Dem gleichen Zweck dient auch »4 x Silikon-Spray« von Molykote, eine besonders vielseitige Flüssigkeit, die auch zur Pflege von Gummiteilen und als Schutz gegen das Einfrieren der Türschlösser dient.

Hilfe unterwegs

Wir wollen aufführen, was man mitführen sollte, auch wenn es nur dazu dient, anderen hilflosen und zu sorglosen Autofahrern unterwegs damit auszuhelfen. Wir nennen davon besonders:

- Ersatzglühlampen (Seite 147)
- Sicherungen (Seite 126)
- 2 m benzinfesten dünnen Schlauch
- Warnlampe
- Zündkerzen (Seite 142)
- Starthilfekabel
- Reservekanister
- Abschleppseil (Seite 242)
- Rolle Draht
- Tesa-Film
- 2 m Elektrokabel (1,5 mm^2)
- Ersatz-Keilriemen

Ersatzteile bei Auslandsreisen

Falls eine längere Reise in fremde Länder geplant ist (speziell mit dem Campingbus), wird man dort das VW-Vertretungsschild auch recht oft finden. Da aber doppelt genäht besser hält, wird es beruhigend sein, wenn etwa unter den Sitzen in Lappen eingewickelt nicht nur eine bewährte Auswahl des heimischen Werkzeugs mitreist, sondern auch einige Ersatzteile zur Hand sind, deren Fehlen die Weiterfahrt empfindlich hemmen kann:

- 1 Zündspule
- 1 Verteilerläufer
- 1 Satz Unterbrecherkontakte
- 1 Schwimmer
- 1 Membrane für Benzinpumpe oder eine komplette Benzinpumpe
- 1 Flasche mit destilliertem Wasser für Batterie (in Ostblockstaaten eine Rarität)
- Motoröl (nicht in EG-Ländern, dort ist Motoröl durchweg billiger)
- Reifenflickzeug (siehe Seite 210)
- Reifenventileinsätze
- 2 Reifen-Montierhebel
- 1 kräftige Fuß-Luftpumpe
- Evtl. weitere schlauchlose Reifen (nicht montiert)

Der Transporter besitzt erfreulicherweise einen recht stabilen Wagenheber. Der Wagen wird hochgekurbelt (Radmutternschlüssel ansetzen). Dazu gibt es sowohl vorn als auch hinten Aufnahmen für den Heber. Handbremse fest anziehen, möglichst ein auf dem Boden bleibendes Rad mit einem Stein oder dergleichen gegen Wegrollen sichern!

Was ist was im Motorraum?

Es ist keine Schande, wenn man nicht alle Teile unter der Haube seines Wagens kennt. Will man jedoch bei einer Panne selbst wieder flott werden, so muß man die Teile zumindest finden, von denen hier im Buch laufend die Rede ist. Wir zeigen sie hier am Beispiel eines 50 PS-Transporters von 1971. Bei den anderen Modellen jedoch sieht es fast genau so aus, selbst bei den Wagen vor 1967. (Nur der Flachmotor macht hier eine Ausnahme; seinen Motorraum zeigen wir auf der nächsten Seite.)
Wo die bezifferten Teile genauer beschrieben sind, finden Sie im Stichwortverzeichnis am Ende dieses Buches. Die Ziffern bedeuten:
1 = Standheizung; 2 = Sicherung für Standheizung; 3 = Zündspule; 4 = Zündverteiler; 5 = Vergaser; 6 = Geteilte Keilriemenscheibe der Lichtmaschine; 7 = Kabelstrang zwischen Lichtmaschine und Reglerschalter; 8 = Öleinfüllstutzen; 9 = Kabel der Kennzeichenleuchte; 10 = Schlauch, mit dem vom Kühlgebläse Warmluft für die Heizung abgezapft wird; 11 = Luftfilter; 12 = Batterie; 13 = Warmluftschlauch zum Luftfilter; 14 = Schlauch der Kurbelgehäuseentlüftung; 15 = Kondenswasserablauf der Kurbelgehäuseentlüftung; 16 = Ölpeilstab; 17 = Motor-Nummer; 18 = Keilriemenscheibe der Kurbelwelle; 19 = Benzinpumpe; 20 = Unterdruckdose der Zündzeitpunktverstellung; 21 = Auspuffgasrohr zur Vorwärmung des Ansaugrohrs; 22 = Ansaugrohr der linken Zylinderreihe; 23 = Zündkerzenstecker des 4. Zylinders; 24 = Warmluftschlauch wie Nr. 13.

Die neue Generation

Der Flachmotor ist nicht so übersichtlich wie der »klassische« Transporter-Motor mit stehendem Gebläse. Wir haben die wichtigsten Teile hier eingezeichnet:

1 = benzinelektrische Zusatzheizung, 2 = linker Vergaser, 3 = Peilstab für ATF des automatischen Getriebes, 4 = Luftschlauch der Heizung, 5 = Verbindungsstange der beiden Vergaser, 6 = Papier-Luftfilter, 7 = Heizgebläse, 8 = rechter Vergaser, 9 = Diagnose-Steckdose, 10 = Keilriemen-Spannschraube, 11 = Ölpeilstab, 12 = Gradeinteilung für Zündeinstellung, 13 = Verteiler, 14 = Zündspule.

Pflege nach Plan

So ein Automobil ist aus vielen tausend einzelnen Teilen zusammengesetzt. Wenn auch die meisten davon ein Auto-Leben lang halten, so erfordern doch andere gelegentliche Aufmerksamkeit, auch gelegentliches Auswechseln. Bei regelmäßiger und sorgfältiger Pflege gewinnt der Wagen an Aus- und Ansehen, vor allem aber an Zuverlässigkeit und Lebensdauer. Im eigenen Interesse daher: Wartungsarbeiten nicht vernachlässigen!

Der Service-Plan

Jedes Werk stellt zu diesem Zweck einen ausführlichen Fahrplan darüber auf, was wann und wo gepflegt, geprüft oder gewartet werden soll. So tat auch das Volkswagenwerk und gibt den Käufern eines neuen Wagens einen »Service-Plan« mit, in dem dies alles aufgezählt, erläutert und mit freien Feldern für den Bestätigungsstempel der VW-Werkstatt versehen ist. Nach diesem Service-Plan wünscht man Sie alle 10 000 km oder einmal im Jahr, wenn Sie weniger fahren, in der VW-Werkstatt zu sehen und zwischendurch »zur Halbzeit« nochmal nach 5000 km oder sechs Monaten zum Schmierdienst. Dieser 5000 km-Schmierdienst soll aber außer dem Preis für das Motoröl in der VW-Werkstatt noch extra ein paar Mark kosten. Das ist bei Tankstellen billiger, denn dort verlangt man zumeist nur den Preis für das Motoröl und schmiert die Türscharniere ohne Berechnung.

Neues Service-System seit 1978

Zum Herbst 1978 hat sich das Werk ein neues Service-System ausgedacht: Die bisherigen Wartungsintervalle bleiben erhalten, und die Arbeiten werden in den neuen Service-Plänen, die der Wagen beim Kauf mit auf den Weg bekommt, mit dem Namen »Regel-Service« benannt. Zusätzlich zu diesen Wartungs- und Kontrollarbeiten wurde eine Reihe von Einzelleistungs-Paketen geschaffen, die nur bei Bedarf in Anspruch genommen werden. So bieten die VW-Werkstätten als Instandhaltungspakete einen Unterboden-Service, einen Hohlraum-, einen Winter-, einen Frühjahrs-, einen Urlaubs-, einen Motortest- und einen Plus-Service an. An Instandsetzungs-Paketen gibt es je einen Service für Bremsen, Auspuff, Stoßdämpfer, Reifen, Zündung und Vergaser, Motor und Getriebe, Karosserie, Lack, Fahrwerk, Zubehör und TÜV. Mit dieser doch etwas verwirrenden Vielzahl von Dienstleistungs-Paketen wollen die Werkstätten durch bessere Organisierbarkeit der Arbeiten preislich konkurrenzfähig bleiben.

Allen diesen Arbeiten soll eine Diagnose nach einem neu entwickelten System vorausgehen. Es werden nicht mehr wie früher alle Fahrzeugfunktionen diagnostiziert, sondern nur noch die Funktionen innerhalb des betreffenden Wartungspakets. Der Mechaniker hat das nötige Diagnosegerät an seinem Arbeitsplatz stehen und soll nach erfolgter Prüfung nur diejenigen Arbeiten durchführen, die sich bei der Diagnose als erforderlich herausgestellt haben.

Der VW-Fahrer kann nun leider nicht mehr den Wagen zur Volldiagnose in die

Werkstatt bringen und sich anschließend reiflich überlegen, welche Arbeiten er selbst durchführen will und welche er der Werkstatt überlassen möchte.

Was kann man selbst machen?

Was an einzelnen Arbeiten jeweils in der VW-Werkstatt gemacht wird, finden Sie in Ihrem Service-Plan aufgezählt.
Da wir unser Buch aber nicht für VW-Werkstätten schreiben, sondern für Sie als Fahrer, der sich selbst an seinem Wagen betätigen will, sieht unser nachfolgender Wartungsplan ein wenig anders aus als jener im Service-Plan.
Trotzdem sind darin alle vom Volkswagen-Werk genannten Wartungsarbeiten aufgeführt. Keine ist vergessen, nur sind sie etwas anders gruppiert. Stattdessen ist bei jeder Wartungsarbeit aufgeführt, von welcher Seite Sie an das betreffende Teil Ihres Wagens herankommen und auf welcher Seite dieses Buches die genaue Ausführung der Arbeit beschrieben ist.
Und schließlich haben wir in der nachstehenden Tabelle durch einen oder mehrere Buchstaben gekennzeichnet, wann man sich selbst helfen kann und wann nicht. Es bedeuten:

S = Selbstmachen. Das sind Arbeiten, die man ohne Fachkenntnisse und besonderes Werkzeug selbst ausführen kann, wenn man den entsprechenden Abschnitt auf der betreffenden Seite dieses Buches durchgelesen hat.

S/T = Selbstmachen oder Tankstelle. Auch hier sind keine besonderen Fachkenntnisse notwendig, aber vielleicht fehlt Ihnen das Gerät zur Durchführung dieser Arbeit, und die Tankstelle besitzt es.

S/W = Selbstmachen oder Werkstatt. Dabei sind neben einigen Kenntnissen, die Ihnen ebenfalls dieses Buch vermittelt, etwas Geschick, Einfühlungsvermögen und zusätzliches, aber kein aufwendiges Werkzeug erforderlich.

T = Tankstelle. Auch der sparsame Mann überläßt diese Pflegemaßnahme am besten einer verläßlichen Tankstelle, wenn er sie auch selbst ausführen könnte. Er spart dabei Zeit und Mühe, denn nur der Warenpreis – in der Regel das Öl – wird von der Tankstelle berechnet, aber kein zusätzlicher Arbeitslohn. Selbstpfleger mit Ehrgeiz werden sich aber auch daran versuchen. Das lohnt aber nur dann, wenn die notwendige Ware preisgünstiger eingekauft werden kann.

W = Werkstatt. Diese Arbeiten erfordern spezielle Kenntnisse, teure Meß- und Arbeitsgeräte, die nur eine Fachwerkstatt besitzt. Nur in Notfällen und bei besonderer Sachkenntnis sollte man sich selber damit befassen. Trotzdem sind sie in diesem Buch beschrieben, damit Sie wissen, was die Werkstatt macht.

In einigen Zeilen stehen mehrere Buchstaben. Sie haben dann die Wahl, wer diese Arbeit ausführen soll. Natürlich könnte bei jedem Punkt auch ein »W« stehen, denn der Werkstattfachmann ist ja damit bestens vertraut. Wir schlagen Ihnen aber die Reihenfolge Selbstmachen – Tankstelle – Werkstatt vor. Bei einer Tankstelle kommen Sie nämlich schneller zum Zuge als bei der bisweilen überlasteten Werkstatt.
Sie brauchen keine Scheu davor zu haben, die mit »S/W« oder »W« gekennzeichneten Inspektions- und Pflegearbeiten gesondert in Auftrag zu geben. Das ist immer noch billiger als ein kompletter Wartungsdienst und geht schneller.

Keine Montage unter dem Wagen ohne einwandfreie Abstützung! Der Wagenheber allein genügt nicht. Nimmt man Räder ab, so kann der Wagen sehr einfach mit ihnen (und mit dem Reserverad) unterlegt werden – wenn der Wagenheber versagen sollte, wird der Wagen von zwei übereinandergelegten Rädern gut aufgehalten. Statt der Räder kann man auch Hohlblocksteine nehmen – zwischen Wagen und Stein muß hier allerdings noch ein Brettchen kommen, sonst wird der Stein zerdrückt. Am besten freilich ist ein solcher stabiler Unterstell-Bock.

Was muß wann und wo gemacht werden?

Schmierdienst alle 5000 km

		Nähere Hinweise	Seite
	T	1. Motorölwechsel und Ölsieb reinigen	42
S/T		2. Türscharniere und Türfeststeller ölen	53
S/T		3. Säurestand der Batterie prüfen	108

Dazu alle 10 000 km

		Unter der Motorhaube	
S		4. Keilriemenspannung prüfen, eventuell nachspannen	117
S		5. a) Ölbadluftfilter prüfen, eventuell reinigen	51
		b) Papierluftfilter reinigen	101
S		6. Filter der Kraftstoffpumpe reinigen	83
S		7. Vergasergelenke ölen	54
S/W		8. Warmluftregelklappe der Vergaservorwärmung prüfen	102
S/W		9. Leerlauf prüfen	96
S/W		10. Unterbrecherkontaktabstand (Schließwinkel) prüfen	137
S/W		11. Zündzeitpunkt prüfen, gegebenenfalls einstellen	138
S		12. Zündkerzen-Elektrodenabstand prüfen	142
	W	13. Kompressionsdruck prüfen	67
S		14. Flüssigkeitsstand im automatischen Getriebe prüfen	185
T/W		15. Ölfilter wechseln (1,7-/1,8-/2-Liter-Motor)	44
		Unter dem Wagen	
S/T		16. Vorderachse durchschmieren	55
S		17. Wasserablauflöcher der Vorderachse kontrollieren	189
S		18. Sichtprüfung des Motors auf Undichtigkeiten	56
S/W		19. Ventilspiel kontrollieren	66
S		20. Sichtprüfung von Hinterachse und Getriebe auf Undichtigkeiten	56
	W	21. Befestigungsschrauben der Gleichlaufgelenke auf festen Sitz prüfen	191
S		22. Getriebeölstand prüfen	49
S		23. Sichtprüfung der Auspuffanlage	70
S		24. Gummiventil der Kurbelgehäuse-Entlüftung prüfen	73
S		25. Gelenkwellenschutzhüllen auf Beschädigungen prüfen	191
S/W		26. Heizung prüfen	77
S/W		27. Sichtprüfung der Bremsleitungen und Bremsanlage auf Undichtigkeiten	194
S/W		28. Sichtprüfung der Stoßdämpfer und des Lenkungsdämpfers	189
S/W		29. Spurstangenköpfe auf Spiel und Dichtheit der Staubkappen prüfen	192
		Im Wagen	
S/W		30. Kupplungspedalspiel prüfen	181
S/W		31. Bremspedalspiel prüfen	195
S/W		32. Leerweg des Handbremshebels prüfen	198
S/W		33. Lenkungsspiel und Ölstand im Lenkgetriebe prüfen	192
S		34. Funktionsprüfung aller Kontroll-Instrumente	170

S		35. Funktionsprüfung der Signalanlage	148, 163
S/T		36. Batterie-Ladezustand prüfen, Batterie reinigen	109
		Rund um den Wagen	
S		37. Beleuchtungseinrichtungen prüfen	148
S/W		38. Scheinwerfereinstellung prüfen	151
S		39. Zustand der Wischerblätter prüfen	176
S/T		40. Scheibenwaschanlage prüfen	177
S		41. Bremsflüssigkeitsstand prüfen	195
S/T		42. Reifendruck prüfen	207
S		43. Reifenzustand prüfen	208
S		44. Radschrauben auf festen Sitz prüfen	209
S/W		45. Bremsbelagstärke prüfen	195
S/W		46. Axialspiel der Achsgelenke und Traghebel prüfen	188
S		47. Staubkappen und Verschlußstopfen der Achsgelenke prüfen	188
	W	48. Spur und Sturz der Räder prüfen	189
S		49. Schlösser und Scharniere ölen	53
S/W		50. Probefahrt mit Funktionsprüfung von Kupplung und Bremsen	14

Dazu alle 20 000 km

W	51. Unterbrecherkontakte im Zündverteiler prüfen	136

Dazu alle 30 000 km

W	52. Unterdruckdose der Getriebeautomatik auswechseln (nur bis Baujahr Juli 1975)	185

Dazu alle 50 000 km

W	53. Vorderradlager reinigen und fetten	189
W	54. Getriebeöl wechseln (nur bis Juli 1969)	50

Ab Modell 1972 braucht die Vorderachse – bei unveränderter Bauart – nur mehr alle 30 000 km abgeschmiert zu werden (oder einmal im Jahr).

Bremsflüssigkeit erneuern

Zusätzlich zu diesen Wartungsarbeiten soll die Bremsflüssigkeit alle zwei Jahre erneuert werden. (In älteren Betriebsanleitungen finden sich noch andere Angaben.) Dieses Erneuern ist vor allem bei Fahrzeugen mit Scheibenbremsen wichtig. Bremsflüssigkeit nimmt im Lauf der Zeit Wasser auf; bei Scheibenbremsen ist die Bremsflüssigkeit den hohen Bremsen-Temperaturen besonders intensiv ausgesetzt, und bei hohem Wassergehalt können sich Dampfblasen bilden: Die Bremse fällt aus!

Wartung älterer Modelle

Ältere Transporter- und Bus-Modelle (bis einschließlich Baujahr Juli 1965) mußten doppelt so oft in die Werkstatt: Für sie war eine Wartung alle 5000 km vorgeschrieben. Die vorgeschriebenen Arbeiten unterschieden sich prinzipiell nicht von den heutigen, auch bei den Motoren gibt es keine Änderungen speziell im Hinblick auf geringere Wartung: Wir hätten keine Bedenken, das neue 10 000-km-Wartungsschema auch für ältere Wagen zu übernehmen. Selbstverständlich kann auch bei diesen älteren Wagen eine Diagnose vorgenommen werden.

In einem Punkt allerdings verlangt der alte Transporter mehr Aufmerksamkeit: In der Schmierung der Vorderachse. Ist ein Abschmieren bei den neueren Modellen ab Modell 1968 nur noch alle 10 000 km nötig, so sollen

- Fahrzeuge vor August 1965 (Bundbolzen-Vorderachse) alle 2500 km
- und Fahrzeuge zwischen August 1965 und Juli 1967 alle 5000 km (besser abgedichtete Bundbolzen-Vorderachse)

abgeschmiert werden. Hier zu sparen, heißt sich wesentlich größeren Verschleiß an den Vorderachsgelenken einzuhandeln – es lohnt sich nicht.
Fahrzeuge vor August 1969 schließlich müssen alle 50 000 km neues Hypoid-Öl für ihr Getriebe bekommen. Die neueren bekommen nur einmal – im Werk – eine Ölfüllung und sind dann auf Lebenszeit versorgt.
Fahrzeuge bis Juli 1967 benötigen darüber hinaus alle 50 000 km noch neues Öl in den beiden Vorgelege-Getrieben, die rechts und links an den Hinterrädern sitzen.

Der Pflegeplatz

Nur selten wird eine Garage so geräumig sein, daß dort der Selbstpfleger seinem Wagen zu Leibe rücken kann. Stören wird dort ferner die ungenügende Beleuchtung und die fehlende Zugänglichkeit von allen Seiten. Günstiger ist es also im Freien, wo auch die Fahrzeugunterseite ohne Hand- oder Taschenlampe einzusehen ist.
Aber nicht jeder Platz im Freien eignet sich für Pflege und Wartung des Wagens. Auf einer Wiese oder einem Rasenplatz bleiben nicht nur Spuren zurück, sondern auch eine versehentlich herabgefallene Schraube ist unauffindbar. Ebenso zieht ein in der Nähe befindlicher Wasserablauf Schrauben und Kleinteile geradezu magisch an. Gekiester Boden auf festem Untergrund empfiehlt sich schon eher, wenn man vorher den Kies mit einem Drahtbesen geglättet hat. Am besten ist natürlich ein ebener und glatter Beton- oder Asphaltboden. Vorher wird dieser selbstverständlich gesäubert, damit sich der Heimpfleger nicht im Schmutz herumwälzen muß. Wer sich unter das Auto legen will, bedient sich dabei am besten eines Bogens Packpapier. Noch besser ist ein ausgebrauchtes Kunststoff-Tischtuch oder eine alte Decke.

Aufgebockten Wagen sichern

Wenn Sie an die Unterseite Ihres Wagens heran wollen, z. B. bei der Getriebeölkontrolle, dann werden Sie merken, daß zwischen Boden und Autobauch nicht viel Platz bleibt. Also muß das Auto hochgewunden werden. Hüten Sie sich jedoch davor, unter ein Auto zu kriechen, daß nur von dem Wagenheber einseitig hochgehalten wird. Auch der dem Transporter beigegebene Wagenheber kann bei einem Rütteln am Fahrzeug oder bei nicht einwandfrei angezogener Handbremse abgleiten oder umknicken. Wie man den Wagen verhältnismäßig stabil aufbockt, zeigt das Bild auf Seite 37. Und vergessen Sie nie, die beim Aufbocken noch auf dem Boden befindlichen Räder beidseitig mit Steinen oder Holzscheiten gegen Wegrollen zu sichern.

Das geht ja wie geschmiert

Jeder weiß, wie schwer feste Körper aufeinander gleiten – man muß sich zum Beispiel ganz schön anstrengen, einen voll gefüllten Karton unter einem Schrank hervorzuziehen. Verantwortlich hierfür ist die Reibung auf dem Boden. Reibung erzeugt Widerstand, Wärme und Abnutzung. Alle drei Auswirkungen sind im Auto unerwünscht (sieht man von den Bremsen und der Kupplung einmal ab).
Man muß also dafür sorgen, daß die Teile beispielsweise in Motor oder Getriebe möglichst leicht aufeiander gleiten können. Dies gelingt mit Hilfe einer »Schmierung« – man bringt zwischen die bewegten Teile eine Schicht, welche direkten Kontakt der beiden Oberflächen verhindert und überdies in sich leicht verschiebbar ist. Diese Schicht besteht in der Regel aus Öl oder Fett.
Fett ist dabei nur in festere Form gebrachtes Öl. Ob man Fett oder Öl nimmt und welche spezielle Sorte es jedesmal sein muß – denn es gibt hunderterlei Sorten Fette und Öle zum Schmieren –, das hängt weitgehend ab von der Geschwindigkeit der gleitenden Teile, von den dort auftretenden Temperaturen und Drücken, sowie von den äußeren Einwirkungen, etwa Wasser oder Schmutz. Außerdem haben die Schmierstoffe an manchen Stellen noch besondere Aufgaben, zum Beispiel Kühlung heiß werdender Teile, Abdichtung gegen Gas, Wasser oder Staub, Beseitigung von Abriebteilchen, Verbrennungsrückständen und anderem mehr.
Es ist klar, daß bei diesen vielfältigen Aufgaben, die an den verschiedenen Schmierstellen ganz unterschiedlich zu bewältigen sind, mit einer x-beliebigen Schmiere nicht auszukommen ist. Motoröl im Getriebe würde dieses genauso zerstören wie Getriebeöl den Motor. Auch mit feinstem Salatöl oder bester holländischer Butter wäre, weil es kein mineralisches Öl oder Fett ist, Ihrem Wagen kaum gedient.

Motorölwechsel
Schmierdienst Nr. 1

Nach Pflegeplan ist der Wechsel des Motoröls alle 5000 km vorgesehen. 5000 km sind eine runde Zahl – wie ernst ist sie zu nehmen?
Man kann den Ölwechseltermin durchaus seinen eigenen Fahrgegebenheiten anpassen. Es darf ein bißchen mehr sein, wenn Sie Ihren Transporter stets flott und munter bewegen, dabei wenig Kurzstrecken- und Stadtfahrten haben (wobei der Motor nicht richtig warm werden kann), nicht nur immer mit dem Ölminimum (bis zur unteren Peilstabmarke) fahren und es nicht gerade kalter Winter ist. Flotte Autobahnfahrten beanspruchen das Öl verhältnismäßig wenig (weshalb man wegen der Sommer-Urlaubsfahrt auch keinen Sonder-Ölwechsel einlegen muß), so daß man unter diesen günstigen Umständen ein gutes HD-Öl (das für alle VW-Modelle zwingend vorgeschrieben ist) auch 6000 oder 8000 km im Motor lassen kann. Sorglose Leute sagen dazu noch »was einem Ford oder Audi recht ist, kann einem VW nur billig sein«, und wechseln

Die Ölablaß-Schraube (in Deckelmitte) wird mit einem Maul- oder – noch besser – Ringschlüssel SW 21, wie ihn der Spezial-Ölwechselschlüssel für den VW hat, herausgedreht. Nach dem Auslaufen des Altöls wird diese Ablaß-Schraube (mit neuem Dichtungsring) erst wieder eingedreht, nachdem das über dem runden Deckel liegende Ölsieb gereinigt worden ist! Beim Eindrehen der Ablaß-Schraube darf diese nicht mit Gewalt angezogen werden. Einfacher ist es, den Ölsiebdeckel (Bild übernächste Seite) zum Ablassen des Altöles zu öffnen. Um die Reinigung des Ölsiebs bei jedem Ölwechsel sicherzustellen, ist seit August 1972 die Ölablaß-Schraube beim 1,6-Liter-Motor entfallen.

unter günstigen Fahrbedingungen (wie eben jenen Langstreckenfahrten im Sommer) das Öl erst nach 10 000 km.
Man sollte dabei jedoch bedenken, daß die 1,2-, 1,5- und 1,6-Liter-Motoren lediglich 2,5 Liter Öl fassen – je weniger Öl sich im Kurbelgehäuse befindet, desto öfter wird es umgewälzt, desto mehr wird es beansprucht. Dazu haben die Motoren kein Ölfilter. Verbrennungsrückstände und Schmutzteilchen bleiben ohne Filter ständig im Ölkreislauf – nur durch einen Ölwechsel können sie entfernt werden. Wir möchten daher nicht raten, die 5000 km Ölwechsel-Abstand gar zu weit zu überschreiten. Beim Transporter muß auch noch berücksichtigt werden, daß der Motor auf Grund der »kurzen« Hinterachs-Untersetzung pro Kilometer mehr Umdrehungen macht als z. B. bei einem VW-Käfer.

Ein Ölfilter ist nützlich

An die 1,2-, 1,5- und 1,6-Liter-Motoren kann man nachträglich ein Ölfilter montieren. Es sitzt organisch innerhalb des Keilriemens unterhalb der Lichtmaschine und ist als Original-VW-Zubehörteil erhältlich. Den Einbau kann man selbst vornehmen. Die Austausch-Patrone wird immer dann erneuert, wenn sie nicht mehr warm wird (was je nach Einsatzbedingungen 15 000 bis 30 000 km dauert). Das Ölfilter arbeitet im Nebenstrom-Prinzip – ein dünner Ölstrahl wird nach der Pumpe (am Öldruckschalter) abgezweigt und fließt durch das Filter in den Motor zurück. Ist das Filter zugesetzt, so kann nichts passieren – für den Motor ist das Filter dann einfach nicht mehr vorhanden. Bei verstopftem Filter fließt kein Öl mehr durch – und der Filtertopf bleibt kalt. Mit Filter vergrößert sich erstens der Ölvorrat um etwa 0,3 Liter, und zweitens fängt es alle Schmutzteilchen heraus: Ein Überschreiten der Ölwechselabstände bei günstigen Betriebsbedingungen ist hier schon eher zu vertreten.

»Schonend« fahren schont nicht

Es gibt auch Fahrbedingungen, die einen Motorölwechsel schon nach 2500 oder jedenfalls weniger als 5000 km ratsam machen. Das ist vor allem bei Kurzstreckenverkehr der Fall – etwa bei einem Botenfahrzeug in der Stadt und dergleichen –, bei häufigen Kaltstarts, winterlichem Stadtverkehr, staubigen Feldwegen und bei sehr gemächlicher Fahrweise mit nicht mehr als 80 km/h Spitzengeschwindigkeit (daß man damit seinen Wagen nicht schont, sondern den Motor recht strapaziert, sei hier nur nebenbei bemerkt). Unter solchen

Umständen wird der Motor zu langsam oder gar nicht betriebswarm, dementsprechend fallen bei der Verbrennung mehr Rückstände an, die das Motoröl aufnehmen muß; es gibt Kraftstoffkondensat, Wassertropfen, Säuren, Abriebteilchen im Motoröl, die dessen Schmierfähigkeit natürlich sehr herabsetzen – dieses minderwertig gewordene Öl muß früher heraus, vor allem im Winter dann schon nach 2500 km.
Früherer Ölwechsel ist auch zu empfehlen, wenn der Wagen im ganzen Jahr keine 10 000 km bewegt wird. Denn das Öl im Motor »altert« auch bei Nichtbeanspruchung mit der Zeit und verliert dadurch an seiner Wirkung. Deshalb empfiehlt sich vor allem zum Winterende ein Ölwechsel, auch wenn noch keine weiteren 5000 km auf dem Tachometer zu sehen sind.

Öl wechseln und Ölsieb reinigen

Man kann den Motorölwechsel in der VW-Werkstatt, an der Tankstelle oder zu Hause machen. Wir ziehen im allgemeinen die Tankstelle vor:
1. Das Motoröl soll warm gewechselt werden, damit aller Schmutz gut ausläuft. In Werkstätten muß der Wagen oft lange warten, bis er drankommt. Inzwischen ist das Motoröl kalt geworden und schwemmt nicht allen Schmutz heraus. An Tankstellen hat man oft schon nach wenigen Minuten Zeit für diese Arbeit.
2. Wenn Sie Motoröl nicht im Discount-Laden, Kaufhaus oder durch gute Beziehungen billiger kaufen können und es von der Tankstelle beziehen, kostet es zumeist den gleichen Preis, ob der Ölwechsel an der Tankstelle oder zu Hause gemacht wird. Die eigentliche Arbeit des Ölwechsels wird an den Tankstellen selten berechnet. Man kann sich also die Mühe zu Hause sparen.
3. Beim Ölwechsel fällt Altöl an. Wohin damit? In die Kanalisation schütten oder im Garten vergraben darf man es nicht. Das kostet wegen des Grundwasserschutzes Strafen. Nicht einmal zum Einpinseln der Wagenunterseite gegen Rost taugt das Altöl, da es rostfördernde Säuren enthält (deswegen vor längerem Abstellen des Wagens Ölwechsel vornehmen). Bei der Tankstelle ist das Altöl besser aufgehoben. In vielen Städten gibt es aber auch Altölsammelstellen, wo verbrauchtes Öl kostenlos abgegeben werden kann. Die Adressen erfahren Sie von der Stadtverwaltung, der örtlichen Polizei oder auch vom ADAC. Für den Selbstwechsler gibt es übrigens von Liqui-Moly beim Kauf von Öl eine große Altöl-Auffangwanne und für rund 10 DM einen Sammelkanister mit 20 Liter Fassungsvermögen (Adresse: 7900 Ulm, Postfach 19).
Wenn man aber den Ehrgeiz hat, es selbst zu machen, dann werden benötigt:
- 2,5 Liter HD-Motoröl;
- neue Dichtungen für Ölsiebdeckel und Ölablaßschraube;
- Schraubenschlüssel SW 21 zum Öffnen der Ablaßschraube;
- Rohrsteckschlüssel SW 10 zum Aus- und Einbau des Ölsiebdeckels;
- Gefäß zum Auffangen des Altöls.

Die Arbeit geht dann so vor sich:
- Wagen waagrecht abstellen und Wanne oder sonstiges Gefäß zum Auffangen des Altöls unterstellen;
- Ablaßschraube (seit August 1972 entfallen) mit Ringschlüssel SW 21 herausdrehen, Öl auslaufen lassen oder:
- die 6 Halteschrauben des Ölsiebdeckels mit Rohrsteckschlüssel SW 10 herausdrehen (mit Gabelschlüssel SW 10 Beschädigungen der Schraubenkanten leicht möglich);
- Ölsiebdeckel und Ölsieb abnehmen und mit Fingern prüfen, ob das in das Ölsieb hineinragende Ölansaugrohr im Kurbelgehäuse noch fest sitzt;
- Ölsieb in frischem Benzin gründlich auswaschen, auf Druckstellen durch das Ölansaugrohr prüfen;

Bei jedem Ölwechsel soll das Ölsieb sorgsam in Benzin gereinigt werden. Zum Ausbau wird ein Rohrsteckschlüssel (oder hochgekröpfter Ringschlüssel) SW 10 benötigt. Die Zahlen bedeuten: 1 = Öl-ansaugrohr im Kurbelgehäuse; 2 = Ölsieb mit aufliegendem Dichtring; 3 = Ölsiebdeckel mit weiterem Dichtring; 4 = Ölablaß-Schraube.
Beim Einbau sollen neue Dichtringe benutzt werden. Die Deckelschrauben müssen »über Kreuz« festgedreht werden, sonst verzieht sich der Deckel und dichtet nicht einwandfrei ab.

- Dichtungsreste am Ölsiebdeckel abschaben, ebenso am Gegenflansch der Kurbelgehäuseunterseite;
- Ölsieb mit neuer Dichtung einbauen und Ölablaßschraube mit neuem Dichtring eindrehen. Dabei Schrauben über Kreuz wechselnd und nicht mit Gewalt andrehen, sonst reißt das Gewinde im Leichtmetall aus;
- 2,5 Liter frisches Motoröl in den Einfüllstutzen einfüllen;
- nach einiger Wartezeit Ölstand sicherheitshalber prüfen.

Wenn Sie einen VW-Transporter mit 1,7-/1,8- oder 2-Liter-Motor besitzen, sind beim Ölwechsel folgende Unterschiede zu beachten: Die Öleinfüllmenge beträgt ohne Filterwechsel 3 Liter und mit Filterwechsel 3,5 Liter Motoröl. Die Ölablaß-Schraube wird mit einem Schlüssel SW 19 gelöst, das Ölsieb hat eine zentrale Befestigungsschraube (siehe Bild unten, schwarzer Pfeil) und braucht nur alle 30 000 km gereinigt zu werden. Da zum Anziehen der Ölsieb-Befestigungsschraube ein Drehmomentschlüssel gebraucht wird (Drehmoment 1,3 mkg, sonst kann das Ölansaugrohr verzogen und die Ölversorgung des Motors gefährdet werden), sollten Sie diese Arbeit der Werkstatt überlassen.

Fingerzeig: *Seit einiger Zeit wird mit großem Werbeaufwand »Ölwechsel in 5 Minuten« mit Ölabsauggeräten propagiert. Anstatt die Ölablaßschraube bzw. die Ölsiebschrauben zu öffnen, wird eine Absaugsonde in die Peilstaböffnung gesteckt. Dabei bleibt jedoch eine zu große Altölmenge im VW-Motor zurück. Außerdem wird das Ölsieb nicht gereinigt oder beim Flachmotor der*

Die Ölablaßschraube am 1,7-/1,8-/2-Liter-Motor wird mit einem Ringschlüssel SW 19 gelöst. Die zentrale Befestigungsschraube für das Ölsieb (schwarzer Pfeil) ist bei älteren Motoren für SW 19 und bei neueren für SW 13.

Wegen der beengten Raumverhältnisse am 1,7-/1,8-/2-Liter-Motor kommt man an das Ölfilter mit den üblichen Filterschlüsseln nicht heran. Der VW-Filterschlüssel von Hazet kostet rund 16 DM.

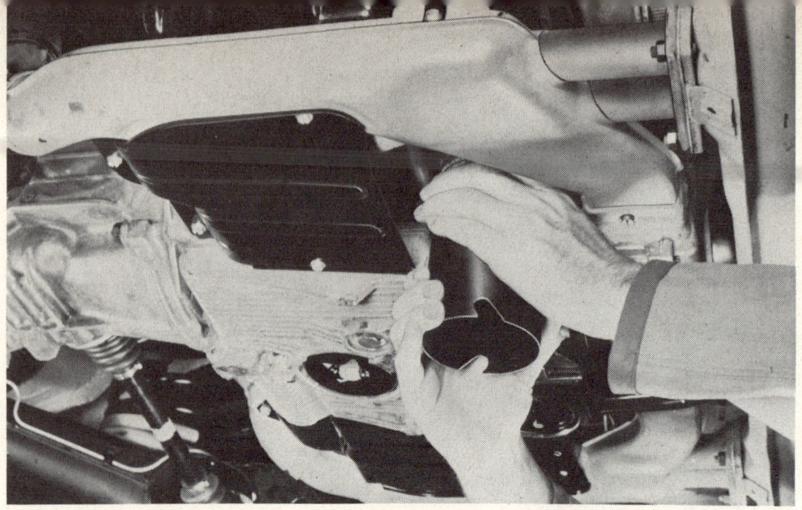

Ölfilterwechsel vergessen, was dem Motor keinesfalls guttut. Zum Ölwechsel muß also weiterhin die Ablaßschraube bzw. der Ölsiebdeckel losgeschraubt werden.

Ölfilterwechsel
Pflegearbeit Nr. 15

Die 1,7-/1,8- und 2-Liter-Motoren sind mit einem Ölfilter ausgerüstet, das im Hauptstrom des Motorölkreislaufs liegt. Alles Öl fließt durch den Filtereinsatz aus Papier und wird dabei von Verschmutzungen gereinigt. Zwar beeinträchtigt ein verstopfter und damit wirkungsloser Filtereinsatz den normalen Schmierumlauf nicht, aber das ungefilterte Öl verursacht stärkeren Verschleiß im Motor.
Die Ölfilterpatrone sitzt hinten links unten am Motor und wird mit einem Spezialschlüssel (Hazet Nr. 2596) losgeschraubt. Mit der neuen Filterpatrone ist auch ein neuer Dichtring (mit Mehrzweckfett bestreichen) zu verwenden. Das Anziehen soll nur mit mäßiger Kraft von Hand erfolgen. Anschließend den Motor kurz laufen lassen und Ölfilterflansch auf Dichtheit prüfen.

Verwendbare Ölsorten

Die Kraftfahrzeughersteller schreiben durchweg sogenannte Marken-HD-Öle vor; gemeint sind damit »legierte« Öle. Darunter versteht man Mineralöle, denen chemische Wirkstoffe (Additive) zugesetzt sind, die z. B. das Öl alterungsbeständig halten, anfallende Säuren neutralisieren, anfallende Verbrennungsrückstände in der Schwebe halten oder die Motorenteile vor Korrosion schützen. Aber die Bezeichnung »HD-Öl« ist eine veraltete Qualitäts-Klassifikation, die international nicht mehr allgemein verwendet wird. Hierzulande gehört sie (leider) noch zum gängigen »Auto-Deutsch«, auch wenn »HD« gut amerikanisch »Heavy Duty« (= schwere Beanspruchung) bedeutet.
Seit einiger Zeit hat das Volkswagenwerk in manchen Unterlagen auch die neueste API-Leistungsnorm »SE« für Motorenöle zusätzlich genannt. Sie wird international anerkannt und ist in vielen Ländern allgemein gebräuchlich. Folgende Qualitätsnormen des Amerikanischen Petroleum-Instituts (API), des US-Militärs, von Ford und von General-Motors kennzeichnen Öle, die für den VW Transporter und Bus geeignet sind:

- API-Service SE
- API-Service CC (eigentlich für Dieselmotoren bestimmt, kann aber problemlos im VW-Motor verwendet werden)
- MIL-L-46 152
- MIL-L-2104 B (entspricht »API-Service CC«)
- Ford SSM-2C-9001-AA oder
- GM 6136 M.

Bei solcherart gekennzeichnetem Öl können Sie unbesorgt zugreifen, auch wenn es wesentlich billiger ist als ein gleichartiges bekanntes Markenöl. Dagegen sind Hinweise wie »Erfüllt alle Anforderungen der Motorenhersteller« oder »Von allen großen Automobilwerken anerkannt« für sich allein kein Qualitätsbeweis. Auch Öle mit den geringwertigen Spezifikations-Normen »API-Service SA, SB, SC, SD, CA, CB« genügen nicht für den VW-Motor.

Viskosität und Temperatur

Je nach Temperatur und Jahreszeit schreibt das Volkswagenwerk unterschiedliche, durch Zahlen gekennzeichnete HD-Öle vor. Diese Zahlen, z. B. »SAE 10 W« oder »SAE 20 W/20«, geben die Viskosität, die Zähflüssigkeit des Öles an, d. h. durch Zahlenwerte wird hierbei erläutert, ob ein Motoröl dick- oder dünnflüssiger ist. Diese Frage ist international von der amerikanischen »**S**ociety of **A**utomotive **E**ngineers« genormt. Ihr zu Ehren werden die Zähflüssigkeitswerte mit SAE und einer Zahl dahinter bezeichnet. Je kleiner die Zahl ist, um so dünnflüssiger ist das Öl. Dünnflüssiges Öl ist für den Winter bestimmt, deshalb SAE 5 W oder SAE 10 W (das »W« bedeutet zusätzlich »Winter«), etwas dickflüssigeres Öl ist für den Sommer bestimmt, deshalb SAE 30 oder SAE 20 W/20. Bei der letzten Ölsorte zeigt die Bezeichnung 20 W an, daß es in verschiedenen Motoren als Winteröl, in anderen Motoren als Sommeröl geeignet ist.
Das Volkswagenwerk hat festgelegt, daß in unseren Breitengraden bei Temperaturen zwischen + 5° Celsius und + 25° Celsius, also praktisch im Sommer, das etwas dickflüssigere HD-Öl SAE 30, und bei Temperaturen zwischen + 5° Celsius und −10° Celsius, also im Winterhalbjahr, das dünnflüssigere HD-Öl SAE 20 W/20 gefahren werden soll. Ein Ölwechsel wird aber nun keineswegs blitzartig fällig, wenn das Thermometer über die Grenzmarken hinauf- oder hinunterklettert. Mit »Sommeröl« im Motor geschieht bei Kühle nichts Schlimmeres, als daß sich die Batterie beim Starten mehr anstrengen muß, um den Motor mit dem kältesteifen Öl durchzudrehen. Dazu dauert es bei dem dicken Öl länger, bis der Öldruck sich durch die sehr dünnen Kanäle beispielsweise in der Kurbelwelle bis zum hintersten Lager fortgepflanzt hat. Bei Sommeröl und −10° Celsius sollte man nach dem Anlassen eine halbe Minute »warmlaufen« lassen und dann erst abfahren. Unter normalen Bedingungen ist Warmlaufen nicht sinnvoll.
Umgekehrt läßt sich das Winteröl SAE 20 W/20 auch noch an Ostern fahren. Ist es hier jedoch schon sommerlich warm, so sollte man nicht gerade Dauervollgas fahren. Der Motor wird hierbei sehr heiß, und das Winteröl kann so dünnflüssig werden, daß seine Schmierwirkung nachläßt. Bei diesen Umständen leuchtet im Leerlauf gern die Öldruck-Kontrolleuchte auf, speziell bei älteren Motoren. Das Öl ist so dünnflüssig, daß es schnell durch die unvermeidliche Spalte in den Lagern herausläuft und der Öldruck dadurch »zusammenbricht«. Schlimm ist gelegentliches Aufleuchten der Öldruck-Kontrolle im Leerlauf nicht, aber man sollte dann doch auf Sommeröl übergehen.
Für Temperaturen unter −10° Celsius schreibt VW HD-Öl SAE 10 W und für arktische Kälte unter −20° Celsius SAE 5 W-20 vor.

Mehrbereichs-Öle

Bei den bisher erwähnten Ölen handelt es sich um »Einbereichsöle«. Eine Sonderstellung nehmen die Mehrbereichsöle ein, von denen beispielsweise solche mit der Bezeichnung SAE 10 W–30, SAE 10 W–40, SAE 15 W–50 oder SAE 20 W–50 angeboten werden.
Mehrbereichsöle der Klasse SAE 10 W–50 hat das VW-Werk allerdings im Juli 1975 von seiner Empfehlungsliste gestrichen, da es bei den höher belasteten

wassergekühlten VW-Motoren damit zu Ablagerungen an den Ventilen kam. Für den Bus oder Transporter trifft das weniger zu, aber die neue Regelung gilt einheitlich für alle VW-Modelle. Außerdem sollen die Mehrbereichsöle SAE 10 W–30 und SAE 10 W–40 im Sommer nicht verwendet werden, da ihre oberen Viskositätsstufen bei hohen Außentemperaturen und starker Motorbelastung möglicherweise nicht ganz ausreichen.
Genau genommen handelt es sich bei den Mehrbereichs-HD-Ölen um dünnflüssige Grundöle der Klasse 10 W bzw. 20 W, denen spezielle Zusätze beigegeben wurden. Diese »quellen« bei höheren Temperaturen, halten das Öl also auf diese Weise auch im Hochsommer und im heißen Motor »dickflüssiger«. Dagegen wird der Start durch das dünnflüssigere Grundöl erleichtert und die erste Schmierung dabei sichergestellt.

Synthetische Öle

Unter der Bezeichnung »Aral Spectral«, »Mobil SHC«, »Mobil 1« und »Castrol Formula RS« werden synthetisch hergestellte Öle (also nicht auf der üblichen Mineralölbasis) angeboten. Diese Öle sind für außergewöhnlich hochbelastete Motoren gedacht, wo sie auch bei hohen Öltemperaturen für guten Öldruck sorgen und den Ölverbrauch senken.
Diese und andere gute Eigenschaften lassen sich die Herstellerfirmen jedoch mit 15 DM und mehr je Liter zu teuer bezahlen. Ein Motoröl, das die bereits erwähnten Spezifikationen erfüllt und regelmäßig gewechselt wird, genügt ebenso und ist wesentlich billiger.

Welches Öl ist das beste?

Welches Öl ist denn nun das beste für Ihren VW? Das teuerste? Dazu ist vor allem zu sagen, daß den enormen Preisunterschieden (man bekommt zum Preis für einen Liter der teureren HD-Mehrbereichsöle bis zu drei Liter ebenfalls einwandfreier HD-Einbereichsöle) keine gleichwertigen Qualitätsunterschiede entsprechen.
Ansonsten ist auf diese Frage eine eindeutige Antwort nicht möglich, denn »es kommt darauf an«: Fahren Sie Ihren VW im Sommerhalbjahr zügig, ohne sportliche Ambitionen, dann reicht ein Einbereichsöl ohne weiteres. Es ist beim Start durch die Außentemperatur nicht zu dick und bei der richtigen Betriebstemperatur besteht auch kein Grund zur Sorge.
Im Winter ist dagegen Mehrbereichsöl besser, denn es kann leichter die sehr großen Temperaturunterschiede von Frost bis zur Betriebstemperatur überbrücken.
Zusammenfassend können Sie also folgende Ölsorten in Ihrem VW verwenden:

Bezeichnung	Viskosität im Sommer bei Temperaturen zwischen + 5° C und + 25° C	Viskosität im Winter bei Temperaturen zwischen + 5° C und — 10° C
Einbereichsöle	SAE 30	SAE 20 W/20
Mehrbereichsöle	SAE 15 W-40 oder SAE 15 W-50 oder SAE 20 W-40 oder SAE 20 W-50	SAE 10 W-30 oder SAE 10 W-40 oder SAE 15 W-40 oder SAE 15 W-50 oder SAE 20 W-40 oder SAE 20 W-50

Fingerzeige: *Lassen Sie sich nicht ängstlich machen: Hochwertiges Öl wird schon nach kurzer Laufzeit dunkel. Das beweist nur, daß es richtig »arbeitet« und anfallenden Schmutz in der Schwebe hält. Dies ist jedoch kein Zeichen, daß das Öl gewechselt werden muß.*

Von vielen Firmen werden Zusatzmittel zum Motoröl angeboten. Sie kosten Geld – und bringen durchaus nicht immer etwas ein. Viele Kraftfahrzeug-Hersteller lehnen Zusätze sogar ausdrücklich ab – auch VW. Die modernen HD-Motorenöle sind so »konstruiert«, daß sie alle Ansprüche der heutigen Motoren erfüllen. Einen gewissen Sinn könnte man höchstens in Zusätzen auf der Basis von Molybdän-Disulfid erblicken (MoS_2). Hier konnte Liqui-Moly immerhin an hoch beanspruchten Motorteilen (etwa Kolbenringen) Verschleißminderungen bis zu 40 % nachweisen! MoS_2-Zusätze erscheinen besonders sinnvoll, wenn man sie nicht nachträglich zumischt, sondern wenn sie von Haus aus im Öl enthalten sind.

Beim Ölwechsel sollten Sie sich vom Tankwart den Ölwechselanhänger nur mit etwas Überlegung im Motorraum befestigen lassen. Der blanke Draht kann an unpassender Stelle Kurzschlüsse bewirken (z. B. an Leerlaufabschaltdüse, Zündspule oder dergleichen) und der flatternde Zettel kann vom Gebläse angesaugt werden (bewirkt starke Brummgeräusche und Kühlluftstörung).

Ölstand prüfen

Der Ölpeilstab ragt auf der rechten Motorseite aus dem mittleren Teil des Kurbelgehäuses heraus. Er ist an seinem runden Griff erkennbar. Herausziehen und mit sauberem Lappen – nicht mit Putzwolle oder Watte! – abwischen, noch einmal bis zum Anschlag hineinstecken und wieder herausziehen. Die Peilstabspitze muß mindestens bis zur unteren Markierungskerbe mit Öl benetzt sein. Wenn es nicht bis dorthin reicht, muß Motoröl nachgefüllt werden. Bis zur oberen Peilstabmarkierung lassen sich dann in die 1,2-/1,5-/1,6-Liter-Motoren 1,25 Liter Öl nachfüllen, in die 1,7-/1,8-/2-Liter-Motoren nur 1 Liter. Überfüllung über die obere Peilstabmarke hinaus ist schädlich für Motor und Geldbeutel, denn das zuviel eingefüllte Öl wird entweder über die Kurbelgehäuseentlüftung herausgeworfen oder gelangt in zu großen Mengen in die Verbrennungsräume der Zylinder, wo sich nachteilige Verbrennungsrückstände bilden.
Für die Prüfung des Ölstandes ist kein bestimmtes Intervall festgesetzt, das macht man nach Gutdünken. Der Ölstand läßt sich nur genau ermitteln, wenn der Motor einige Minuten stillsteht und der Wagen auf genau waagrechter Fläche abgestellt ist. Bei zu geringer Wartezeit nach Motorstillstand ist noch nicht genug Öl in die Ölwanne zurückgelaufen, so daß der Ölstand zu niedrig erscheint. Da wird der Motor durch einen verkaufsfreudigen Tankwart sehr schnell mit Öl überfüllt. Am besten zieht man alle paar Tage morgens vor dem ersten Motorstart den Ölpeilstab – dann muß man nicht einmal den Stab abwischen, weil des nachts alles Öl nach unten gesickert ist.

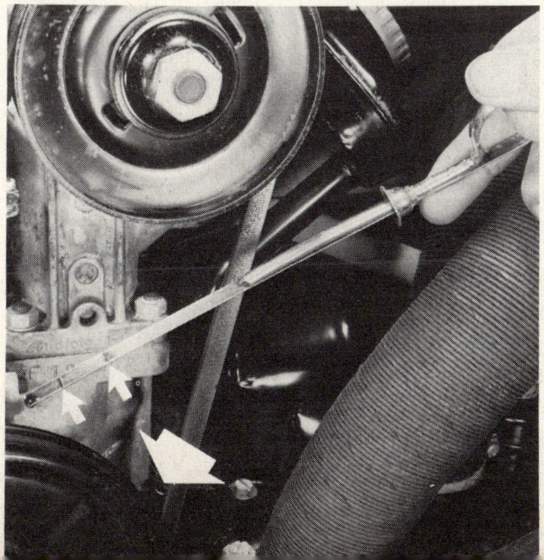

Am Ölpeilstab soll das Motoröl zwischen den beiden Kerbmarkierungen (kleine weiße Pfeile) stehen. Eine genaue Prüfung des Ölstandes ist nur möglich, wenn der Motor seit einigen Minuten abgeschaltet ist, das Fahrzeug auf einer ebenen Fläche steht und der abgewischte Peilstab bis zum Anschlag in das Führungsrohr (großer weißer Pfeil) gesteckt wird. Beim Ölstand auf oder unter der unteren Marke unbedingt nachfüllen: höchstens 1,25 Liter bei 1,2-/1,5-/1,6-Liter-Motoren oder 1 Liter bei 1,7-/1,8-/2-Liter-Motoren; aber auch ein halber Liter genügt. Oder Ölwechsel vorverlegen. Nicht über die obere Marke auffüllen.

Ölverbrauch

Das Motoröl muß (unter anderem) die Kolben und deren Ringe in den Zylindern schmieren. Dabei bleibt stets etwas Öl in den Verbrennungsräumen zurück – dieses Öl schmiert gewissermaßen unter Selbstaufopferung. Ölverbrauch ist also ganz natürlich. Er darf beim Transporter-Motor zwischen 0,5 und 1 Liter pro 1000 km betragen. Unnatürlich ist es dagegen, wenn Ihr VW-Motor, vielleicht nur im Winter, kein Öl verbraucht. Das zeigt in aller Regel an, daß sich durch Kurzstreckenfahrten, die den Motor nicht richtig warm werden lassen, verstärkt Wasser- und Kraftstoffkondensat im Motoröl absetzt. Das setzt die Schmierfähigkeit des Ölwannen-Inhalts sehr herab, oft ist sogar ein vorzeitiger Ölwechsel angebracht. Oder man bringt durch eine längere, flotte Autobahnfahrt das Motoröl auf so hohe Temperaturen, daß das Kondensat wieder aus dem Motoröl verdunstet.
Aber auch bei zu hohem Ölverbrauch stimmt etwas nicht. Sind es mehr als 1 Liter/1000 km und qualmt es recht bläulich aus dem Auspuff, sollten Sie einmal die Kompression (siehe Seite 67) prüfen lassen, denn wahrscheinlich lassen die Kolbenringe zuviel Öl in den Verbrennungsraum. Oder an einem oder an beiden Zylinderkopfdeckeln ist die Korkdichtung verrutscht oder ausgebrochen, so daß dort Luft eintritt, die den Druck im Kurbelgehäuse ansteigen läßt und Öl zur Kurbelgehäuseentlüftung heraus in das Luftfilter drückt. Das fehlt dann auch beim Peilstabziehen.

Nicht ständig Öl nachfüllen

Liegt der Ölverbrauch aber in normalen Grenzen, kann man ihn weiter senken, indem man nicht gleich bei jedem Absinken des Ölstandes unter die obere Peilstabmarke wieder bis obenhin auffüllt. Es genügt, den Ölstand bis nahe an die untere Marke absinken zu lassen und erst dann nachzufüllen.

Mischung verschiedener Ölsorten verboten?

Wenn Sie unterwegs Motoröl nachfüllen müssen, nehmen Sie am besten das Öl jener Marke, die Sie zum Ölwechsel gewählt haben. Sie haben dann das beruhigende Gefühl, bei einem überraschenden Motorschaden bei der treu beanspruchten Ölfirma anklopfen zu können, um feststellen zu lassen, ob vielleicht mit der Motorschmierung oder gar dem Öl irgend etwas nicht stimmte. Das ist allerdings nur sehr selten der Fall, und in diesen seltenen Fällen zeigen die Mineralölfirmen auch zweifellos Kulanz. Diese Vorsorge für den Ausnahmefall ist aber auch der einzige Grund, weshalb das Volkswagenwerk empfiehlt, man solle bei einer einmal gewählten Ölsorte bleiben. Werkstätten und Tankstellen erklären zwar gelegentlich, verschiedene Ölsorten würden sich nicht miteinander vertragen und es könne sogar Schäden geben, wenn man ihrem Öl nicht treu bliebe. An diesem Gerede ist kein Wort wahr! Auch in Ihrer VW-Betriebsanleitung können Sie lesen, daß das Mischen verschiedener Ölmarken und Ölviskositäten nicht schädlich ist. Alle wirklichen HD-Ölsorten lassen sich fröhlich durcheinandermischen.
Diese Mischbarkeit ohne schädliche chemische oder sonstige Folgen ist nämlich eine Grundforderung der internationalen HD-Öl-Normen. Die innerhalb dieser Normen liegenden »Eigenschaften« können zwar durch Mischung ein bißchen hierhin oder dorthin abgewandelt werden, aber Schaden gibt es nicht. So bremst man etwa die Mehrbereichsfähigkeit eines Mehrbereichs-HD-Öles, wenn man Einbereichs-HD-Öl zufüllt, aber die überwiegende Viskosität ist immer noch durch das Mehrbereichsöl gegeben. Allerdings ist es wenig sinnvoll, das teure Mehrbereichsöl durch billigeres Einbereichsöl, etwa HD-Öl SAE 20 W/20, zu »strecken«. Demgegenüber ist es aber empfehlenswert, bei Frost das dünnere »Winteröl« SAE 20 W/20 nachzufüllen, wenn noch SAE 30 vom Herbst her im Motor ist. Und im Sommer kann man umgekehrt verfahren.

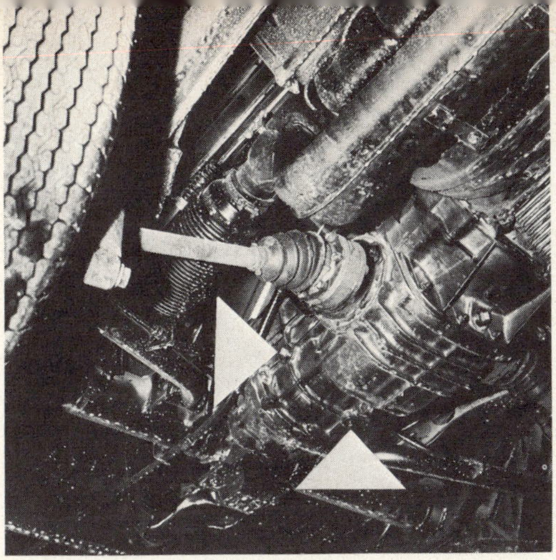

Beim Getriebe-Ölwechsel (nur bei Fahrzeugen bis Juli 1969 nötig) dreht man die Ablaßschraube (unten) heraus. Frisches Öl wird zur Einfüll- und Kontrollöffnung (oben) eingefüllt. Es soll bis zur Unterkante dieser Kontrollöffnung stehen. Man prüft den Ölstand am einfachsten, indem man bei herausgedrehter Schraube einen Finger hineinsteckt. Beide Schrauben können nur mit einem 17-mm-Inbus-Schlüssel geöffnet werden. Die VW-Transporter ab August 1969 erhalten eine Getriebeölfüllung, die das ganze Autoleben übersteht.

Mehrbereichsöl erhält man dadurch zwar nicht, aber die Ölfüllung ist doch besser den Start-Temperaturen angepaßt.
Ganz verfehlt wäre es aber, das notwendige Ölnachfüllen hinauszuzögern, weil man gerade nicht das »eigene« Motoröl erhalten kann. Das kann Motorschaden geben, der nur durch das Nachfüllen des nächstbesten Marken-HD-Öles zu vermeiden ist.

Ölstand im Getriebe prüfen

Pflegedienst Nr. 22

Bereits ab Werk sind Wechsel- und Ausgleichsgetriebe bei Transportern und Bussen ab November 1975 auf Lebenszeit versorgt, es sei denn, Hinterachse und Schaltgetriebe mußten umfangreich repariert werden, wobei anschließend natürlich frisches Öl eingefüllt wird oder man hat seinen Wagen in wesentlich andere Klimazonen verbracht, was ein den Durchschnittstemperaturen angepaßtes Öl erfordert.
Regelmäßig alle 10 000 km soll nur der Ölstand im Getriebe geprüft werden. Dazu braucht man einen Inbus-Sechskant-Steckschlüssel SW 17, wie ihn der VW-Spezial-Ölwechselschlüssel (Werkzeug Seite 28) auf der einen Seite hat. Damit wird der Ölkontrollstopfen auf der linken Seite (in Fahrtrichtung gesehen) oben am Getriebegehäuse herausgedreht. Tritt sofort etwas Öl aus, stimmt der Ölstand. Andernfalls wird der kleine Finger in die Kontrollöffnung gesteckt und gefühlt, ob das Öl wenigstens bis zur Unterkante der Kontrollöffnung reicht. Auch dann ist genügend Öl im Getriebe. Fehlt jedoch Öl, dann ist das auch zumeist äußerlich an einem ölverschmierten Getriebegehäuse erkennbar. Umgekehrt sollte man mit der Ölstandprüfung im Getriebe nicht bis zum nächsten 10 000-km-Pflegedienst warten, wenn Getriebegehäuse oder Hinterachse außen ölfeucht sind. Ist das Gehäuse tatsächlich undicht, und fehlt eine größere Menge Öl, hat das Nachfüllen allein wenig Sinn – der Wagen muß in die Werkstatt, wo man mit dem Drehmomentschlüssel die Gehäuseschrauben mit den vorgeschriebenen Drehmomenten nachzieht und dadurch vermeidet, daß sich das Gehäuse vollends verzieht.

Vorgeschriebene Getriebeölsorte genau beachten

Das Schaltgetriebe und der Achsantrieb des VW-Transporters wird mit Hypoid-Getriebeöl SAE 80 nach der Spezifikation MIL-L-2105 bzw. -2105 A oder API GL 4 befüllt. Dieses »Hypoid-Getriebeöl« darf nicht mit »Hochdruck-Getriebeöl« verwechselt werden, denn das Hypoidöl ist besonders druckfest und kann bei dem schrägverzahnten VW-Getriebe zwischen den Zahnflanken einen wirkungsvollen Schmierfilm aufbauen, was mit »normalem« Getriebeöl nur unvollkommen möglich ist. Bis Juli 1973 war übrigens das etwas dick-

Sind an den Untersetzungsgetrieben außen Ölspuren sichtbar, sollte der Ölstand kontrolliert werden. Das Öl muß bis zur Unterkante der Einfüllöffnung oben stehen; Verschlußschraube mit Inbusschlüssel SW 17 lösen. Der Pfeil unten zeigt auf die Ölablaß-Schraube.

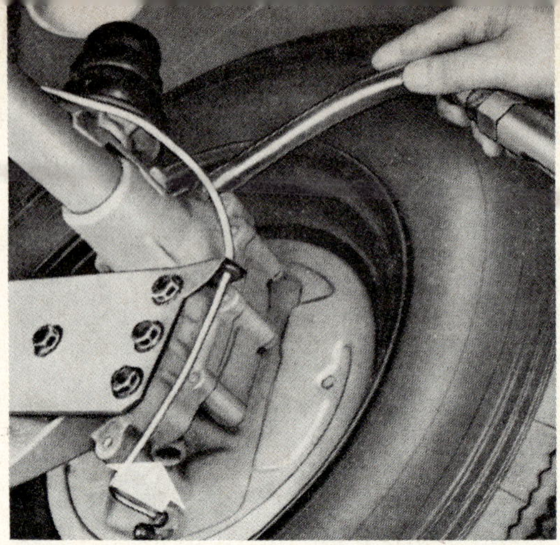

flüssigere Hypoid-Getriebeöl SAE 90 vorgeschrieben. Die jetzt gültige Vorschrift besagt, daß in alle Fahrzeuge mit Schaltgetriebe Öl der Viskosität SAE 80 eingefüllt werden soll.
Neben verschiedenen Hypoid-Getriebeölen besitzen auch einige EP-Getriebeöle (EP = extreme pressure = außergewöhnlich hoher Druck) die Spezifikation MIL-L-2105 bzw. -2105 A. Da derzeit ein gewisses Durcheinander in den Bezeichnungen der Sorten bestehen, die milder oder schärfer legiert sind, sollten Sie das Nachfüllen oder den eventuell notwendigen Getriebeölwechsel bei einer VW-Werkstatt vornehmen lassen, um tatsächlich das richtige Getriebeöl zu erhalten, bzw. bei Heimwerkerehrgeiz das Getriebeöl in der Werkstatt erwerben. Bei einem VW-Transporter mit Getriebeautomatik darf diese nur mit ATF (automatic transmission fluid) mit Prüfbezeichnung Dexron B befüllt werden. Der Achsantrieb eines Automatic-Transporters verlangt dagegen das dickflüssigere Hypoid-Getriebeöl SAE 90 mit der Spezifikation MIL-L 2105 B oder API GL 5.

Getriebeölwechsel
Pflegedienst Nr. 54

Fahrzeuge, die bis Juli 1969 gebaut wurden, benötigen alle 50 000 km neues Getriebeöl. Zum Wechsel (am besten wie beim Motor in betriebswarmem Zustand) muß man die untere, schräge Ablaßschraube (Inbus-Schlüssel 17 mm) herausdrehen; bei Fahrzeugen bis Juli 1967 waren es sogar zwei Ablaßschrauben. Die Ablaßschrauben haben innen einen Magneten, an dem sich Metallabrieb festsetzen soll. Er muß sorgfältig gereinigt werden. Danach müssen 3,5 (bei Fahrzeugen vor August 1967 2,5) Liter Hypoid-Getriebeöl SAE 80 eingefüllt werden. Das ist eine etwas langweilige Angelegenheit, denn das zähflüssige Hypoid-Getriebeöl muß mit irgendeiner Füllspritze (bei Selbsthilfe Plastikflasche mit angeschlossenem dünnem Schlauch) in die Kontrollöffnung eingefüllt werden. Geschieht dies zu schnell, kann sich das Öl zwischen den Getriebezahnrädern nicht schnell genug verteilen und das Getriebegehäuse läuft schon über, obwohl die 2,5 bzw. 3,5 Liter noch lange nicht eingefüllt sind. Man braucht Geduld und einen Trick: Vorher das Hypoid-Getriebeöl kräftig erhitzen, dann fließt es leichter.

Untersetzungsgetriebe an den Hinterrädern

Die alte Transporter-Serie (Baujahr bis Juli 1967) hat noch zwei weitere Stellen, die nach Hypoid-Öl verlangen: die beiden Untersetzungsgetriebe rechts und links an den Hinterrädern. Sie setzen die Rad-Drehzahl im Verhältnis zur Motordrehzahl im Verhältnis von 1,26 : 1 (ältere Modelle 1,39 : 1) herab, sorgen also für eine höhere Zugkraft (verringern allerdings gegenüber dem

VW-Käfer mit dem gleichen Motor und dem gleichen Getriebe die Spitzengeschwindigkeit). Die beiden Untersetzungsgetriebe brauchen zusammen mit dem Getriebe einen Ölwechsel, also nach jeweils 50 000 km (zweimal 0,25 Liter).

Lenkgetriebe-Ölstand prüfen

Links am Längsträger ist das Lenkgetriebe angeschraubt. Wenn der Transporter zum Motorölwechsel auf der Hebebühne steht, kontrolliert man, ob das Lenkgetriebe keine Ölspuren aufweist. Bei Undichtigkeiten muß Hypoid-Getriebeöl SAE 90 eingefüllt werden.

Ölbadluftfilter reinigen

Pflegedienst Nr. 5 a

Bevor die Luft für das Kraftstoff-Luft-Gemisch in den Vergaser gelangt, wird sie im Luftfilter in einem Strom kleiner Luftbläschen durch ein Ölbad gesaugt. Das Öl scheint dabei zu schäumen, so daß jedes Luftbläschen intensiv mit Öl in Berührung kommt, wobei die Staubkörnchen, die im Zylinder wie Schmirgel wirken würden, im Öl bleiben und zu Boden sinken. Daß das Ölbad die angesaugte Luft gut reinigen kann, ist für die Lebensdauer des Motors sehr wichtig. Deshalb soll alle 10 000 km – in ausgesprochen staubigen Gegenden, etwa bei Balkan- oder Afrikareisen, noch wesentlich öfter, wöchentlich oder sogar täglich – das Ölbadluftfilter auf einwandfreie Wirksamkeit geprüft werden. Wenn durch eine Fingerprobe festgestellt wird, daß die Schlammschicht am Boden nur gering ist und darüber bis zur Strichmarke noch mehr als 5 mm dünnflüssiges Öl stehen, braucht das Öl noch nicht erneuert zu werden. Im Bedarfsfall ist Motoröl bis zur Strichmarke aufzufüllen. Das billigste Öl SAE 30 genügt. Die Eigenschaften eines teuren Öles kommen hier, wo das Öl nur den Staub auffangen soll, nicht zur Wirkung.

Aus- und Einbau des Luftfilters

Das Ölbadluftfilter (nur 50-PS-Transporter bis Juli 1974) sitzt etwas versteckt rechts hinten im Motorraum (siehe Bild nächste Seite oben):

- Schelle (A) lösen und Verbindungsschlauch zum Vergaser abziehen.
- Dünnen Schlauch (B), der zum Öleinfüllstutzen führt, abziehen.
- Schelle (C) lösen und dicken Pappschlauch abziehen.
- Jetzt zwei Spannverschlüsse (D) zur Befestigung des Filters auf seiner Konsole lösen und Filter in senkrechter Stellung aus dem Motorraum herausnehmen.

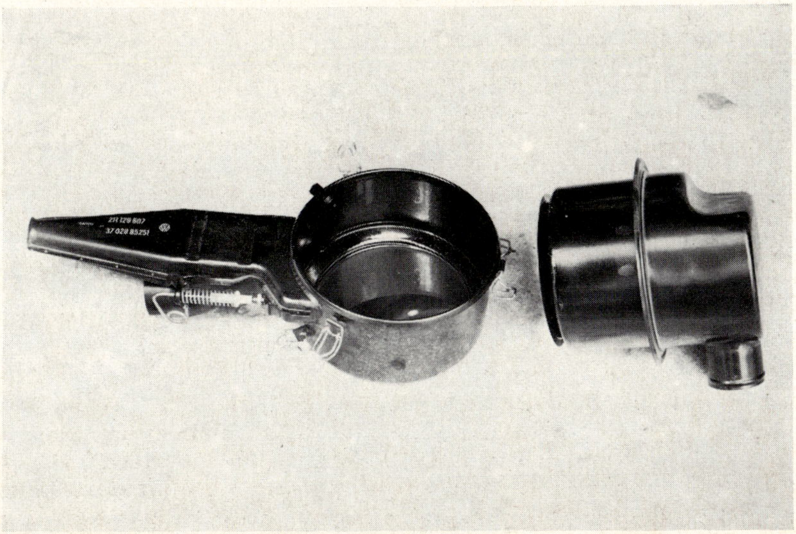

Hier ist das Ölbadluftfilter zur Reinigung ausgebaut und auseinandergenommen. Das Ölbad (unten im Filtertopf), durch das die Vergaserluft zur Reinigung von Staub und Feuchtigkeit hindurchgesaugt wird, soll je nach Staubanfall der befahrenen Straßen gewechselt werden, wenn deutlich Schlamm im Öl fühlbar wird (mit dem Finger bis auf den Boden des Unterteils vorstoßen). Deshalb ist das 10 000-km-Intervall nur ein ungefährer Anhaltspunkt.

Zum Ausbau des Luftfilters zunächst die Schelle (A) lösen und den Verbindungsschlauch zum Vergaser abziehen. Dann den dünnen Schlauch (B) abziehen und den dicken Schlauch an der Schelle (C) lösen. Jetzt die Spannverschlüsse (D) lösen und das Filter in senkrechter Stellung ausnehmen. Durch Lösen der Spannverschlüsse (E) lassen sich Ober- und Unterteil voneinander trennen.

- Durch Lösen der drei oberen Spannverschlüsse (E) lassen sich Ober- und Unterteil des Filters trennen.
- Bei Fahrzeugen bis Juli 1970 muß zusätzlich der Drahtzug für die Warmluft-Regelklappe abgenommen werden.

Bei Fahrzeugen bis Juli 1967 läßt sich das Filter einfacher ausbauen: Warmluft- und Kurbelgehäuse-Entlüftungsschlauch abziehen, Spannverschlüsse öffnen und Filter vom Ansaugkrümmer abnehmen, Oberteil herausnehmen.
Ist das Öl im Unterteil verschlammt, wird der Topf nach dem Ausleeren des Altöles am besten mit Benzin ausgewaschen und anschließend mit einem Lappen ausgewischt. Dann wird das frische Motoröl eingefüllt. Am Oberteil sollen nach Werksempfehlung nur eventuell mit Schmutzkrusten verstopfte Lufteintrittslöcher mit einem Holzspan ausgeputzt werden. Wir nehmen aber ebenfalls Benzin zum Ausschwenken des Filters, denn die Staubgefahr ist hierzulande in der Regel nicht so groß, daß dem Motor durch diese etwas gründlichere Filterreinigung bei den ersten Fahrkilometern, wenn das Filter noch nicht ölbefeuchtet ist, Gefahr drohen könnte.
Bei dieser Gelegenheit wird die Leichtgängigkeit der Vergaser-Stufenscheibe (Seite 90) und der Warmluftregelklappe (Seite 102) gleich mitgeprüft.

Türscharniere schmieren
Pflegedienst Nr. 2

Die älteren VW-Transporter (Bauserie bis Juli 1967) hatten einfache Türscharniere. An ihrer Oberkante gibt es eine Ölnut, in die möglichst oft etwas Öl geträufelt werden sollte. Vorzugsweise nimmt man hier ein Moly-Öl, das

Tür- und Deckelscharniere aller VW-Transporter-Modelle werden mit Öl geschmiert. Bei älteren Modellen (bis Juli 1967) besitzen die Türscharniere Ölbohrungen. Die neuen Wagen besitzen im Scharnier eine Ölvorratskammer, die mit einem Kunststoffstopfen verschlossen ist. Er wird mit einem Schraubenzieher angehoben, dann füllt man die Kammer mit Motoröl SAE 30.

Das Türschloß selbst und die Falle am Türrahmen werden dünn mit Fett eingestrichen. Am besten nimmt man ein Moly-Fett, das hält sehr lange vor. Aber bitte nur sehr dünn verwenden – sonst kann man sich schwarze Flecken holen!

am längsten vorhält. Ist das Scharnier stark verschmutzt, so sollte man es vorher mit Benzin und einem Pinsel reinigen.
Die neueren Modelle haben einen Ölvorrat oben im Türscharnier. Die kleine Kammer ist mit einem Kunststoffstopfen verschlossen, der sich mit einem Schraubenzieher leicht abheben läßt. Die Kammer wird alle drei Monate vollgefüllt – das reicht (Motoröl SAE 30 – kein anderes!).

Die Schiebetür verlangt etwas Schmierung an ihren Scharnieren vorn und hinten. Auch die Gepäckklappe hinten sowie die Motorhaube sollte man hin und wieder etwas schmieren.

Schlösser- und Haubenscharniere schmieren

Pflegedienst Nr. 49

Die Türschlösser verlangen keine Schmierung. Lassen sich die Schlüssel einmal schwer drehen, so taucht man den Schlüssel in Graphit (haben die Werkstätten) und dreht ihn mehrmals im Schloß hin und her. Schlüssel danach gut abwischen, sonst werden die Taschen von innen schwarz! Türschlösser sollen übrigens mit Öl nicht in Berührung kommen – es bindet Staub, und dieser kann in den feinen Schlössern zu Störungen führen. Neigt das Schloß jedoch im Winter zum Einfrieren, so kann man etwas Frostschutzmittel (Entfrosterspray) hineinsprühen. Bei der winterlichen Wagenwäsche ist es gut, die Schlüsselschlitze mit einem Stückchen Isolierband zu überkleben.
Die Türfallen schließlich und die Haubenschlösser hinten erhalten einen Hauch Fett – am besten Vaseline. Sie ist zäher als Abschmierfett, man verschmiert sich (an den Türen) deshalb nicht so leicht die Kleider.

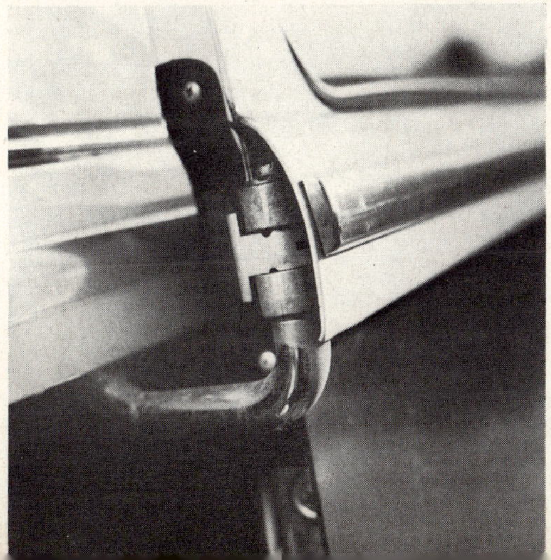

Auch die Schiebetür ist für gelegentlichen Ölnachschub dankbar. Es gibt einmal die Drehpunkte der Hakenscharniere, dann das Gelenk am Scharnierbügel zu versorgen. Auch die Türschlösser sowie das Schloß der Motorhaube sind für ein Tröpfchen Öl dankbar.

In größeren Abständen sind die Gelenke am Vergaser (und beim Zwei-Vergaser-Motor am Gasgestänge) für ein Tröpfchen Öl dankbar. Am besten ist auch hier wieder ein Moly-Öl. Bei dieser Gelegenheit gleich einmal nachsehen, ob sich alle Teile hier (vor allem beim Zwei-Vergaser-Motor) auch leicht bewegen lassen.

Vergasergelenke ölen
Pflegedienst Nr. 7

Schmieren der Vergasergelenke läßt sich am besten mit einem handlichen Öler oder mit einer kleinen Graphit-Sprühdose erledigen. Damit kein Gelenk vergessen wird, bitten Sie am besten einen Helfer, mal vorne auf das Gaspedal (natürlich bei stehendem Motor) zu treten, damit Sie sehen und zugleich schmieren können, was sich da alles bewegt.

Zündverteiler schmieren

Alle 10 000 km soll der Filz in der Verteilerwellenbohrung einige wenige Tropfen dünnes Motoröl zur Schmierung erhalten. Dazu wird der Verteilerkopf abgenommen, der bei dieser Gelegenheit gleich innen und außen sorgfältig gereinigt werden soll (siehe Seite 135), danach wird der Verteilerfinger abgezogen, wodurch in der Mitte der Verteilerwelle eine mit Filz ausgefüllte Bohrung (Bild Seite 133) sichtbar wird. Zwei, drei Tropfen genügen; auf keinen Fall sollten es mehr sein. In diesem Falle ist Graphitöl nicht zu empfehlen, denn Graphit ist bekanntlich ein elektrischer Leiter, was an dieser Stelle Kurzschlüsse unterstützen könnte. Man nimmt also Motoröl.
Ebenso sollten bei dieser Gelegenheit die Gleitbahn der Unterbrecherwelle und das Gleitstück des Unterbrecherhebels leicht eingefettet werden. Motoröl oder »irgendwelches Fett« ist in diesem Falle jedoch nicht am Platze, sondern es muß dazu ein hitzebeständiges Fett, wie beispielsweise Bosch-Spezialfett Ft 1 v 4 (Tube zu 45 Gramm etwa 0,65 DM), sein. Die genannten Teile dürfen dabei auch nur hauchdünn mit einem Holzstäbchen eingerieben werden, da bei Fettüberschuß dieses zwischen die Unterbrecherkontakte geraten und dort schwer erkennbare Zündstörungen verursachen kann.

Vorderachse schmieren
Pflegedienst Nr. 16

Die Vorderachse der neuen Transporter weist fünf Schmiernippel auf: vier an den Tragrohren und einen an der Welle für den Lenkhebel. Sie sollen alle 10 000 km (ab August 1971: alle 30 000 km) mit frischem Fett versorgt werden. Legt der Transporter weniger als diese Strecke im Jahr zurück, so soll einmal im Jahr geschmiert werden.
Bei den Fahrzeugen vor August 1967 gibt es zusätzlich sechs Schmiernippel an den vorderen Achsschenkeln. Sie sind wesentlich anspruchsvoller in der Schmierung: Sie sollen bei Fahrzeugen bis Juli 1965 alle 2500 km abgeschmiert werden, bei vorwiegender Fahrt auf schlechten Straßen sogar alle 1250 km.

Der VW-Transporter ab August 1967 besitzt nur mehr vier Schmiernippel an der Vorderachse, jeweils zwei rechts und links an den Tragrohren (Pfeile) und dazu einen in der Mitte an der Welle für den Lenkhebel. Abschmieren alle 10 000 km (beim 72er Modell sogar nur alle 30 000 km oder einmal im Jahr) genügt.
Wichtig: Vor dem Abschmieren die Nippel mit einem Lappen abwischen. Das Fett kann nur richtig an die Lagerstellen gelangen, wenn die Vorderräder entlastet sind (Wagen mit dem Wagenheber anheben). Fett soll so lange eingedrückt werden, bis neues am Rand der Schmierstelle auszutreten beginnt.

Bei den Fahrzeugen von August 1965 bis Juli 1967 ist das Abschmieren alle 5000 km vorgeschrieben – da es sich um eine ähnliche Konstruktion wie bei den früheren Wagen handelt, ist auch hier häufigeres Schmieren auf schlechten Straßen anzuraten. Vorderachs-Reparaturen sind teuer!

Das richtige Fett

Im Gegensatz zu den auf den vorhergehenden Seiten besprochenen Scharnieren und Gelenken, die bei der Wahl der Schmierstoffe so ziemlich mit allem zufrieden sind, ist die Vorderachse, was das Fett betrifft, sehr anspruchsvoll. Denn das dazu verwendete Fett muß auch bei der hohen Druckbelastung zuverlässig schmieren, es muß während langer Zeiten voll wirksam bleiben und außerdem Wasser und Schmutz weitmöglichst aus den Schmierstellen abweisen. Das Volkswagenwerk empfiehlt deshalb aus gutem Grund ein »Mehrzweckfett auf Lithiumbasis«. Diese Fettsorte ist sowohl wasserabstoßend als auch hitzebeständig und hochdruckfest, aber sie ist wesentlich teurer als das normale Abschmierfett. Darum führen es nicht alle Tankstellen und auch nicht sämtliche VW-Werkstätten in ihren Fettpressen. Man kann den Unterschied mit dem Auge erkennen, denn das normale billigere Abschmierfett ist glasig rot, blau oder honiggelb. Mehrzweckfett ist dagegen braun-trübe oder – wenn es von der noch besseren und teureren Sorte mit Molybdändisulfit ist – dunkelgrau. Besonders diese letzte Fettsorte, wie beispielsweise Molykote BR 2 plus oder Liqui-Moly Langzeitfett 47 L, hat im Molybdändisulfid einen sogenannten Festschmierstoff, der auch noch wirkt, wenn das Fett aus irgendeinem Grund schon versagt. Wer die Vorderachse seines Wagens selbst durchschmiert, sollte die Ausgaben für ein teureres Mehrzweck- oder besser Molyfett nicht scheuen, die Vorderachsteile werden es durch eine wesentlich längere Lebensdauer danken.

Richtig durchschmieren

Beim Durchschmieren der Vorderachse müssen die Räder entlastet werden, sonst stehen die Lagerstellen unter Belastungsdruck und ausgerechnet die aufeinander reibenden Teile können kein frisches Fett erhalten. Vor dem Durchschmieren werden die Nippel mit einem Lappen gesäubert, damit keine anhaftenden Sandkörnchen eingepreßt werden. Mit Fett darf bei dieser Arbeit an der Vorderachse nicht gespart werden. Das Fett muß seitlich an den

Schmierstellen heraustreten, das alte, verbrauchte Fett dabei herausdrücken und um die Schmierstelle einen sogenannten »Fettkragen« bilden. Dieser Fettkragen soll nicht abgewischt werden, denn er schützt die Lagerstelle von außen gegen das Eindringen von Spritzwasser und Schmutz. Lediglich das Fett, das vom Fettkragen herabzufallen droht (Reifengummi kann Fett nicht vertragen), soll weggewischt werden.
Wenn ein Schmiernippel verstopft oder durch Steinschlag beschädigt ist, bei nächster Gelegenheit ausbauen, Schmiernippel durchpressen, notfalls durch neuen ersetzen. Er ist ein Pfennig-Artikel. Im Nippelloch sitzendes Fett mit Draht auskratzen und nach Einbau des Nippels durchschmieren, um zu prüfen, ob etwa die Fettführung im Gelenk verstopft ist.

Sichtprüfung des Motors und der Hinterachse auf Undichtigkeiten

Wartungsdienst Nr. 18 und 20

Wenn Sie gerade die Vorderachse abgeschmiert haben, so ist es sozusagen ein Aufwaschen, daß Sie noch einen Blick auf die Unterseite der Hinterachse, des Motors, auf seine Zylinderkopfhauben und die Motorraumseite werfen. Sieht das alles einigermaßen sauber und trocken aus, ist der Wartungspunkt schon erledigt. Anders ist es allerdings, wenn Ihr VW-Motor anscheinend mit einer Ölsardine verwandt ist und dementsprechend aussieht. Irgendwoher muß das Öl ja kommen, das sich da außen intensiv mit Schmutz vermischt hat und eine dunkle Kruste bildet. Weil nun der Fahrtwind heraustropfendes Öl – es tropft während der Fahrt bei laufendem und heißem Motor mehr als über Nacht in der Garage – irgendwohin vertreiben kann, ist der Ursprung nicht immer ganz leicht zu finden. Praktisch ist dann eine Reinigung des Motor-Getriebe-Blockes bzw. der Hinterachse mit Motor-Reiniger und eine Kontrolle nach der ersten darauf folgenden Fahrt. Zeigt sich weiterhin austretendes Öl, sollten Sie eine VW-Werkstatt aufsuchen, denn es kann an einer Dichtung liegen oder an lockeren Schrauben. Weil aber diese nach vorgeschriebenem Drehmoment angezogen werden müssen, damit die Motorteile nicht verzogen werden, kann Ihnen sowieso nur die Werkstatt helfen.
Ist der Motor aber schon altersschwach und der Ölverlust nicht allzu groß, dann sollten Sie ihn in Gottes Namen ein wenig tropfen lassen. Teure Abdichtungsarbeiten rentieren sich nicht mehr.

Boxer im Heck

Bei den Motoren gibt es verschiedene Bauarten. Die normale Bauart eines Mehrzylindermotors ist der Reihenmotor – die Zylinder stehen alle hintereinander. Man kann die Zylinder auch in zwei Reihen aufteilen und diese V-förmig zueinander stellen: So erhält man den V-Motor, der gerade in den letzten Jahren Verbreitung fand. Klappt man das V ganz auf, so daß sich die Zylinder gegenüberliegen, so erhält man einen »Boxer« – er hat seinen Namen daher, daß die Kolben gewissermaßen gegeneinander boxen. Der Boxer ist vor allem durch VW bekannt geworden; Boxermotoren gibt es auch bei den BMW-Zweizylinder-Motorrädern, bei den kleinen Citroën-Typen und hier beim Typ »GS« und natürlich bei Porsche.
Durch VW ist auch die Luftkühlung bekannt geworden. Luft kann nicht kochen, kann nicht frieren, dazu verzichtet man bei Luftkühlung auf eine Wasserpumpe, auf Schläuche und einen Wasserkühler. Allerdings ist ein Ölkühler erforderlich, der aber sehr einfach ist. Das Boxer-Prinzip ermöglicht eine besonders flache und damit eine den Schwerpunkt tieflegende Bauweise und eine raumsparende Unterbringung des Motors im Fahrzeug.

Motor-Prinzip

Auf jeder Seite des Motors befinden sich je zwei Zylinder aus Graugußmaterial, sie sind zusammen mit ihren Kolben einzeln austauschbar und werden durch jeweils einen gemeinsamen Leichtmetall-Zylinderkopf verbunden.
Die Art der Verrippung (Kühlrippen), die Form des Brennraums und die Größe haben im Laufe der vielen Produktionsjahre etliche Änderungen erfahren. Es ist für den Fahrer, der in Eigenregie am Motor arbeiten will, beim Ersatzteilkauf von besonderer Wichtigkeit, das genaue Baujahr, die Motor- und Fahrgestellnummer der Werkstatt bzw. dem Ersatzteillager anzugeben.

Motorausbau

Bedingt durch die tiefgelegte Anordnung des Motors, muß man ihn zu bestimmten Arbeiten – wie z. B. Zylinderkopfausbau – aus dem Fahrzeug ausbauen. Obwohl es viele Fahrer gibt, die den Motorausbau an einem Sonnabendnachmittag ohne größere Hilfsmittel oder Schwierigkeiten bewerkstelligen, sollte man sich doch vorher darüber klar werden, ob man sich diese Arbeit zutraut. Die Werkstätten benützen ja hierzu bestimmte Hebewerkzeuge, die speziell für diesen Zweck angefertigt wurden und über die der Heimwerker nicht verfügt. Gut ist natürlich jener dran, der sich im Besitze eines sogenannten Rangierhebers befindet oder sich einen solchen von der befreundeten Tankstelle entleihen kann. Mit ihm kann man den von sämtlichen Verbindungen zur Karosserie gelösten Motor bei einigem Geschick und unter Zuhilfenahme eines Mitbastlers sanft aus dem hochgebockten Wagen ablassen.
Folgende Werkzeuge werden benötigt: Gabelschlüssel der Weiten 9 mm, 10 mm, 13 mm, Ringschlüssel (gekröpft) SW 17, Schraubenzieher (verschiedene Größen), Kreuzschlitz-Schraubenzieher, Kombizange, Kupplungsdorn, Rangier-

Nachdem sämtliche Kabel und Leitungen am Motor gelöst wurden, das Luftfilter abgenommen, die Heizzüge abgeklemmt und der Wagen aufgebockt wurde, geht man daran, die Halteschrauben für den Motor zu lösen. Zunächst löst man die Muttern der beiden oberen Befestigungsschrauben, dann die der unteren (1 und 2). Zwei weitere Schrauben müssen seitlich unten aus den Aufhängungen des Motorträgers herausgedreht werden, dann läßt sich der Motor nach hinten ziehen und nach unten herausnehmen.

heber oder 2 Bohlen oder kräftiges Brett, 2 Hilfskräfte und Schmier- und Reinigungsmaterial.

Ausbau der Motoren mit hohem Gebläsekasten

■ Massekabel der Batterie lösen.

■ Luftfilter ausbauen. Dazu Verbindungsschlauch zum Vergaser, Warmluftschlauch und, so vorhanden, Bowdenzug für die Ansaugluftvorwärmung abnehmen (ab Baujahr August 1974, siehe Seite 103).

■ Hinteren Abschlußträger (Blechteil unterhalb der Motorraumklappe) abschrauben. Bei Fahrzeugen ab August 1971 ist dieses Teil mit der Karosserie verschweißt, weshalb dann ersatzweise das hintere Motorabdeckblech entfernt werden muß.

■ Muttern der oberen Motor-Halteschrauben herausdrehen (seit August 1970 besteht die obere linke Motorbefestigung aus einer Schraube, die von der Getriebeseite her, also von unterhalb des Wagens, zu lösen ist).

■ Alle Kabel, die von der Karosserie zum Motor führen, abziehen.

■ Gaszug am Vergaser lösen.

■ Wagen so hoch aufbocken, daß später der Motor darunter herausgezogen werden kann.

■ Unter dem Wagen den Kraftstoffschlauch vom Rohr abziehen und durch Abknicken oder mittels passender Schraube verschließen.

■ Unterdruckschlauch zum Bremskraftverstärker abziehen (so vorhanden).

■ Heizzüge aushängen, Heizschläuche am Motor lösen, Gaszug aus dem Führungsrohr am Motor ziehen.

■ Bei Fahrzeugen der Baujahre August 1967 bis Juli 1971 muß das Getriebe durch einen geeigneten Unterstellbock oder ähnliches in seiner jetzigen Höhe abgestützt werden, da es sonst beim Herausziehen des Motors hinten absackt und Schaden stiftet.

■ Untere Motor-Befestigungsmuttern und evtl. vorhandene Motor-Befestigungsschraube oben links herausdrehen.

■ Schrauben am hinteren Motorträger (vor dem Auspufftopf) lösen.

■ Motor leicht anheben, nach hinten vom Getriebe wegziehen und vorsichtig ablassen.

■ Bleibt der Wagen längere Zeit mit ausgebautem Motor stehen, muß auf jeden Fall das Getriebe abgestützt bleiben (Baujahr 1967 bis 1971).

- Masseband der Batterie abklemmen.
- Die Kabel, die von der Karosserie zu Regler, Verteiler, Zündspule und Gebläse führen, abziehen.
- Schläuche vom Heizluftgebläse abziehen und das Gebläse ausbauen.
- Gaszug lösen (bei den neueren Modellen ist er mit einer kleinen Inbusschraube festgeklemmt) und Rückzugfeder aushängen.
- Öleinfüllstutzen abziehen.
- Hintere Motorabdeckbleche abschrauben.
- Luftfilter ausbauen.
- Zwei Muttern der oberen Motorbefestigung abschrauben.
- Die an der Stoßstange befestigte Blende für den Auspuff abmontieren.
- Zündspule vorsichtshalber ausbauen, um sie vor Beschädigung zu schützen.
- Wagen so hochbocken, daß der Motor anschließend darunter hervorgezogen werden kann.
- Unter dem Wagen den Kraftstoffschlauch von der Benzinpumpe abziehen und durch Abknicken oder mit passender Schraube verschließen.
- Heizklappengehäuse abnehmen.
- Unterdruckschlauch zum Bremskraftverstärker abziehen.
- Alle Leitungen am Anlasser abklemmen.
- Gaszug herausziehen.
- Unterstellbock oder ähnliches so unter das Getriebe stellen, daß noch ca. 5 cm »Luft« zum Getriebegehäuse bleibt.
- Schrauben der oberen Getriebeaufhängung oberhalb des Getriebegehäuses herausschrauben (nicht bei Automatik).
- Untere Motorbefestigungsmuttern abschrauben.
- Motor mit Rangierwagenheber sichern; ersatzweise müssen die Helfer ein über die Fahrzeugumrisse vorstehendes starkes Brett unter den Motor halten und diesen gegen Herunterfallen sichern.
- Befestigungsschrauben und -muttern am Motorträger hinten herausschrauben (an Fahrzeugen, bei denen die Gummi-Metallager an den Enden des Motorträgers sitzen, müssen die Lager gekennzeichnet und ausgebaut werden).
- Motor absenken, bis das Getriebe auf dem Unterstellbock aufliegt, dann nach hinten wegziehen und vollends ablassen.

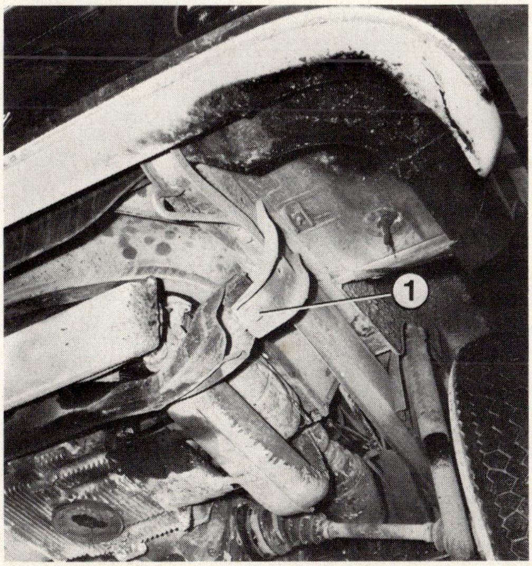

Der Transporter-Motor ist seit Einführung der Schräglenker-Hinterachse 1967 hinten mit einem Querträger an der Karosserie befestigt. Die äußeren Befestigungsschrauben (1) des Trägers müssen zum Ausbau des Motors gelöst werden. Im Lauf der Produktionszeit wurden die Träger und ihre Aufhängungen geringfügig verändert. Unser Bild zeigt die von 8/67 bis 7/71 gebaute Ausführung.

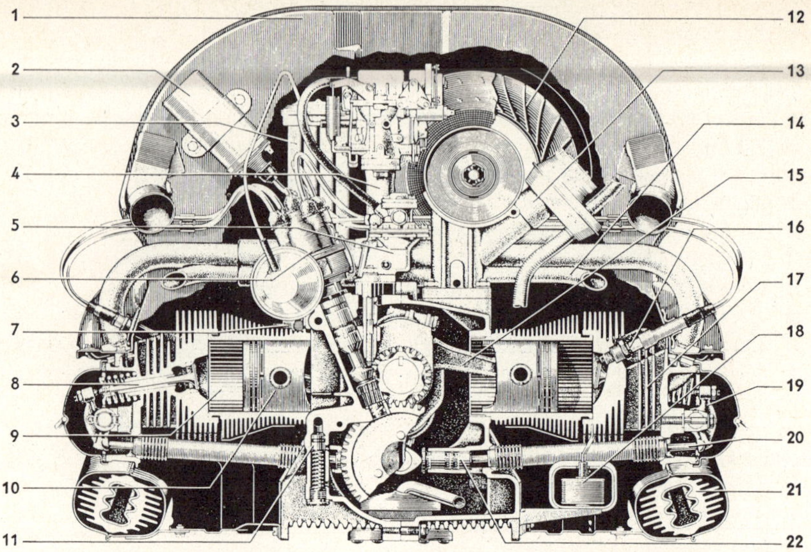

Zerlegen des Motors

Im allgemeinen wird man diese Arbeit der Werkstatt überlassen, doch können versierte Bastler den VW-Transporter-Motor durchaus bis zu einem gewissen Grad zerlegen.
Wir haben dabei an den Abbau des Zylinderkopfes und den Ausbau der Kolben gedacht. Bis zu dieser Zerlegungsstufe haben wir die Arbeiten unten stichwortartig beschrieben, denn speziell beim Transporter treten durch vergessenes Ventileinstellen und »Bleifußfahren« häufig Ventilschäden auf, die dann eine Zylinderkopfdemontage notwendig machen.
Schäden am Kurbeltrieb des Motors sind selbst für geübte Bastler nicht einfach zu reparieren, außerdem lohnt sich eine solche Instandsetzung nur in den wenigsten Fällen. Meist ist es dann billiger und effektiver, sich einen kompletten Rumpf- oder Austauschmotor zu kaufen. Sprechen Sie mit Ihrer VW-Werkstatt und speziellen Motorinstandsetzungsfirmen und vergleichen Sie die Preise! Oft findet sich auch bei einer Autoverwertung ein noch guter Ersatzmotor aus einem hoffnungslos durchgerosteten oder verunfallten Wagen (siehe Seite 24).
Zum Zerlegen muß der Motor nach einer Motorwäsche auf einen stabilen Tisch oder eine Werkbank gestellt werden. Die demontierten Teile legt man am besten so ab, daß sie beim Zusammenbau erst gar nicht verwechselt werden können. Kleinteile legt man gesäubert in saubere Behältnisse.

Zerlegen der Motoren mit hohem Gebläsekasten

- Öl ablassen, falls das nicht schon zweckmäßigerweise vor dem Ausbau des Motors gemacht wurde.
- Beide Heizluftschläuche vom Gebläsekasten und den vorderen Wärmetauschern abziehen.
- Verteilerdeckel, -finger und alle Zündkabel abbauen.
- Abdeckblech über dem Auspuff abschrauben.
- Warmluftführungsblech rechts unten am Motor entfernen, um an das Thermostat heranzukommen.
- Thermostathalter vom Motorblock lösen.
- Thermostat durch Linksdrehen von der Verbindungsstange losschrauben.
- Auspuff und Wärmetauscher abmontieren.
- Benzinleitung abbauen.

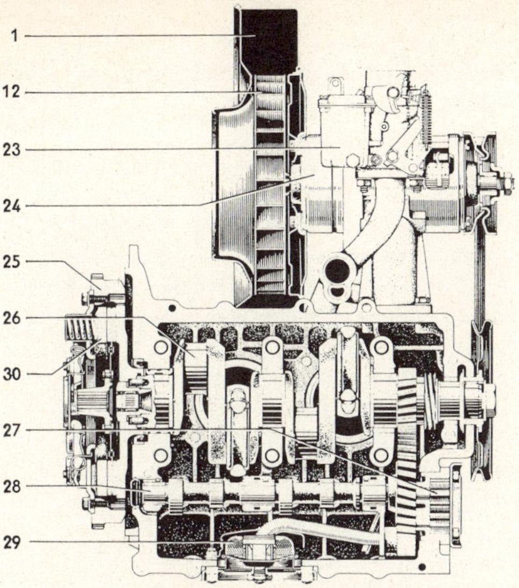

So sieht der VW-Motor im Querschnitt (Bild auf der linken Seite) und im Längsschnitt aus: 1 = Kühlgebläsegehäuse, 2 = Zündspule, 3 = Ölkühler, 4 = Ansaugrohr, 5 = Kraftstoffpumpe, 6 = Zündverteiler, 7 = Öldruckschalter, 8 = Ventil, 9 = Zylinder, 10 = Kolben, 11 = Ölüberdruckventil, 12 = Kühlgebläserad, 13 = Öleinfüllstutzen, 14 = Vorwärmeleitung, 15 = Pleuelstange, 16 = Zündkerze, 17 = Zylinderkopf, 18 = Thermostat, 19 = Kipphebel, 20 = Stößelstange (in elastischem Schutzrohr), 21 = Wärmetauscher, 22 = Stößel, 23 = Vergaser, 24 = Lichtmaschine, 25 = Schwungrad, 26 = Kurbelwelle, 27 = Ölpumpe, 28 = Nockenwelle, 29 = Ölsieb, 30 = Kupplung.

- Mutter der Lichtmaschinen-Riemenscheibe lösen, Keilriemen abnehmen.
- Spannband um die Lichtmaschine entfernen.
- Zwei Schrauben rechts und links des Gebläsekastens herausdrehen und ihn (mit der Lichtmaschine) abnehmen.
- Ansaugrohre abschrauben und komplett mit Vergaser abnehmen.
- Restliche Luftleitbleche demontieren.
- Ventildeckel öffnen, Kipphebelachsen abschrauben.
- Je acht Befestigungsmuttern an beiden Zylinderköpfen lösen.
- Zylinderköpfe evtl. durch leichte Hammerschläge lockern (nicht auf die Kühlrippen schlagen) und abnehmen (siehe auch Seite 63).
- Stößelschutzrohre und Stößelstangen herausziehen.
- Zylinder und Kolben nach Zugehörigkeit markieren, damit sie beim Wiedereinbau nicht verwechselt werden können. Bei den Kolben ist zusätzlich die Einbaulage durch einen in Fahrtrichtung weisenden Pfeil zu kennzeichnen.
- Zylinder abziehen.
- Kolbenbolzen nach Entfernen des Sicherungsrings vorsichtig mittels eines passenden Dorns aus dem Kolben heraustreiben und Kolben abnehmen (siehe Seite 64).

Zerlegen des Flachmotors

Beim Flachmotor erfolgt die Demontage ähnlich wie bei den Motoren mit hohem Gebläsekasten. Hier kurz die wichtigsten Schritte:

- Motoröl ablassen.
- Vergaser und Ansaugstutzen abschrauben.
- Verteilerdeckel und -finger abnehmen, Zündkabel abziehen.
- Zug für Kühlluftregelung von der Welle abklemmen.
- Luftleitbleche, Wärmetauscher und Auspufftopf demontieren.
- Sicherungsbügel für Stößelschutzrohre ausbauen und Zylinderkopf abschrauben (siehe auch Seite 63).
- Zylinder und Kolben ausbauen (siehe Seite 64).

Zusammenbau des Motors

Zum Wiederzusammenbau des Motors brauchen Sie nur die bei der Zerlegung angeführten Schritte von unten nach oben zu lesen. Beachten Sie:
Die Luftklappenbetätigung des Gebläses und die Ventile müssen eingestellt

werden (Seite 75 und 66). Achten Sie auch darauf, daß die Gummikappen der Zündkerzenstecker dicht abschließen. Zum Wiederanbau des Auspuffs (siehe Seite 70) sollten Sie einen neuen Dichtungssatz verwenden.

Einbau des Motors

Der Wiedereinbau des Motors geschieht in umgekehrter Reihenfolge wie der Ausbau. Vorher oder während des Einbaues empfiehlt sich folgendes:

■ Kupplungs-Ausrücklager auf Verschleiß prüfen, wenn es rauh läuft, auswechseln. Kunststoffring mit grobem Schmirgelpapier etwas aufrauhen, sorgfältig abwischen und leicht mit Molybdändisulfid-Paste einreiben. Das Nadellager in der Hohlschraube des Schwungrades wird auf Verschleiß geprüft und mit ca. 10 g hitzebeständigem Fett gefüllt.

■ Buchse für Anlasserritzel und Anlasserwelle leicht mit Mehrzweckfett einfetten.

■ Getriebe-Antriebswelle (Kerbverzahnung) mit Molybdändisulfid-Puder einreiben (Schmiermittel mit sauberem Lappen auftragen).

■ Flansch von Getriebe und Motor säubern.

■ Kupplungslager, Druckplatte und Ausrücklager auf Zustand prüfen.

■ Kupplung auf zentrierte Kupplungsscheibe kontrollieren. Wenn Kupplung nicht ausgebaut wurde, erübrigt sich dieser Punkt eventuell. Wenn kein Kupplungsdorn zur Verfügung steht, kann man auch eine alte VW-Getriebewelle (z. B. vom Schrottplatz) dafür verwenden. Läßt sich die Verzahnung der Welle nicht in die Innenverzahnung der Scheibe oder nur teilweise einführen, muß man die sechs Schrauben der Druckplatte am Schwungrad lösen und die Scheibe neu zentrieren.

■ Beim Aufschieben der Kupplung auf die Antriebswelle ist Vorsicht geboten, damit diese nicht beschädigt wird. Ebenfalls auf Nadellager und Ausrückplatte achten, damit nichts verbogen wird. Während die Getriebewelle durch Einlegen eines Ganges blockiert wird, kann man die Kurbelwelle am Keilriemen leicht drehen, um die Antriebswelle besser in die Kupplungsscheibe und das Nadellager des Schwungrades einzuführen.

■ Untere Stehbolzen des Motors in die Bohrungen des Getriebegehäuses einführen, Motor gegen Flansch drücken, obere Schrauben anziehen und erst danach die beiden unteren Muttern in gleicher Reihenfolge festziehen.

■ Die Schrauben des Motorträgers (unter dem Motor) wieder eindrehen und mit 3 mkg festziehen.

■ Hinteren Abschlußträger mit Gummidichtung so anbringen, daß deren obere Lippe über dem Blech, die untere unter dem Blech anliegt. Sonst starke Verschmutzung des Motors beim Fahren (vor August 1971).

■ Gaszug anschließen.

■ Zündzeitpunkt einstellen.

Ausbau des Kühlgebläses

Ein Ausbau des Kühlgebläses kann notwendig sein, wenn sich Fremdkörper im Gehäuse befinden, die zu Klappereien führen, oder wenn man an den Ölkühler herankommen will.

Beim Transporter läßt sich das Kühlgebläse nur abnehmen, wenn der Motor ausgebaut ist. Weiter schraubt man den Vergaser ab (SW 13), entfernt den Keilriemen und nimmt das Spannband der Lichtmaschine (SW 13) und diese selbst ab. Sodann ist das Warmluftführungsteil unten rechts am Motor auszubauen. Die Halterung des Thermostats baut man nun ab und kann jetzt den Thermostat durch Drehen um seine eigene Achse von der Betätigungsstange abschrauben. Die Halterungen der Zündkabel drückt man mit einem Schraubenzieher ab. Nach dem Lösen zweier Schrauben an den Schmalseiten des

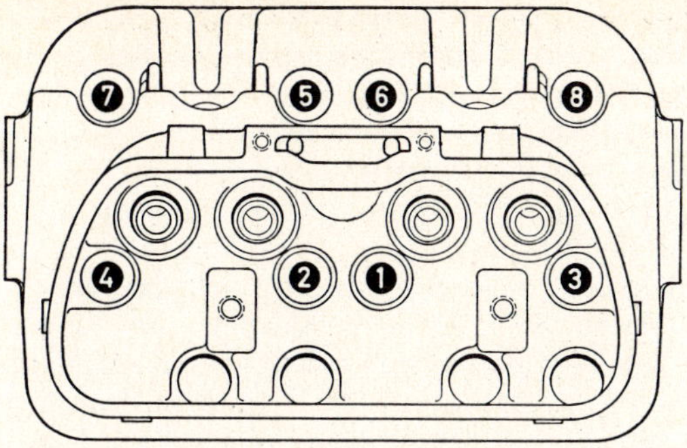

Die Zylinderkopfschrauben müssen in zwei Stufen nach einem bestimmten Schema angezogen werden. Man braucht einen Drehmomentschlüssel (den man durch einen Hebel mit Federwaage notfalls ersetzen kann). Muttern für den Zylinderkopf leicht mit Graphit bestreichen und zunächst nach diesem Schema mit 1 mkg festziehen.

Gebläsekastens kann man das Gehäuse mit noch eingebauter Lichtmaschine nach oben abheben.

Ausbau des Zylinderkopfes

Hierzu braucht man folgende Werkzeuge: 1 Steckschlüssel 15 mm, evtl. Drehmomentschlüssel, 1 Ringschlüssel SW 13, 2 Gabelschlüssel SW 10, je einen SW 12 und 15, mehrere Schraubenzieher, 1 Dorn, 1 Hammer und, falls Drehmomentschlüssel nicht vorhanden, eine Federwaage.
Warmluftführungsunterteil, Thermostat und Verbindungsstange abnehmen, Zylindermantel neben Saugrohrflansch abschrauben und entfernen. Sodann reinigt man den Zylinderkopfdeckel gründlich (Motor-Reiniger aus der Sprühdose, mit Wasser abspülen), nimmt denselben ab und schraubt die Muttern für die Kipphebelachse (SW 13) ab, welche entfernt wird.
Der Zylinderkopf ist mit 8 Muttern befestigt, die nacheinander mit einem Steckschlüssel (SW 15) abgeschraubt werden, worauf sich der Kopf abnehmen läßt.
Vor dem Einbau wird der Zylinderkopf auf etwaige Risse (in diesem Fall durch neuen ersetzen) geprüft. Die Stößelstangen-Schutzrohre werden so gedreht, daß die Naht nach oben zu liegen kommt. Außerdem muß eventuell (bei gebrauchten Schutzrohren) durch Auseinanderziehen der Faltenbälge die vorgeschriebene Länge eingestellt werden, damit eine einwandfreie Abdichtung gegen Ölverlust erreicht wird. Bei den 1,5- und 1,6-Liter-Motoren müssen die Schutzrohre nach dem Strecken eine Gesamtlänge von 190–191 mm aufweisen. Die Stößelschutzrohre der Flachmotoren werden nicht auseinandergezogen, sondern mit einem Sicherungsbügel im Zylinderkopf befestigt. Die Dichtringe an beiden Enden der Schutzrohre müssen richtig sitzen!
Unsere beiden Bilder zeigen die Anzugs-Reihenfolge der acht Zylinderkopfschrauben. Verwendet werden sollte möglichst ein Drehmomentschlüssel, wobei in der ersten Phase mit nur 1 mkg und sodann mit 3,2 bzw. 2,5 mkg (siehe Bildtext) angezogen wird. Hat man keinen Drehmomentschlüssel, so muß man

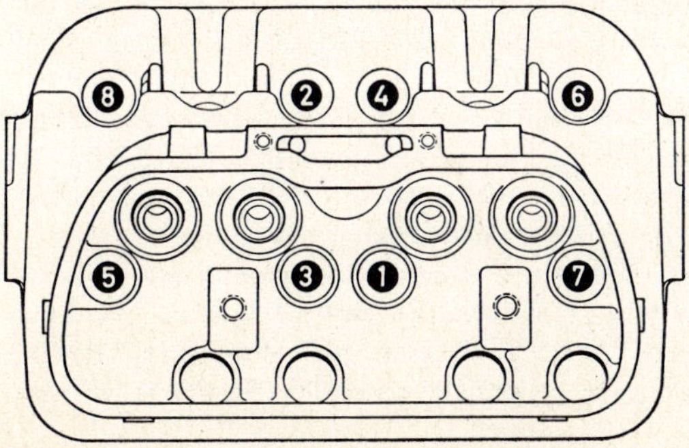

Danach die Muttern nach diesem Schema endgültig mit 3,2 mkg (M 10-Schrauben) bzw. 2,5 mkg (M 8-Schrauben) festziehen. Beide Zeichnungen gelten für alle Motoren, auch für die 30-PS-Ausführung. Auf Reihenfolge und Drehmoment kommt es hier besonders an – falsch angezogene Zylinderkopfschrauben können ein Verziehen des Kopfes zur Folge haben.

sich nach der bekannten Methode mit einem Schraubenschlüssel (bzw. Steckschlüsselknebel) bekannter Länge und der Federwaage helfen. Bei einem 33 cm langen Hebelarm z. B. muß man mit 9–9,6 kg ziehen (Waage im rechten Winkel zum Hebel ansetzen) und erhält dann ein Anzugsdrehmoment von den gewünschten 3 bis 3,2 mkg. Die Ventildeckel erhalten neue Dichtungen. Abschließend muß das Ventilspiel neu eingestellt werden (siehe nächste Seite).

Aus- und Einbau der Kolben

Die Kolben sind zunächst mit Kreide so zu kennzeichnen, daß ein Verwechseln oder Verdrehen beim Wiedereinbau verhindert wird. Mit einer Sprengringzange werden die Sicherungsringe der Kolbenbolzen entfernt und diese – notfalls nach Erwärmen der Kolben – herausgezogen. Wenn es nicht unbedingt notwendig ist, werden die Kolbenringe nicht abgenommen.

Vor dem Wiedereinbau sind die Kolben zu säubern, wobei auch auf die Kolbenringnuten zu achten ist. Beim Entfernen stärkerer Ölkohleansätze darf das Metall nicht angekratzt werden, die Oberfläche muß unbeschädigt bleiben. Ist an den Kolben selbst stärkerer Verschleiß feststellbar, so sind gegebenenfalls neue der entsprechenden Größenklasse zu verwenden. Der Gewichtsunterschied – das gilt auch beim Einbau von vier neuen Kolben – darf maximal nur 10 g betragen. Neue Kolben tragen – in den Boden eingeschlagen – bestimmte Kennzeichen: Der Pfeil gibt an, daß der Kolben in dieser Richtung zum Schwungrad einzubauen ist. Neben dem Pfeil befindet sich ein Buchstabe, der dem Index der Ersatzteilnummer des betreffenden Kolbens entspricht, er stellt ein Unterscheidungsmerkmal dar. Die Paarungsgröße der einzelnen Kolben wird durch Farbpunkte markiert, z. B. grün, blau oder rot. Durch ein »+« oder »—« wird die Gewichtklasse angegeben, was jedoch auch durch einen grauen (»+«) oder braunen (»—«) Farbpunkt geschehen kann. Schließlich wird die Kolbengröße durch eingeschlagene Zahlen angegeben. Die Kennzeichnung »Top« oder »Oben« der Kolbenringe muß zum Kolbenboden gerichtet sein.

Statt neuer Kolbenringe bei fortgeschrittenem Verschleiß wurden früher häufig sogenannte Paßformkolbenringe (Goetze) eingebaut, die die Motorüberholung etwas hinauszögerten, jedoch ist der Kostenunterschied gegenüber einer Teilüberholung relativ gering, so daß sich das kaum mehr lohnt.

Die Ventile

Der Boxermotor des VW verfügt über sogenannte hängende Ventile, die von oben in den Zylinderkopf hineinragen. Genau genommen, also bezogen zur Waagerechten, liegen sie aber. Da die Auslaßventile wärmemäßig durch die heißen Auspuffgase stärker belastet sind, besitzen sie eine »Panzerung« aus Chromnickelstahl. Beschädigte Ventilsitzringe können nicht einzeln ausgewechselt werden, sie sind in den Zylinderkopf eingeschrumpft. Es ist also in solchen Fällen der Kopf auszutauschen.

Will man die Ventile (bei ausgebautem Zylinderkopf) herausnehmen, so muß man mit zwei Schraubenziehern die Ventilfeder am Federhalter mit aller Kraft niederdrücken, bis ein Helfer die Kegelstücke oben am Ventil entfernen kann. Damit das Ventil nicht mit der Feder nach unten gedrückt wird, legt man ein passendes Holzstückchen unter den Ventilteller im Brennraum.

Die Ventile selber kann man mit einer Drahtbürste von Rückständen befreien und wieder einbauen, sofern die kegelige Sitzfläche nicht zu starke Verschleiß- oder Verbrennungsspuren zeigt. Bei älteren Motoren empfiehlt sich zuweilen ein Nachschleifen der Ventile und ihrer Sitze. Es geschieht unter ständigem Drehen des Ventils mit wasserlöslicher Schleifpaste, die hinterher gewissenhaft wieder zu entfernen ist, damit es im späteren Betrieb nicht zu ernsthaften

Schäden kommt. Nach dem Einbau – zu dem die Ventile mit Liqui Moly- oder Molykote-Paste an ihrem Schaft leicht bestrichen werden – müssen sie sich in ihren Führungen leicht bewegen lassen. Bei zu großem Spiel ist der Zylinderkopf zu erneuern (im Tausch).

Fingerzeige: *Ventilfedern können zwar auch bei eingebautem Motor ausgegewechselt werden, jedoch ist das nur in Werkstätten mit besonderen Spezialwerkzeugen möglich.*
Sollen ausgebaute Ventile gereinigt werden, so kann man sie in eine Bohrmaschine spannen und Schmirgelleinen um den drehenden Ventilschaft halten.
Für Ventile mit eingeschlagenem Schaftende gibt es spezielle Ventilkappen (Ersatzteilnummer 113 109 621), durch die eine Weiterverwendung möglich ist.
Zur Überprüfung, ob das Ende eines Ventilschaftes eingeschlagen ist, muß man sich auf sein Gefühl verlassen. Am besten benutzt man zum Vergleich ein Ventil, das sicherlich nicht eingeschlagen ist. Oder man setzt auf das Ende »auf Verdacht« eine Ventilkappe. Schlagflächen werden mit einer Schmirgelfeile ausgeglichen und mit Ölstein geglättet.

Das Ventilspiel

Das Einstellen des vorgeschriebenen Ventilspiels gehört zu den regelmäßigen Wartungspunkten und ist sehr wichtig. Die unterschiedliche Wärmedehnung zwischen Graugußzylinder, Leichtmetall-Zylinderkopf und Ventiltrieb muß durch ein geringes Spiel ausgeglichen werden. Zum Ventiltrieb gehören Nocken, Stößel, Stößelstange, Kipphebel und Ventilschaft. Zu großes Ventilspiel kann man unter Umständen hören (Klappern), was man nicht hört und was wesentlich gefährlicher ist, ist zu knappes Spiel. Aus diesem Grunde gehört die regelmäßige Kontrolle des Spiels zu den wichtigsten Wartungsmaßnahmen.
Freilich muß man das richtige Ventilspiel seines Motors kennen:

- Der 1200-ccm-Motor mit 30 PS und alle Motoren ab November 1964 (1200/34 PS, 1500/44 PS, 1600/47 PS und 1600/50 PS) bekommen für Einlaß- und Auslaßventile je 0,15 mm Spiel. (Bis Oktober 1971 galt für diese Motoren 0,1 mm Ventilspiel. Heute sind es 0,15 mm.)
- Nur die frühen 34-PS-Motoren von August 1960 bis November 1964 und die ersten 1500-ccm-Motoren mit 42 PS bekommen größeres Spiel: An den Einlaßventilen 0,2 und an den Auslaßventilen 0,3 mm.
- In einigen Bauserien der 62-, 66- und 68-PS-Motoren sind natriumgefüllte Auslaßventile eingebaut, die auf 0,2 mm Spiel eingestellt werden müssen.
- Sonst erfordern die 62-, 66-, 68- und 70-PS-Motoren 0,15 mm Spiel für die Einlaß- und Auslaßventile. Das richtige Ventilspiel für Ihren VW-Transporter mit Flachmotor geht aus dem Aufkleber am Motor hervor.

Zylinderköpfe für großes Ventilspiel (0,2/0,3 mm) erkennt man daran, daß die Sockel, auf denen die Kipphebelwelle festgeschraubt wird, rund sind. 0,15-mm-Köpfe haben rechteckige Sockel. Heute allerdings gibt es auch Austausch-Zylinderköpfe mit rundem Sockel, die dennoch auf 0,15 mm Ventilspiel eingestellt werden müssen – hier muß dann aber am Motor der Aufkleber »Ventilspiel 0,15 mm« vorhanden sein, wie ihn alle neueren Wagen tragen.
Das Ventilspiel wird bei kaltem Motor gemessen. Voraussetzung für einwandfreie Werte sind glatte Schaftenden der Ventile und glatte Kipphebelflächen.
Bei Erwärmung des Motors vergrößert sich das Ventilspiel zunächst etwas (deshalb neigen halbwarme Motoren zuweilen auch etwas zu Rasselgeräuschen). Bei Erreichen der richtigen Betriebstemperatur geht das Spiel dann wieder auf die richtigen Werte zurück: Der Motor wird wieder leise.
Falsch eingestelltes Spiel kann unter Umständen zu Schäden am Motor führen,

wobei besonders die heißeren Auslaßventile empfindlich sind. Zu beachten ist:
Ventilspiel zu groß: Geringere Füllung der Zylinder, dadurch herabgesetzte Motorleistung; unregelmäßiger Motorlauf; Veränderung der Steuerzeiten; höhere Geräuschentwicklung des Ventiltriebs.
Ventilspiel zu klein: Verbrennen der Ventile und der Ventilsitze, Veränderung der Steuerzeiten; schlechte Leistung durch verminderte Kompression; Verziehen der Ventile; ungleichmäßiger Motorlauf.

Ventilspiel einstellen
Pflegedienst Nr. 19

Für diese Wartungsarbeit braucht man folgende Werkzeuge: 1 Schraubenzieher, 1 gekröpften Ringschlüssel SW 13 (beim 1,8-/2-Liter-Motor SW 14), 1 Fühlerblattlehre. Das Einstellen geschieht, wie gesagt, bei kaltem Motor, d. h. der Motor darf höchstens handwarm sein (Werksempfehlung: maximal 50° C). In manchen Werkstätten wird der Motor für eilige Durchreisende mit einer Druckluftdusche abgekühlt. Entweder wird der Wagen auf eine Hebebühne gefahren oder hinten angehoben, so daß man an die Zylinderkopfdeckel herankommt, die man durch Herunterdrücken des Federbügels entfernt.
Begonnen wird mit dem ersten Zylinder, also dem in Fahrtrichtung rechts vorn liegenden. Die Kappe des Zündverteilers wird abgenommen und die Kurbelwelle am Keilriemen rechts herum gedreht. Natürlich darf kein Gang im Getriebe eingelegt sein. Notfalls etwas auf den Keilriemen drücken. Die Kurbelwelle wird so weit gedreht, bis der Verteilerfinger auf die Einkerbung im Verteilergehäuse deutet (Bild Seite 133). Damit hat man die Einstellung für den Zündzeitpunkt des 1. Zylinders. Und damit sind beide Ventile dieses Zylinders geschlossen, worauf man das Ventilspiel mit der Fühlerblattlehre prüfen kann. Das Blatt der richtigen Stärke wird zwischen Einstellschraube und Ventilschaft geschoben (nicht gezogen!). Ist das Spiel zu klein oder zu groß, so löst man die Sechskant-Gegenmutter etwas und dreht nun mit einem Schraubenzieher die Einstellschraube so weit, bis das vorgeschriebene Spiel erreicht ist. Nach dem Festziehen der Gegenmutter (dabei Einstellschraube mit Schraubenzieher festhalten) wird das Spiel abermals geprüft.
Hiernach folgt der 2. Zylinder, also der in Fahrtrichtung gesehen rechts hinten (zum Heck hin) liegende. Dazu wird die Kurbelwelle um 180° nach **links** gedreht (durch Drehen an der oberen Keilriemenscheibe, evtl. etwas auf den Riemen drücken). Die Kerbe für die Zündeinstellung liegt jetzt senkrecht unten (was man nach Abnehmen des Bleches um die untere Keilriemenscheibe freilich nur fühlen kann). Fast immer befindet sich aber auf der Keilriemenscheibe ein Kreidestrich, der die Zündstellung für den 2. (und 4.) Zylinder anzeigt –

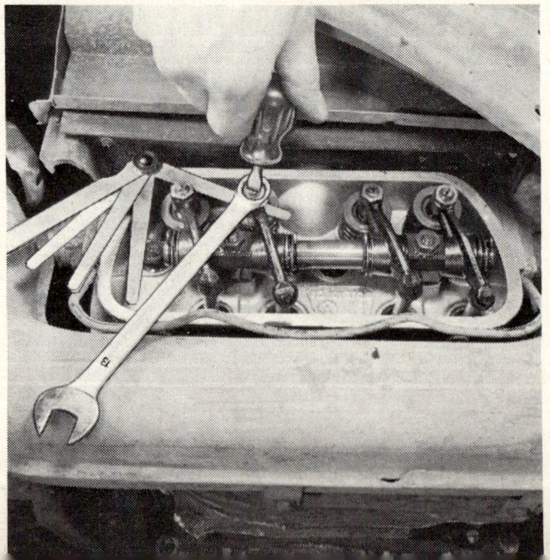

Hier wird das Ventilspiel eingestellt. Nach dem Lockern der Kontermutter, hier mit einem Ringschlüssel SW 13, verdreht man mit einem Schraubenzieher die Einstellschraube, bis sie die zwischen Ventilschaft und Kipphebel eingeschobene Fühllehre gerade berührt. Nach dem Festziehen der Kontermutter mit dem Fühlerblatt nochmals nachprüfen, ob das Spiel stimmt. Das Fühlerblatt muß sich mit geringem Widerstand zwischen Ventil und Einstellschraube durchschieben lassen.

er stammt vom Werkstattmann, der die erste Inspektion am Wagen durchführte und seinen Kollegen die Arbeit erleichtern will. Man kann die Zündstellung für den 2. Zylinder auch daran erkennen, daß sich der Verteilerfinger um genau 90° nach links bewegte.
In der Zündstellung für den 2. Zylinder wird also wieder geprüft, ebenso verfährt man bei den auf der linken Motorseite liegenden Zylindern 3 und 4.
Beim Aufsetzen der Zylinderkopfdeckel ist unbedingt darauf zu achten, daß eine einwandfreie Abdichtung erfolgt und kein Ölverlust eintritt! Auch nach der ersten Fahrt mit dem Wagen ist nochmals auf Ölspuren (Tropfen unter dem abgestellten Wagen, ölverschmierte Zylinderkopfdeckel und Heiz-Wärmetauscher) zu achten. Die früher verwendeten Zylinderkopfdeckel-Dichtungen mußten bei jeder Demontage erneuert werden. Die neueren Gummikorkdichtungen brauchen dagegen nur bei Undichtigkeiten oder bei Beschädigung ersetzt zu werden. Diese Dichtungen sind schwarz mit hellen Korkeinlagen.

Prüfen des Kompressionsdruckes

Pflegedienst Nr. 14

Mit dieser Kontrolle soll vorbeugend oder im Bedarfsfalle geprüft werden, ob Kolben und Ventil gut abdichten, ob also die Kompression in den Zylindern noch hoch genug ist.
Zur Prüfung wird von der Werkstatt ein Kompressions-Druckschreiber benutzt, in den kleine Meßkärtchen eingelegt werden. Der Motor sollte betriebswarm sein, doch sieht es in der Werkstattspraxis oft so aus, daß er kalt ist, bis er zu dieser Prüfung kommt.
Alle vier Kerzen sind herauszuschrauben. Der Gummikonus des Druckmessers wird dicht auf den Kerzensitz gedrückt. Ein zweiter Mann drückt das Gaspedal durch, damit die Zylinder voll ansaugen können, und dreht den Motor mit dem Anlasser durch. Dies so lange, bis der Zeiger nicht mehr weiter steigt.
Für jeden Zylinder zeichnet der Druckschreiber nach Weiterschalten des Gerätes eine flache Kurve auf das gewachste Papier, deren Endpunkt den höchsten Druck anzeigt. Wichtig für den Motor ist nicht so sehr die absolute Höhe des Druckes, sondern dessen Gleichmäßigkeit bei allen vier Zylindern. Druckunterschiede bis zu 1 kg/cm² sind unerheblich; sie sollen aber nicht mehr als 1,5 km/cm² betragen. Der gemessene Druck bei warmem Motor liegt höher als bei kaltem Motor, da bei diesem die Abdichtung durch die Kolbenringe und das Öl noch nicht so hoch ist.
Zu niedriger Druck kann bedeuten: Schäden an den Ventilen (z. B. verbranntes Auslaßventil oder hängendes Ventil durch zuviel Rückstandsbildung) – vorausgesetzt, daß das Ventilspiel in Ordnung ist! Ferner Kolben- und Kolbenring-

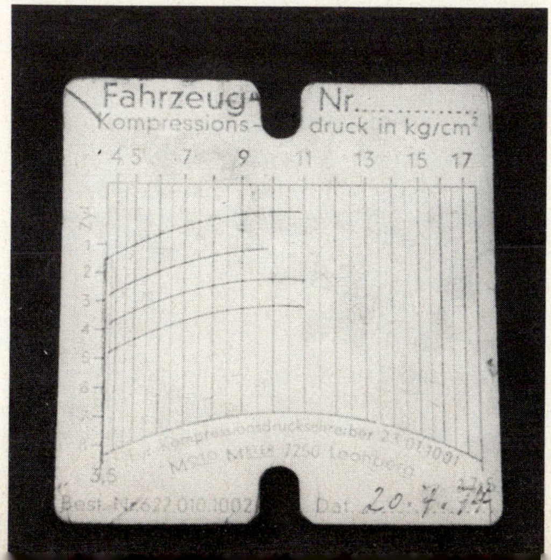

Die Werkstatt prüft den Kompressionsdruck mit einem Druckschreiber, in den ein Meßkärtchen eingelegt und für jeden Zylinder genau der Druck aufgezeigt wird. Das Ergebnis zeigt, ob Kolbenringe und Ventile gut abdichten, ob also der Motor gesund ist. Voraussetzung ist dazu natürlich genau eingestelltes Ventilspiel. Es kommt bei der Messung nicht so sehr auf den absolut angezeigten Druck, sondern mehr auf eine möglichst gleichmäßige Druck-Kurve bei allen 4 Zylindern an. Lassen Sie sich Ihr Meßkärtchen von der Werkstatt aushändigen und schreiben Sie den km-Stand Ihres Wagens drauf.

verschleiß oder festsitzende Kolbenringe, unrunde Zylinder, Folgeerscheinungen von Kolbenklemmern. In den meisten Fällen liegt jedoch mangelnder Kompressionsdruck und damit verringerte Motorleistung an undichten Ventilen. Klemmende Kolben hört man auch durch unrhythmisches Geräusch beim Anlassen oder durch metallisch klopfendes Geräusch während des Motorlaufes. Bei offener Drosselklappe, betriebswarmer Motor, alle Kerzen herausgeschraubt und Durchdrehen mittels Anlassers kann man sich an folgende Werte für den Kompressionsdruck (kg/cm^2) halten:

Motor	Gute Werte	Verschleißgrenze
1500, 1600	10,0–8,0	7,0
1700, 1800, 2000	9,5–6,0	5,0

Fingerzeig: *Der Kompressionsdruck ist nicht dem Verdichtungsverhältnis gleichzusetzen. Das Verdichtungsverhältnis ist bei der Konstruktion durch die Abmessungen der Zylinder und Verbrennungsräume festgelegt, während der vom Konstrukteur berechnete Kompressions- oder Verdichtungsdruck sich nur bei einwandfreiem Motorzustand einstellen kann. Da sich Gas beim Verdichten erwärmt, steigt der Kompressionsdruck weiter an (bei warmem Motor entsprechend höher).*

Nockenwelle und Stößelstangen

Ziemlich einfach, ohne besondere Lager, war die Nockenwelle bis August 1965 direkt im Leichtmetall-Kurbelgehäuse dreifach gelagert (bei Nockenwellen-Lagerschäden mußte meistens das Kurbelgehäuse ersetzt werden). Dann erhielt sie Lagerschalen. Über schrägverzahnte Räder erfolgt ihr Antrieb von der Kurbelwelle. Sie dreht nur mit halber Kurbelwellen-Drehzahl. Die Nocken wirken auf Stößel, in denen die Leichtmetall-Stößelstangen sitzen.
Die Stößelstangen sollte man nicht gegeneinander austauschen. Hat man sie ausgebaut, prüft man gleich nach, ob sie nicht leicht verbogen sind.
Die Nockenwelle läßt sich nur nach Zerlegen des Kurbelgehäuses herausnehmen.
Ein ausgeschlagenes Nockenwellenrad (Vorankündigung: starkes Geräusch im Leerlauf) kann man daran erkennen, daß der Motor beim Anlassen ohne Kompression durchdreht (Ventile werden ja nicht betätigt). Beim Abschleppen muß der Gang heraus sein, da die Ölpumpe nicht mehr angetrieben wird und Motorschäden durch fehlende Schmierung eintreten würden.

Kurbelgehäuse und Kurbelwelle

Das Kurbelgehäuse besteht aus zwei Teilen und ist aus Leichtmetall-Druckguß (Magnesium) hergestellt. Ein Auswechseln nur eines der beiden Teile ist nicht möglich, da sie im Werk gemeinsam bearbeitet wurden.
Ab August 1970 wurde die Leichtmetall-Legierung des Kurbelgehäuses geändert (mehr Silicium, weniger Aluminium). Dadurch bleibt das Kurbelgehäuse auch bei hohen Öltemperaturen (bis zu 140° C) fester. Die früheren Ölundichtigkeiten an den Trennfugen werden vermieden, nicht zuletzt durch bessere »Harmonie« mit der Dehnung der das Gehäuse zusammenhaltenden Stehbolzen.
Die Kurbelwelle besitzt eine vierfache Lagerung in Gleitlagern, die Lagerstellen sind gehärtet. Das erste Lager – in Fahrtrichtung – besitzt eine Bleiauflage und ist gleichzeitig für die Aufnahme axialer Druckkräfte eingerichtet (von der

Kupplung). Das zweite und das dritte Lager sind geteilt. An der Kopfseite der Kurbelwelle sitzt das Schwungrad, mit ihr durch eine Hohlschraube verbunden und durch vier Paßstifte gesichert. Das Abnehmen der Schwungscheibe ist nur in der Werkstatt (36 mm-Sonderschlüssel und Halteklammer) möglich. Anzugsmoment 30 mkg!

Auf der Kurbelwelle sitzen ferner das Nockenwellen-Antriebsrad und das Verteiler-Antriebsrad. Letzteres kämmt also mit der schräg nach oben führenden Verteiler-Antriebswelle (sogenannter Schraubenradantrieb). Und von dieser wiederum wird über eine Nockenfläche, die ihren Schaft umgibt, der Stößel für die Kraftstoffpumpe auf- und niederbewegt.

Nach dem Verteiler-Antriebsrad folgen auf der Kurbelwelle eine Öl-Ablenkscheibe und ein Öl-Rücklaufgewinde, verbunden mit dem Keilriemen-Antriebsrad. Letzteres wird durch eine Sechskantschraube festgehalten. Auf der Kupplungsseite erfolgt die Abdichtung durch einen Dichtring.

Blieben noch die Hauptpunkte der Kurbelwelle zu erwähnen: die vier Pleuel. Sie sind mit auswechselbaren Lagerschalen (Bleibronze) auf den Kurbelwellenzapfen gelagert. In ihrem anderen Ende tragen sie Bronzebuchsen für die Kolbenbolzen, die »schwimmend« gelagert sind: Sie können sich also im Pleuel und Kolben etwas bewegen.

Fingerzeig: *Es schadet den Kurbelwellenlagern, wenn man den Motor bei kleiner Drehzahl hoch beansprucht, also viel Gas gibt (schaltfaules Fahren, hohe Kolbendrücke). Je schneller die Kurbelwelle dreht, um so kräftiger ist das Schmierpolster in den Lagern.*

Grundeinstellung prüfen

Wenn nach Zerlegen des Motors oder von seinen Teilen kein Anspringen möglich ist, sollte die Grund-Einstellung überprüft werden: Linken Ventilgehäusedeckel abnehmen. Kerbmarkierung der Riemenscheibe (für den Zündzeitpunkt Bild Seite 138) mit Gehäuse-Trennfuge fluchten lassen. Hierbei muß der Verteilerfinger an der Kerbe des Verteilergehäuses stehen. In dieser Stellung mit der rechten Hand die Riemenscheibe hin- und herdrehen und dabei die Ventile des 3. Zylinders beobachten. Diese Ventile müssen sich bewegen, denn der 1. Zylinder ist jetzt im Zündzeitpunkt, der dritte dagegen im Auspufftakt. Verteilerkappe aufsetzen: das über dem Verteilerfinger befindliche Zündkabel muß zum 1. Zylinder führen.

Die Auspuffanlage

Wenn aus irgendeinem Grunde – sei es zum Ölwechsel oder zum Abschmieren – der VW auf der Hebebühne steht, wird man bei dieser Gelegenheit nicht nur dem Reifenprofil, sondern auch der Auspuffanlage einen prüfenden Blick schenken und sich davon überzeugen, ob irgendwelche Verbindungsschrauben nachzuziehen oder ob etwa Undichtigkeiten feststellbar sind.

In den eigentlichen Auspufftopf münden die heißen Abgase der Zylinder. Da der Weg von den Zylindern zum Topf relativ kurz ist, wird dieser durch Hitzeeinwirkung arg strapaziert. Der Auspufftopf ist also ein Verschleißteil. Zusätzlich kommen äußere Einflüsse hinzu, die ebenfalls die Lebensdauer verkürzen. Rost durch Spritzwasser und die Tausalze winterlicher Straßen lassen das Blech schnell dünner werden. Vorwiegender Stadtverkehr und Kurzstrecken strapazieren durch ihre Kondensatbildung den Auspuff stärker als Überland- und Autobahnverkehr. Nach etwa 1 bis 2 Jahren kann man damit rechnen, daß der Topf ersetzt werden muß. Die 1,7-, 1,8- und 2-Liter-Motoren sind mit vernickelten Auspufftöpfen ausgestattet. Sie halten entschieden länger als die nur grundierten Töpfe der kleinen Motoren.

Auspufftopf wechseln

Zum Wechseln der Auspuffanlage brauchen Sie Ihren VW-Transporter oder Bus nicht einmal hochzubocken. Wenn man sich auf den Boden legt, kommt man dank der erheblichen Bodenfreiheit des Wagens an die meisten Schrauben gut heran.

Als erstes muß das hintere Motorabdeckblech direkt über dem Auspuff abgeschraubt werden. Bei älteren Wagen kann man noch zusätzlich den hinteren Abschlußträger abbauen, dann liegt der Auspuff völlig frei.

Sprühen Sie die festgerosteten Schrauben mit einem Rostlöser wie »Caramba Super«, »Ferex Rapid« oder »Multigliss« ein! Sie sparen manchen Schweißtropfen.

Bei den Motoren mit hohem Gebläsekasten werden die Schrauben SW 10 der beiden Flansche der Vergaser-Vorwärmung, die Muttern SW 13 der darunterliegenden Auspufflansche, die Klemmringe um die Wärmetauscheröffnungen und die beiden Klemmstücke an den unteren Eintrittsöffnungen zum Auspufftopf losgeschraubt. Der defekte Auspufftopf kann nun zusammen mit dem Endrohr abgezogen werden. Dabei bedarf es oft kräftiger Hammerschläge. Die eingesteckten Rohre in den kleinen, am Auspuff festgeschweißten Heizbirnen werden herausgezogen und wiederverwendet.

Den Ärger mit den festgerosteten Schrauben können Sie sich bei der nächsten Auspuffdemontage sparen, wenn Sie schon jetzt, vor dem Einbau der neuen Auspuffanlage, die Gewinde der Schrauben und Stehbolzen mit einer hitzebeständigen Spezialpaste (»ASC-Paste« von Liqui-Moly, »Molykote 1000« oder »HSC-Paste« von Molykote) bestreichen.

Der Einbau geschieht sinngemäß umgekehrt wie der Ausbau: Flanschdichtungen auf die Stehbolzen der oberen Austrittsöffnungen stecken, die konischen Blechringe und die Asbestdichtringe auf die unteren Austrittsrohre schieben (evtl. leicht drehen, sie gehen schnell kaputt) und die Blechschellen über die Wärmetauscheröffnungen stülpen.

Der Auspufftopf wird zuerst an den Flanschen des Vorwärmrohres (Dichtung nicht vergessen) angeschraubt. Beim darauffolgenden Festdrehen der Muttern des Auspufflansches zieht er sich dann in die richtige Lage.

Nun können die Blechschellen und Klemmstücke festgeschraubt werden. Das aus zwei Teilen bestehende Endrohr kann vor oder nach dem Einbau des Topfes angebaut werden. Ziehen Sie das gekrümmte Endstück besonders gut fest, es hat die Neigung, sich selbständig zu machen.

Bei den Flachmotoren geht der Wechsel der Auspuffanlage weit unproblematischer vor sich: Er wird einfach von den Doppelflanschen der Wärmetauscher abgeschraubt. Verwenden Sie beim Einbau neue Dichtungen.

Farbe der Auspuffgase

Aus der Farbe der Auspuffgase läßt sich einiges schließen:

- Schwärzliche Gase: Unvollständige Verbrennung durch Luftmangel bzw. Kraftstoffüberschuß. Außerdem kann der Leerlauf zu fett eingestellt sein.
- Bläuliche Gase: Verbranntes Öl durch undichte Kolben bzw. Kolbenringe. Oder zuviel Öl im Kurbelgehäuse.
- Weiße Gase: Hier handelt es sich um Wasserdampf als chemisches Verbrennungsprodukt, das bei Kälte kondensiert (unbedenklich).
- Gase, die man nicht sieht: Gift, gefährlich bei geschlossener Garagentür.

Bei Stadtverkehr wird das Auspuffrohr gern innen schwarz, ein Zeichen, daß die günstigste Betriebstemperatur nicht erreicht wird. Durch häufigen Leerlauf liegt meistens Kraftstoff-Überschuß vor.

Nach längeren Überlandfahrten sieht das Endrohr bei richtiger Motoreinstellung innen hellgrau aus.

Bei hochgebocktem Fahrzeug (Hebebühne) prüft man die Auspuffanlage auf Beschädigungen. Defekte in der Anlage kündigen sich meist durch größere Geräuschbildung schon an. Läßt man bei laufendem Motor von einem Helfer das Endrohr mit einem Lappen zuhalten, so muß der Motor bei dichter Anlage nach kurzer Zeit stehen bleiben. Läuft er jedoch weiter, so läßt sich durch entsprechende Geräusche (Zischen) meist unschwer die undichte Stelle ermitteln. Solche Sicht- und Hörprüfungen bei laufendem Motor sollte man nie allein durchführen und nicht in einer Grube.

Sichtprüfung der Auspuffanlage

Wartungsdienst Nr. 23

Das Schmiersystem

Die Druck-Umlauf-Schmierung des VW läßt das Öl aus der Kurbelwanne folgenden Weg gehen: Ölpumpe – Kurbelwellenlager – durch die Kurbelwelle hindurch zu den Pleuellagern. Ein anderer Teil des Öls fließt zu den Lagern der Nockenwelle, den Stößelstangen und zu den Kipphebellagern. Die Ventilschäfte werden durch Öldunst bzw. Spritzöl geschmiert. Ab August 1970 wurde die Ölpumpe im Zuge der Leistungserhöhung vergrößert (breitere Zahnräder).

Der Ölkühler

Es gibt nicht viele Autos, die einen Ölkühler besitzen. Meist sind es Sportwagen, deren Schmierungskreislauf durch ein derartiges Aggregat vor Überhitzung geschützt wird. Bei VW-Modellen können, bedingt durch den immer etwas heißer laufenden luftgekühlten Motor, durch die relativ kleine Ölmenge von nur 2,5 bzw. 3,5 Litern und die möglichen Dauerdrehzahlen auf der Autobahn die Öltemperaturen relativ hoch ansteigen, weshalb eine spezielle Ölkühlung durchaus notwendig ist.
Auch hier hat man sich nicht gescheut, durch technischen Aufwand für möglichst optimale Temperaturverhältnisse des Schmieröls zu sorgen: Nicht jeder Tropfen Öl geht unbedingt den Weg durch den Ölkühler. Ein Überdruckventil regelt den Kreislauf: Solange das Öl kalt und damit zähflüssig ist, ist der Öldruck höher. Er ist damit in der Lage, das Ventil entgegen der Kraft einer Feder zu öffnen. Damit wird einem erheblichen Teil des Schmieröls unter Umgehung des Ölkühlers der direkte Weg zu den Schmierstellen freigegeben. Erst bei zunehmender Erwärmung des Motors und damit des Öles – also bei zurückgehendem Öldruck – kann sich die Federkraft wieder auswirken und das Überdruckventil mehr und mehr schließen, so daß ein immer größer

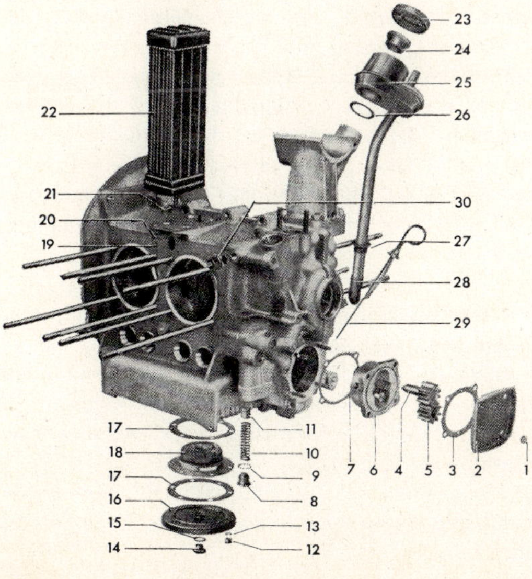

Der Motorblock mit abgenommenen Zylindern (man erkennt die Stehbolzen der beiden linken Zylinder). Die Zahlen bedeuten: 1–7 = Ölpumpe mit Einzelteilen, 8–11 Feder und Teile des Ölüberdruckventils, 12–18 = Ölablaßschraube und Ölsieb mit Dichtungen und Schrauben, 19/20 = Mutter und Federscheibe für Anschluß (21) des Ölkühlers (22), 23–28 = Öleinfüllstutzen mit Deckel (23), Entlüfter, Ventil (28) und Teilen, 29 = Ölmeßstab.

Im luftgekühlten, bei Dauer-Vollgas recht heiß werdenden VW-Motor wird auch das Schmieröl wärmer, deswegen ist ein Ölkühler nötig. Wichtige Änderung ab August 1970: Ölkühler nach vorn gesetzt eingebaut und außerhalb des Gebläsegehäuses mit eigenem Kanal für die Kühlluft. Der linke vordere Motorzylinder bekommt nicht mehr die von ihm aufgewärmte Kühlluft. Der Kühler wird dazu aus einem besser wärmeleitenden Alu-Blech hergestellt. Der Pfeil weist auf den jetzt erforderlichen Zwischenflansch.

werdender Teil den Ölkühler passieren muß. In der Schließstellung des Ventils durchfließt schließlich die gesamte Ölmenge den im Luftstrom des Kühlgebläses liegenden Kühler.
Wichtige Änderung ab August 1970: Statt aus Stahlblech besteht der Ölkühler aus Alu-Blech (bessere Wärmeabführung) wie beim VW 1600. Ferner wurde er nach vorne versetzt (zur besseren Kühlung von Zylinder 3) und bekam einen eigenen Kühlkanal im Gebläsegehäuse.

Undichter Ölkühler?

Bei starkem Ölgeruch wird sich der Verdacht auf Undichtigkeiten am Ölkühler richten. Doch wird man zunächst prüfen, ob das Ventil einwandfrei funktioniert. Es sitzt unten links am Motor und läßt sich herausschrauben. Der Kolben darf in seiner höchsten Stellung nicht klemmen, weil sonst das kalte und zähflüssige Öl – statt den direkten Weg zu den Schmierstellen zu gehen – den feinrippigen Kühler passieren muß. Der hohe Öldruck kann dem Kühler schaden. Eventuelle Klemmspuren am Kolben kann man vorsichtig glätten. Vor dem Wiedereinschrauben wird der Dichtring in jedem Fall erneuert.
Sollte sich der Verdacht auf Undichtigkeiten am Ölkühler bestätigen (Ölspuren am Gebläsegehäuse?), so muß er ausgebaut werden. Dazu muß – weil das Kühlgebläse abgehoben werden muß – beim Transporter der Motor ausgebaut werden. Die beiden Muttern für den Ölkühler liegen unter der Kühleranlage.
Der Prüfdruck für den Kühler darf 6 atü betragen, die einzelnen Röhrchen dürfen sich nicht berühren, er darf nicht verschmutzt sein, das Trennblech muß festsitzen.

Öldruckschalter

Wenn Sie die Zündung einschalten, leuchtet das Lämpchen auf und zeigt an, daß es am Öldruck fehlt. Nach dem Anspringen des Motors muß dieses Lämpchen erlöschen, Zeichen dafür, daß ausreichender Öldruck vorhanden ist. Die Betätigung der Kontrollampe besorgt der links hinter der Unterdruckmembrane des Verteilers am Motor befindliche Öldruckschalter. Mehr darüber im Kapitel »Instrumente und Geräte« auf Seite 171.
Bei sehr heißgefahrenem Motor und damit sehr dünnflüssigem Öl kann es im Leerlauf zu einem Flackern des Kontrollämpchens kommen. Das ist ungefährlich, wenn die Lampe bei Gasgeben sofort erlischt.

Blick von rechts unten auf den Motor bei abgenommenem Warmluftführungsblech. Das sich durch Temperaturänderungen in der Kurbelgehäuse-Entlüftung bildende Kondenswasser läuft durch ein Gummi-Ablaufventil (1) nach außen ab. Durch Zusammendrücken kann man das Gummiventil auf Funktion prüfen. Nach Abnahme des Warmluftführungsbleches, das die aufgeheizte Kühlluft ins Freie leitet, ist der Thermostat (2) zur Kühlluftregelung sichtbar, der durch Lösen vom Halter (3) von der Betätigungsstange geschraubt werden kann. Ferner bedeuten: 4 = Ölwanne; 5 = Stößelschutzrohre.

Kurbelgehäuse-entlüftung

Durch die pumpende Kolbenbewegung, die heißen Öldünste und durch die immer etwas am Kolben vorbeiblasenden Kompressions- und Brenngase würde im Kurbelgehäuse ein so hoher Druck entstehen, daß irgendwo am Motor Undichtigkeiten entstehen würden, durch die der Überdruck nach außen entweichen könnte. Aus diesem Grunde ist bei allen Motoren eine sogenannte Kurbelgehäuseentlüftung vorgesehen, die in früheren Jahren einfach ins Freie führte. Seitdem man einen verschärften Kampf gegen Luftverunreinigung führt, gibt es nur noch die geschlossene Entlüftung, bei der die Gase durch eine Schlauchleitung vom Öleinfüllstutzen hinauf zum Luftfilter geführt werden. Von dort aus atmet sie der Motor wieder mit ein und verbrennt sie weitgehend.
Um zu verhindern, daß sich durch Temperaturdifferenzen entstehendes Kondenswasser niederschlägt und unter Umständen gefriert, ist ein kleines Ventil am Ablaufrohr vorgesehen, das sich selbsttätig öffnet und für Abfluß des Wassers sorgt.
Sollte man Öl in diesem Ventil feststellen, so liegt der Verdacht nahe, daß der Motor aus der Kurbelgehäuseentlüftung Öl wirft, daß zuviel Öl im Luftfilter vorhanden oder daß ein Kolbenring gebrochen ist.

Gummiventil prüfen

Wartungsdienst Nr. 24

Das Gummiventil für den Kondenswasserablauf der Kurbelgehäuseentlüftung ist so ausgelegt, daß es sich bei einer bestimmten Menge vorhandenen Wassers selbständig öffnet. Durch klebrige Rückstände und äußere Verschmutzung können die Lippen u. U. verkleben und ein Öffnen verhindern. Die Prüfung beschränkt sich auf ein mehrmaliges Zusammendrücken der Schmalseiten des Ventils (Nr. 1 im Bild oben). Seit August 1972 ist dieses Gummiventil entfallen.

Windmühle

»Luft kocht nicht, Luft friert nicht«, ist einer der bekannten VW-Sprüche. In der Tat ist hier etwas dran: Luftkühlung benötigt kein Wasser, keinen Kühler, keine Schläuche und was es bei der wassergekühlten Konkurrenz noch so gibt. Freilich gibt es, wie immer, auch Nachteile: Luftgekühlte Motoren sind lauter, sie heizen weniger gleichmäßig als ein wassergekühlter Wagen.
Falsch wäre es freilich, aus dem Nicht-Vorhandensein von Wasser und seinem Zubehör zu schließen, daß man sich um die Luftkühlung in den VW-Modellen nie zu kümmern hätte.

So wird gekühlt

Da der VW-Motor im Heck untergebracht ist, kann man nicht, wie das bei Motorrädern üblich ist, die verrippten Zylinder einfach dem Fahrtwind zur Kühlung aussetzen. Aus diesem Grunde besitzt der Motor ein Kühlgebläse, das sich – in Fahrtrichtung gesehen – vor dem Motor befindet und als schwarzes Blechgehäuse sichtbar ist.
Bei den 1,2- bis 1,6-Liter-Motoren sitzt das Gebläserad auf der Lichtmaschinenwelle und wird vom Keilriemen angetrieben, bei den Flachmotoren sitzt es direkt auf der Kurbelwelle. Mit zunehmenden Motordrehzahlen sorgt es für ansteigende Luftfördermenge. So schaufelt das Gebläserad des 1200er-Motors z. B. bei 3600 U/min nicht weniger als 530 Liter Luft pro Sekunde (L/s) über die Zylinder. Bei den größeren Motoren ist es entsprechend mehr (1500 und 1600: 575 und 620 L/s bei 4000 U/min, Flachmotor: 800 L/s bei 4600 U/min). Das Schaufelrad befindet sich in einem Blechgehäuse, aus dem die Luft durch Luftleitbleche zu den vier Zylindern geführt wird. Die sich dort aufwärmende Luft wird nach unten ins Freie abgeführt.
Durch Versetzen des Ölkühlers nach vorn ab August 1970 bekommt der bis dahin kühlungsmäßig etwas vernachlässigte Zylinder 3 (links vorn) mehr Kühlluft. Ab diesem Datum wurden wegen der Leistungserhöhung auch die Schaufeln des Gebläses verbreitert.

Kühlluftregelung

Je nach Belastung erwärmt sich der Motor mehr oder weniger, entsprechend muß durch konstruktive Maßnahmen dafür gesorgt werden, daß die Kühlluftmenge den jeweiligen Bedürfnissen des Motors angepaßt wird. Dies geschieht durch eine thermostatische Kühlluftregulierung.
Rechts unten am Motor befindet sich in einem Halter ein Thermostat, der durch Verbindungsstangen je eine Klappe für die linke bzw. rechte Zylinderreihe betätigt. Da der Thermostat auf Temperaturunterschiede des Motors reagiert, regelt er durch Verändern der Klappenstellung die Kühlluftzufuhr zum Motor, ohne daß hierdurch – wie das früher beim sogenannten Drosselring der Fall war – die für die Heizung zur Verfügung stehende Luftmenge beeinflußt wird. Die Zuführung der hierfür benötigten Luft ist also nur noch von der Drehzahl des Motors und damit des Gebläserades abhängig.

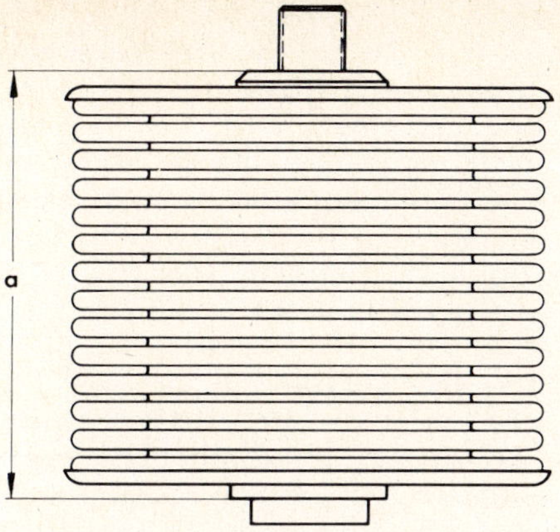

a = 46 mm

So wird die Länge des Thermostats richtig gemessen: Das Maß »a« muß mindestens 46 mm betragen, nachdem der Thermostat zuvor im Wasserbad erhitzt wurde. Beim Flachmotor muß er zu dieser Messung auf 85–90° C, bei den Motoren bis 50 PS auf 65–70° C erwärmt werden.

Schwierigkeiten am Kühlsystem sind praktisch nur durch einen Defekt am Thermostaten, eine Schwergängigkeit der Klappenregulierung oder einen nicht straff genug gespannten Keilriemen möglich.

Prüfen des Thermostats

Normalerweise ist eine regelmäßige Überprüfung des Thermostaten nicht notwendig, das wird man allenfalls dann tun, wenn man das Gefühl hat, daß der Motor seine richtige Betriebstemperatur nicht erreicht. Läßt sich durch einen Blick in den rechts unten am Motor befindlichen Luftführungskanal oberflächlich feststellen, ob der Thermostat seine Höhe bei Motorerwärmung verändert (durch seine Ausdehnung verschiebt er die senkrecht nach oben führende Klappen-Betätigungsstange), so läßt sich eine genaue Funktionskontrolle nur durch Thermostat-Ausbau durchführen.
Der Thermostat wird in ein Wasserbad gelegt, das auf 65–70° C erhitzt wird. Bei dieser Temperatur muß der Thermostat die Klappen geöffnet haben, seine Länge muß mindestens 46 mm betragen (Druckdosenlänge). Beim Flachmotor muß er diese Länge bei 85–90° C haben. Bei Defekten läßt sich an ihm nichts reparieren, er muß ersetzt werden.

Einstellen der automatischen Kühlluftregelung

Wenn der Thermostat ausgebaut oder der Bowdenzug der Kühlluftregelung (Flachmotor) ausgehängt wurde, muß die Luftklappenbetätigung neu eingestellt werden. Die Einstellung erfolgt bei kaltem Motor. Beim Flachmotor wird die Heizklappenbetätigungswelle gegen die Federkraft bis zum Anschlag gedreht. Der gestraffte Bowdenzug wird in dieser Stellung festgeklemmt. Anschließend kontrolliert man sicherheitshalber, ob der Zug richtig auf der Umlenkrolle unterhalb des Motors sitzt.
Bei den Motoren mit hohem Gebläsekasten spielt sich die ganze Arbeit unter dem Wagen ab: Thermostat vom Halter durch Lösen der Schraube SW 13 abschrauben. Thermostathalter lockern. Thermostat samt Betätigungsstange ganz nach oben drücken und den Halter so weit verschieben, daß der obere Anschlag den Thermostat in seiner jetzigen Stellung berührt. Halter festschrauben und Thermostat wieder daran befestigen.

Die Heizung

Bei den VW-Modellen früherer Baujahre (bis Dezember 1962) benutzte man zur Beheizung des Innenraums einen Teil der durch die heißen Zylinder aufgeheizten Luft. Die Folge war, daß die Heizluft meistens nach Motor roch, entweder durch verölte Zylinder-Kühlrippen, einen undichten Ölkühler oder ähnliches. Auch heute noch wird die Heizungsluft durch den Motor aufgeheizt, jedoch in einer wesentlich verbesserten Form. Ein Teil der vom Gebläserad der Luftkühlung angesaugten und zur Motorkühlung bestimmten Frischluft wird – bei eingeschalteter Heizung – bereits vor dem Motor entnommen und über sogenannte Wärmetauscher geführt. Durch diese Wärmetauscher laufen die Auspuffrohre der Zylinder und erwärmen dabei die für die Heizung vorgesehene Luft mehr oder minder stark. Die Menge der für Heizzwecke zur Verfügung stehenden Warmluft hängt von der Motordrehzahl ab, weshalb es sich im Winter empfehlen kann, statt des 4. Ganges lieber den 3. zu wählen, um mehr Heizungsluft zu fördern.

Weiter ist die Temperatur der Warmluft von der Motorbelastung abhängig. Ein unter Last bergauf ziehender Wagen wird sich weitaus mehr erwärmen als ein ohne Last bergab rollender. Ist im ersten Falle die Heizungsluft sehr warm, so wird sie im zweiten Fall kaum lauwarm sein. Geruchsbelästigungen durch die Heizung sind auch bei den heutigen Volkswagen nicht völlig ausgeschlossen. Neue Fahrzeuge, bei denen die Heizung erstmals eingeschaltet wird, werden immer etwas nach Lack riechen, was sich jedoch bald gibt.

Unangenehmer sind Gerüche verbrannten Öls. Einige Tropfen, beim Ölnachfüllen vergossen, können einem die Heizung auch im kältesten Winter vermiesen, weshalb es empfehlenswert ist, auf größte Sauberkeit im Motorraum zu achten.

Auspuffgeruch

Gefährlicher als Ölmief ist es, wenn die Heizung nach Auspuffgasen riecht. In einem solchen Falle sollte man der Ursache schnellstens nachgehen. Wichtige Fragen: Sind alle Verbindungs- und Abdichtstellen zwischen Auspuff und Heizbirne bzw. Heizanlage einwandfrei dicht, einschließlich der Abzweigung für die Gemischvorwärmung? Ist der Auspufftopf durchgerostet? Gab es einen Auffahrunfall, durch den vielleicht Teile der Auspuffanlage oder Heizung beschädigt wurden? Wurde vielleicht beim Rückwärtsfahren unbemerkt der Auspuff (von außen kaum sichtbar) beschädigt? In solchen Fällen sollte man einen Werkstattbesuch keinesfalls scheuen.

Heizungsgeruch kann auch bei völlig intaktem Motor bzw. bei intakter Auspuffanlage auftreten. In solchen Fällen muß man feststellen, welche Umstände den Geruch hervorrufen, ob etwa bei schiebendem Wagen (bergab), bei plötzlichem Gaswegnehmen oder unter ähnlichen Verhältnissen durch besondere Strömungen am Heck Abgase durch das Kühlgebläse mit angesaugt werden. In solchen Extremfällen sollte man für Frischluft im Wagen durch Öffnen der Fenster oder des Schiebedachs sorgen.

Fingerzeige: *Auch die Transporter-Karosserie ist enorm dicht, was Sie beim Zuschlagen der Türen gut bemerken können (Luftpolster). Aus diesem Grunde ist es völlig verkehrt, eine schnellere und bessere Erwärmung des Innenraums durch Schließen der Fenster erreichen zu wollen. Die durch das Gebläse in den Innenraum gedrückte Warmluft kann bei geschlossenen Fenstern nicht abfließen, es bildet sich im Wagen ein Überdruck, der weiteren Warmluftzutritt unmöglich macht. Beide Schwenkfenster und Kurbelscheiben einen Spalt geöffnet, dann erwärmt sich der Innenraum weitaus schneller. Dazu ist es vorteilhaft, in einem niedrigeren Gang zu fahren: Der Motor erwärmt sich schneller, er arbeitet mit höherer Drehzahl und bringt so mehr Warmluft in den Wagen. – Unmittelbar nach dem Start soll bei großer Kälte die Warmluft zunächst auf die Windschutzscheibe konzentriert werden, die Öffnungen vorn und hinten im Fußraum werden verschlossen. Liefert der Motor tüchtig Wärme, so kann man die Heizluft zusätzlich vorn in den Fußraum leiten.*

Betätigung der Heizklappen

Die Heizklappen werden vom Armaturenbrett aus durch Seilzüge betätigt, die gelegentlich – ebenso wie die Gelenke und Wellenklappen – mit ein paar Tropfen Öl geschmiert bzw. gängig gehalten werden sollten. Bei Arbeiten unter dem Wagen (Ölwechsel, Abschmieren etc.) kann man das untere Ende des Zuges mit einer Spritzkanne oder einem Spray bequem erreichen.

Funktion der Heizklappen prüfen

Pflegedienst Nr. 26

Die richtige Einstellung der Heizzüge läßt sich leicht prüfen: Man schaltet die Heizung voll ein, bockt den Wagen auf und prüft, ob sich die Hebel an den Heizbirnen, an denen die Züge angeschlossen sind, von Hand noch weiter nach vorn schieben lassen. Dies darf nicht der Fall sein – bei voll eingeschalteter Heizung müssen die Hebel in ihrer vordersten Stellung stehen. Stimmt die Einstellung nicht, so lockert man die Klemmschrauben für die Heizzüge und verschiebt sie entsprechend.

Benzin-Zusatzheizung

Im Kurzstreckenverkehr erreicht der Motor u. U. nur geringe Temperaturen hier bleibt dann auch die Heizluft kühl. Gegenüber dem Personenwagen hat es die Heizung in Bus und Transporter auch schwerer: Der Innenraum, der durchwärmt werden muß, ist viel größer. Die Transporter mit 1,7-/1,8-/2-Liter-Motor besitzen deshalb das elektrische Zusatzgebläse, wie es auch im VW 411/412 vorhanden ist.

Für die Transporter-Modelle gibt es eine benzin-elektrische Zusatzheizung von Eberspächer, die man sich sowohl gleich bei der Bestellung des Neuwagens als auch nachträglich einbauen lassen kann. Das Heizgerät findet Platz links neben dem Motor; die Warmluft tritt hinten im Wagen aus. Die Heizung arbeitet völlig unabhängig vom Motor, also auch im Stand. Eingeschaltet wird sie mit einem Drehknopf am Armaturenbrett, der mit einer Uhr gekoppelt ist: Bei abgestelltem Motor schaltet sich die Heizung nach spätestens zwanzig Minuten wieder aus. Bei eingeschalteter Zündung dagegen läuft sie so lange, bis der Fahrer sie von Hand abstellt (oder die Zündung wieder ausschaltet). Die Uhr wurde vorgesehen, um die Batterie nicht zu stark zu belasten; die Heizung verbraucht immerhin 50 Watt oder (bei 12 Volt) über 4 Ampere. Nach elf Stunden ist die Batterie leer (was vor allem Campingwagen-Besitzer bedauern werden, für die die Eberspächer-Heizung damit kaum als Dauerheizung in Frage kommt).

Die Eberspächer Heizung arbeitet ähnlich wie eine Ölheizung zu Hause: Es gibt einen Brenner, ein Gebläse, einen Wärmetauscher. Statt der Heizkörper in der Wohnung gibt es im Wageninnern die Warmluft-Öffnung. Diese Warm-

Auf Wunsch können alle Transporter- und Bus-Modelle mit einer Eberspächer-Zusatzheizung ausgestattet werden. Seit 8/73 wird vom VW-Werk die Unterflur-Heizung BA 6 eingebaut. Sie ist in der Mitte des Wagenbodens angeordnet; die Heizluft tritt durch die serienmäßigen Warmluftöffnungen aus. Bis 7/73 wurde und bei Nachrüstungen wird weiterhin die Heizung BN 6 (Bild) im Motorraum eingebaut. Die Warmluft tritt hinten im Wageninnern aus. Bei Nachrüstungen muß eine TÜV-Abnahme erfolgen.

Die Eberspächer-Zusatzheizung verbrennt Benzin in einer eigenen Brennkammer. Dieses Benzin wird von der Dosierpumpe dem Kraftstofftank entnommen und über eine feine Düse in die Brennkammer gepreßt. Gleichzeitig fördert das rechts sitzende kleine Gebläserädchen einen Luftstrom in diese Brennkammer. Eine Glühkerze setzt die Verbrennung in Gang. Das große Gebläserad fördert Frischluft außen an der Brennkammer entlang und durch den Wärmetauscher, wodurch das Abgas seine Wärme an diese Frischluft abgibt, die dann als Heizluft in das Wageninnere strömt.

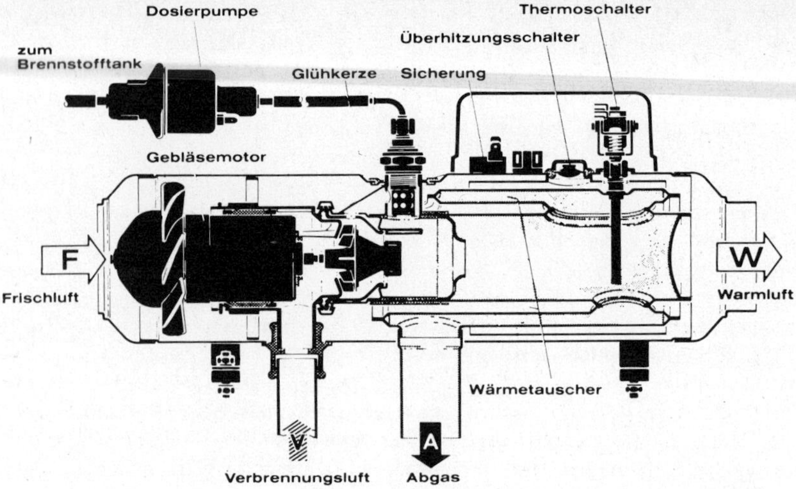

luft ist selbstverständlich nicht die Verbrennungsluft; diese wird durch den großen Stutzen neben dem Auspuffrohr ins Freie geleitet, gibt ihre Wärme aber vorher im Wärmtauscher an Frischluft ab.

Schaltet man die Heizung ein, so beginnt zunächst der Elektromotor zu arbeiten. Er treibt zwei Gebläserädchen, von denen das innere Luft in die Brennkammer drückt und das äußere Luft durch den Wärmetauscher in das Wageninnere befördert. Mit dem Einschalten beginnt auch die Benzinpumpe zu arbeiten: Sie drückt Kraftstoff in den Düsenstock und fein verteilt in die Brennkammer. Hier wartet eine heiße Glühkerze schon: Die Flamme ist an!

Die heiße Glühkerze ist gewissermaßen das Streichholz für den Ofen: Sie ist nur am Anfang eingeschaltet. Sobald die Flamme den hinten im Brennraum sitzenden Thermoschalter richtig aufheizt, stellt dieser die Glühkerze wieder ab. Jetzt arbeitet die Heizung richtig.

Das verbrannte heiße Gas durchströmt den Wärmetauscher, ein Kanalgebilde, das auf der Innenseite von den heißen Brenngasen, außen von Frischluft umspült wird. Dabei gibt das Gas seine Wärme zum größten Teil an diese Frischluft ab, die dann als Heizluft in den Wagen kommt.

Die im Transporter eingebaute Eberspächer-Heizung BN 4 oder BA 6 läßt sich in ihrer Leistung regeln (von 1800 bis 4000 kcal/h). Der Kraftstoffverbrauch schwankt dabei zwischen 0,2 und 0,65 Liter pro Stunde.

Für die Wartung der Heizung und für Reparaturen sind neben den VW-Werkstätten auch die größeren Bosch-Dienste zuständig. Hier kennt man sich oftmals besser aus, komplizierte elektrische Dinge liegen den reinen Auto-Werkstätten oft weniger.

Nahrungs-Versorgung

Verstopfte Vergaserdüsen, der Schrecken aus Notzeiten mit Benzin aus Kanistern und dunklen Quellen, sind selten geworden. Gott sei Dank – trotzdem ist es für den Notfall nur von Nutzen, wenn man weiß, welchen Weg das kraftspendende Naß vom Tank bis zum Vergaser nimmt. Außerdem benötigen auch diese Teile gelegentliche Aufmerksamkeit.

Der Tank

Der Tank sitzt beim Transporter oberhalb des Motors. Er ist bei den Modellen ab Mai 1968 nicht mehr zu sehen, weil hinter ihm eine Schottwand angebracht ist. Der Tank läßt sich nur nach Ausbau des Motors herausnehmen. Nach dem Abnehmen der Schottwand (ihr mittlerer Teil ist angeschraubt) kommt man an den Tank heran. Normalerweise gibt es freilich auch keine Notwendigkeit, den Tank herauszunehmen.

Geber für die Kraftstoffanzeige

Der Tankinhalt beträgt je nach Modell 51 bis 55, bei den älteren (bis Herbst 1967) 40 Liter. Es sind jeweils etwa fünf Liter Reserve vorhanden. Der Geber für die elektrische Kraftstoffzufuhr sitzt im Tank. Er kann herausgenommen werden, falls die Uhr nicht mehr einwandfrei anzeigt – was freilich mit sehr großem Aufwand verbunden ist. Das Kraftstoffsieb im Auslaufstutzen kann ohne Ausbau des Tanks herausgenommen werden; man braucht nur die Überwurfmutter abzuschrauben.
Vom Tank läuft der Kraftstoff über einen Schlauch zu einem festen Rohr, das kurz vor dem vorderen Motorabdeckblech beginnt und bis zur Kraftstoffpumpe führt. Wird der Motor ausgebaut, so muß der Schlauch abgezogen und durch Einstecken einer passenden Schraube oder durch Umknicken und Zusammenbinden verschlossen werden. Die Pumpe sichert einen gleichmäßigen Kraftstoffnachschub zum Vergaser.

Die Tankbelüftung

Wichtig für einwandfreien Kraftstoffnachschub ist die Belüftung des Tanks: In dem Maß, wie Benzin verbraucht wird, muß Luft nachströmen können. Die neueren Transporter besitzen, wie alle VW-Modelle, eine besondere Entlüftungsleitung.

Fingerzeige: *Wird ein Wagen längere Zeit stillgelegt, so sollte der Tank möglichst ganz gefüllt sein. Durch Temperaturschwankungen können sich in leeren Behältern Wassertröpfchen bilden, die sich schließlich auf dem Boden des Tanks sammeln. Dieses Wasser wird von der Kraftstoffpumpe angesaugt und sammelt sich dann am tiefsten Punkt des Schwimmergehäuses im Vergaser. Hier entstehen im Lauf der Zeit Absonderungen durch das Wasser – es verträgt sich nicht mit dem Zinkdruckguß-Material des Vergasers. Diese Absonderungen können Verstopfungen der Düsen zur Folge haben.*
Weiter führt Wasser im Tank zu Rost. Es hat schon Tanks gegeben, die innen

so verrostet waren, daß die Benzinfilter immer wieder verstopften, und der Tank ausgewechselt werden mußte.
Trotz der serienmäßigen Benzinuhr sollte man einen Reservekanister im Wagen haben. Empfehlenswert sind Kanister aus Kunststoff mit einer Einfülltülle.
Bei dem langen Einfüllstutzen ist es kaum möglich, aus dem Tank mit einem Schlauch Benzin abzuzapfen. Man könnte unter dem Wagen den Benzinschlauch abziehen – aber auch dieses ist sehr umständlich. Besser ist es – wenn man nur wenig Benzin braucht – den Schlauch am Vergaser abzuziehen. Bei laufendem Motor kommt hier in kräftigem Strahl Benzin heraus, das man direkt in einen Reservekanister oder dergleichen laufen lassen kann. Kluge Leute ziehen bei dieser Prozedur das grüne Kabel an der Klemme 1 der Zündspule ab, so daß der Motor nicht anspringt, und lassen den Anlasser laufen.
Beim Tanken übergelaufener Kraftstoff kann die Lackierung angreifen. Man sollte ihn abwischen oder vom Tankwart mit Wasser abspülen lassen.

Normal- oder Superkraftstoff?

Alle Transporter-Modelle sind sozusagen »Normal-Verbraucher«, was sich schon aus dem relativ niedrigen Verdichtungsverhältnis der VW-Transporter-Motoren – beim 1600er z. B. 7,5 : 1 – ergibt. Diese Zahl bedeutet, daß das Gemisch im Zylinder um das 7,5fache während des Verdichtungstaktes zusammengepreßt wird. Je höher das Kompressionsverhältnis, um so stärker erwärmt sich das Gemisch aus Kraftstoff und Luft, was zur Selbstentzündung im Verbrennungsraum führen kann, sofern der getankte Kraftstoff nicht genügend klopffest ist.
Die Klopffestigkeit eines Kraftstoffes kennzeichnet die sogenannte Oktanzahl (kurz: OZ). Dabei handelt es sich nicht etwa um eine Beimischung zum Benzin, sondern das »Oktan« ist lediglich eine Vergleichsgröße, die in einem speziellen Prüfmotor mit Meßkraftstoffen ermittelt wird.
Die bekannteste Oktanzahl-Meßweise ist die »Research«-Methode und die entsprechend ermittelte OZ heißt Research-Oktanzahl (kurz: ROZ). Daneben gibt es noch die nach der sogenannten Motor-Methode ermittelte MOZ, die wegen ihrer schärferen Prüfbedingungen unter den ROZ-Werten liegt.
Trotz der gesetzlich verordneten Reduzierung des »Bleianteils« im Benzin (die hochgiftige Flüssigkeit Bleitetraäthyl ist ein besonders wirkungsvoller OZ-Verbesserer) stehen die OZ-Werte der bundesdeutschen Kraftstoffe heute, Anfang 1980, wieder im internationalen Spitzenfeld. Sie betragen für Normalkraftstoff zwischen 91 und 95 ROZ bzw. zwischen 83 und 86 MOZ und für Superkraftstoff zwischen 97 und 100 ROZ bzw. zwischen 87 und 90 MOZ. Für die Transporter-Motoren werden 91 ROZ bzw. 83 MOZ gebraucht – Normalbenzin reicht also allemal.
Vielfach werden auch im Ausland die OZ-Ansprüche durch das dortige Normalbenzin erfüllt, z. B. in Skandinavien und in der Schweiz. In den anderen Ländern ist zumindest die Beimischung von Super ratsam (Frankreich, Beneluxländer, Österreich) oder ausschließlich Super notwendig (Italien, Jugoslawien, Ostblockländer, Portugal).

Klingeln und Klopfen

Dieses Klingeln oder Klopfen wird mit ungenügend klopffesten Kraftstoffen einerseits bei scharfem Gasgeben aus niedrigen Drehzahlen hörbar (Beschleunigungsklopfen, wenn Sie beispielsweise im dritten Gang aus 20 bis 30 km/h heraus scharf beschleunigen oder an einer Steigung schaltfaul fahren).
Noch gefährlicher ist das sogenannte Hochdrehzahl-Klopfen, das aber bei den niederverdichteten VW-Transportermotoren praktisch nicht auftritt.

Mit beiden Klopferscheinungen hat es folgendes auf sich: Normalerweise verbrennt das Kraftstoff-Luft-Gemisch im Zylinder auf Befehl der Zündkerze. Springt an ihren Elektroden der Funken über, entflammt das Gemisch. Ein »klingelfreudiger« Kraftstoff kann es aber nicht erwarten, bis ihn der Zündfunke restlos entflammt hat, sondern er detoniert zum Teil in einer Ecke des Verbrennungsraumes schon durch den hohen Druck und die große Hitze von selbst und knallt der auf ihn von der Zündkerze her zueilenden Flammenfront entgegen. Das gibt einen gewaltigen Druckanstieg im Zylinder, durch den der Kolben einen schmetternden Schlag auf den Kopf erhält, so daß der Motor bis ins letzte Kurbelwellenlager erschüttert wird. Es hört sich an, wie wenn von innen mit einem kleinen Hammer gegen die Zylinder geklopft würde.
Erste Maßnahme: Fuß vom Gaspedal, nur noch ganz behutsam Gas geben und alsbald klopffesteren Kraftstoff tanken, wenn möglich.
Übrigens wird der »Oktanzahlanspruch« eines vorwiegend im Kurzstreckenverkehr gefahrenen Wagens durch stärkere Rückstandsbildung im Verbrennungsraum höher. Die Verdichtung steigt, weil der Verbrennungsraum – etwas übertrieben ausgedrückt – »zuwächst« und sich dadurch verkleinert. Das zeigt sich auch allgemein bei zunehmendem Motoralter, wird jedoch in der Regel durch die zunehmend verschleißenden und deshalb weniger gut abdichtenden Kolbenringe wieder ausgeglichen. Abhilfe gegen Verbrennungsrückstände: Rückstandslösenden Kraftstoffzusatz verwenden (z. B. Desolite) oder den Motor durch flotte Autobahnfahrt gelegentlich »freiblasen«, aber nicht gleich voll auf das Gaspedal treten!

Nachlaufen

Der Motor kann auch nach Abschalten der Zündung nachlaufen. Man nennt diese Erscheinung auch Nachdieseln. In den Ansaugwegen befindliches Gemisch wird durch heiße Stellen des Zylinderkopfes oder glühende Verbrennungsrückstände entzündet. Neuere VW-Transporter besitzen deshalb ein elektromagnetisches Abschaltventil (siehe auch Seite 95), das nach Abschalten der Zündung den Kraftstoffzufluß sperrt und so den Motor praktisch abwurgt. Läuft der Motor trotzdem nach, hängt das Abschaltventil. Bei eingelegtem

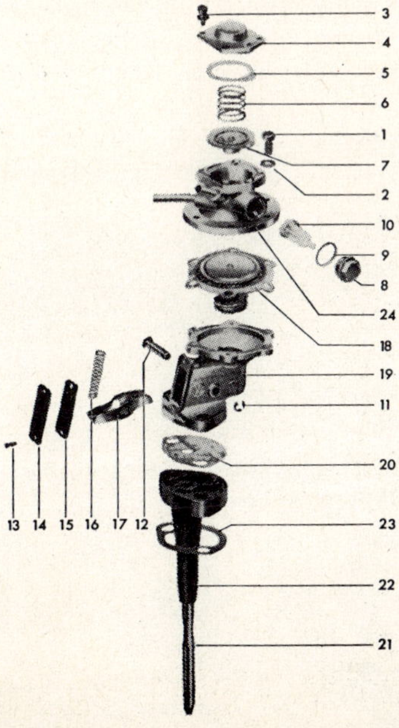

Die Kraftstoffpumpe mit ihren Teilen. Der Pumpenstößel (21) überträgt den Hub des Nockens über den Pumpenantriebshebel (17) auf die Membrane (18), die vom Tank her Benzin ansaugt und es durch das Filter (10) zum Vergaser fördert. Die übrigen Zahlen bedeuten: 1–5 = Schrauben, Federringe und Dichtung des Pumpendeckels (4), 6 = Druckfeder für Absperrmembrane (7), 8/9 = Schraube und Dichtung des Filters, 11 = Sicherungsscheibe für Achse (12) des Pumpenantriebshebels (17), 13–16 = Schraube, Dichtung, Verschlußplatte und Feder, 19/20 = Gehäuse und Dichtung der Pumpe, 22/23 = Zwischenflansch mit Dichtung, 24 = Pumpenoberteil.

viertem Gang und angezogener Handbremse die Kupplung langsam kommen lassen, um den Motor abzuwürgen.

Fahrten ins Ausland

In vielen europäischen Ländern sind die Kraftstoffe durch die Erlaubnis höherer »Bleibeimischung« zumindest genauso klopffest wie bei uns. Nicht ganz ausreichend ist das Normalbenzin für den Transporter in Griechenland, Italien, Jugoslawien, Österreich, Portugal, Spanien sowie in den Ostblockstaaten. In diesen Ländern empfiehlt sich zumindest eine Mischung von 50 : 50 von Normal und Super. In Irland, Luxemburg, Polen und Ungarn sollten Sie reines Superbenzin tanken.

Die Kraftstoffpumpe

Die Kraftstoffpumpe besteht aus zwei Teilen: Im Oberteil befinden sich das Saug- und das Druckventil, im Unterteil befindet sich der Steuermechanismus. Zwischen Ober- und Unterteil sitzt die Membrane, die gleichzeitig Dichtung ist. Vielleicht wird manchen die Wirkungsweise interessieren:
Von einem Nocken der Antriebswelle des Zündverteilers wird ein Stößel betätigt, der über den sogenannten Pumpenantriebshebel (eine Art Kipphebel, wie man ihn vom Ventiltrieb her kennt) die Membrane nach unten zieht. Hierbei wird über das Saugventil Benzin aus dem Tank angesaugt. Nun drückt eine Feder die Membrane wieder aufwärts, wobei sich das Druckventil öffnet und das Benzin in den Vergaser gefördert wird. Beim Ansaugen wird die Schraubenfeder unter der Membrane zusammengedrückt.
Der dann folgende Förderdruck hängt davon ab, um wieviel die Feder zusammengedrückt wurde. Die Federkraft ist so abgestimmt, daß sie nur dann Benzin in Richtung Vergaser fördert, wenn dessen Schwimmernadelventil geöffnet ist. Schließt sich dieses Ventil, so wächst der Druck in der Pumpe, der Hub verkleinert sich. Das ist der sogenannte »Freilauf« der Pumpe, die Fördermenge wird also dem jeweils nötigen Verbrauch angepaßt.

Ausbau der Kraftstoffpumpe

Wenn bei mangelndem Kraftstoff-Nachschub zum Vergaser der Verdacht vorliegt, daß die Pumpe einen Defekt hat, so wird man zunächst einmal ihr Filter reinigen (nächster Absatz). Kommt dann noch immer kein Benzin, so muß die Pumpe ausgebaut werden. Geprüft wird die Pumpe, indem man den Schlauch zum Vergaser abzieht und den Motor mit dem Anlasser (von einem Helfer) kurz durchdrehen läßt.
Zum Ausbau der Pumpe zieht man den zum Vergaser führenden Schlauch ab und löst die nach schräg hinten führende Ansaugleitung. Sie muß mit einer

Liefert die Kraftstoffpumpe Benzin? Zur Prüfung Benzinschlauch zum Vergaser am Auslaufstutzen der Kraftstoffpumpe abziehen (evtl. Schlauchklemme mit Kombizange spreizen), Hauptzündkabel aus Mittelbuchse Zündspule ziehen (damit Motor nicht anspringt) und von Helfer Zündschlüssel kurz auf Start drehen lassen (Vorsicht vor dem benachbarten Keilriemen). Spritzt nun Benzin aus dem Auslaufstutzen der Pumpe, ist die Versorgung bis zum Vergaser in Ordnung.

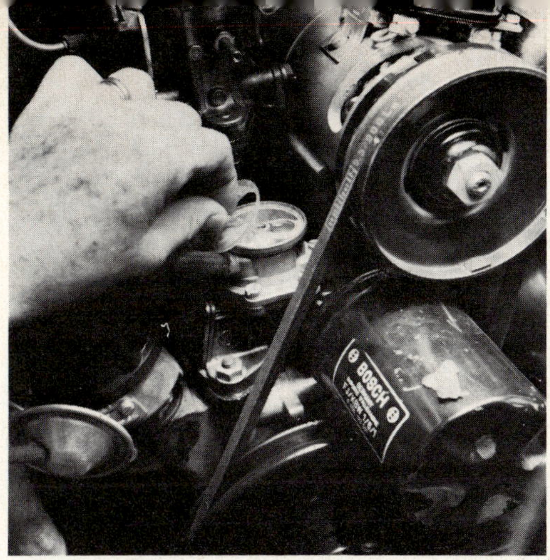

Die älteren 1,5- und 1,6-Liter-Transportermotoren haben eine Benzinpumpe mit dem Filtersieb unter dem oberen Deckel. Deckel abschrauben, Filtersieb herausnehmen und ausblasen oder in Benzin auswaschen. Die neueren Benzinpumpen lassen sich nicht mehr öffnen. Innerhalb des Keilriemens sieht man den Topf eines Ölfilters.

passenden Schraube oder dergleichen verschlossen werden, um Benzinausfluß zu verhindern. Dann werden die zwei Schrauben (SW 13) über dem Kunststoff-Zwischenflansch gelöst (die hintere ist schwer zugänglich), und die Pumpe kann nach oben herausgenommen werden.
Zuerst sieht man nach, ob der Pumpenstößel im Zwischenflansch leichtgängig ist und leichtes seitliches Spiel hat. Wenn nicht, kann man den Stößel mit Schmirgelleinen gangbar machen. Seitlich am Pumpengehäuse Sprengring des Bolzens für den Pumpenbetätigungshebel mit Spitzzange entfernen – den Bolzen mit Durchschlag und leichten Hammerschlägen heraustreiben – die beiden Schrauben der Verschlußplatte lösen und diese abnehmen – Feder des Betätigungshebels mit Schraubenzieher herausholen – Pumpendeckel abnehmen (SW 8) – Filter entfernen – Ober- und Unterteil durch einen gemeinsamen Ritzer markieren, damit sie beim Zusammenbau richtig aufeinander liegen – Pumpenoberteil nach Entfernen von 6 Schlitzschrauben abnehmen – Membrane herunterdrücken und Betätigungshebel seitlich herausnehmen – Membrane zusammen mit Feder und Dichtung herausziehen. Die in den neueren Transporter-Modellen eingebaute Benzinpumpe läßt sich nicht mehr zerlegen. Ist sie defekt, muß sie ausgetauscht werden.

Zusammenbau der Pumpe

Vor dem Zusammenfügen der Teile empfiehlt sich eine Saug- und Druckprobe mit dem Mund am Pumpenoberteil (Deckel abgeschraubt), ob Ventile gut funktionieren. Das Saugventil liegt auf der Seite des Kraftstoff-Zulaufs, das Druckventil entgegengesetzt. Es kommt vor, daß die federbelasteten Ventil-Kunststoffscheiben kleben. Dann muß das Pumpenoberteil ausgewechselt werden. Die neue Membrane wird samt ihrer Feder in das Unterteil eingesetzt und heruntergedrückt, und zwar so weit, daß an ihrem Stößel der Pumpen-Betätigungshebel eingehängt werden kann. Dann wird wieder der Bolzen eingeschoben und gesichert. Um die Membrane in die richtige Stellung zu bringen, wird der Hebel um 14 mm hineingedrückt (Pumpe in Schraubstock spannen oder gegen feste Unterlage drücken): Danach kann das Oberteil aufgesetzt werden. Hierbei auf die vorher eingeritzte Markierung achten, damit es in der richtigen Stellung verschraubt wird (über Kreuz). Die Membrane muß ohne Falten zwischen beiden Teilen liegen. Das Unterteil ist mit Mehrzweckfett zu füllen, das zur Schmierung und auch zur zusätzlichen Abdichtung dient.
Nicht zu vergessen ist die Kontrolle der Feder für den Hebel auf einwandfreien Sitz und der Dichtung für die seitliche Anschlußplatte. Deckel auf Oberteil schrauben, Dichtring dabei nicht vergessen.

Will man auch den Zwischenflansch herausnehmen, so ist unbedingt vorher der Stößel herauszunehmen. Beim Einbau zuerst den Flansch und dann den Stößel einsetzen, sonst fällt letzterer ins Kurbelgehäuse. Stößel nicht verkehrt hineinstecken. Die Muttern am Pumpenflansch nur mäßig anziehen, um den Kunststoff-Zwischenflansch nicht zu verspannen.

Fingerzeig: *Seit August 1970 wird bei den 50-PS-Motoren eine sogenannte Benzinpumpe mit Blechoberteil eingebaut, die nicht mehr zerlegt werden kann. Bei Defekten muß sie komplett ausgetauscht werden.*

Filtersieb der Kraftstoffpumpe reinigen

Pflegedienst Nr. 6

Obwohl der Kraftstoff vor Verlassen des Tanks zunächst das dort eingebaute Filter passieren muß, können im Laufe einer längeren Betriebszeit Verschmutzungen des Benzins oder solche aus Tank und Leitung bis zur Benzinpumpe vordringen. Deshalb hat man dort ein weiteres Filter vorgesehen, das nach Abschrauben des Deckels oben auf der Benzinpumpe zugänglich ist. Schmutz sammelt sich auf dem Sieb, zuweilen auch in den Gehäusevertiefungen darunter an – man wischt sie mit einem Lappenzipfel aus oder bläst sie aus. Beim Einbau müssen die Nasen am Filter nach oben zeigen. Dichtring unter der Schraube nicht vergessen! Die neueren Benzinpumpen lassen sich nicht mehr öffnen.
Bei den 1,7-/1,8-/2-Liter-Motoren sitzt die Benzinpumpe rechts unten am Motor, sie ist nur bei aufgebocktem Wagen zugänglich. Diese Benzinpumpe hat keinen abnehmbaren Deckel, sondern seitlich eine Schraube SW 13, nach deren Abnehmen ein kleines Hutfilter zum Vorschein kommt. Zum Säubern nimmt man dieses Filter heraus und bläst es aus oder pinselt es in Kraftstoff sauber. Auch hier gibt es unter der Verschlußschraube einen Dichtring!

Störungsbeistand

Kraftstoffpumpe

Die Störung	ihre Ursache	ihre Beseitigung
Zwischen Ober- und Unterteil sickert Kraftstoff hervor	1 Verbindungsschraube lose 2 Membrane gerissen	Wieder festziehen Auswechseln
Zu hoher Verbrauch	Membrane undicht	Auswechseln
Zu hoher Pumpenhub	Falscher Einbau der Pumpe, Dichtung an Zwischenflansch zu schwach	Richtig einbauen, Membrane prüfen, da sie überbeansprucht wurde
Zu kleiner Pumpendruck	1 Falscher Einbau der Pumpe, Dichtung zu stark 2 Feder gebrochen oder Federspannung zu klein	Richtig einbauen Richtig einbauen
Zu hoher Pumpendruck Überdrückung des Schwimmernadelventils	1 Falscher Einbau der Pumpe, Dichtung zu schwach 2 Federspannung zu hoch	Feder erneuern Feder erneuern
Pumpe fördert nicht oder zu schwach	1 Ventile im Oberteil undicht, verklemmt oder festgeklebt 2 Membrane defekt	Auswechseln
Pumpe fördert zu schwach bei warmem Motor	Stößel sitzt im Zwischenflansch fest	Warten bis Motor kalt. Stößel ausbauen. Zwischenflansch aufreiben. Falls gerissen, erneuern.

Gasanstalt im Auto

Wir kommen nicht darum herum, den Vergaser hier erst einmal theoretisch zu erklären. Man muß wissen, wie er funktioniert, um eventuelle Reparaturen ausführen zu können. Wenn freilich – das sei hier gleich gesagt – Störungen am Vergaser heute eminent selten geworden sind.
Die Theorie mag grau sein (wir bemühen uns jedoch, sie so einfach wie möglich zu halten) – sie hat aber einen Vorteil: Gefahr, sich die Finger schmutzig zu machen, besteht jetzt erst einmal nicht.

Das Was und das Wie

Die Aufgabe des Vergasers besteht darin, Luft und Benzin in einem ganz bestimmten Verhältnis so miteinander zu mischen, daß ein optimal zündfähiges Gemisch entsteht. Es darf nicht zu fett, also zu kraftstoffhaltig, es darf nicht zu mager, also zu benzinarm sein. Außerdem muß die Mischung aus Benzin und Luft den jeweiligen Anforderungen des Motors angepaßt werden, je nachdem, ob er schwer ziehen muß oder unter leichter Belastung läuft. Hier einige Vergaser-Begriffe:
Hauptdüse: Sie sorgt mit einer genau bemessenen Bohrung für gleichbleibenden Abfluß des Benzins aus der Schwimmerkammer (Vorratskammer).
Leerlaufdüse: Sie liefert dem Leerlaufsystem eine stets gleichbleibende Kraftstoffmenge zur Aufbereitung des Leerlaufgemisches.
Luftkorrekturdüse: Sie mischt den von der Hauptdüse kommenden Kraftstoff mit einer bestimmten Menge Luft vor.
Mischrohr: Es nimmt Benzin und Luft entgegen und führt es vorgemischt in den Austrittsarm im Saugkanal.

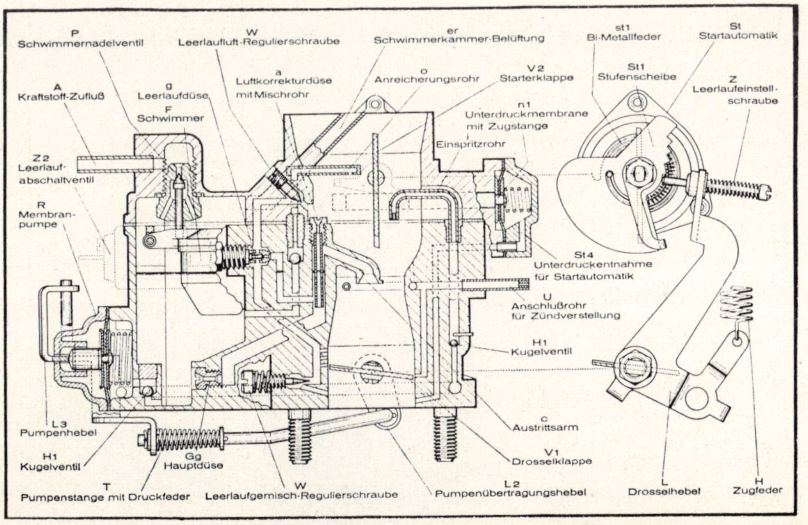

Auf diesem Schnitt durch den im Transporter verwendeten Vergaser ist gut zu erkennen, aus wieviel Einzelteilen so ein Apparat besteht.
Im Prinzip sind alle Vergaser gleich gebaut, auch wenn die Bezeichnungen voneinander abweichen.

Lufttrichter: Er wird manchmal verwechselt mit dem Luftfilter. Der Lufttrichter sitzt im Saugkanal (Vergaserdurchlaß). Bezeichnend für ihn ist seine Einschnürung im Innendurchmesser, wodurch die angesaugte Luft beschleunigt und das Gemisch aus dem Austrittsarm intensiver abgesaugt wird.
Beschleunigungspumpe: Mit ihr wird Zusatzbenzin beim Durchtreten des Gaspedals in den Saugkanal gespritzt (weswegen man im Stand oder im Leerlauf nicht unnötig mit dem Gaspedal »spielen« soll).
Anreicherung: Durch ein besonderes Röhrchen wird bei Vollgas zusätzlich Benzin angesaugt, damit der Motor seine Spitzenleistung abgeben kann.
Typenbezeichnung: Beispielsweise Solex 30 PICT-2 (für den Transporter von Januar 1968 bis Juli 1970). Darin bedeutet Solex den Vergaser-Hersteller (Deutsche Vergaser Gesellschaft mbH, Neuß). Die Zahl 30 drückt in Millimeter den Innendurchmesser des Vergaserdurchlasses in Höhe des Vergaserflansches aus. Man nennt das auch Saugrohrweite. Der 1200-ccm-Motor hatte einen kleinen Vergaser: 28 PICT.
Die Buchstaben haben eine interne Bedeutung für den Hersteller, sie bezeichnen den Vergasertyp. Die letzte Ziffer hinter der Buchstabenfolge gibt Auskunft über das Modell eines Vergasertyps. Da sich im Laufe der Weiterentwicklung kleinere Änderungen (z. B. der Düsenbestückung) ergeben, werden diese gewissermaßen numeriert. So trägt beispielsweise der Vergaser des neuesten Transporter-Modells die Bezeichnung 34 PICT-3. Beim 50-PS-Motor ist der Vergaser im Durchlaß etwas größer (34 statt 30 mm), dazu besitzt er eine andere Düsenbestückung und einen geringfügig veränderten Aufbau.

Der Vergaser
Solex 30 PICT

Die in allen 1200-, 1500- und 1600-ccm-Motoren verwendeten Solex-Vergaser mit den Typenbezeichnungen PICT sind in ihrem grundsätzlichen Aufbau gleich. Seit Januar 1968 besitzt der Transporter den Vergaser 30 PICT-2, der sich gegenüber dem früheren Muster 30 PICT-1 durch größere Schwimmerkammer und etwas geänderte Betätigungshebel unterscheidet. Die Form der Schwimmerkammer und des Kunststoffschwimmers ist eckig. Der neueste Vergaser 34 PICT-3 besitzt für den Leerlauf ein Zusatzgemisch-System; der Leerlauf läßt sich hier besonders gut einstellen, die unverbrannten Bestandteile im Auspuffgas sind auch bei Leerlauf gering.
Die Beschleunigungspumpe ist an der Schwimmerkammer angebracht, sie wird betätigt durch den Pumpenübertragungshebel. An der gleichen, rechten Vergaserseite befindet sich die elektrisch beheizte Startautomatik und das elektromagnetische Leerlaufabschaltventil, das den Kraftstoffzufluß nach Ab-

Das sind die Teile des Vergasers Solex 30 PICT-2, wie er am Transporter von Januar 1968 bis Juli 1970 verwendet wurde. Vergaseroberteil, der Deckel (rechts) wurde abgenommen und umgeklappt. 1 = Deckelschrauben, 2 = Schwimmer (aus Kunststoff), 3 = Niederhalter, 4 = Deckeldichtung, 5 = Rückholfeder, 6 = Einspritzrohr der Beschleunigungspumpe, 7 = elektromagnetisches Abschaltventil, 8 = Luftkorrekturdüse, 9 = Leerlaufdüse, 10 = Hauptdüse (erreichbar durch Herausdrehen der Schwimmerkammerverschlußschraube), 11 = Unterdruckkanal zur Startautomatik, 12 = Kanal zum Anreicherungsrohr, 13 = Schwimmernadelventil.

schalten des Zündstroms unterbricht. Defekte treten hierbei praktisch nicht auf, es sei denn, der Magnetschalter würde nicht richtig mit Strom versorgt oder die Düse sei verstopft.
Das Vergasergehäuse mit Schwimmerkammer, Mischkammer, Einspritzrohr der Beschleunigungspumpe, Luftkorrektur-, Haupt- und Leerlaufdüse ist mit dem Vergaserdeckel durch fünf Schrauben verbunden. Der Deckel enthält neben der Startautomatik mit der Starterklappe den Kanal zum Anreicherungsrohr und das Schwimmernadelventil, das von dem darunterliegenden Schwimmer gesteuert wird und den Benzinfluß zur Schwimmerkammer reguliert. Steigt der Benzinstand im Schwimmergehäuse über einen bestimmten Stand an, so drückt der Schwimmer die Schwimmernadel in ihren Sitz, der Kraftstoffzufluß wird gestoppt.
An der linken Vergaserseite befindet sich eine Schlauchverbindung zur Unterdruckdose am Verteiler, der im Ansaugrohr des Vergasers entstehende Unterdruck wird also zur Zündverstellung des Verteilers auf »früher« oder »später« benutzt, je nach Motordrehzahl.

»Abgas-Vergaser« ab 1970

Nach den Werksferien im August 1970 gab es einige wichtige Änderungen. Da für den Oktober 1970 deutsche Abgasbestimmungen erwartet wurden – man verschob ihre Einführung zugunsten einer europäischen Regelung auf Oktober 1971 –, wurden schon sämtliche VW-Modelle mit sogenannten »Abgas-Vergasern« ausgerüstet. Damit im Leerlauf bzw. bei Schiebebetrieb (Gas weggenommen) trotz geschlossener Drosselklappe noch brennfähiges Gemisch (mit weniger Giften in den Auspuffgasen) in die Zylinder strömt, wird die geschlossene Drosselklappe durch einen Kanal umgangen und das erforderliche »Zusatzgemisch« auf diese Weise herangeführt. Im Zusammenhang damit änderten sich auch die Handgriffe für die Leerlauf-Einstellung (siehe diesen Abschnitt im nächsten Kapitel).
Äußerlich sind die neuen Vergaser kaum als solche zu erkennen, allenfalls, was die Lage des noch zu erwähnenden Leerlauf-Abschaltventils betrifft. Es wurde weiter unten angeordnet, damit nach Abstellen der Zündung der Kanal für Leerlauf- und Zusatzgemisch »abgeschnitten« wird.
Der Flachmotor weicht in seinen Vergaser-»Gewohnheiten« weitgehend von den bisherigen Transporter-Motoren ab. Der Motor besitzt eine Zweivergaser-Anlage – zwei Vergaser bieten sich bei Boxermotoren mit seinen weit auseinander liegenden Zylinderpaaren ja geradezu an (die Porsche-Modelle z. B. haben seit jeher Mehrvergaser-Anlagen). Statt des »Hirschgeweihs«, das alle

Prüfung, ob der Vergaser durch das Schwimmernadelventil (es könnte klemmen) Benzin erhält: Hauptdüsenträger mit Schraubenschlüssel SW 13 unten an der Schwimmerkammer lockern. Sickert Benzin heraus, ist die Versorgung des Vergasers in Ordnung. Außerdem werden beim völligen Öffnen dieser Schrauben eventuelle Verschmutzungen und Wassertropfen, die sich am Boden der Schwimmerkammer abgesetzt haben, mit herausgespült. Das Festziehen dieser Schraube sollte »mit Gefühl« geschehen.

Vergaser 34 PICT-3
des 50-PS-Motors.
Ansicht von links.

1 = Startautomatik
2 = Haltering
3 = Steckerzunge
4 = Vergaserdeckel
5 = Dichtung
6 = Verschlußschraube für Zusatzdüse
7 = Schwimmerkammer
8 = Leerlaufdüse
9 = Membranpumpe
10 = Pumpenhebel
11 = Pumpenstange mit Druckfeder
12 = Übertragungshebel
13 = Stehbolzen
14 = Vergasergehäuse
15 = Unterdruckanschluß für Zündverstellung
16 = Unterdruckmembrane

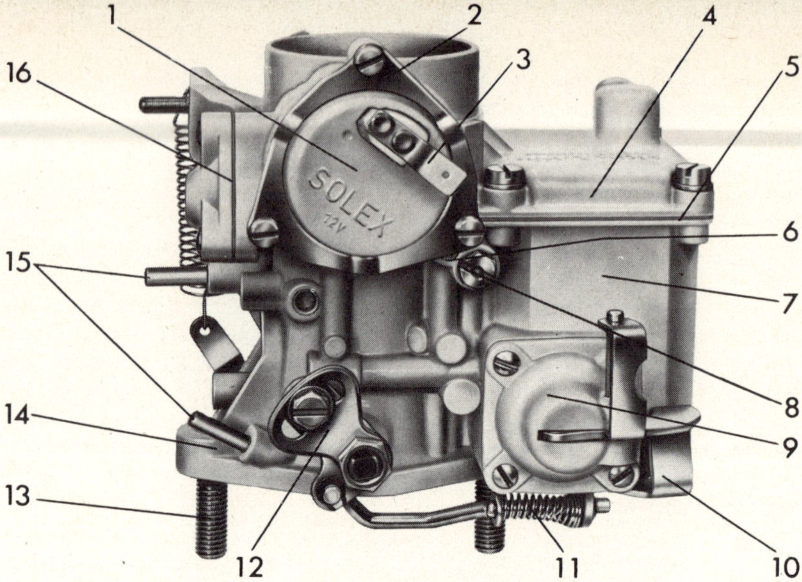

vier Zylinder von einem einzigen Vergaser versorgt, gibt es beim 1,7-/1,8-/2-Liter-Motor nur zwei kurze Ansaugstutzen, auf denen die beiden Vergaser Solex 34 PDSIT sitzen.

Zwei Vergaser erleichtern das »Atmen« des Motors, sie ermöglichen höhere Drehzahlen und damit höhere Leistungen – aber sie stellen besondere Anforderungen an ihre Einstellung, speziell bei Leerlauf. Um diese Schwierigkeiten zu umgehen, ließ sich das Volkswagenwerk einen fast schon genial zu nennenden Trick einfallen: Im Leerlauf wird der Flachmotor nur von einem einzigen Vergaser (mit Zusatzgemisch-System) versorgt. Und zwar ist es der linke Vergaser, der über ein Verteilerstück und eine Verbindungsleitung im Leerlauf beide Zylinderreihen versorgt; erst beim Gasgeben arbeitet der rechte Vergaser mit. Der Leerlauf ist auf diese Weise so einfach zu beherrschen wie bei einem Motor mit nur einem einzigen Vergaser.

Die Startautomatik

Ihre Aufgabe besteht darin, dem Motor beim Kaltstart ein kraftstoffreicheres (fetteres) Benzin-Luft-Gemisch anzubieten. Zu diesem Zweck befindet sich auf der Verlängerung der Starterklappenwelle eine temperaturempfindliche Bimetallspirale in einem dosenähnlichen Gehäuse (Bild S. 90). Diese Bimetallspirale wird durch einen elektrischen Anschluß nach dem Einschalten des Zündstromes beheizt, wodurch sie allmählich die Starterklappe öffnet.

Hat man vor dem Kaltstart das Gaspedal einmal langsam durchgetreten, so wird durch die Federwirkung der Bimetallspirale die Starterklappe geschlossen. Hierdurch entsteht beim Anlassen des Motors ein Unterdruck, durch den mehr Kraftstoff aus dem Hauptdüsensystem in den Saugkanal gerissen wird; der Kraftstoffanteil des Gemischs erhöht sich, das Gemisch ist fetter, der Motor springt an.

Damit der sich mehr oder weniger schnell erwärmende Motor nun allmählich ein normales (also mehr abgemagertes) Gemisch erhält, sorgt die durch den Zündstrom beheizte Bimetallspirale für ein allmähliches Öffnen der Starterklappe, bis schließlich normale Verhältnisse hergestellt sind.

Das Öffnen der Starterklappe wird dadurch gefördert, daß die Klappenwelle etwas außermittig gelagert ist. Ihr größerer Flügel öffnet abwärts, also in Richtung des vorbeiströmenden Luftstromes. Außerdem wirkt auch die außen an der linken Vergaserseite sichtbare Stufenscheibe durch ihr Gewicht im

Vergaser 34 PICT-3 des 50-PS-Motors. Ansicht von rechts.

1 = Vergaserdeckel
2 = Mitnehmerhebel
3 = Startautomatik
4 = Schwimmerkammer-Innenbelüftung
5 = Stufenscheibe
6 = Drosselklappen-Anschlagschraube
7 = Zugfeder
8 = Unterdruckentnahme
9 = Vergasergehäuse
10 = Drosselhebel
11 = Drosselklappenwelle
12 = Zusatzgemisch-Regulierschraube für die Einstellung der Leerlaufdrehzahl
13 = Abschaltventil
14 = Verschlußschraube
15 = Leerlaufgemisch-Regulierschraube
16 = Schwimmerkammer
17 = Dichtung
18 = Zylinderschraube
19 = Kraftstoffzufluß

Sinne einer Öffnung der Starterklappe. Ist die Starterklappe geschlossen, so wird gleichzeitig die Drosselklappe etwas offen gehalten, weil beim Schließen der Starterklappe der mit ihrer Welle verbundene Mitnehmerhebel die frei bewegliche Stufenscheibe anhebt und ihr Rastensegment zur Wirkung bringt. Auf diesem liegt die Drosselklappen-Anschlagschraube auf.

Wichtig für einwandfreien Start sind folgende Punkte:

■ Vor dem Anlassen Gaspedal einmal langsam durchtreten und wieder loslassen. Die Stufenscheibe rastet ein, die Luftklappe wird geschlossen.

■ Bei Temperaturen über Null oder bei noch warmem Motor Gaspedal etwas drücken, bei heißem Motor Gaspedal ganz durchtreten während des Anlassens und nicht loslassen.

■ Bei kaltem Motor bzw. in den Wintermonaten muß der Fuß während des Anlassens vom Gaspedal wegbleiben. (Kupplung treten erleichtert dem Motor im Winter das Anspringen, Anlasser dreht schneller, weil Widerstand des kältesteifen Getriebeöls fortfällt.)

■ Wird bei kaltem Motor die Zündung eingeschaltet, so soll der Motor auch sofort gestartet werden, weil die Startautomatik zeitgesteuert ist und u. U. die Luftklappe früher öffnet als erwünscht ist. Der Motor springt dann nicht an. Abhängig von der Außentemperatur dauert es etwa 2–4 Minuten, bis nach Einschalten der Zündung die Luftklappe im Vergaser voll geöffnet ist, gleichgültig, ober der Motor läuft oder nicht!

Auch wenn der kalte Motor nicht anspringt, weil sich vielleicht Kondenswasser im Verteiler niedergeschlagen hat, oder wenn er nach dem Anlassen wieder stehen bleibt (während Sie die Scheiben säuberten o. ä.), öffnet die Startautomatik die Klappe.

Soll die Luftklappe in einem solchen Fall wieder geschlossen werden, so muß man zuerst die Zündung ausschalten und ein paar Minuten warten. Sollte der Motor durch nervöses Spielen mit dem Gaspedal (Beschleunigungspumpe spritzt jedesmal Benzin ein) ersoffen sein, so muß der Motor mit voll durchgetretenem Gaspedal (Vollgasstellung) durchgedreht werden, damit der Benzinüberschuß in den Auspuff befördert wird. Wenn das nichts fruchtet, müssen die Zündkerzen herausgedreht und getrocknet werden.

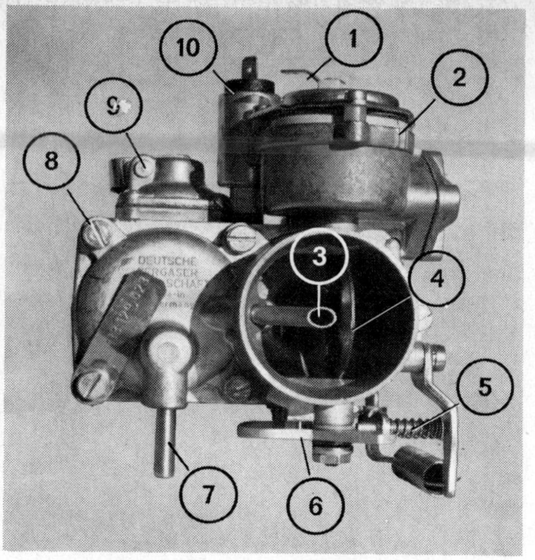

Blick von oben auf den Vergaser. Nach dem Abnehmen des Luftfilters wird der Blick auf die Starterklappe (4) frei, die hier durch die Startautomatik geöffnet ist (senkrechte Stellung). Die übrigen Zahlen bedeuten: 1 = Kabelanschluß für Beheizung der Startautomatik, 2 = Markierungen zu ihrer Einstellung, 3 = Schwimmergehäusebelüftung, 5 = Leerlauf-Einstellschraube, 6 = Stufenscheibe, 7 = Benzinzufluß zur Schwimmerkammer, 8 = Befestigungsschraube für Vergaserdeckel, 9 = Beschleunigungspumpe, 10 = elektromagnetisches Abschaltventil.

Kontrolle der Startautomatik

Oft hört man einen VW, der z. B. vor einer Ampel wartet, hoch im Leerlauf drehen: Die Startautomatik hat die Starterklappe nicht ganz geöffnet!

Öffnen Sie die Motorhaube und nehmen Sie den Vergaser ins Visier. An seiner linken Seite sitzt die sogenannte Stufenscheibe, die Stufen sind unverkennbar. Heben Sie die Leerlauf-Einstellschraube von der gezackten Stufenscheibe ab. (Mit dieser Bewegung geben Sie übrigens gleichzeitig Gas, so als würden Sie das Pedal durchtreten und dadurch den Vergaserdrahtzug nach vorn ziehen.)

■ Bei kaltem Motor muß dann die Nase der Stufenscheibe nach unten klappen. Die Starterklappe im Vergaser ist damit geschlossen. Im Winter (um null Grad) muß die Stufenscheibe ganz nach unten klappen. Im Sommer (um 20 Grad) sollte die Leerlauf-Begrenzungsschraube in die dritte oder vierte Stufe von oben einrasten. Probieren Sie, ob die Stufenscheibe leicht beweglich ist. Die Nase muß sich gegen einen leichten federnden Widerstand nach oben drücken lassen. Tut sie das nicht, sollte ihr Lager leicht geölt werden.

■ 3 bis 4 Minuten (letzteres bei etwa −10 Grad) nach Einschaltung der Zündung muß die Nase in die Höhe weisen. Starterklappe ist dann auf.

■ Mit einem Finger außen an der Kapsel fühlen, ob sie ein paar Minuten nach Einschalten der Zündung warm geworden ist (Bild Seite 93).

■ Verbindungsrohr zum Luftfilter abnehmen und in den Vergaserstutzen

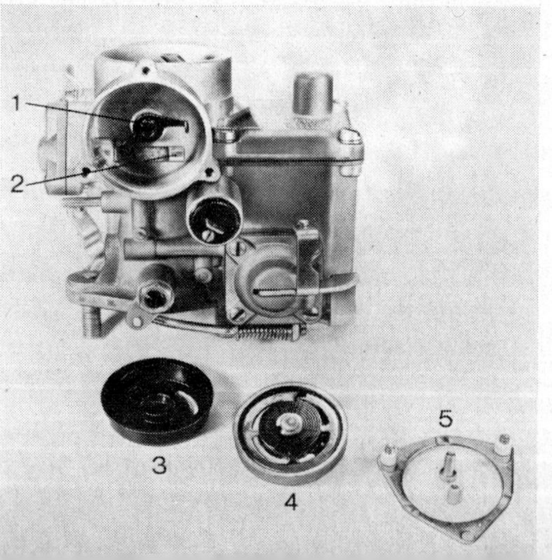

So sieht die vielbesprochene Startautomatik von innen aus. Das an der rechten Vergaserseite befindliche Gehäuse der Automatik ist geöffnet, die Einzelteile sind hier erkennbar: 1 = Betätigungshebel der Startautomatik, 2 = Schubstange an der Unterdruckmembrane, 3 = Isolierdeckel, 4 = Heizdeckel mit Bimetallfeder, 5 = Haltering mit Distanzbuchsen und Schrauben.

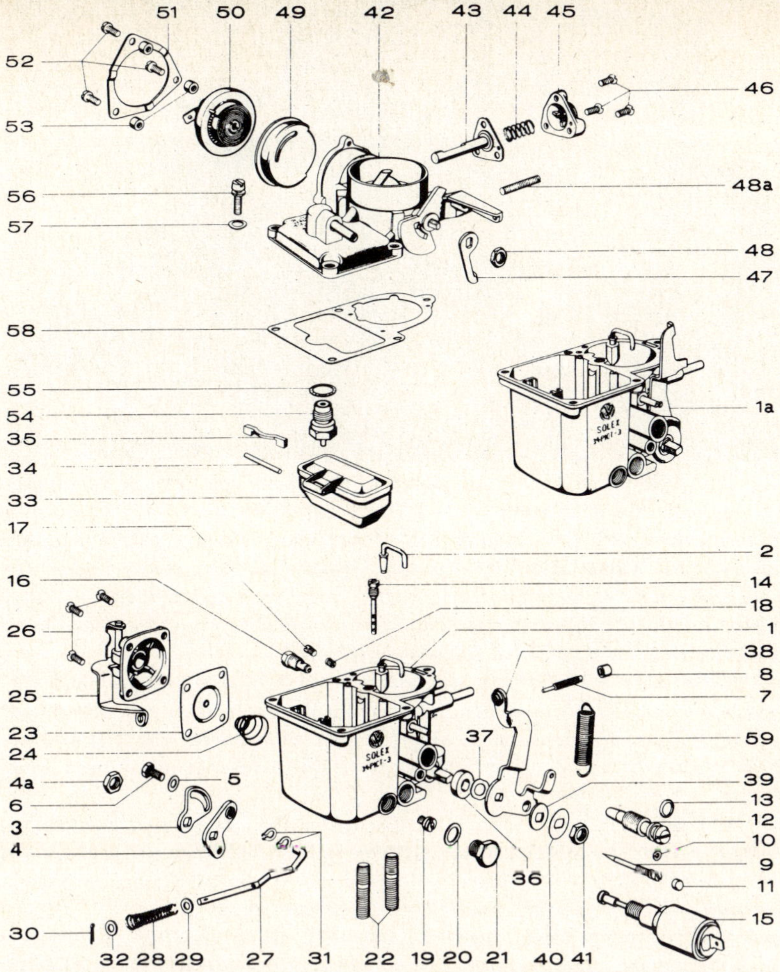

Der Solex-Vergaser 34 PICT-3 in Einzelteilen, die Zahlen bedeuten: 1 = Vergasergehäuse, 2 = Pumpenspritzrohr, 3–6 = Pumpenhebel mit Teilen, 7, 8 = Drosselklappen-Anschlagschraube mit Abdeckkappe, 9–11 = Gemisch-Regulierschraube mit Teilen, 12, 13 = Zusatzgemisch-Regulierschraube mit O-Ring, 14 = Luftkorrekturdüse, 15 = Leerlauf-Abschaltventil, 16 = Leerlaufdüse, 17 = Schaftschraube, 18 = Düse, 19 = Hauptdüse, 20, 21 = Verschlußschraube mit Dichtring, 22 = Stiftschrauben, 23–26 = Pumpenmembrane mit Feder, Deckel und Halteschrauben, 27–32 = Pumpenstange mit Teilen, 33–35 = Schwimmer mit Achse und Niederhalter, 36–41 = Drosselhebel mit Teilen, 42 = Vergaserdeckel, 43–48a = Pulldownmembrane mit Teilen, 49 = Schutzkappe, 50–53 = Starterdeckel mit Haltering und Teilen, 54, 55 = Schwimmernadelventil mit Dichtring, 56, 57 = Halteschraube mit Federscheibe, 58 = Vergaserdeckeldichtung, 59 = Zugfeder.

schauen: Ist die Luftklappe nach Niedertreten des Gaspedals bei kaltem Motor geschlossen?

Die Luftklappe muß sich im Vergaserstutzen mit wärmer werdendem Motor unbedingt automatisch ganz öffnen. Tut sie das nicht, erhält der Motor ein zu fettes Gemisch: Schlechter Leerlauf und Übergang, verrußte Kerzen.

Bei warmem Motor sollte man daher gelegentlich kontrollieren (nach Entfernen des Rohres zum Luftfilter), ob die Luftklappe tatsächlich ganz geöffnet ist. Und bei kaltem Motor sollte man sich nach Einschalten der Zündung auch noch davon überzeugen, ob die Klappe nicht zu lange bis zum Öffnen braucht.

Weitere Störungsmöglichkeiten: Elektrische Kabelverbindung zur Zündspule unterbrochen. Oder bei alten Vergasern: Der Unterdruckkolben, der dabei hilft, die Bewegung der Starterklappe zu steuern, kann klemmen. Das passiert übrigens noch nicht einmal so sehr selten. Schmutz oder Öldämpfe (aus der Kurbelgehäuseentlüftung!) kommen über die Ansaugluft auch in die Startautomatik, wo sie den besagten Kolben verkleben können. Abhilfe: Kolben durch Bewegen der Starterklappe von Hand beweglich machen oder Automatik ausbauen und reinigen. Kolben muß mit nicht-harzendem Öl (Waffen-, Knochen- oder Nähmaschinenöl) geschmiert werden. Auch die Heizspirale in der Automatik kann verschmutzt oder durchgebrannt sein.

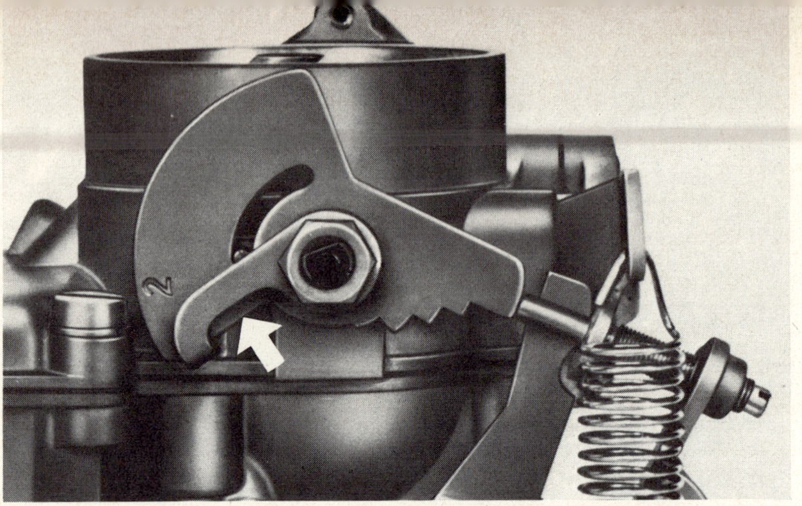

So funktioniert die Startautomatik. Die gleiche Vergaseransicht wie auf Seite 89 oben im Ausschnitt zeigt die Drosselklappen-Anschlagschraube auf der oberen Stufe der Stufenscheibe, die Starterklappe ist geschlossen. Die Stufenscheibe wird nicht direkt von der Starterklappe betätigt, sondern durch den hakenförmigen Mitnehmerhebel (Pfeil) mitgenommen. An der Stellung des letzteren läßt sich also auch die Stellung der Starterklappe erkennen. Hebel halb schräg: Klappe geschlossen.

Ausschalten der Startautomatik

Wer der berechtigten Ansicht ist, daß man die Dauer des Öffnens der Starterklappe etwas abkürzen sollte – um z. B. Benzin zu sparen oder Ölverdünnung zu verhüten (durch unverbrannte Kraftstoffanteile) –, kann die Öffnungsdauer auf einfache Weise abkürzen: Zündung einschalten und etwas warten (ca. 1 bis 3 Minuten, je nach Außentemperatur), womit man dem Öffnen der Klappe etwas Vorlauf gibt. Wie sich das dann noch mit der Startfreudigkeit des Motors verhält, muß man im Einzelfall selber ausprobieren.

Es gibt Fahrer, die im Sommer die Startautomatik blockieren, das elektrische Verbindungskabel entfernen, den Keramikdeckel mit der darin liegenden Federspirale abschrauben und mit einem kräftigen Gummiband die Starterklappe stets in geöffnetem Zustand halten. Ihr Hebel muß senkrecht nach unten weisen.

Vor dem Anlassen des kalten Motors spritzen Sie dann durch mehrmaliges Gasgeben über die Beschleunigungspumpe etwas Kraftstoff ein, um das Anspringen des Motors zu erleichtern. Auf diese Weise wird man unabhängig vom automatischen, allmählichen Öffnen der Starterklappe.

Zwar läßt sich durch diese totgelegte Automatik etwas Kraftstoff sparen, doch funktioniert diese Methode nur bei warmer Wetterlage. Andernfalls kommt kein einwandfreier Leerlauf zustande. Wie gesagt, ist die Benzinersparnis so gering, daß sich der Aufwand kaum lohnt.

Um die Öffnungszeiten der Automatik zu verstellen, kann man die drei Befestigungsschrauben des Halterings am Keramikdeckel etwas lockern und den Deckel leicht verdrehen. Hierdurch wird die Schließfeder mehr oder weniger vorgespannt. Leichtes Verdrehen nach rechts (ca. 3–4 mm) sorgt für früheres Öffnen, Verdrehen nach links für späteres Öffnen. Die Normalstellung wird durch Fluchten der beiden Markierungen (Rippe bzw. Rille) an Deckel und Gehäuse angezeigt. Bei Startschwierigkeiten hat man hier eine Kontrollmöglichkeit für einwandfreie Einstellung. Wie wir schon andeuteten, kann bei kürzeren Haltepausen die Bimetallspirale schneller abkühlen als der Motor. Beim Start ist dann die Luftklappe schon wieder geschlossen, obwohl der Motor ein fetteres Gemisch noch gar nicht braucht. Der Leerlauf ist dann viel zu hoch. Drücken Sie probehalber die Nase der Stufenscheibe um eine oder zwei Rasten nach oben (Öffnen der Starterklappe), der Motor bleibt trotzdem nicht stehen, der Leerlauf ist wieder normal.

Hinweis: Nach Kaltstart Motor nicht im Stand warmlaufen lassen, wie das in früheren Zeiten empfohlen wurde. Der durch Fahren belastete Motor erwärmt sich wesentlich schneller, als das durch »Warmlaufen« möglich wäre! Auch

Die Startautomatik wird eingeschaltet (Schließen der Starterklappe) durch langsames Durchtreten des Gaspedals. Das Öffnen der Starterklappe geschieht durch Beheizen einer Metallspirale. Wird der Deckel des Automatikgehäuses nach wenigen Minuten warm (Fingerprobe), so arbeitet die Beheizung einwandfrei.

Hochjagen des kalten Motors ist falsch, je schneller er dreht, desto schneller dreht sich auch das Kühlgebläse und mehr Kühlluft wird gefördert.

Der Leerlauf

Für den Leerlauf ist eine eigene Düse vorgesehen, durch die der nötige Kraftstoff in der richtigen Dosierung vom Motor angesaugt wird. Das Benzin fließt aus der Schwimmerkammer über die in deren Unterteil angebrachte Hauptdüse durch eine Bohrung zur Leerlaufdüse. Luft wird durch eine spezielle Leerlaufluftbohrung hinzugefügt. Das hier entstandene Gemisch aus Benzin und Luft gelangt zur Leerlaufbohrung, an deren Austritt sich die Leerlaufgemisch-Regulierschraube befindet. Mit ihr läßt sich das Gemisch fetter, also benzinreicher, oder magerer, also benzinärmer, einregulieren. Im Drosselklappenspalt befinden sich sogenannte Bypaßbohrungen, die den Übergang vom Leerlauf- auf das Hauptdüsensystem erleichtern.
Beim Zusatzgemisch-Vergaser gibt es das Leerlauf-System gewissermaßen doppelt. Auch hier fließt Benzin aus der Schwimmerkammer über die Hauptdüse zum Leerlauf-System. Hier aber teilt sich der Weg des Kraftstoffes in zwei Kanalführungen. In der einen wird der Kraftstoff von der Leerlaufdüse dosiert und mit Luft, die über eine Leerlauf-Luft-Bohrung eintritt, zu einer Emulsion aufbereitet. Sie gelangt abwärts an eine Bohrung, deren Querschnitt durch die Leerlauf-Gemischregulierschraube bestimmt wird. Von dieser Kanalführung wird auch das Bypaß-System versorgt.
Der von der Leerlauf-Gemischregulierschraube festgelegte Emulsionsdurchsatz wird in eine große Bohrung abgesaugt. Hier tritt zusätzlich das Zusatzgemisch ein. Es wird in einer zweiten Kanalführung wieder durch eine Kraftstoff- und eine Luftdüse erzeugt. (Im Gegensatz zur Leerlaufdüse läßt sich die Zusatz-Kraftstoffdüse beim Vergaser 34 PICT-3 jedoch nicht ohne weiteres herausnehmen. Sie sitzt hinter einer Verschlußschraube schräg oberhalb der Leerlaufdüse.)
Der Sinn des Zusatzgemisch-Systems besteht darin, daß die Leerlaufdrehzahl mit Hilfe der Zusatzgemisch-Regulierschraube sehr einfach verstellt werden kann. Drosselklappen-Anschlagschraube und Leerlaufgemisch-Regulierschraube müssen hierzu nicht berührt werden – sie sollen es auch nicht. Die Gemisch-Regulierschraube sitzt unter einem Plastikstopfen, die Anschlagschraube hat eine Kunststoffkappe über ihrem Ende. Seit August 1976 wird hierbei ein Kunststoff verwendet, der beim Abnehmen zerbricht. Damit sollen Einstellarbeiten außerhalb der Werkstatt verhindert werden; neue Kappen gibt es demzufolge auch nur in der Werkstatt.

Die Abgas-Vergaser besitzen zwei getrennte Leerlaufsysteme. Für den sogenannten Grundleerlauf sorgen Leerlaufdüse, Leerlaufluftdüse und Leerlaufgemisch-Regulierschraube, das Zusatzgemischsystem verfügt über eine eigene Kraftstoff- bzw. Luftdüse und seine Regulierschraube ist allein für die Leerlaufkorrektur zuständig. Die Zahlen bedeuten: 1 = Kraftstoff-Zufluß, 2 = Zustrom der Hauptluft, 3 = eintretende Zusatzluft, 4 = Zustrom der Leerlaufluft.

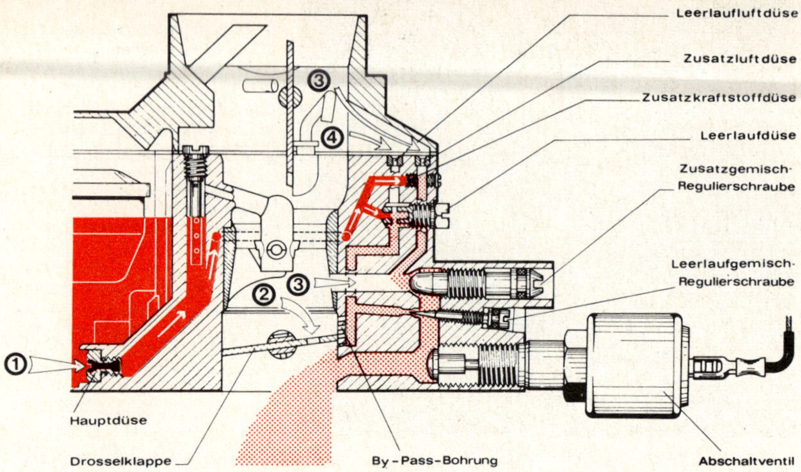

Beim Zusatzgemisch-Vergaser ist die Drosselklappe im Leerlauf ganz geschlossen (durch eine Bohrung in der Drosselklappe tritt die zum Leerlauf nötige Luft ein). Beim Verstellen der Zusatzgemisch-Regulierschraube verändert sich die Gemischzusammensetzung nicht.

Vergaser-Normalbetrieb

Wird die Drosselklappe beim Betätigen des Gaspedals geöffnet, so entsteht ein Unterdruck im Vergaser, der sich vom Lufttrichter – der engsten Stelle im Vergaser – zu Austrittsarm, Mischrohr und Hauptdüse in der Schwimmerkammer fortpflanzt. Das im Mischrohr befindliche Benzin wird zusammen mit Luft aus der Ausgleichsluftdüse durch den Austrittsarm in das Ansaugrohr und von dort in den Zylinder gesaugt. Je nach Stellung der mit dem Gaspedal verbundenen Drosselklappe, also je nach Unterdruck, verändert sich die Zusammensetzung des Benzin-Luft-Gemisches etwas.

Die Beschleunigungspumpe

Das beim Beschleunigen erforderliche zusätzliche Benzin erhält der Vergaser durch die sogenannte Beschleunigungspumpe an der rechten Vergaserseite. Von der Drosselklappe aus wird über einen Hebelmechanismus die Pumpenmembrane betätigt, die Benzin aus der Schwimmerkammer ansaugt und über ein Druckventil und das Einspritzrohr in die Mischkammer pumpt.
Wird die Drosselklappe wieder etwas geschlossen (Gas weggenommen), so drückt eine Feder die Membrane zurück und löst den Saughub aus. Während des Druckhubes verhindert eine im Zufluß des Kraftstoffs zur Pumpe befindliche Kugel das Zurückfließen des Benzins in die Schwimmerkammer (Rückschlagventil), während eine weitere Kugel im Pumpenauslaß verhindert, daß beim Saughub der Pumpe Luft aus der Mischkammer in das Pumpensystem eindringen kann.
Bei höheren Motordrehzahlen steigt der Unterdruck soweit an, daß zusätzliches Benzin aus dem Schwimmergehäuse durch die Beschleunigungspumpe angesaugt wird. Es tritt also eine Anreicherung des Kraftstoff-Luft-Gemischs durch das Beschleunigungssystem ein.
Ab August 1970 bekamen die Vergaser eine stufenlos einstellbare Betätigungsstange für die Beschleunigungspumpe (nach oben = größere Fördermenge, nach unten = kleinere Menge).

Das Anreicherungssystem

Um bei niedrigen Motordrehzahlen bzw. bei geringer Motorbelastung keine zu hohe, bei höheren Drehzahlen bzw. bei größerer Motorbelastung keine zu

Eine spezielle VW-Eigenart ist das elektromagnetische Leerlauf-Abschaltventil. Schaltet man die Zündung aus, so schließt es die Leerlaufdüse oder den Leerlaufgemisch-Kanal, der Motor bleibt ganz sicher stehen (während er sonst gern noch etwas »nachschlagen« würde). Nach Abziehen des Kabels läßt sich das Ventil herausschrauben; die Düse kann mit zwei Schlüsseln herausgedreht und dann gereinigt werden. Im Abschaltventil (Zündung eingeschaltet, gegen Masse gehalten) muß sich die Düsennadel bzw. der Verschlußstöpsel leise tickend bewegen.

geringe Benzinzufuhr verfügbar zu haben, ist im Vergaserdeckel ein sogenanntes Anreicherungsrohr angebracht, über das zusätzlicher Kraftstoff über einen Kanal und ein Kugelventil aus der Schwimmerkammer angesaugt wird. Bei geringeren Drehzahlen des Motors reicht der Unterdruck nicht aus, um das federbelastete Kugelventil zu öffnen, also Zusatzbenzin anzusaugen.

Die Leerlaufabschaltdüse

Die Leerlaufabschaltdüse oder das Leerlaufabschaltventil soll verhindern, daß nach dem Ausschalten der Zündung ein Nachlaufen des heißen Motors – Nachdieseln genannt – eintritt. Es sperrt auf elektromagnetischem Wege den Kraftstoffzufluß des Leerlaufsystems, der Motor bleibt stehen.

Die Leerlaufabschaltdüse erhält ihren Strom von Klemme 15 der Zündspule (Bild Seite 141) bei eingeschalteter Zündung. Beim Ein- und Ausschalten der Zündung (oder Abziehen und Anstecken des schwarzen Kabels an die Leerlaufabschaltdüse bei eingeschalteter Zündung) muß man in dieser ein leises Klicken hören. Hört man es nicht und bleibt der Motor im Leerlauf von selbst stehen, funktioniert ihr Elektromagnet nicht. Dann muß die kleine Querschlitzschraube (bei neueren Modellen ist sie leider nicht mehr vorhanden) neben der Klemme am Abschaltventil mit einem feinen Schraubenzieher herausgedreht werden, wodurch die Ventilnadel geöffnet und blockiert wird.

Von Zeit zu Zeit festen Sitz des Kabels an der Leerlaufabschaltdüse prüfen. Fällt es herab, gibt es Kurzschluß am Lichtmaschinengehäuse für die Zündspule – der Motor stottert oder bleibt stehen.

Bei neueren Wagen sind die Benzinschläuche nicht nur aufgeschoben, sondern zusätzlich mit solchen Klammern gesichert. Man drückt sie mit der Kombizange vorsichtig zusammen, dann läßt sich der Schlauch samt der Klammer abziehen und später auch wieder aufschieben. Nicht zu stark drücken, sonst wird die Klammer unbrauchbar.

Der richtige Dreh

Am Vergaser kann man heute nur noch eines einstellen: den Leerlauf. Und auch diesen bei den neuen Umluft-Vergasern nur noch in gewissen Grenzen. Die Zeiten sind – auch bei Sportwagen – längst vorbei, da man den Vergaser seinen eigenen Bedingungen anpaßte. Das Werk und die Vergaserfabrik können es besser.

Auch ein richtig eingestellter Leerlauf kann sich im Laufe der Zeit manchmal verändern, ein Nachregulieren wird nötig. Der Leerlauf ist nicht nur für den Standlauf von Bedeutung, sondern auch wegen seines Einflusses auf den Benzinverbrauch bis zu mittleren Tourenzahlen. Zur Einstellung ist neben einem guten Gehör lediglich ein Schraubenzieher notwendig.

Durch einwandfreie Einstellung soll erreicht werden, daß Luft- und Kraftstoffzufuhr so aufeinander abgestimmt sind, daß der unbelastet laufende Motor weder stottert noch abstirbt. Temperatur- und Luftfeuchtigkeitsänderungen im Laufe eines Jahres machen es notwendig, die Leerlaufeinstellung zumindest zu überprüfen.

Zahlreiche Bosch-Dienste übernehmen auch die Betreuung von Solex-Vergasern, wobei selbstverständlich die Bestimmungen der Abgas-Vorschriften beachtet werden.

Leerlauf einstellen und überprüfen

Pflegedienst Nr. 9

Bleibt der Motor unterwegs häufig im Leerlauf stehen, so kann man als vorläufige Maßnahme die auf die Stufenscheibe einwirkende Einstellschraube so weit im Uhrzeigersinn drehen, bis der Leerlauf schneller geworden ist.

Die einwandfreie Leerlauf-Einstellung wird durch Abstimmen zweier Einstellschrauben erreicht: der Leerlauf-Einstellschraube und der Gemisch-Regulierschraube. Beide finden sich an der linken Vergaserseite.

Die Drehzahl des Motors wird beeinflußt durch Verdrehen der Leerlauf-Einstellschraube. Leichtes Drehen nach rechts (im Uhrzeigersinn) beschleunigt den Leerlauf durch leichtes Öffnen der Drosselklappe, Drehen nach links verlangsamt den Leerlauf durch Schließen der Drosselklappe (voll geschlossene Drosselklappe läßt den Motor absterben).

Normal-Vergaser
(bis Juli 1970)

Das Leerlaufgemisch wird durch Drehen der Leerlaufgemisch-Regulierschraube dosiert. Hineindrehen läßt das Gemisch magerer (benzinärmer), Herausdrehen läßt es fetter (benzinreicher) werden. Beim Einstellen muß der Motor betriebswarm sein, die Leerlauf-Einstellschraube (auch Leerlauf-Anschlagschraube genannt) soll sich unterhalb der letzten Stufe der Stufenreihe befinden, also auf dem Kreissektor (der gebogenen Fläche). Hiermit ist sichergestellt, daß die Starterklappe wirklich offen ist. Die Gemisch-Regulierschraube darf nicht zu weit hineingedreht (nach rechts) werden, wenn man die Endstellung finden will. Dies muß mit Vorsicht geschehen, damit nicht das nadelförmig zugespitzte Ende beschädigt wird.

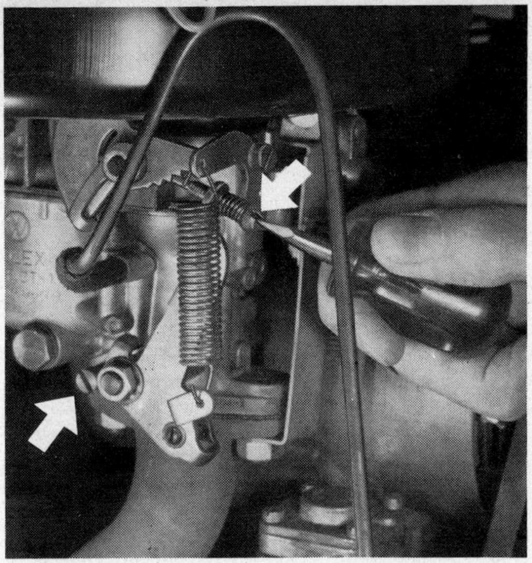

Die Leerlauf-Einstellung erfordert beim herkömmlichen Vergaser das Bedienen von zwei Schrauben – dauert aber dennoch nur Sekunden. Voraussetzung ist, daß der Motor gut betriebswarm ist. Dann mit der Anschlagschraube (oberer Pfeil) den Leerlauf etwas schneller stellen und die Gemisch-Schraube (unterer Pfeil) so weit hineindrehen, daß der Motor zu stottern beginnt. Die Gemisch-Schraube eine Achtel- bis Drittel-Umdrehung zurückdrehen, daß der Motor rund läuft und richtige Drehzahl mit der Anschlagschraube einregulieren. Danach noch einmal mit der Gemisch-Schraube nachkontrollieren.

Fingerzeige: *Ein zu hoch eingestellter Leerlauf ist nicht ratsam, da der Motor eine geringere Bremskraft entwickelt.*
Ungleichmäßiger Leerlauf kann auch daran liegen, daß die Leerlaufluft-Bohrung verschmutzt ist. Vergaserdeckel abnehmen und Leerlaufdüse herausschrauben, Bohrung für Leerlaufluftkanal ausblasen.
Der Benzinverbrauch kann durch eine ungenaue Einstellung der Leerlaufgemisch-Regulierschraube um etwa zwei Liter nach oben oder unten variieren. Genaue Einstellung ist daher erforderlich.

1. Handgriff: Drosselklappen-Anschlagschraube (oberer weißer Pfeil im Bild oben) etwas nach rechts drehen. Die Drosselklappe wird etwas geöffnet, der Leerlauf wird schneller und reagiert besser auf den nächsten Handgriff. Wichtig: Der Motor muß warmgefahren sein, die Anschlagschraube muß auf der untersten Stufe der Stufenscheibe stehen (Auf unserem Bild haben wir's absichtlich falsch gemacht: Die Anschlagschraube steht auf einer der höheren Stufen, die Startautomatik arbeitet noch. Noch zwei Kilometer fahren, dann ist der Motor warm!)

2. Handgriff: Leerlauf-Gemischregulierschraube (links am Vergaser, unterer Pfeil) langsam nach rechts drehen, bis der Motor zu stottern beginnt und mit der Drehzahl abfällt.

3. Handgriff: Gemischregulierschraube wieder so weit nach links drehen, bis der Motor gleichmäßig rund läuft (eine Achtel- bis Drittel-Umdrehung der Schraube).

4. Handgriff: Drosselklappen-Anschlagschraube wieder nach links drehen, bis die Leerlaufdrehzahl wieder »normal« ist (das sind heute 800 bis 900 U/min). Versuchsweise noch einmal an der Gemischregulierschraube nachprüfen.

Wichtig: Je weiter nach rechts die Gemischregulierschraube gedreht ist, desto »ärmer« ist der Leerlauf. Desto weniger Benzin verbraucht der Motor, desto sauberer ist das Auspuffgas. Von dem Punkt, an dem der Motor zu stottern beginnt, sollte man die Gemischregulierschraube also möglichst wenig nach links drehen – freilich muß man sie so weit drehen, daß der Motor nicht immer wieder stehen bleibt (auch nicht bei getretener Kupplung).
Zu langsame Leerlauf-Einstellung ist übrigens nicht ratsam. Erstens bleibt der

Motor beim Auskuppeln leicht stehen, zweitens gibt die Gleichstrom-Lichtmaschine (auch die früh einschaltende ab Baujahr 1966) dann keinen Strom ab (was sich speziell im Stadtverkehr unangenehm bemerkbar macht). Und drittens ergibt ein sehr langsamer Leerlauf eine ungleichmäßige Beanspruchung des Nockenwellenantriebs, der dann früher ausschlagen kann.
Wer seinen Leerlauf sorgfältig und möglichst arm nach unserer Anleitung einstellt, erreicht schon mit den früheren Vergasern (in Ordnung befindliche Zündanlage vorausgesetzt) ein sehr saubes Abgas. Der CO-Gehalt läßt sich bis unter 2 % herabdrücken (erlaubt sind heute für Neufahrzeuge 4,5 %) Die meisten allerdings neigen dazu, den Leerlauf viel zu fett einzustellen. Dies gilt auch für die Werkstätten, die oftmals nicht die Zeit haben, den Motor richtig warmzufahren; kalt stellt man den Leerlauf zwangsläufig zu fett ein.

Leerlauf-Einstellung »Abgas-Vergaser«

Um künftig solchen Falsch-Einstellungen vorzubeugen, führte man im August 1970 den Abgas-Vergaser ein, bei dem nur noch die links am Vergaser sitzende Zusatzgemisch-Schraube verstellt werden kann. Sie reguliert die Leerlaufdrehzahl ohne Einfluß auf die Gemischzusammensetzung: Hineindrehen (nach rechts) läßt den Leerlauf langsamer, Herausdrehen schneller werden.
Die eigentliche Leerlauf-Gemischregulierschraube sitzt unterhalb der Zusatzgemisch-Schraube hinter einem Kunststoffkäppchen. Sie ist bei Solex auf der Fließbank eingestellt worden und soll nicht verstellt werden, auch nicht beim Reinigen des Vergasers. Auch die Drosselklappen-Anschlagschraube nicht verdrehen!
Wurde aus irgendwelchen Gründen die Gemischregulierschraube doch einmal verstellt, so muß sie in der Werkstatt an Hand eines Abgas-Testgeräts wieder richtig eingestellt werden. Provisorisch stellt man ein, indem man die Schraube – wie die Gemischregulierschraube an früheren Vergasern – hineindreht, bis der Motor zu stottern beginnt, und sie dann wieder eine Kleinigkeit herausschraubt, bis der Motor rund läuft. Sehr wichtig ist dabei wieder, daß der Motor warmgefahren ist, daß weiter die Drosselklappen-Anschlagschraube so eingestellt ist, daß die Drosselklappe auch wirklich geschlossen ist. (Der Trick mit dem Schnellerstellen des Leerlaufs läßt sich durch Herausdrehen der Zusatzgemisch-Schraube ebenfalls befolgen.)

Leerlauf einstellen beim »Abgas-Vergaser« des 50-PS-Motors: Herausdrehen der Zusatzgemisch-Regulierschraube (1; so heißt die Leerlauf-Einstellschraube beim Abgas-Vergaser) läßt den Motor schneller, Hineindrehen langsamer laufen. An der verplombten Gemischregulierschraube (2) wird die Zusammensetzung des Leerlaufgemisches eingestellt. Sie sollten nur im äußersten Notfall daran drehen. An der Drosselklappen-Anschlagschraube (3), die ebenfalls verplombt ist, darf überhaupt nichts verstellt werden.
Seit August 1975 hat der 50-PS-Motor einen Schließdämpfer (4), wie er auch in den Flachmotoren eingebaut ist. Er verhindert, daß bei plötzlichem Loslassen des Gaspedals die Drosselklappen-Anschlagschraube hart auf die Stufenscheibe aufschlägt und so im Laufe der Zeit die Einstellung der Drosselklappe verändert. Außerdem kann der Motor nicht durch schnelles Loslassen des Gaspedals absterben.

Wenn die Leerlaufdrehzahl der Zweivergaser-Anlage nachreguliert werden soll, braucht nur die Zusatzgemisch-Regulierschraube (1) des linken Vergasers heraus- (Motor läuft schneller) oder hineingedreht (Motor läuft langsamer) werden. Zum provisorischen Einstellen des Leerlaufs verstellt man nur die Gemischregulierschraube (2) des linken Vergasers. Zwischen den beiden Einstellschrauben sitzt der Anschlußstutzen für den Schlauch der Kurbelgehäuseentlüftung.

Reinigen des Vergasers

Nach landläufiger Meinung ist der Umgang mit dem Vergaser die Sache von Experten. Diese Meinung teilen wir nicht ganz. Den Vergaser zu reinigen und Störungen zu beseitigen, ist mit etwas Sorgfalt und Einfühlung durchaus auch dem interessierten Laien möglich. Hingewiesen sei auch auf die Tatsache, daß durch die heute übliche Führung der Kurbelgehäuseentlüftung in das Luftfilter die Ansaugluft mit Dämpfen von verdunstendem Öl und Brenngasen, die am Kolben vorbei ins Kurbelgehäuse gedrungen sind, angereichert ist. Klebrige Anteile aus diesen Dämpfen können sich in Düsen und Bohrungen absetzen und diese verengen. Besonders gefährdet: Leerlaufluft-Bohrung (schlechter Leerlauf), die neben der Luftkorrekturdüse sitzt. Vorgekommen ist auch schon folgendes: Wasser hat sich auf dem Boden des Kraftstofftanks abgesetzt. Dann kann das Zink des Vergasergehäuses »blühen« (weißliches Zinkkarbonat).
Wasser und Zink vertragen sich nämlich nicht, was nur wenigen Leuten bekannt ist. Es ist die Ursache von so mancher rätselhafter stockender Kraftstoffversorgung. Daher stets alle Feuchtigkeit aus der Schwimmerkammer entfernen. Bei dieser Gelegenheit gleich ein Tip: Wenn man an einer Tankstelle einen Tankwagen sieht, der den Behälter auffüllt, sollte man besser die nächste Tankstelle aufsuchen. Grund: Durch das Auffüllen werden unvermeidliche Schmutz- und Wasserspuren im unterirdischen Tank aufgewirbelt und beim Tanken mit abgezapft. Diesen Behälterinhalt soll man sich erst einmal wieder »setzen« lassen. Doch nun zur Vergaserreinigung: Im allgemeinen genügt es, wenn man nur das Vergaseroberteil nach Lösen von fünf Schrauben entfernt. Wird auch das Unterteil abgenommen (13-mm-Gabelschlüssel), so ist beim Wiedereinbau die Flanschdichtung zu erneuern. Diese Dichtungen – vorher besorgen! – werden mit der Zeit hart und verziehen sich. Auch nicht vergessen, die Steckverbindungen für die Heizspirale und die Leerlaufabschaltdüse wieder anzuschließen.
Von außen können entfernt werden: Hauptdüse, Leerlaufdüse und Keramikdeckel. Nach Abnahme des Vergaseroberteiles: Luftkorrekturdüse mit Mischrohr, Schwimmer und Schwimmernadelventil.
Zur Pflege sind folgende Handgriffe empfehlenswert:

- Sämtliche Vergaserteile in Kraftstoff oder Nitro-Verdünnung reinigen und auf sauberem Tuch ablegen.

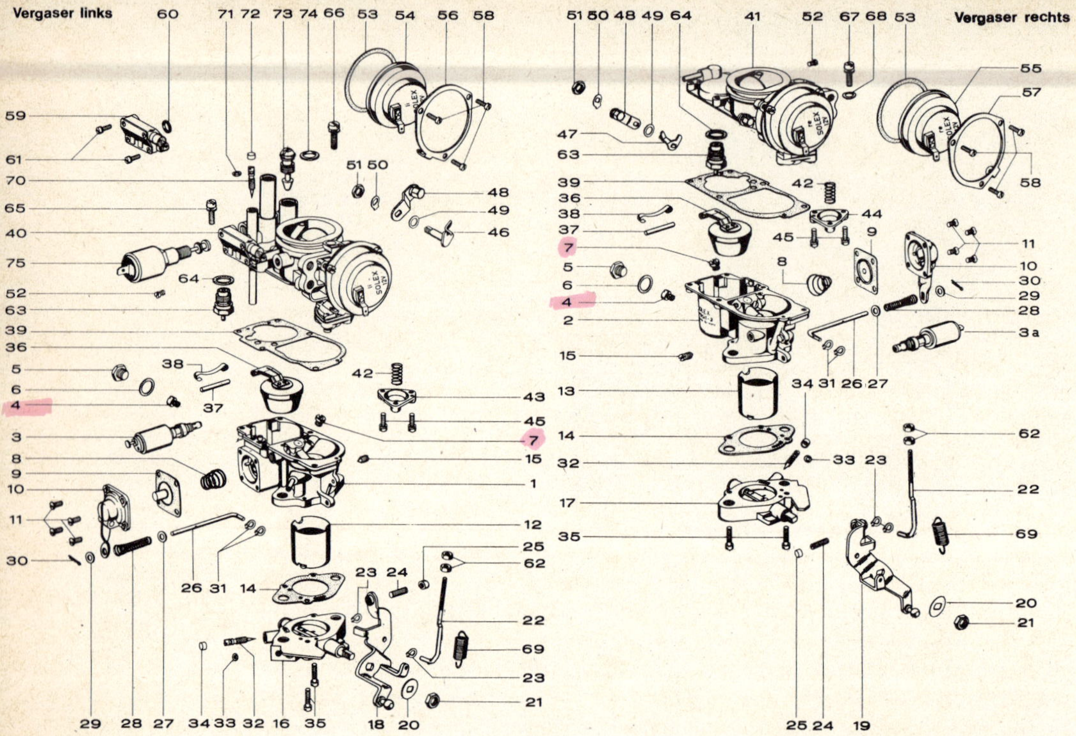

Die Einzelteile der beiden Vergaser des Flachmotors: 1, 2 = Schwimmergehäuse, 3, 3 a = Leerlauf-Abschaltdüse, 4 = Hauptdüse, 5, 6 = Verschlußschraube mit Dichtring, 7 = Luftkorrekturdüse, 8–11 = Pumpenmembrane mit Feder, Deckel und Halteschrauben, 12, 13 = Lufttrichter, 14 = Isolierdichtung, 15 = Lufttrichter-Halteschraube, 16, 17 = Drosselklappenteil, 18–23 = Drosselhebel mit Teilen, 24, 25 = Drosselklappen-Anschlagschraube mit Abdeckkappe, 26–31 = Pumpenhebel mit Teilen, 32–34 = Gemisch-Regulierschraube mit Teilen, 35 = Halteschrauben, 36–38 = Schwimmer mit Achse und Niederhalter, 39 = Vergaserdeckeldichtung, 40, 41 = Vergaserdeckel, 42–45 = Pulldown-Deckel mit Teilen, 46–51 = Starterhebel mit Teilen, 52 = Schraube, 53–58 = Starterdeckel mit Isolierdichtung, Haltering und Teilen, 59–61 = Thermo-Startventil mit Teilen, 62 = Muttern, 63, 64 = Schwimmernadelventil mit Dichtring, 65–68 = Schrauben unter Federscheiben, 69 = Zugfeder, 70–72 = Gemisch-Regulierschraube mit O-Ring und Abdeckkappe, 73, 74 = Zusatzgemisch-Regulierschraube mit O-Ring, 75 = Leerlauf-Abschaltventil.

■ Düsen und Bohrungen mit mäßigem Preßluftdruck ausblasen, auch Handluftpumpe ist geeignet. Düsen können notfalls auch mit dem Mund durchgeblasen werden. Immer noch besser als mit hartem Draht reinigen. Düsen sind aus weichem Material (Messing), daher auch nicht zu fest anknallen. Für die Bohrungen eignen sich einzelne Borsten oder Pfeifenreiniger. Ist Schwimmer dicht? Gegen Ohr halten und schütteln. Drin darf kein Benzin schwappen. Im Zweifel: Schwimmer in heißes Wasser tauchen. Es dürfen keine Bläschen (von verdampfendem Benzin) aufsteigen.

■ Drosselklappenwelle auf zu großes Spiel untersuchen, wodurch Nebenluft eindringen kann und Start und Leerlauf sich verschlechtern.

■ Leerlaufgemisch-Schraube darf keine verbogene oder abgebrochene Spitze aufweisen. Sonst auswechseln.

■ Dichtung zwischen Vergaserober- und -unterteil prüfen, evtl. erneuern. Notbehelf: aus Karton ausschneiden und Alleskleber als Dichtungsmasse.

Startschwierigkeiten können ihre Ursache (wenn die Zündanlage einwandfrei ist) in klemmendem Schwimmer oder klemmendem Schwimmernadelventil haben.

Letzteres kann auch gelockert oder verschmutzt sein. Erster Versuch: Gegen Schwimmergehäuse klopfen oder schlagen. Dann: Vergaserdeckel abschrauben, Schwimmer und Ventil prüfen. Letzteres mit 14-mm-Schlüssel herausschrauben bzw. festziehen.
Siehe auch Störungsplan vordere Buchklappe.

Der Seilzug zum Vergaser

Wenn Sie Gas geben, zieht ein kleiner Hebel am Gaspedal einen 2-mm-Draht nach vorn und öffnet die Drosselklappe im Vergaser. Der Drahtzug verläuft in einem Führungsrohr unter dem Wagenboden und führt dann über das Getriebe hinweg in den Motorraum. Eine Rückholfeder läßt das entlastete Gaspedal wieder in seine Ruhestellung gehen.
Der Ausbau des Drahtzuges kann sich empfehlen, wenn man das Gefühl hat, daß durch Schmutz und Rost zuviel Reibung vorliegt. Er ist nötig, wenn er eingefroren oder gerissen ist. Hierbei muß zuerst der Drahtzug am Drosselklappenhebel am Motor gelöst werden. Vom Gaspedal wird im Transporter zunächst eine Druckstange bedient, die durch den Faltenbalg unter das Bodenblech führt. Hier ist der Gaszug eingehängt.
Vor dem Wiedereinbau ist der Draht mit Universalfett einzufetten. Wichtig: Richtiger Sitz der Gummistulpe, damit dort kein Wasser eintritt, im Winter gefriert und den Gaszug blockiert. Nachdem der Zug vorn am Gaspedal angeschlossen ist, muß ein Helfer das Gaspedal voll durchgetreten halten. Dann wird die Drosselklappe voll geöffnet. In dieser Stellung Drahtzug festklemmen. Damit wird vermieden, daß bei Vollgasgeben der Zug unnötig gespannt ist. Umgekehrt kann bei zuviel Spiel die Drosselklappe nicht voll geöffnet werden. Das Werk empfiehlt, daß zwischen dem Drosselklappenhebel und seinem Anschlag am Vergasergehäuse noch 1 mm Spiel bleibt.

Gerissener Seilzug

Als Notbehelf – geht aber nicht bei einem Abgas-Vergaser – Leerlauf-Einstellschraube (am oberen Ende des Drosselklappenhebels) ganz hineindrehen (vorher Feder dieser Schraube entfernen), evtl. noch – je nach gewünschter Drehzahl – ein Stückchen Pappe oder Holz zwischen Hebel und Stufenscheibe klemmen. Das Gas kann zwar damit während der Fahrt nicht reguliert werden, aber man kommt damit noch bis zur nächsten Werkstatt. Motor heult natürlich während des Schaltens auf. Wenn man langsamer fahren will, muß man bremsen oder auskuppeln, notfalls Zündung ausschalten. Ein gerissener Gaszug läßt sich mit einer Lüsterklemme verbinden.

Das Saugrohr
bei Motoren
bis 50 PS

Durch das Saugrohr »atmet« der Motor das im Vergaser zubereitete Kraftstoff-Luft-Gemisch ein. Wegen seiner verzweigten Form wird es auch Hirschgeweih genannt. Diese Form ist bedingt durch die Zylinderanordnung des Boxermotors, bei dem sich die Zylinder paarweise gegenüberliegen.
Die warmen bzw. heißen Auspuffgase, die das Saugrohr umspülen, sollen verhindern, daß bei kaltem Motor aus dem Gemisch zuviel Kraftstoff kondensiert. Die Auspuffgase treten am Flansch für den hinteren Auspuffanschluß in die Vorwärmleitung ein, heizen das Gemisch im Saugrohr auf und verlassen die Leitung auf der linken Motorseite. Sie treten durch ein Rohr in den Auspuffstutzen ein, wo sie durch die ausströmenden Abgase mitgerissen werden. Wichtig ist, daß alle Saugrohr-Verbindungen absolut dicht sind.
Knallen im Auspuff läßt auf defekten Auspufftopf oder auf ein undichtes Saugrohr schließen. Andere Probe: Benzin aus kleiner Spritzkanne vorsichtig an Saugrohrdichtungen träufeln. Leerlauf fällt ab, wenn statt Luft an undichter Stelle Benzin angesaugt wird.

Fingerzeig: *Im Gegensatz zu den Motoren mit hohem Gebläsekasten haben die Flachmotoren nur kurze Ansaugstutzen. Eine Vorwärmung dieser Stutzen konnte man sich sparen, da das Kraftstoff-Luft-Gemisch bei der Zweivergaseranlage auf sehr kurzem Weg in die Zylinder strömt. Die Gefahr der Kondensatbildung ist hier nicht so groß wie bei den »Hochmotoren« mit ihren überlangen Saugrohren.*

Saugrohr ausbauen

Dazu muß natürlich der Vergaser und leider auch das Kühlgebläsegehäuse abgenommen werden. Dieses wiederum geht beim Transporter nicht ohne Ausbau des Motors.
Beim Einbau sind neue Dichtungen zu verwenden. Alle Flansche sind auf einwandfreien Zustand der Dichtfläche und auf Risse zu untersuchen. Schrauben und Muttern sind gleichmäßig anzuziehen – nicht anknallen, sonst verziehen sich die Flansche und werden undicht.

Papierluftfilter reinigen

Pflegearbeit Nr. 5 b

Alle VW-Transporter mit Zweivergaser-Anlage (1,7-, 1,8- und 2-Liter) und die 50-PS-Modelle ab August 1974 besitzen ein Luftfiltergehäuse aus Kunststoff, in dem ein Papierfiltereinsatz liegt. Dieser Filtereinsatz wird alle 10 000 km gereinigt. Dazu beim 50-PS-Motor die Schläuche vom Reglerkasten abziehen, den Spannverschluß unten öffnen und das Luftfiltergehäuse anheben und nach hinten herausziehen. Beim Flachmotor schiebt man nur die Gummimanschetten rechts und links am Luftfilterdeckel zurück. Jetzt noch die Spannverschlüsse am Gehäuse lösen, dann kann der Filtereinsatz nach Abnahme des Deckels herausgehoben und auf einer harten Unterlage ausgeklopft werden. Anschließend empfiehlt es sich, das Papierfilter mit Preßluft auszublasen, im Notfall geht es auch mit einer Fahrradpumpe. Der Luftstrahl soll dabei seitlich an den Filterflächen entlangstreichen, sonst werden die feinen Staubpartikel noch tiefer ins Filterpapier gedrückt.
Klebrige Rückstände im Filtertopf aus der Kurbelgehäuseentlüftung wischt man mit einem benzinfeuchten Lappen ab.
Alle 40 000 km wird der Filtereinsatz erneuert.

Warmluft-Regelklappe prüfen

Pflegedienst Nr. 8

Muß bei der Luftfilterwartung der Drahtzug für die Warmluftregulierung eingestellt werden (nur bis Juli 1970), so schiebt man den Bowdenzugmantel bis zum Anschlag der Halterung am Gebläsegehäuse bzw. am Ansaugstutzen des Luftfilters und klemmt ihn fest. Den Draht schiebt man bis zum Anschlag in das Klemmstück ein und befestigt es durch Anziehen der Schraube.
Bei geschlossenem Kühlluftregler und geschlossener Warmluftregelklappe (also geschlossener Frischluftzuführung) wird der Drahtzug so in das Klemmstück eingeschoben, und befestigt, daß die Federwindungen am Regelklappenhebel gerade zusammengedrückt werden. In dieser Stellung muß die Regelklappe völlig geschlossen sein. In der kalten Jahreszeit soll vorgewärmte Luft (durch den Auspuff) und in der warmen Jahreszeit soll kalte Luft angesaugt werden. Dazu ist die Regelklappe mit dem Kühlluft-Thermostaten verbunden.
Ab August 1970 wurde die Regelung für die Warmluft zum Luftfilter geändert: Statt des Drahtzuges zum untenliegenden Thermostat – die Wirkungsweise war wegen zu großen Spiels sehr umstritten – wurde ein Thermostat (Dehnkörper) zusätzlich in den Luftfilterschnorchel gesetzt. Dadurch wurde dann der Eintritt der entsprechenden warmen oder kalten Ansaugluft geregelt.
An neueren Modellen ist zusätzlich zur thermostatischen Regelung eine lastabhängige Ansaugluft-Vorwärmung eingebaut, die von einer Unterdruckdose gesteuert wird. Zur Prüfung läßt man den kalten Motor im Leerlauf drehen

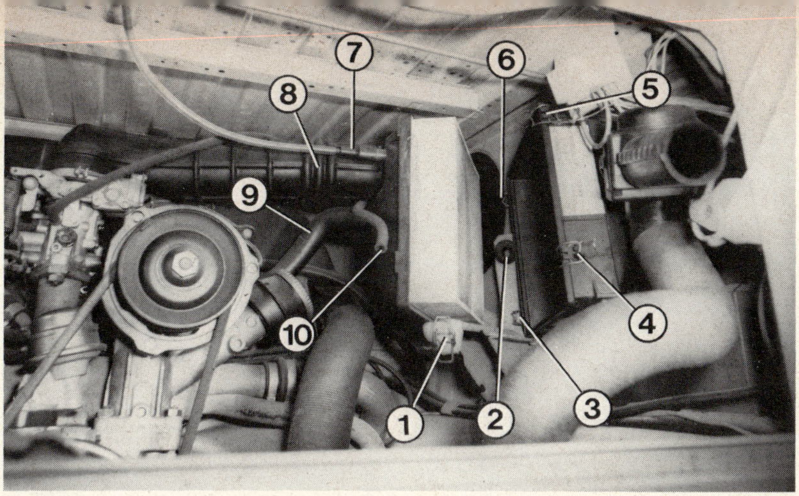

So kommt man an den Papierfiltereinsatz des 50-PS-Motors heran: Lösen der unteren Schnappverbindung (1), Herausziehen des Luftfiltergehäuses aus der Steckhalterung (2) und Aufklappen der vier Schnappverschlüsse (3 bis 6), die beide Gehäusehälften zusammenhalten. Der Luftfiltereinsatz ist nur gesteckt, er wird einfach herausgenommen. Zum Luftfiltergehäuse laufen: Tankentlüftung (7), Ansaugschlauch (8), Kurbelgehäuseentlüftung (9), roter Schlauch zum Temperaturregler der Ansaugluftvorwärmung (10).

und zieht den roten Unterdruckschlauch ab und steckt ihn wieder auf. Die Klappe im Luftfiltergehäuse muß dann hörbar schließen.

Störungsbeistand

Vergaser

In der folgenden Tabelle haben wir die Störungsmöglichkeiten, soweit sie den Vergaser betreffen, konzentriert zusammengefaßt und gleichzeitig auch die Maßnahmen zu ihrer Beseitigung. Voraussetzung für Eingriffe in den Vergaser oder zur Beseitigung von Störungen ist eine richtig eingestellte Zündanlage (Zündzeitpunkt, Unterbrecherkontakte, Kerzenelektroden). Störungen an der Zündanlage bei Startschwierigkeiten: siehe vordere Buchklappe, obere Hälfte »Zündanlage«.

Die Störung	– ihre Ursache	– ihre Beseitigung
A Kraftstoffverbrauch zu hoch	Bevor man an den Vergaser geht:	
	Stimmt der Druck der Kraftstoffpumpe?	Blättern Sie Seite 84 auf.
	Siehe andere Möglichkeiten Seite 84	
	Nun der Vergaser:	
	1 Fehlerhafte Flansch-Dichtungen	Nachprüfen. Eventuell auswechseln.
	2 Undichter Schwimmer (Luftblasen nach Eintauchen in heißes Wasser?)	Auswechseln.
	3 Düsen stimmen nicht	Herausschrauben, eingeschlagene Bezeichnungen mit Tabelle in »Technische Daten« vergleichen. Eventuell korrigieren.
	4 Schwimmernadelventil schließt nicht. (Fremdstoffe, z. B. Lackreste aus Tank, im Ventil? Beschädigt?)	Säubern. Evtl. auswechseln. Versuch: Zusätzlichen Dichtring (Fiberring) unterlegen. Ventil schließt dann früher. Aber feststellen, ob bei hohen Drehzahlen Motor noch rund läuft.
	5 Leerlaufgemisch zu fett	Gemisch-Regulierschraube etwas hineindrehen, aber Leerlauf muß einwandfrei bleiben.
	6 Leerlaufdüse oder Abschaltventil locker	Kontrollieren. Eventuell anziehen.

Die Störung	– ihre Ursache	– ihre Beseitigung
A Kraftstoffverbrauch zu hoch (Fortsetzung)	7 Leerlauf zu hoch (Starterklappe öffnet bei warmem Motor nicht, geht nicht zurück oder klebt). Stufenscheibe muß beim Gasgeben von Hand bis zur letzten unteren Raste fallen.	Eventuell Luftfilter abnehmen, in den Vergaser sehen. Siehe auch Seite 90.
	8 Heizspirale heizt nicht	Zündung einschalten. Deckel muß nach ca. 2 Minuten warm werden. Wenn nicht:
	a) Kabel zur Heizspirale locker oder defekt	Kabel und Anschlüsse prüfen (Prüflampe).
	b) Heizspirale gebrochen	Starterdeckel auswechseln. Beim Einbau auf Markierung achten: Kerbe auf Deckel muß mit Nase auf Federgehäuse übereinstimmen.
B Motor springt nicht an	1 Zündung nicht einwandfrei	Kontrollieren (siehe vordere Buchklappe)
	2 Tank leer	Auftanken
	3 Vergaser leer. (Zur Prüfung Verschlußschraube der Schwimmerkammer herausschrauben. Läuft Benzin heraus?)	Kraftstoffleitung vom Vergaser abziehen. Motor kurz starten. Kommt kein Benzin aus der Leitung, Kraftstoffpumpe defekt (siehe Seite 84). Ist Pumpe in Ordnung, Vergaserdeckel abnehmen: Schwimmer, Schwimmernadelventil verklemmt oder letzteres verstopft. Herausnehmen, reinigen.
	4 Hauptdüse verstopft	Reinigen, durchblasen.
	5 Startautomatik gestört (Luftklappe schließt nicht oder klemmt).	Gängig machen, evtl. mit Rost-Lösemittel von Klappenwelle lösen. Evtl. Unterdruckmembrane gerissen. Ersetzen.
	6 Bimetallfeder ausgehängt oder gebrochen	Feder einhängen oder Starterdeckel ganz ersetzen. Beim Einbau: Markierung muß stimmen!
C Leerlauf zu hoch	Siehe Punkt A 7	
D Leerlauf ungleichmäßig, Motor bleibt stehen	1 Leerlauf falsch eingestellt	Richtig einstellen
	2 Leerlaufdüse verstopft	Düse durchblasen
E Ungleichmäßiger Lauf und Auspuff-Rußen bei niedriger Leerlauf-Drehzahl, stärkeres Rußen bei höherem Leerlauf. Kerzen verrußen, deswegen Zündaussetzer	1 Zu hoher Druck auf Schwimmernadelventil	Kraftstoffpumpen-Druck prüfen, evtl. erniedrigen
	2 Schwimmernadelventil schließt nicht	Ventil prüfen, evtl. erneuern
	3 Schwimmer undicht (siehe auch A 2)	Auswechseln
F Ungleichmäßiger Lauf bei Vollgas. Aussetzer, Patschen, Leistung fällt ab	1 Nicht ausreichende Kraftstoffzufuhr	Hauptdüsen-System reinigen Schwimmernadelventil reinigen Anreicherungs-System reinigen Tank reinigen

Die Störung	– ihre Ursache	– ihre Beseitigung
G Schlechte Übergänge beim Gasgeben	1 Beschleunigungs-System arbeitet nicht	Luftfilter abnehmen, durch Augenschein prüfen, ob eingespritzt wird, wenn Beschleunigungspumpe betätigt wird.
	a) Pumpenkanal oder Einspritzrohr verstopft	Reinigen, prüfen ob Kugel hängt
	b) Membrane defekt (Vergaser patscht bei plötzlichem Gasgeben)	Auswechseln
	2 Falsch eingestellter Leerlauf	Richtig einstellen
	3 Warmluft-Regelklappe am Luftfilter nicht beweglich	Klappe gangbar machen
	4 Speziell beim 50 PS-Motor: Schlauchschellen am Ansaugrohr undicht	Schrauben nachziehen
	5 Falsche Vergaserdüsen	Beim 50-PS-Motor bis Juli 75 richtig: Hauptdüse x 125, Luftkorrekturdüse 60 z
H Motor erreicht nicht volle Leistung	Anreicherungs-System arbeitet nicht	
	a) Bohrung oder Rohr verstopft	Reinigen, eventuell Rohr ausbauen (Kugel nicht verlieren!)
	b) Kugel hängt	Gängig machen
I Motor stirbt bei plötzlichem Gaswegnehmen	Leerlauf zu fett	Richtig einstellen. Leerlaufdüse auf richtige Größe prüfen
K Auspuffknallen, wenn das Gas weggenommen wird	Leerlauf zu mager eingestellt	Regulierschraube etwas herausdrehen. Ist Saugrohr dicht?

Abgasmessung

Zur alle zwei Jahre fälligen TÜV-Überprüfung gehört auch die Kontrolle des Abgases auf den giftigen CO-Anteil. Während anfangs nur die seit Juli 1969 gebauten Fahrzeuge zu dieser Kontrolle herangezogen wurden, müssen seit 1976 auch ältere Modelle sich dieser Prüfung unterziehen. Grundsätzlich brauchen Sie die CO-Messung nicht zu fürchten – auch ein älterer Motor, der richtig eingestellt ist, überschreitet die geforderten Werte nicht.

Zur Messung beim TÜV sollte der Motor möglichst warmgefahren sein, beim kalten Motor ist das Gemisch fetter und der CO-Anteil zwangsläufig höher. Lassen Sie den Motor auch nicht in der Warteschlange beim TÜV lange im Leerlauf tuckern, damit wird wieder der CO-Anteil erhöht. Falls Sie normalerweise nur Kurzstrecken fahren (Auspuffrohr innen rußig schwarz), sollten Sie vor der Fahrt zum TÜV etwa 100 km in zügigem Tempo abspulen, damit der Rußansatz zum Auspuff hinausgeblasen wird. Ist dann das Abgas immer noch zu CO-haltig (4,5 % zuzüglich 1 % Meßtoleranz sind zulässig), erst Zündkerzen-Elektrodenabstand, Schließwinkel und Zündeinstellung prüfen, Ventilspiel kontrollieren und als letztes, falls noch erforderlich, am Vergaser drehen. Ein »versuchsweises« Verstellen des Vergasers hilft kaum weiter. Aber auch der Einbau von irgendwelchen Zusatzgeräten (»Abgasentgifter«) ist keinesfalls notwendig oder ratsam.

Spannendes Kapitel

Auto-Elektrik ist den meisten ein Buch mit sieben (oder noch mehr) Siegeln. Und sie machen um alles, was damit zu tun hat, einen großen Bogen.
Aber auch in der Elektrik wird nur mit Wasser gekocht. Die meisten elektrischen Zusammenhänge sind durchaus nicht verwickelter als etwa der Vergaser – und damit dem Verständnis und den eigenen Bemühungen bei einem Fehler durchaus zugänglich.
Wir haben den Schaltplan Ihres Wagens in der hinteren Buchklappe abgedruckt. Er zeigt – in den Original-Kabelfarben – welche Drähte wohin führen. Wir zeigen Ihnen die wichtigen elektrischen Dinge in den folgenden Kapiteln von außen. Wir erklären, wie's funktioniert. Und nun – hinein ins Vergnügen!
Noch eines: Sollten Sie sich für die Auto-Elektrik richtig erwärmen, dann lassen Sie sich den Sonderband »Elektrik am Auto« dieser Buchreihe einmal zeigen. Oder als Weihnachts- oder Geburtstagsgeschenk auf den Tisch legen.

Was die Batterie leistet

Die Batterie ist im Transporter rechts neben dem Motor leider sehr unglücklich – nämlich schwer zugänglich – untergebracht. Sie besteht aus sechs Zellen. Da jede Zelle ungefähr 2 Volt Spannung hat, ergibt dies eine Batteriespannung von 12 Volt. Darauf sind alle Stromverbraucher, vom Scheibenwischer bis zum Schlußlicht, ausgelegt. Ältere Wagen, deren Stromanlage auf 6 Volt ausgelegt ist, haben dementsprechend in ihrer Batterie nur 3 Zellen.
Irgendwo auf einer Batterieseite finden Sie außer dem Markennamen und der fabrikinternen Typ-Kennzeichnung die Bezeichnung 12 V/45 Ah (frühere Wagen 6 V/77 Ah). Der erste Teil dieser Bezeichnung gibt die bereits erwähnte Stromspannung von 12 bzw. 6 Volt an. Hinter dem Schrägstrich ist die Stromstärke, die in Ampere gemessen wird, in ihrer »Menge« angegeben. Es ist die Batteriekapazität. Man bezeichnet sie in Ampere-Stunden, abgekürzt »Ah«. Unsere 12-Volt-Batterie hat also eine Kapazität von 45 Ampere-Stunden. Sie kann theoretisch 45 Stunden lang 1 Ampere, oder umgekehrt 1 Stunde lang 45 Ampere abgeben. Das setzt eine vollgeladene Batterie in einwandfreiem Zustand voraus. Nicht immer ist jedoch eine Batterie ganz geladen – das kommt eigentlich nur bei sommerlicher Temperatur nach einer ausgesprochenen Autobahn-Langstreckenfahrt am Tage vor, so daß man in der Praxis vorsichtshalber nur mit etwa zwei Dittel oder sogar nur der Hälfte der angegebenen Kapazität rechnen kann. Die Batterie 6 V/45 Ah des alten Wagens ist mit ihren 77 Ampere scheinbar wesentlich leistungsstärker. Das trifft aber nicht zu, denn der Leistungsbedarf der Stromverbraucher, in Watt gemessen (= Stromstärke mal Spannung) bringt praktisch das gleiche Ergebnis.
Durch den Anlasser wird die Batterie am meisten belastet. Der Anlasser leistet zwar nur 0,7 PS, aber durch Reibungsverlust frißt er zwischen 2000 Watt beim Durchdrehen des warmen Motors und mehr als 3500 Watt im Augenblick des Einschaltens. Durch diese Gefräßigkeit des Anlassers sinkt die Batteriespan-

nung sehr schnell auf etwa 10 oder im Winter sogar auf 8,5 Volt ab. Diese niedrige Spannung ist jedoch bereits eingeplant, denn der Anlasser ist darauf eingerichtet. Der Strombedarf des Anlassers ist bei warmem Öl in Motor und Getriebe geringer – der Motor läßt sich leichter durchdrehen. Je tiefer die Temperatur sinkt und je zäher dadurch die Schmierstoffe werden, um so höher wird der Strombedarf des Anlassers. Das ist ungünstig, denn bei kalten Temperaturen ist auch die Leistungskraft der Batterie an sich schon geringer. Darauf kommen wir noch zu sprechen.

Temperatur beeinflußt die Batterie

Die Temperatur hat erheblichen Einfluß auf die Leistung einer Batterie. Selbst eine tadellos geladene Autobatterie hat bei −25° C nicht einmal die Hälfte ihrer Leistungskraft! Bei schlecht geladener oder alter Batterie kann es aber nicht mehr dazu reichen, daß der Anlasser den kältesteifen Motor durchdreht. Es ist also sehr vorteilhaft, selbst wenn es reichlich altmodisch klingt, vor kalten Nächten die Batterie auszubauen und sie in der Wohnung in die Nähe der Heizung – aber nicht darauf! – zu stellen. Wer einmal festgestellt hat, wie leicht sein Wagen daraufhin am nächsten Morgen anspringt, wird sich diese Mühe vor wirklich kalten Nächten gerne machen.
Der Ausbau der Batterie bei scharfem Frost hat einen weiteren Grund: Eine tief entladene Batterie (z. B. durch versehentlich eingeschaltete Scheinwerfer beim Parken) kann schon bei −10° C gefrieren; bei einer aufgeladenen Batterie reicht es allerdings für rund 30° C Frost. Eine gefrorene Batterie platzt zwar nicht, aber sie kann keinen Strom abgeben. Nach dem Aufwärmen und Laden funktioniert sie wieder.

Batterie aus- und einbauen

Um die Batterie bei frostklirrender Winternacht auf Temperatur halten zu können, um sie laden zu lassen oder zu reinigen, muß sie ausgebaut werden. Dies ist beim Transporter nicht ganz so einfach, denn die Batterie sitzt reichlich versteckt rechts neben dem Motor. Zum Ausbau muß man die Befestigungslasche links an der Batterie lösen. Dann kann man sie ein Stück hervorziehen und die Kabel lösen (Klemmschrauben lockern, Klemme mit einem in den Spalt gesteckten Schraubenzieher aufbiegen. Klemme auf dem Polkopf drehen und nach oben abziehen.

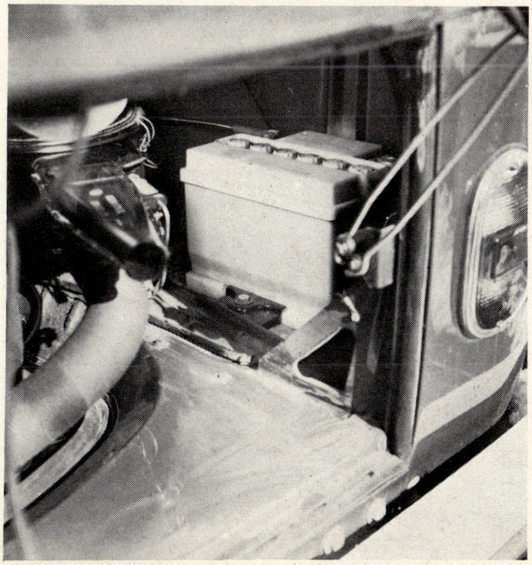

Die Batterie ist im Transporter zwar platzsparend, jedoch wenig zugänglich im hinteren Motorraum untergebracht. Zur Wartung muß der Akku herausgenommen werden – was die Arbeit nicht erleichtert. Es gibt jedoch anstelle der Schraubverschlüsse einschraubbare Säurestands-Messer – hier kann man ohne Ausbau erkennen, ob der Flüssigkeitsspiegel noch stimmt. Durch Abschrauben des vorderen Haltesteges kann man den Akku herausnehmen. Seit August 1972 wird die Batterie um 180° gedreht eingebaut, dadurch kommt man leichter an die Batteriepole heran.

Merke dabei: **M**inus an **M**asse! Das Minus-Kabel ist außerdem daran zu erkennen, daß es nicht isoliert ist und aus breiter geflochtener Kupferlitze besteht, die an ihrem anderen Ende mit der Karosserie verschraubt ist. Durch das Lösen des Minus-Kabels wird verhindert, daß es beim weiteren Hantieren mit der Batterie Kurzschlüsse gibt. Erst dann das Plus-Kabel (Zeichen auf oder neben dem Polkopf: +) lösen.

Beim Ausbau schaut man natürlich genau nach, wie es unter dem Batteriekasten aussieht. Und wenn es gerade nicht paßt – weil es beispielsweise ein bitterkalter Winterabend ist –, nimmt man die alsbaldige Säuberung des Batteriestandplatzes sich doch fest vor, denn Batteriesäure ist sehr aggressiv und beißt mächtige Rostlöcher ins Blech, wenn man sie gewähren läßt. Die Reinigung geht so vor sich: Der Boden wird mit warmem Wasser (noch besser: Sodawasser) und einem dicken Waschpinsel sorgfältig gesäubert, getrocknet und zum Schutz gegen Rost behandelt, wobei man nach Belieben Graphitöl, Vaseline oder ein Lackpflegemittel benutzen kann. Zeigen sich auf dem Batteriestandplatz bereits Rostspuren, so sollte man diese mit Rostumwandler (siehe Seite 31) behandeln. Anschließend streicht man die Batteriestandfläche am besten mit Unterbodenschutz (Rostumwandler allein genügt nicht).

Der Einbau der Batterie erfolgt in umgekehrter Reihenfolge, wobei sinngemäß zuletzt das Minus-Kabel angeschlossen wird. Die Anschlußklemmen der Batteriekabel müssen dabei gut festgezogen werden.

Säurestand der Batterie prüfen

Wartungsdienst Nr. 3

Bei fast allen Autos läßt sich der Säurestand prüfen, läßt sich destilliertes Wasser nachfüllen, ohne daß der Akku herausgenommen werden muß. Nicht so beim Transporter: Ohne Ausbau kann man nicht von oben in die Zellenöffnungen hineinsehen. Man könnte es höchstens mit einem Spiegel probieren und einer Lampe, die im Motorraum für die nötige Helligkeit sorgt – besser ist es jedoch, in den sauren Apfel zu beißen und den Akku herauszunehmen.

Dies sollte sogar nicht nur alle 5000 km geschehen, wie im Wartungsplan vorgesehen. Besonders im Sommer verdunstet ein erheblicher Teil des Wassers aus der Batteriesäure. Es kann so weit gehen, daß die obersten Teile der Platten in der Batterie regelrecht trocken stehen.

Solch ein Verdacht auf Säuremangel besteht auch, wenn der Anlasser eines Morgens den Motor nur noch ganz müde durchdreht, obgleich kein überraschender Frost über Nacht kam. Dann fehlt es meist der Batterie an Kraft, weil ihr das Wasser mehr oder weniger ausgegangen ist, und die Batterieplatten trocken stehen.

Zum Nachfüllen von destilliertem Wasser eignet sich am besten eine solche Spritzflasche. Die Transporter-Batterie im Motorraum läßt sich freilich nur versorgen, wenn man mit einem Spiegel oben in sie hineinsieht – wozu man im Motorraum künstliches Licht braucht. Einfacher ist es, die Batterie auszubauen.

Zeigt sich durch müdes Anlasserdrehen oder durch trübes Blinzeln der Scheinwerfer, daß die Batterie stark entladen ist, darf auf keinen Fall destilliertes Wasser gleich bis zur Füllstandsmarke bzw. 5 mm über die Plattenoberkanten (das ist der richtige Säurestand) aufgefüllt werden, sondern man darf bei Batterien, deren Plattenoberkanten vollkommen trocken sind, zuerst nur destilliertes Wasser bis zu diesen Plattenkanten und auf keinen Fall darüber hinaus auffüllen. Denn beim Wiederaufladen der Batterie durch die Lichtmaschine steigt der Säurestand ganz erheblich. Eine zu volle Batterie »kocht über«, d. h. die Batteriesäure drückt sich zu dem kleinen Entlüftungsloch im Zellenverschlußstopfen heraus. Abgesehen von der Verschmutzung der Batterieoberfläche und dem Verrosten des Batteriestandbleches wird auf diese Weise die Batteriesäure auch unkontrolliert verdünnt, was die Leistungsfähigkeit des Akkus beeinträchtigt. Erst wenn eine »trockengefallene« Batterie wieder von der Lichtmaschine (oder vom Garagenlader) aufgeladen wurde, darf der Batteriesäurestand mit destilliertem Wasser bis zur vorgeschriebenen Höhe aufgefüllt werden.

Fingerzeige: *Zum Messen des Batteriesäurestandes dürfen Sie auf keinen Fall einen Schraubenzieher oder sonst etwas Metallisches nehmen. Das Metall würde durch die Batteriesäure angefressen, die (äußerst reine) Batteriesäure würde verunreinigt, die Batterie ginge innerhalb kurzer Zeit zugrunde. Wegen dieser Empfindlichkeit der Batterie gegen Schmutz soll man den Akku auch gut sauber halten. Bei verschmutztem Gehäuse muß man darauf achten, daß beim Herausschrauben der Zellenstöpsel nichts in die Batterie fällt – am besten die Batterie vorher mit einem feuchten Lappen abwischen.*
Auch beim Aufbewahren von destilliertem Wasser ist größte Sauberkeit nötig. Am besten nimmt man eine Glasflasche zur Vorratshaltung (der Liter destilliertes Wasser kostet in der Drogerie nicht viel). Zum Nachfüllen eignet sich am besten eine Kunststoff-Spritzflasche mit gebogenem Röhrchen.
Leitungswasser oder Regenwasser darf man auch nicht im Notfall zum Auffüllen der Batteriesäure benutzen. Es enthält immer leitfähige Salze und andere mineralische Stoffe, die der Batterie schwer schaden.
Falls einmal Batteriesäure ausgelaufen sein sollte, weil die Batterie irgendwie kopfstand, kann nur die Fachwerkstatt helfen, denn in diesem Falle muß eine fachmännisch hergestellte Akkumulatorensäure eingefüllt werden.
Seit Dezember 1971 wird die Batterie (nicht beim Pritschenwagen und bei der Doppelkabine) mit einem Kunststoff-Schutzdeckel ausgerüstet. Er kann auch nachträglich eingesetzt werden.

Batterie reinigen und Ladezustand prüfen

Pflegedienst Nr. 36

Die serienmäßigen Batterien unserer Wagen sind zwar sehr appetitlich in weiße Kunststoffkästen eingepackt und vor allem auf der Oberseite gut abgedeckt. Aber bei Ersatz kann auch eine oben offene Batterie, bei der die Zellenasphaltierung freiliegt, eingebaut werden. Besonders auf diesem letzten Typ setzt sich auf der Batterieoberfläche Schmutz an und die Batteriekabelanschlüsse (das gilt auch für die weißen Batterien) zeigen bei mangelhafter Pflege weiß-grünliche Oxydkristalle. Den Schmutz und die Oxydkristalle bürstet man an der vorher natürlich ausgebauten Batterie mit einem Waschpinsel und viel warmem Wasser (am besten eine gut warme Sodalösung) ab, reibt die Pole mit einem Lappen sorgfältig trocken und fettet nach dem Wiedereinbau der Batterie die Polköpfe und Anschlußklemmen ein. Dazu ist allerdings normales Abschmierfett oder Mehrzweckfett nicht tauglich. Man braucht dazu ein Spezialfett, das isolierend wirkt und das blanke Metall der Polköpfe auch

gegen Korrosion durch Säuredunst schützt. Dieses Spezialfett gibt es als »Säureschutzfett« von Bosch (Sorte Ft 40 v 1).
Weiß-grünliche Oxydkristalle in der Batterieumgebung deuten übrigens an, daß die Batterie gelegentlich »überkocht«. Entweder wurde zuviel destilliertes Wasser bei entladener Batterie nachgefüllt (siehe vorhergehender Abschnitt), oder der Regler der Lichtmaschine, der dafür zu sorgen hat, daß die Batterie von der Lichtmaschine nicht zu heftig geladen wird, ist defekt.

Wann ist die Batterie gut geladen?

Solange die Batterie den Anlasser flott durchdreht, und die Scheinwerfer beim plötzlichen Gasgeben nicht wesentlich aufstrahlen – das ist das Zeichen, daß der Akku »müde« ist –, braucht man für seine Batterie eigentlich nichts weiter zu tun als öfter einmal nach dem Flüssigkeitsstand sehen und bei Bedarf destilliertes Wasser zu ergänzen. Fein ist es freilich, wenn man bei diesen Batterieinspektionen auch gleich den Ladezustand messen kann. Hierzu braucht man einen Säureheber (Preis etwa 6,– DM), mit dem man nacheinander aus allen Batteriezellen so viel Säure ansaugt, daß der Schwimmer in diesem Säureheber frei schwebt. Je nach dem, wie weit der Schwimmer eintaucht, kann man das spezifische Gewicht der Batteriesäure und damit den Ladezustand ablesen:

- 1,285 bedeutet eine voll geladene, in Ordnung befindliche Batterie;
- 1,18 bedeutet eine halb geladene Batterie;
- 1,12 eine leere Batterie.

Schon die halb geladene Batterie sollte man alsbald nachladen (lassen) – Batterien mögen es nicht, wenn sie nicht ganz voll sind. Es bilden sich dann Sulfat-Kristalle, die sich beim Laden nicht wieder auflösen – die »sulfatierte« Batterie ist defekt.
Es muß noch kein schlimmes Zeichen sein, wenn alle Zellen der Batterie eine gleichmäßig niedrige Säuredichte anzeigen. Mit Nachladen ist der Akku dann meist wieder auf Vordermann zu bringen. Bedenklich wird es jedoch, wenn eine einzelne Zelle entladen ist und sich auch bei längerem Laden nicht wieder erholt: In diesem Fall steht der »Batterie-Infarkt« durch inneren Kurzschluß unmittelbar bevor. Dieser Kurzschluß entsteht vor allem bei älteren Batterien durch ausgebröckelte aktive Masse aus den Bleiplatten (sie bestehen aus

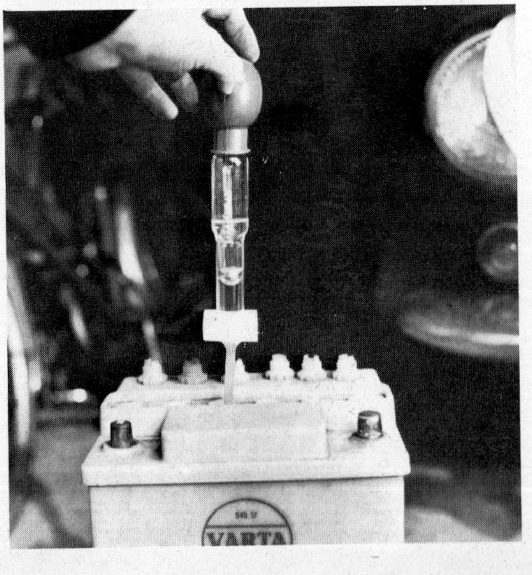

Der Ladezustand der Batterie läßt sich richtig nur mit einem Säureprüfer messen. In diesem Gerät befindet sich ein Schwimmer, der je nach Säuregewicht – und damit je nach Ladezustand – mehr oder weniger tief in die Säure eintaucht.

einem Bleigitter, in das diese aktive Masse als Pulver eingepreßt ist). Durch die Lade- und Entladevorgänge, die unterschiedliche Volumen der beteiligten Stoffe zur Folge haben und durch das ständige Rütteln im Fahrzeug bröckelt diese aktive Masse langsam aber sicher aus. Eines Tages steht das Bleipulver in der Zelle so hoch, daß es die Platten von unten berührt – innerer Kurzschluß! Gegen ihn kann man übrigens nichts machen – Autobatterien ganz allgemein werden nur zwei bis fünf Jahre alt.

Fingerzeig: *Batteriesäure ist ein Teufelszeug. Selbst in ziemlicher Verdünnung, also etwa beim Abwaschen von Oxydkristallen von der Batterie, frißt sie erstaunlich große Löcher in Hose oder Jacke, wenn sie beim Hantieren dorthin spritzte. Besonders gemein ist, daß man erst nach Tagen diese Wirkung sieht. Deshalb muß jeder Spritzer auf der Bekleidung sofort mit einer überschwemmenden Sodalösung behandelt werden. Wasser allein tut's nicht! Empfehlenswerte Vorsorge: Beim Hantieren an oder mit der Batterie eine lange Kunststoff-Folie vorbinden.*

Anleitung zum Laden

Die Batterie besitzt die unschöne Angewohnheit, sich auch im unbenutzten Zustand zu entladen. Im Winter geht die Selbstentladung etwas langsamer als im Sommer vor sich. Sie beträgt pro Tag ½ bis 1 Prozent ihrer Nennkapazität. Eine vollgeladene Batterie kann also in 100 Tagen leer sein. Da eine Batterie im entladenen Zustand Schaden leidet, müssen Batterien stillgelegter Fahrzeuge ausgebaut und etwa jeden Monat nachgeladen werden. Oder man gibt sie bei einer Elektrikwerkstatt in »Pension«, wo sie dauernd an ein Frischhaltegerät mit schwachem Ladestrom angehängt wird.
Der Ladestrom für eine schwach gewordene Batterie wird dem normalen Stromnetz entnommen, aber natürlich nicht direkt, sondern über ein besonderes Ladegerät, das den Wechselstrom des Lichtnetzes auf Gleichstrom und auf die passende Voltzahl umformt. Zum Nachladen auch großer Batterien genügt dabei vollkommen ein einfaches und billiges Ladegerät, auch wenn es nur 2 oder 3 Ampere Ladestrom abgibt. Man muß dann eben entsprechend lange laden. Eine völlig entladene Transporter-Batterie mit ihren 45-Ampere-Stunden wird von einem 1-Ampere-Ladegerät in 45 Stunden aufgeladen, von

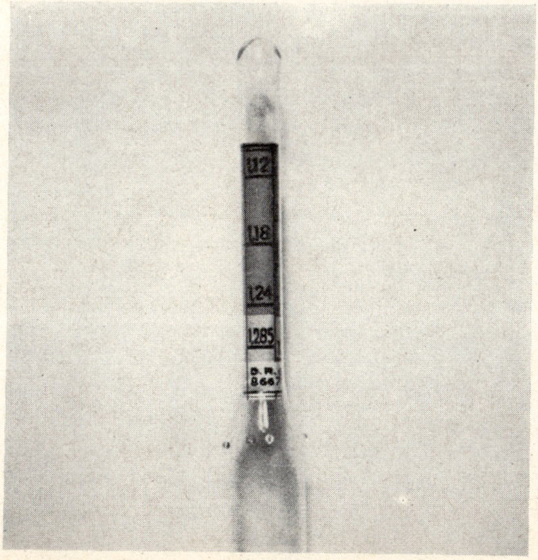

An der Skala dann läßt sich das Säuregewicht ablesen. Die Zahl 1,285 steht für eine gute, voll geladene Batterie. 1,18 bedeutet eine nur halb geladene Batterie, 1,12 eine leere. Bei halber Ladung sollte man unbedingt nachladen, sonst sulfatisiert (verdirbt) die Batterie. Erreicht ein Akku auch bei langem Nachladen kein Säuregewicht von 1,28, so ist entweder einmal Säure ausgelaufen und nur durch destilliertes Wasser ersetzt worden oder (wahrscheinlicher) die Batterie sulfatisiert. Diese Batterie wird höchstwahrscheinlich im nächsten Winter schlapp machen.

Zum Nachladen der Batterie genügt schon das einfachste und billigste Gerät. Allerdings: Ein starkes Gerät (5 Ampere) füllt schon in kurzer Zeit so viel Strom in die Batterie ein, daß man schnell wieder starten kann – nach versehentlichem Brennenlassen der Scheinwerfer und völlig leerer Batterie schon nach einer Viertelstunde. Das abgebildete Gerät von Krynen-Automation (581 Witten, Postfach 2004) leistet 4 A und kostet rund 50 DM.

einem 2-Ampere-Gerät in 22,5 Stunden, von einem 3-Ampere-Ladegerät in 15 Stunden. Von einem 5-Ampere-Ladegerät sogar schon in neun Stunden – ein stärkeres und teureres Ladegerät ist für den privaten Gebrauch schon nicht mehr wirtschaftlich.

Schadet die Schnelladung?

Nicht immer hat man Stunden Zeit, bis die Batterie mit einem normalen Ladegerät wieder aufgeladen ist. Für eilige Leute wurden daher Schnell-Ladegeräte erfunden. Sie sind allerdings als Roßkur anzusehen (es wird mit Stromstärken bis über 50 Ampere geladen), die nur ganz gesunden und noch ziemlich neuen Batterien zugemutet werden sollte. Wenn sich eine einwandfreie Batterie beispielsweise über Nacht durch einen versehentlich eingeschalteten Stromverbraucher entladen hat, darf man sie ohne weiteres an einem Schnelladegerät wieder aufputschen lassen, damit man mit seinem Auto wieder davonfahren kann. Aber zur Regel soll man das nicht machen. Bei älteren Batterien heben sich beispielsweise die Plattenblöcke, und die Batterie ist hinüber. Fabrikneue Batterien dürfen auf gar keinen Fall an ein Schnelladegerät gehängt werden. Viele Batteriehersteller laden heute ihre Batterien trocken vor. Bei der Inbetriebnahme wird nur noch Säure eingefüllt, und nach kurzer Wartezeit kann der Motor mit dieser Batterie gestartet werden. Allerdings muß sich sogleich eine längere Fahrt anschließen, damit die Lichtmaschine die neue Batterie langsam nachladen kann.
Übrigens muß die Batterie beim Schnelladen vom Stromkreislauf des Wagens unbedingt abgehängt, also das Minus-Kabel gelöst werden, damit der hohe Ladestrom keine elektrischen Teile schädigt!

Starten mit leerer Batterie

Eines Tages ist es dann doch so weit: Man kommt zu seinem Wagen, dreht den Zündschlüssel herum – und der Anlasser gibt nur ganz müde Geräusche von sich. Oder er rührt sich überhaupt nicht, auch die Ladekontrolleuchte brennt nur ganz schwach: Hier stellt sich meist heraus, daß irgendein Stromverbraucher eingeschaltet war, der die Batterie leergesaugt hat.
Zunächst: Es ist unwahrscheinlich, daß eine an sich gesunde Batterie durch diesen Aderlaß Schaden gelitten hat – man muß sie nur schnell wieder aufladen.

Am einfachsten geht der Start mit leerer Batterie mit einem Satz Starthilfekabel. Sie müssen allerdings einen genügend starken Querschnitt und kräftige Anschlußklemmen haben. Bitten Sie einen hilfsbereiten Fahrer, mit seinem Wagen – der natürlich auch eine 12-Volt-Anlage haben muß (bei alten Transportern 6 Volt, siehe Seite 106) – so nahe an die Heckklappe des Transporters heranzufahren, daß beide Batterien durch die Starthilfekabel verbunden werden können. Beim Anschließen der Kabel sollten Sie sich nun an diese Reihenfolge halten: Erst die Pluspole beider Batterien mit dem einen Kabel verbinden. Sodann das zweite Kabel am Minuspol der eigenen ungeladenen Batterie befestigen und erst dann das andere Ende an der geladenen Fremdbatterie anklemmen. Jetzt läßt der Helfer seinen Motor mit mittleren Drehzahlen laufen, damit seine Lichtmaschine kräftig Strom spendet. Damit erhält der Anlasser und die Zündanlage des Transporters genügend Strom, um den Motor wieder zum Laufen zu bringen. Diese Startmethode ist auch für die überaus empfindliche Drehstrom-Lichtmaschine ungefährlich.
Alle VW-Transporter bis 50 PS bis Baujahr Ende Januar 1973 verfügen über eine Gleichstrom-Lichtmaschine, der es nicht schadet (im Gegensatz zum Drehstrom-Generator), wenn man bei laufendem Motor die Batteriekabel ab- und wieder anhängt. Das ist für die folgende Startmethode wichtig: Man montiert die eigene leere Batterie heraus, geht zu einem freundlichen Nachbarn, dessen Auto auch eine 12-Volt-Batterie hat – auf deren Kapazität kommt es nicht so sehr an, aber 12 Volt, also 6 Batteriezellen, muß sie haben –, und bittet diesen um das gute Stück für ein Viertelstündchen. (Bei einer 6-Volt-Anlage muß es natürlich unbedingt eine 6-Volt-Batterie sein.) Diese Leih-Batterie (natürlich kann man auch seine Tankstelle oder Werkstatt zu gleichem Dienst herbeirufen, aber das kostet Geld) setzt man anstelle der eigenen Batterie ein, schließt die Kabel an und startet seinen Motor wie üblich. Während dieser dann in etwas erhöhtem Leerlauf tuckert, hängt man unbesorgt die Batteriekabel – zuerst das Minus-Kabel! – an der Leih-Batterie wieder ab, wobei peinlich darauf zu achten ist, daß das blanke Ende des Plus-Kabels nicht versehentlich an »Masse« kommt, sonst spritzen die Funken. Dann wird die Leih-Batterie wieder herausgehoben, die eigene leere Batterie eingesetzt und zum Schluß befestigt man wieder die Batteriekabel – das »gefährliche« Plus-Kabel zuerst. Nun hat die Lichtmaschine genug Zeit, die Batterie wieder aufzuladen.

Starten durch Anrollen oder Anschleppen

Der VW-Transporter ist zu groß und zu schwer, als daß man ihn wie beispielsweise einen Käfer mit zwei Mann Schiebehilfe in Gang setzen könnte. Es sei denn, man hat ein Gefälle zur Verfügung, das ein »Anrollen« gestattet:

- Man legt den 2. oder 3. Gang ein,
- rollt
- und läßt bei etwa 15 km/h die Kupplung kommen.

Ist die Batterie völlig leer, so muß der Motor erst kurz die Lichtmaschine durchdrehen, bevor es Strom für die Zündung gibt; eine ganz leere Batterie reißt zunächst allen Strom an sich. Dies läßt sich vermeiden, indem man das Minus-Kabel der Batterie löst (nicht bei Drehstrom-Lichtmaschinen!) – jetzt fließt kein Strom in die Batterie, und der ganze »Saft« der Lichtmaschine steht sofort für die Zündung zur Verfügung.
Sollte die Batterie einmal durch einen inneren Kurzschluß (erkennbar an warmem bis heißem Batteriegehäuse, an übergekochter Säure oder einem mechanischen Bruch und ausgelaufener Säure) defekt sein, so muß man sogar das Minus-Kabel auf alle Fälle abklemmen – ein Kurzschluß verhindert, daß die Lichtmaschine überhaupt Spannung für die Zündung abgibt. Außerdem

würden Lichtmaschine und Regler beschädigt. VW-Transporter mit Drehstrom-Lichtmaschinen dürfen ohne intakte und angeschlossene Batterie weder angeschoben noch angeschleppt werden.
Statt Schiebeversuchen würden wir eher Anschleppen empfehlen – ab Baujahr 1969 hat auch der Transporter Abschleppösen vorn und hinten. Man geht vor wie beim »Anrollen«, nachdem man die beiden Fahrzeuge durch ein Seil miteinander verbunden hat. Ist der Motor angesprungen, so gibt man ein Hupsignal. Hat die Batterie noch Strom, war sie nur für den Anlasser zu schwach, dann kann man ganz normal in den Leerlauf schalten und den Wagen mit der Fußbremse abbremsen. Ist die Batterie ganz leer (oder hat man ihr Minus-Kabel abgeklemmt), so muß man den Motor durch Gasgeben dauernd auf Touren halten – bei Leerlaufdrehzahl kann er u. U. stehen bleiben. Man muß dann mit der Handbremse bremsen.

Kauf einer neuen Batterie

Müdigkeitserscheinungen künden es dem aufmerksamen Fahrer bereits an, daß eine neue Batterie fällig wird. Das ist ein bitterer Tropfen, denn die Batterie kostet weit über 100 DM. Wenn Nachladen nichts mehr hilft und die Scheinwerfer durch den Lichtmaschinenstrom beim Gasgeben wesentlich heller werden, dann ist es soweit. Eine gepflegte Batterie soll mindestens zwei Jahre, in der Regel aber auch drei Jahre durchhalten. Wie alt eine Batterie ist, läßt sich zumeist an bestimmten verschlüsselten »Geheimzahlen« ermitteln, die man auf einem der Batteriepole, zumeist dem Minuspol, oder verteilt auf zwei Marken erkennen kann. Diese Schlüsselzahlen verwenden die meisten deutschen Batteriehersteller einheitlich; dabei wird eine vierstellige Zahl genommen (die aber auch auf zwei Pole verteilt sein kann), wovon die beiden ersten Zahlen die Produktionswoche und die beiden letzten das Produktionsjahr darstellen. So bedeutet etwa 1169, daß die Batterie in der 11. Woche (also Mitte März) 1969 in Betrieb genommen wurde.
Eine neue Batterie müssen Sie nicht unbedingt bei einer VW-Vertretung kaufen. Auch Auto-Elektrik-Werkstätten, Tankstellen (mit Batteriepflege), Zubehörgeschäfte, Discounter und Kaufhäuser haben passende Batterien – oftmals sogar besonders preiswert. Sie müssen nur darauf achten, daß eine 12-Volt-Batterie mindestens 45 Ah hat (6 Volt: 77 Ah), mehr schaden nicht. Dazu muß die Batterie unten je einen Haltesteg (für die seitlichen Spannstücke) besitzen, wenn der Transporter 12 Volt besitzt.
Von Batterie-Zusatzmitteln ist (wie grundsätzlich von allen Aufputsch- und sonstigen Mitteln) abzuraten. Mit einer Ausnahme: Cobalt-MG (W. Neuber 581 Witten, Postfach 2004). Dieses Mittel hat tatsächlich Sinn (es ist auch in den ATSA-Batterien enthalten, die nicht noch mit Cobalt-MG angereichert werden dürfen). Cobalt-MG bremst bis zu einem gewissen Grad die Sulfatierung im Winter, dazu die Korrosion der Bleiplatten im Sommer, wenn die Batterie überladen wird. Sulfatierte, jedoch mechanisch noch in Ordnung befindliche Batterien lassen sich zuweilen mit diesem Mittel wieder flottmachen; in noch guten (oder neuen) Batterien wird der Verfall hinausgeschoben.

Das E-Werk im Auto

Die Lichtmaschine

Wer immer mit seinem Auto fahren möchte, muß es zunächst einmal »anlassen«. Der Motor wird von einem Elektromotor durchgedreht bis er anspringt – aus eigener Kraft anlaufen, wie beispielsweise eine Dampfmaschine, kann ein Automotor nicht.
Der Strom für dieses Anlassen wird von der Batterie geliefert – die danach aber, soll sie nicht nach ein paar Tagen leer sein, wieder aufgeladen werden muß. Dies besorgt die Lichtmaschine oder der elektrische Generator im Auto, der durch seinen Regler kunstvoll immer so gesteuert wird, daß er gerade so viel Strom liefert wie verbraucht wird. Der Name »Lichtmaschine« soll übrigens nicht bedeuten, daß der Generator nur für den Lichtstrom zuständig ist. Früher, als die Motoren noch angekurbelt werden mußten und Magnetzünder besaßen, die ohne Batteriestrom auskamen, war der Generator aber tatsächlich nur für das Licht zuständig – und der Name Lichtmaschine hat sich bis heute erhalten.
Moderne Lichtmaschinen sind praktisch wartungsfrei. Damit ist aber nicht gesagt, daß sie auch immer störungsfrei arbeiten. Doch solange die Spannung des Keilriemens stimmt, gibt es mit der Lichtmaschine kaum Ärger.
Die Lichtmaschine ist, technisch gesehen, ein Gleichstrom-Nebenschluß Generator. Bei den neueren Transportern mit 12-Volt-Anlage leistet er bei seiner »Nennleistungsdrehzahl« von 2400 U/min 25 Ampere (das ist die sogenannte Nennleistung). Die Nennleistung beträgt zwei Drittel der Maximalleistung, so daß als Höchstleistung 38 Ampere zur Verfügung stehen. Diese Ströme werden nicht mit 12 Volt abgegeben (das ist wieder die Nennspannung der Anlage), sondern mit rund 14 Volt (das ist die Betriebsspannung).

Drehstrom-Lichtmaschine

Fahrzeuge mit 1,7-/1,8-/2-Liter-Motor und die seit Februar 1973 gebauten 50-PS-Transporter haben eine Drehstrom-Lichtmaschine. Sie ist kleiner und leichter als die sonst verwendete Gleichstrom-Lichtmaschine, sie arbeitet mindestens 80 000 km lang wartungsfrei. Das Wichtigste aber ist, daß sie mehr Leistung abgibt als die Gleichstrom-Lichtmaschine (770 statt 530 Watt), und daß sie diese Leistung bereits bei niedrigeren Drehzahlen bringt. So leistet der Drehstrom-Generator bereits bei seiner Nennleistungs-Drehzahl von 2000 U/min (entsprechend 1000 U/min des Motors) mehr als 400 Watt – auch bei ganz langsamer Fahrt im stockenden Stadtverkehr und sogar im Leerlauf wird genügend Strom für die Zündung geliefert und für alle zusätzlichen Verbraucher, beispielsweise für die Scheinwerfer oder die Standheizung.
Eine Drehstrom-Lichtmaschine erzeugt dreiphasigen Wechselstrom (Drehstrom), der in verschleißfreien Dioden in den im Auto allein brauchbaren Gleichstrom umgewandelt wird. Lichtmaschine, Regler und Batterie sind etwas anders miteinander verbunden als bei der normalen Lichtmaschine. So haben Batterie und Lichtmaschine über die Klemme B + direkt Verbindung miteinander.

Zeigt sich bei der Drehstrommaschine unterwegs ein Defekt, so daß man mit Batteriestrom nach Hause fahren muß, so empfiehlt es sich, die Lichtmaschine komplett vom Bordnetz abzuklemmen. Geschieht das nicht, so kann sich bei einem Kurzschluß in der Lichtmaschine die Batterie vorschnell entladen und Sie schaffen den Heimweg nicht mehr. Welche Maßnahmen bei dieser Notfahrt zu treffen sind, haben wir auf Seite 122 zusammengestellt. Beachten Sie auch den Fingerzeig auf derselben Seite.
Eine Eigenart der Drehstrom-Lichtmaschine ist auch, daß eine durchgebrannte Ladekontrolle (die sonst keinen Schaden stiftet) sofort ersetzt werden muß. Über sie läuft der zur »Vorerregung« nötige Strom. Ist die Lampe defekt, so kann die Lichtmaschine nicht richtig arbeiten.
Reparaturen an einer Drehstrom-Lichtmaschine sind übrigens nichts für Heimwerker.

Fingerzeig: *Bei Fahrzeugen mit Drehstrom-Lichtmaschine nie bei laufendem Motor die Batterie ab- und anhängen! Die Dioden in der Lichtmaschine sind gegen geringste Überspannungen (wie sie durch das Abnehmen eines der Batteriekabel entstehen können) äußerst empfindlich!*

Die richtige Spannung

Die Betriebsspannungen liegen stets höher als die Nennspannungen. Zum einen müssen Spannungsverluste ausgeglichen werden – alle elektrischen Leitungen, Schalter usw. haben ja gewisse Widerstände, die an den Verbrauchern nicht ganz die volle Spannung ankommen lassen. Darauf richtet man sich von vornherein ein, indem man die Betriebsspannung etwas höher auslegt. Zum zweiten erfordert eine 12-Volt-Batterie eine wesentlich höhere Spannung als jene 12 Volt, um voll geladen zu werden. Bei voller Ladung hat eine Batteriezelle eine Spannung von 2,6 Volt, was bei sechs Zellen eine Spannung von über 15 Volt ergibt.
Die 38-Ampere-Lichtmaschine wird in den Transporter ab August 1968 eingebaut. Die Wagen davor hatten zunächst die Lichtmaschine des heutigen Käfers: Spannung ebenfalls 14 Volt, Maximalleistung aber nur 30 Ampere. Fahrzeuge bis Juli 1966 hatten eine 6-Volt-Anlage. Die Lichtmaschine leistet hier maximal 45 Ampere bei 7 Volt Spannung. (Die Leistung ist wieder nur scheinbar größer. Die Ampere-Zahl ist höher, die Voltzahl aber nur halb so hoch. So entsprechen die 45 Ampere der 7-Volt-Lichtmaschine nur 22,5 Ampere bei 14 Volt!) Die Nennleistungsdrehzahl der 7-Volt-Lichtmaschine ist 1700 U/min, bei Fahrzeugen vor Juli 1965 2400 U/min.

Die Einschaltdrehzahl

Neben der Nennleistungsdrehzahl (bei der die Lichtmaschine, wie gesagt, zwei Drittel ihrer Maximalleistung abgibt) gibt es noch eine weitere wichtige Drehzahl: Die Einschaltdrehzahl. Von hier ab beginnt die Lichtmaschine Strom abzugeben (wenn zunächst auch nur wenig). Je niedriger die Einschaltdrehzahl liegt, desto höher ist der Strom, der bereits bei Leerlaufdrehzahl des Motors abgegeben wird; bei der Drehstrom-Lichtmaschine sind es bereits etwa 15 Ampere. Im Stadtverkehr, speziell im Winter, wenn viel mit Licht gefahren werden muß, ist es sehr wichtig, daß die Lichtmaschine bereits bei Leerlaufdrehzahl des Motors Strom abgibt. Ist dies nicht der Fall, so hängen alle Verbraucher (vor allem die Scheinwerfer) an der Batterie, die unter ungünstigen Umständen nicht wieder genügend geladen wird.
Die Einschaltdrehzahl beträgt für die ab August 1968 verwendete Gleichstrom-Lichtmaschine 1300 U/min; für die Drehstrom-Lichtmaschinen sogar nur 1000 U/min. Die älteren 12-Volt-Fahrzeuge mit 30-Ampere-Lichtmaschine haben eine

Einschaltdrehzahl von 1450 U/min, 6-Volt-Fahrzeuge mit früh einschaltender Lichtmaschine (Baujahr 1966) eine solche von 1050 U/min. Die ältesten, nicht früh einschaltenden Lichtmaschinen in den Transportern bis Juli 1965 liefern im Leerlauf keinen Strom, die Ladekontrollampe brennt. Diese Lichtmaschinen schalten erst bei 1600 U/min ein.
Bei diesen Drehzahlen handelt es sich freilich um Lichtmaschinendrehzahlen. Die Übersetzung von der Kurbelwelle zur Lichtmaschine beträgt bei allen Transportern (ab 1500-ccm-Motor) 1 : 1,9, so daß 1300 U/min an der Lichtmaschine 680 U/min an der Kurbelwelle bedeuten, 1450 U/min an der Lichtmaschine 760 U/min. Die 1050 U/min der späten 6-Volt-Lichtmaschinen bedeuten sogar nur 550 U/min an der Kurbelwelle, während die 1600 U/min der alten 6-Volt-Lichtmaschinen 850 U/min an der Kurbelwelle bedeuten.
Der Leerlauf soll nach den neuesten Vorschriften um die 850 U/min eingestellt werden – die neueren Lichtmaschinen geben hier schon einen Ladestrom ab.

Der Reglerschalter

Weil ein Generator, wie ihn die Lichtmaschine darstellt, um so mehr Strom liefert, je schneller er sich dreht, dagegen die Batterie und die übrigen Stromverbraucher solche schwankenden Leistungen nicht unbeschadet vertragen, ist ein Reglerschalter an die Lichtmaschine angeschlossen. Er sitzt geschützt rechts neben dem Motor an der Karosseriewand. Gibt die Lichtmaschine 12,4 bis 13,1 Volt ab, schaltet der Reglerschalter ein, worauf die Spannung zwischen 12,8 und 14,5 Volt einreguliert wird. Für die 6-Volt-Anlage gilt die Einschaltspannung 6,2 bis 6,8 Volt und die Regulierspannung 6,4 bis 8,1 Volt.
Die Tätigkeit des Reglerschalters bewirkt allgemein,

- daß die Spannung unabhängig von der Drehzahl der Lichtmaschine annähernd gleich bleibt;
- daß die Batterie von der Lichtmaschine nur mit soviel Strom »gefüttert« wird, wie diese bei zunehmender eigener Spannung noch aufnehmen kann. Dadurch wird das schädliche Überladen der Batterie verhindert.

Speziell bei der Gleichstrom-Lichtmaschine hat der Reglerschalter noch folgende Aufgaben:

- er soll die Lichtmaschine erst dann mit der Batterie zusammenschalten, wenn ihre Spannung mit der Batteriespannung übereinstimmt oder darüber liegt. So wird verhindert, daß sich eine gut geladene Batterie über die zu schwach ladende Lichtmaschine entladen kann;
- er schaltet die Lichtmaschine von der Batterie ab, wenn ihre Spannung unter die der Batterie sinkt.

Reglerschalter nachprüfen

Ist der Reglerschalter defekt, was sich in krassen Fällen an überkochender oder ständig entladener Batterie, am Nicht-Erlöschen der Ladekontrollampe bei höherer Motordrehzahl erkennbar machen kann (auch andere Folgen sind möglich), sind Reparaturversuche an ihm zwecklos und können zu Schäden in der übrigen elektrischen Anlage führen. Schon das Öffnen des Schaltergehäuses, das Abschleifen der Kontakte und das Beiseitedrücken der beweglichen Teile können zu Veränderungen der Einstellung führen, so daß der Regler ganz anders schaltet, als er soll. Eine Überprüfung ist demnach Sache einer VW- oder Bosch-Werkstatt. Selbstverständlich kann man vorher die vier Anschlußklemmen des Reglerschalters überprüfen und nachsehen, ob kein daran angeschlossenes Kabel wackelt oder gebrochen ist. Aber das ist auch ziemlich alles, was ohne Werkstatthilfe zu tun ist. Ein ähnlich aussehender, jedoch anders bezeichneter Reglerschalter kann übrigens nicht als Vergleich zur Probe angebaut werden, denn seine Abstimmung kann zu Schäden führen.

Keilriemenspannung prüfen
Wartungsdienst Nr. 4

Die Prüfung der Keilriemenspannung ist an sich nur bei der Inspektion alle 10 000 km vorgesehen. Es kann aber nichts schaden, wenn man es selbst etwas häufiger macht. Das ist nicht nur für die Lichtmaschine von Bedeutung, denn dieser Keilriemen treibt beim Motor bis 50 PS ja auch das Kühlgebläse des Motors an, und das darf auf gar keinen Fall ausfallen. Ohne Lichtmaschine geht es zur Not, wie auf Seite 122 beschrieben, aber wenn das Kühlgebläse sich nicht dreht, muß der Wagen leider abgeschleppt werden. Andernfalls fressen sich die überhitzten Kolben trotz Motorschmierung fest.

Die Keilriemenspannung stimmt bei Ihrem VW-Transporter, wenn dieser sich in der Mitte zwischen den beiden Keilriemenscheiben mit dem Daumen um etwa 10 bis 15 mm eindrücken läßt. Weil der Keilriemen gerade bei VW-Motoren bis 50 PS durch den Gebläseantrieb schwere Arbeit zu leisten hat, muß er auch selbst in einwandfreiem Zustand sein, er darf also keine ausgefransten Ränder oder Alterungsrisse haben. Einen solchen Keilriemen tauscht man beizeiten aus, sonst reißt er unterwegs und das macht viel Aufenthalt und Ärger. Ist ein Keilriemen durch irgendwelche Umstände voller Öl, so daß er leicht durchrutscht, kann man ihn mit warmer Seifen- oder Waschmittellösung reinigen und anschließend mit klarem Wasser abspülen, um ihn wieder gebrauchsfähig zu machen. Auf keinen Fall darf man dazu Benzin nehmen.

Die Keilriemenspannung darf nicht zu stramm sein, sonst werden die Lager der Lichtmaschinenwelle einseitig zu stark belastet und vorzeitig verschlissen. Sitzt der Keilriemen zu locker, rutscht er vor allem im warmen Zustand durch, was ihn durch die Reibung weiter aufheizt und zu vorzeitigem Verschleiß führt. Außerdem liefert die Lichtmaschine zu wenig Strom, und der Motor überhitzt wegen der ungenügenden Kühlung (nicht Flachmotor).

Keilriemen nachspannen

An den VW-Motoren ist das Nachspannen des Keilriemens – im Vergleich zu den meisten anderen Fahrzeugen – recht umständlich. Denn zur Veränderung der Keilriemenspannung dienen Distanzscheiben, die zwischen den beiden Hälften der Lichtmaschinen-Keilriemenscheibe einmontiert sind. Man muß also bei zu lockerem Keilriemen abschätzen können, wieviele Distanzscheiben herausgenommen werden müssen. Denn durch dieses Herausnehmen rücken die beiden Scheibenhälften näher zusammen, der Keilriemen muß weiter außen laufen, was ihn straffer spannt.

Wie man es mit dem Bordwerkzeug versucht, zeigt unser Bild rechts unten. Besser sind dazu ein kräftiger Schraubenzieher und ein Ringschlüssel SW 21 (z. B. der VW-Öldienstschlüssel). Beim Flachmotor läßt sich die Lichtmaschine

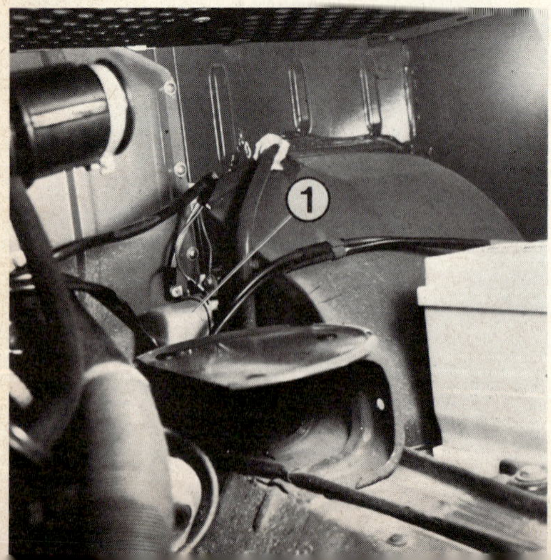

Die Spannungsregler: Links der Regler der 47- und der ersten 50-PS-Motoren (1). Er sitzt ziemlich versteckt hinter dem Luftfilter. Seit August 1974 ist bei den 50-PS-Motoren mit Drehstrom-Lichtmaschine der Regler in die Lichtmaschine eingebaut.

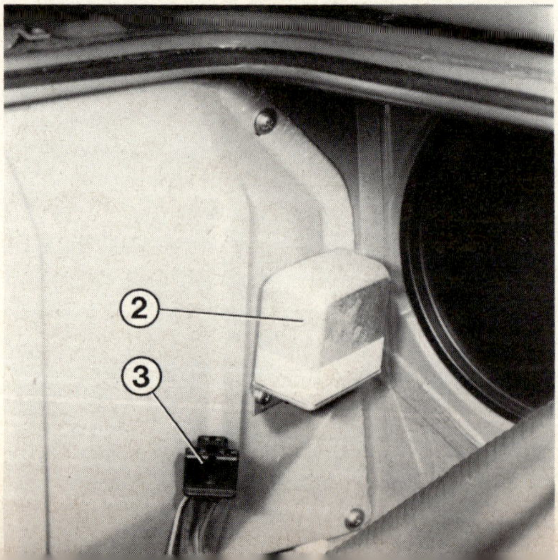

Rechts der Regler beim Flachmotor (2). Er ist am besten durch die obere Motorraumklappe zugänglich, da er an der vorderen Wand des Motorraums sitzt. Alle Anschlußkabel sind in einem Mehrfachstecker (3) zusammengefaßt.

Der Keilriemen wird genau in der Mitte zwischen den beiden Keilriemenscheiben der Kurbelwelle (unten) und der Lichtmaschine (oben) auf die richtige Spannung geprüft. Bei mäßigem Daumendruck soll er sich dort um etwa 10 bis 15 mm eindrücken lassen. Sitzt er zu stramm, werden die Lager der Keilriemenscheiben einseitig belastet und vorzeitig verschlissen. Sitzt der Keilriemen zu locker, rutscht er durch, erhitzt sich dabei und zerfasert dadurch.

schwenken. Hier ist das Nachspannen des Keilriemens viel einfacher. Nach Abnahme der schwarzen Abdeckkappe rechts oben an der Lichtmaschine wird die Halteschraube (Innensechskant SW 5) sichtbar. Zum Spannen des Keilriemens wird die Lichtmaschine nach rechts gedrückt (siehe Bild Seite 120).

Neuen Keilriemen montieren

Muß ein neuer Keilriemen montiert werden, so hat man in aller Regel ein Ersatzstück beim Bordwerkzeug. Dann ist zusätzlich zum Auseinandernehmen der Riemenscheibe auf der Lichtmaschinenwelle der Ausbau des Deckblechs für die Kurbelwellen-Keilriemenscheibe notwendig. Weil ein neuer Keilriemen noch etwas kürzer ist, müssen die Distanzscheiben zumeist alle zwischen die Riemenscheibenhälften eingelegt werden. Danach Motor kurz laufen lassen und prüfen, ob Keilriemenspannung stimmt.
Ein neuer Keilriemen längt sich erfahrungsgemäß bei seiner ersten Betriebszeit. Es empfiehlt sich also, nach den nächsten 500 km Fahrtstrecke die Spannung erneut zu prüfen. Oft muß dann schon die erste Distanzscheibe heraus.

Fingerzeig: *Transporter mit 50-PS-Motor (Herbst 1970) brauchen übrigens einen stärkeren Keilriemen (Ersatzteilnummer 111 903 137 D bei Gleichstrom-Lichtmaschine und 111 903 137 B bei Drehstrom-Lichtmaschine). Trägt er nicht diese Ersatzteilnummer, so ist er an den Buchstaben »DA« oder »X DA« zu erkennen. Der Riemen ist besonders dehnungsarm; die Spannung muß bei ihm besonders sorgfältig eingestellt werden.*

Soll die Mutter der Lichtmaschinenwelle gelöst werden, muß ein Schraubenzieher oben in die Aussparung der Keilriemenscheibe geklemmt werden, um sie zu arretieren. Dann mit Ringschlüssel 21 (oder dem hier benutzten Bordwerkzeug) die Wellenmutter lösen, wonach die beiden Keilriemenhälften auseinanderfallen. Zum Nachspannen des Keilriemens herausgenommene Distanzscheiben nach Wiederaufsetzen der hinteren Scheibenhälfte unter die Wellenmutter montieren (keinesfalls wegwerfen! Sie werden später wieder gebraucht).

Beim Flachmotor läßt sich die Keilriemenspannung wesentlich einfacher einstellen als bei den Motoren mit stehendem Kühlgebläse. Die Lichtmaschine ist unten schwenkbar gelagert und besitzt oben eine Spannschraube (2), die unter einer Plastikabdeckung versteckt ist (1; hier abgenommen und auf dem Auspufftopf abgelegt). Das Nachspannen des Keilriemens zeigt unser Bild an einem ausgebauten Motor. Spannschraube (Innensechskant SW 5 oder Innenvielzahn SW 5) lösen, Lichtmaschine mit einem kräftigen Schraubenzieher oder Montierhebel nach außen drücken (Spannschraube wandert nach unten in Pfeilrichtung) und Schraube wieder festziehen. Motor kurz laufen lassen und anschließend die Keilriemenspannung nochmals prüfen.

Wartung der Lichtmaschine

Die Lichtmaschine Ihres VW-Transporters ist offiziell wartungsfrei. Die Kugellager haben eine Dauerschmierung, die nur bei Gelegenheit einer Reparatur erneuert werden muß. Trotzdem muß man nach etwa 50 000 km Laufzeit damit rechnen, daß die Kohlebürsten verschlissen sind. Das merkt man spätestens dann, wenn unterwegs die rote Ladekontrollampe aufleuchtet. Aber diese Verschleißgrenze kündigt sich auch schon vorher durch nachlassende Lichtmaschinenleistung an, indem die Ladekontrolle zu lange bei hoher Drehzahl brennt und die Batterie nicht genügend nachgeladen wird (der Fehler kann natürlich auch am defekten Reglerschalter liegen). Zwar kann man die Überprüfung der Werkstatt überlassen, aber die eigene gelegentliche Nachschau lohnt sich durchaus, wenn die Lichtmaschine so die 50 000 km überklettert. Denn gar zu gerne bauen Werkstätten, Gott sei's geklagt, eine Austausch-Lichtmaschine ein, wo es noch eine ganze Zeitlang mit einem Satz neuer Kohlebürsten gegangen wäre.

Wartet man mit der Kontrolle allerdings zu lange, dann können sich die Kohlebürsten bis auf ihren Metallsockel abgerieben haben und diese reißen natürlich in den Kollektor böse Rillen, die tatsächlich ein Abdrehen des Kollektors unausweichlich machen. (Letzteres ist in einer Bosch-Werkstatt immer noch

Wenn unterwegs die rote Ladekontrolle aufleuchtet, kann die Ursache in abgeschliffenen oder lockeren Kohlebürsten (2) liegen. Zur Kontrolle durch die Belüftungsschlitze des Lichtmaschinengehäuses mit feinem Schraubenzieher (besser: Holzspan) bei laufendem Motor nacheinander auf die beiden Kohlebürsten drücken. Wenn nun die Ladekontrollampe verlischt, sind entweder die Bürstenfedern (1) lahm oder die Kohlebürsten abgenutzt. Zum Austausch Kohlebürstenkabel (3) losschrauben, Bürstenfeder behutsam beiseitedrücken. Unten erkennbar der quergeriffelte Kollektor (4) und die Ankerwicklung (5) der Lichtmaschine.

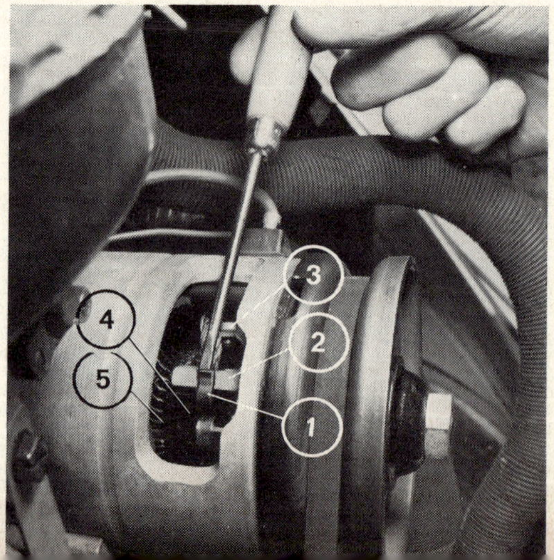

preiswerter als eine Austausch-Lichtmaschine, nur müssen Sie Ihren Wagen einige Tage entbehren können.)

Zum Nachprüfen und Austauschen der Kohlebürsten braucht nicht einmal die Lichtmaschine ausgebaut zu werden. Es genügt, die beiden Kohlebürsten durch die seitlichen Schaulöcher des Lichtmaschinengehäuses anzusehen. Drücken die spiralförmigen Bürstenfedern schon direkt auf die Führungshülsen der Kohlebürsten, sind letztere zu kurz und müssen ausgewechselt werden: einzelne Kohlebürsten sollen nicht ausgetauscht werden, es muß immer der ganze Satz (bei der VW-Lichtmaschine 2 Stück) gewechselt werden. Brauchbare Kohlebürsten werden dagegen mit einem benzinfeuchten Lappen gereinigt und ihre Leichtgängigkeit in der Führungshülse geprüft.

Bei dieser Gelegenheit wird auch der Kollektor nachgesehen. (Das ist das »quergestreifte« verdickte Teil der Lichtmaschinenwelle, auf dem die Kohlebürsten laufen.) Der Kollektor muß gleichmäßig glatt und frei von Staub, Schmutz oder Öl sein. Ist er dagegen verschmutzt, muß der Keilriemen gelockert werden, damit sich die Lichtmaschinenwelle zur Reinigung leicht drehen läßt. Der Kollektor wird mit einem in Benzin getauchten und um einen Stock gewickelten sauberen Lappen rundum abgerieben. Läßt sich der Kollektor dadurch nicht reinigen und zeigt Rillen oder Schmorstellen, muß die Lichtmaschine in der Werkstatt überholt werden. Der Versuch, Rillen oder eingebrannten Schmutz mit Schmirgelleinen glätten zu wollen, ist zwecklos. Der Kollektor wird dadurch unrund und schon die geringsten Unebenheiten bringen später die Kohlebürsten bei den hohen Drehzahlen zum Springen: sie sprühen Funken, was die Lichtmaschine in Bälde unbrauchbar macht. Bei der Drehstrom-Lichtmaschine möchten wir vom Zerlegen abraten, da die Lager nur mit verschiedenen Abziehgeräten zu lösen und vor allem etliche Bauteile gegen Wärme (Löten) und ungenauen Zusammenbau empfindlich sind.

Ausbau der Gleichstrom-Lichtmaschine

Weil an der Lichtmaschinenwelle unseres Transporters hinten das Kühlgebläse dranhängt, ist der Ausbau der Lichtmaschine praktisch nur bei ausgebautem Motor möglich, da das Kühlgebläse wegen der Decke des Motorraumes nicht abgenommen werden kann. Man kann aber mit einem gekröpften Ringschlüssel SW 36 – noch besser ist eine Stecknuß – auf der Rückseite des Motors die Mutter lösen, die das Kühlgebläserad auf der Lichtmaschinenwelle hält. Dann läßt sich die Lichtmaschine herausziehen.

Beim Einbau ist darauf zu achten, daß die beiden Keilriemenscheiben an Kurbelwelle und Lichtmaschine »fluchten«, d. h. genau in einer Ebene liegen, sonst verschleißt der schräg laufende Keilriemen sehr schnell.

Bevor der Keilriemen aufgelegt und die Lichtmaschinenkabel angeschlossen werden, muß die eingebaute Lichtmaschine »polarisiert« werden, d. h. die Pole der Lichtmaschine müssen den zur Lichtmaschinen-Erregung notwendigen Magnetismus in der richtigen Polarität erhalten. Dazu werden die beiden Klemmen D– und DF mit einem kurzen Kabelstück verbunden. An die Klemme D– kommt ein weiteres Kabelstück, das an den Minuspol einer Batterie angeschlossen wird. Zuletzt wird von Hand mit einem Kabel zwischen dem Pluspol der gleichen Batterie ganz kurz auf die Klemme D+ der Lichtmaschine getippt. Durch diesen Fremdstrom läuft die Lichtmaschine ganz kurz als Elektromotor. Das genügt bereits zum Polarisieren.

Fingerzeig: *Als seltener Fall kann folgendes geschehen, falls der Lichtmaschinen-Keilriemen reißt: Wenn in diesem Augenblick der Reglerschalter träg schaltet, wird die Stromverbindung zwischen Batterie und Lichtmaschine* *nicht unterbrochen, sondern die Lichtmaschine erhält nun Fremdstrom von der Batterie, wodurch sie (siehe vorhergehender Abschnitt) selbständig als Elektromotor schnurrt. Dann leuchtet auch die Ladekontrolle erst auf, wenn man den Motor abschaltet. Das unverdrossene Schnurren unter der Motorhaube zeigt, daß dort die Lichtmaschine weiterdreht. Abhilfe: Batteriekabel lösen.*

Fahren ohne Lichtmaschine

Wenn unterwegs die Ladekontrollampe am Armaturenbrett bei flott laufendem Motor aufleuchtet oder nach dem Starten nicht verlöschen will, sieht man natürlich zuerst einmal nach, ob der Keilriemen überhaupt noch da ist und, wenn vorhanden, die notwendige Spannung hat. Falls der Keilriemen in Ordnung ist und auch keine wackelnden Kabelanschlüsse zu finden sind, müßte man auf dem kürzesten Wege in die Werkstatt, um den Fehler suchen zu lassen.
Darf man dann weiterfahren, auch wenn die rote Ladekontrollampe darauf hinweist, daß die Lichtmaschine keinen Strom abgibt? Ja, man darf weiterfahren, wenn nicht durch einen gerissenen Keilriemen auch das Kühlgebläse ausfällt. Die Leistung der Lichtmaschine läßt sich nämlich eine Zeitlang durch die Batterie ersetzen, denn die Zündspule stellt zum Aufbau des Zündfunkens nur geringe Ansprüche an den »Elektrohaushalt«. Es sind nur etwa 14 Watt bei mittleren Drehzahlen, noch weniger bei höherer Tourenzahl. Hinzu kommen die Startvergaserheizung und die Leerlaufabschaltdüse mit ihrem geringen Stromverbrauch – theoretisch müßte es die vollgeladene Batterie etwa 20 Stunden aushalten können. Da die Zündspule aber einen Mindeststrom zum Aufbau des Zündfunkens braucht, funktioniert es nicht bis zur völligen Entladung der Batterie. Praktisch kommen also bei einer üblicherweise knapp zwei Drittel geladenen Batterie rund 12 Stunden heraus. Im Winter bei Frost allerdings durch die geringere Leistungskraft der Batterie wesentlich weniger, ebenso nachts bei Licht. Es kann trotzdem zur Heimfahrt genügen, wenn

- die Fahrt nicht unterbrochen werden muß (Anlasserstrom sparen!);
- kein Radio eingeschaltet ist;
- der Scheibenwischer nicht in Aktion tritt;
- die dicken roten Kabel an Klemme B+ des Reglers abmontiert sind.

Der letzte Punkt ist besonders wichtig, denn die Lichtmaschine oder der Regler können als Fehler Kurzschluß in sich haben. Dann entlädt sich die Batterie zusätzlich über den defekten Regler oder die defekte Lichtmaschine.
Die Fahrt möglichst nicht unterbrechen, denn es ist fraglich, ob der Anlasser den Motor wieder in Gang bekommt. Notfalls durch Anschieben starten.

Fingerzeig: *Bei der Drehstrom-Lichtmaschine am 50-PS-Motor drückt man vorsichtig den Dreifachstecker oben an der Lichtmaschine ab und löst zusätzlich das dicke rote Kabel B +. Bei Fahrzeugen mit Flachmotor wird der Dreifachstecker am Reglerschalter abgezogen. An die Klemme B + der Lichtmaschine kommt man aber nicht heran, daher muß das dicke rote bzw. rot-weiße Kabel an Klemme 30 des Anlassers gelöst werden (das dicke schwarze Kabel bleibt angeschlossen, sonst erhält der Anlasser keinen Strom von der Batterie). Das ist allerdings keine angenehme Arbeit, da man nur von der Wagenunterseite an die Anlasserklemmen herankommt. Die blanken Enden der gelösten Kabel werden abisoliert, notfalls mit Heftpflaster.*

Störungsbeistand

Batterie und Lichtmaschine

Unsere nachfolgende Zusammenstellung befaßt sich mit möglichen Störungen in den und durch die beiden Stromquellen Batterie und Lichtmaschine. Die näheren Erläuterungen, wie auftretende Störungen behoben werden können, finden sich also zum Teil auch im Kapitel über die Batterie.

Die Störung	– ihre Ursache	– ihre Abhilfe
Rote Ladekontrolllampe brennt nicht bei Motor-Stillstand und eingeschalteter Zündung	Anzeigelampe durchgebrannt Batterie entladen Batteriekabel gebrochen, Kabelklemmen lose oder oxydiert Zündschloß defekt Reglerschalter defekt	Neue Lampe einsetzen Batterie aufladen Batteriekabel und -klemmen kontrollieren Instandsetzen Austauschen
Ladekontrollampe erlöscht bei höherer Drehzahl nicht	Keilriemen lose oder gerissen Reglerschalter defekt Lichtmaschine defekt Leitung der Ladekontrollampe hat Massenschluß	Nachspannen oder erneuern Austauschen Instandsetzen Leitung überprüfen und instandsetzen
Lampe flackert	Keilriemen locker	Nachspannen
Ladekontrollampe verlöscht erst bei hoher Drehzahl	Lichtmaschine nicht in Ordnung Reglerschalter arbeitet falsch	Prüfen lassen Auswechseln
Lampe brennt bei ausgeschalteter Zündung weiter	Schaltkontakte des Reglers korrodiert oder festgebrannt	Regler auswechseln
Lampe brennt bei Nacht und vielen eingeschalteten Stromverbrauchern	Wackelkontakte in der Verbindung zwischen Batterie – Lichtmaschine Spannungsabfall	Leitungen prüfen, instandsetzen Kabelverbindungen der betreffenden Stromverbraucher überprüfen
Batterie »kocht über«	Batterie wird überladen	Reglerschalter austauschen

Was sagt das rote Licht?

Die rote Ladekontrollampe im Armaturenbrett soll aufleuchten, wenn die Zündung eingeschaltet, und verlöschen, wenn der Motor nach dem Anlassen beschleunigt wird. Das Erlöschen der roten Lampe beweist, daß die Lichtmaschine selbst den Strom für die Zündung erzeugt, es besagt jedoch nicht, daß die Batterie bereits geladen wird. Sie sagt auch nichts über den Ladezustand der Batterie, es sei denn, die rote Lampe flackert beim mühsamen Durchdrehen des Anlassers, weil die Batterie nahezu entladen ist.
Wenn Sie einmal den Schaltplan in der hinteren Buchklappe prüfen, können Sie erkennen, daß das Kabel der Ladekontrollampe einerseits im Anzeigeinstrument am allgemeinen Plus-Anschluß für die Instrumente und andererseits an Klemme 61 des Reglerschalters hängt. Steht die Lichtmaschine oder dreht sie nur wenig, dann hat dieses Plus-Kabel der Lichtmaschine keinen oder nur wenig »Plus«-Strom, ist praktisch also »Minus«, so daß die rote Lampe, die ja von anderer Seite »Plus« erhält, brennt. Liefert die Lichtmaschine genügend Strom, liegt an beiden Kabelenden der Ladekontrolleuchte »Plus«, sie kann also wegen Mangel an »Minus« nicht mehr brennen.

Der Anlasser

Der Anlasser ist im Prinzip ähnlich gebaut wie die Lichtmaschine, nur dreht er sich durch den ihm beim Starten zugeführten Strom als Elektromotor. Er sitzt am VW-Motor ziemlich versteckt rechts vorne (in Fahrtrichtung gesehen) oben. Er leistet bei allen Transportern mit 12-Volt-Anlage 0,7 PS und beim alten 34-PS-Motor (6 Volt) 0,5 PS. Trotz dieser Leistung ist der Anlasser sehr klein. Die kompakte Bauweise bedingt, daß er nur kurzzeitig angestrengt werden darf. Bei längerer »Orgelei« wird er sehr heiß.
Der Anlasser des VW ist ein Schubschraubtrieb-Anlasser. Dieses zungenbrechende Wort bedeutet, daß beim Durchdrehen des Zündschlüssels nach rechts sich zuerst durch einen Magnetschalter der Einrückhebel der Freilaufkupplung bewegt, wodurch sich das Zahnritzel des Anlassers auf einem

Steilgewinde auf der Ankerwelle in den Zahnkranz des Motor-Schwungrades schiebt. Kurz vor dem Eingreifen des Ritzels in den Zahnkranz schaltet der Einrückmagnetschalter den vollen Ankerstrom ein, so daß der Anlasser den Motor erst nach dem Eingreifen kräftig durchdreht. Sowie der Zündschlüssel aus der Stellung »Anlassen« zurückgedreht wird, schiebt sich das Anlaßritzel auf der Ankerwelle wieder zurück. Damit der Anlasser durch den schneller drehenden Motor nicht beschädigt wird, falls der Zündschlüssel nicht unmittelbar mit dem Anspringen des Motors zurückgedreht wird, läuft das Anlasserritzel durch eine Freilaufeinrichtung auch bei eingeschaltetem Anlasser aus dem Zahnkranz des Motors.

Die Pflege des Anlassers beschränkt sich auf eine gelegentliche Kontrolle der Kohlebürsten, die wie bei der im Prinzip gleich gebauten Lichtmaschine zusammen mit dem Kollektor die einzigen Verschleißteile des Anlassers sind.

Prüfen des Anlassers

Wenn sich beim Startversuch der Anlasser nicht dreht, die Ladekontrollampe aber nur noch schwach leuchtet, ist zuerst eine schwache Batterie zu vermuten. Auch die Kabelverbindungen sollten zuerst geprüft weren, bevor man dem Anlasser selbst zu Leibe rückt. Will sich also der Anlasser trotz intakter Batterie nicht drehen, überbrückt man am angehobenen Wagen mit einem dicken isolierten Kupferkabel (mindestens 4 mm Litzenquerschnitt) am Magnetschalter des Anlassers die beiden benachbarten Klemmen 30 und 50 kurzzeitig. Dadurch erhält der Magnetschalter auch ohne Zündschloß Einschaltstrom. Dreht sich der Anlasser nun, ist der Stromweg von Klemme B+ des Reglerschalters über Klemme 50 des Zündschlosses zum Magnetschalter des Anlassers (siehe Schaltplan in der hinteren Buchklappe) gestört.

Sind Batterie und Kabel einwandfrei, liegt ein Kurzschluß im Anlasser oder in dessen Magnetschalter vor. Der Wagen muß dann angeschoben werden.

Zu langsames Durchdrehen des Anlassers bei einwandfreier Batterie weist auf abgenutzte oder verschmorte Kohlen, auf korrodierte oder lose Kabelanschlüsse, auf verschmierten Kollektor oder defekten Anker hin. Der Anlasser muß in diesem Fall sorgfältig überholt werden (Werkstattsache).

Dreht der Anlasser beim Starten schnelldrehend durch, ohne dabei den Motor »mitzunehmen«, kann wiederholter Startversuch bei etwas vorwärts gerucktem Wagen (dabei Gang einlegen und wieder herausnehmen) Erfolg bringen. Das Antriebsritzel ist dann nicht in den Zahnkranz des Schwungrades eingerastet, entweder, weil dessen vom vielen Starten angefräste Zähne gerade ungünstig standen oder weil das Antriebsritzel auf seinem Steilgewinde nicht schnell genug vorwärts geschoben wurde.

Der Anlasser sitzt rechts vor dem Motor am Getriebegehäuse (1). Rührt er sich beim Drehen am Zündschlüssel nicht, so kann man ihn kontrollieren, indem man die beiden Klemmen an seinem Magnetschalter überbrückt: Läuft der Anlasser jetzt los, so ist er selbst in Ordnung. Unten die Getriebeöl-Ablaßschraube (2).

Farbige Drähte

Vor der Elektrik machen die meisten Autofahrer (und nicht wenige Werkstatt-Leute) drei Kreuze. Man braucht sich nur einmal das farbige Gewirr unter dem Armaturenbrett anzusehen.
Grundsätzlich muß man eines wissen: Die meisten elektrischen Dinge im Auto sind zunächst nur mit einem Kabel angeschlossen. (So geht zum Beispiel in eine Blinkleuchte nur ein einziges Kabel.) Strom kann aber nur fließen, wenn man ihn nicht nur hin-, sondern auch wieder zurückleitet. Dafür sorgt bei allen Autos die Karosserie, die ja aus Metall besteht und damit einen vorzüglichen Leiter bildet. Voraussetzung für das Funktionieren dieser Stromleitung über die Karosserie ist jedoch, daß die betreffenden Teile gut leitend mit der Karosserie verbunden sind, daß sie einen einwandfreien Massekontakt haben. (Merksatz: **M**inus an **M**asse!) Es gibt bei einzelnen Teilen (z. B. Hupe, Scheinwerfer) auch spezielle Massekabel. Sie sind in aller Regel braun. Auch sonst haben alle Kabelfarben ihren genauen Sinn, wenn es auch zunächst verwirrend aussieht.

Hilfe durch Normung

In Wirklichkeit ist das alles halb so schlimm, denn gerade die verschiedenen Kabelfarben sind mit Bedacht gewählt, ebenso ihr unterschiedlicher Querschnitt, so daß man sich mit Hilfe eines Schaltplanes, wie Sie ihn in der hinteren Buchklappe schön farbig finden, sehr gut zurechtfinden kann. Grundsätzlich sind auch viele Einzelheiten der elektrischen Installation im Kraftfahrzeug genormt. Beispielsweise sind viele Zahlen, die man neben Kabelanschlüssen aufgemalt oder eingeprägt findet, in allen Kraftfahrzeugen gleich. So ist im VW wie auch im Ford, Opel oder BMW die Klemme 30 immer für ein stets stromführendes Kabel, das von der Batterie her gespeist wird, zuständig. Klemme 15 liefert grundsätzlich den Zündstrom bei eingeschaltetem Zündschloß, wenn der Schlüssel herumgedreht wird, Klemme 50 setzt in allen Fahrzeugen deutscher Produktion den Anlasser in Bewegung und Klemme 56 sorgt für das Licht der Scheinwerfer. Die genaue Aufstellung der Kabelbezifferungen, soweit Sie sie in Ihrem VW finden, ist der letzten Textseite vor der hinteren Buchklappe zu entnehmen. Je nach der Stromstärke, die der einzelne Stromverbraucher erfordert, wurde die Dicke jedes einzelnen Leitungsdrahtes gewählt. Man darf also, wenn man selbst in Heimwerkerei zusätzliche Kabel ziehen will, kein zu dünnes Kabel wählen, sondern besser ist es, »eine Nummer größer«, also Kabel mit 2,5 qmm Querschnitt, schon bei nur etwa 80 Watt Verbraucheranspruch zu nehmen. Haushaltkabel hat zweifellos diese Stärke, aber es ist trotzdem im Auto nicht gut brauchbar. Denn dort sind die Kabel starken Temperaturschwankungen, Benzin- und Öldust ausgesetzt, worauf die Isolierungsumhüllung des Autokabels, aber nicht das Haushaltskabel dressiert ist.
Müssen übrigens ganze Kabelsätze ersetzt werden, weil etwa die seitherigen

durch Brand verschmort sind, dann sollten Sie wissen, daß es diese kompletten Kabelsätze, vorne und hinten mit den entsprechenden VW-Mehrfachsteckern, mit Kabelumhüllung drumherum und in den planmäßigen Kabelfarben als leicht montierbare Ersatzteile gibt. Ebenso liefern die Firmen Hella und Bosch einbaufertige Kabelsätze für Radioeinbau, Zusatz-Scheinwerfer, Warnblinkanlagen und dergleichen.

Die »Masse«-Kur

Nimmt man bei Eigenbastelei zu dünnes Kabel oder legt unnötig lange Drahtschlingen, hat dies Spannungsabfall zur Folge, d. h. statt der 12 Volt, die einen Stromverbraucher erreichen sollen, kommen dort nur vielleicht 10 Volt an. Das hat natürlich Leistungsabfall des Stromverbrauchers zur Folge. Solcher Spannungsabfall stellt sich aber mit den Jahren auch im serienmäßigen Leitungsnetz des Autos ein. Das ist jedoch nicht die Schuld der Leitungsdrähte an sich, sondern hat vielmehr in den Steckverbindungen der Kabel, den Anschlußkontakten der einzelnen Aggregate und den Schalterkontakten seine Ursache. Nur 10 Prozent Spannungsverlust bringen beispielsweise bereits 25 Prozent Leuchtkraftverlust an den Scheinwerfern. Darum empfiehlt es sich, bei Arbeiten an der Auto-Elektrik alle erreichbaren Steckverbindungen und Kabelanschlüsse blank zu schaben, insbesondere auch darauf zu achten, ob die Stecker und Hülsen der Mehrfach-Kabelstecker (das ist die Zusammenfassung eines Kabelbündels in einem Steckerpaar) nicht angeschmort sind.
Nach gründlichem Säubern der Kabelklemmen usw. zum Schluß die Kontaktstelle mit einem Isolierspray (siehe Hinweis Seite 32) einsprühen. Das legt eine feine isolierende Schicht über die blanken Stellen und verhindert Korrosion durch Wasserdunst an diesen Stellen.
Falls man Verdacht auf oxydierte Schalterkontakte hat, die in dem betreffenden Schaltergehäuse nicht erreichbar sind, hilft eine einfache Probe: Verbraucher mit dem betreffenden Schalter einschalten und anschließend Stromaus- und -eingang des Schalters direkt mit einem kurzen, dicken Kabelstück überbrücken. Zeigt sich beim Antippen der beiden Schalterklemmen eine bessere Leistung des Verbrauchers, liegt die Schuld eindeutig im korrodierten Schalter. Neuen Schalter montieren.

Die Sicherungen

Die meisten einschaltbaren Stromkreise des »Elektrohaushaltes« im Wagen liegen an einer der Sicherungen, die bei Kurzschluß oder Überlastung der betreffenden Leitung durchzubrennen haben, bevor das Kabel zu schmoren beginnt, oder der Verbraucher zerstört wird. Aus diesem Grunde darf eine durchgebrannte Sicherung niemals durch einen Nagel oder durch eine mit Stanniolpapier umhüllte »Ersatz-Sicherung« (beliebter Hilfstrick früherer Autofahrer-Generationen, der aber heutzutage durch Autobrand sehr teuer zu stehen kommen kann) überbrückt werden. Nicht durch Sicherungen überwacht sind die Schaltungen zwischen Batterie, Lichtmaschine, Anlasser und Zündschloß.
Der VW-Transporter ab August 1967 hat zwölf Sicherungen, die auf einem Brettchen ganz links unter dem Armaturenbrett (seit August 1972 vor der Lenksäule) zusammengefaßt sind. Gibt es Rückfahrscheinwerfer, so ist für sie eine weitere Sicherung im Motorraum neben der Zündspule vorgesehen. Man kommt an die eigentliche Sicherung heran, indem man die Hülse zusammendrückt, nach links dreht und auseinandernimmt. Auch das Heizluftgebläse beim Flachmotor sowie eine eventuell eingebaute Eberspächer-Standheizung sind mit solchen fliegenden Sicherungen, oder Hülsensicherungen, wie sie manchmal genannt werden, abgesichert.

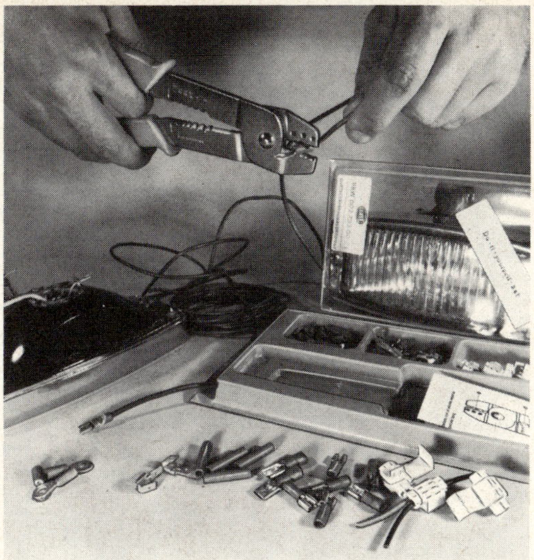

Wer selbst in seinem Transporter Kabel verlegen will, kommt mit einer gewöhnlichen Kombizange zum Verbinden der Anschlußklemmen nicht weit. Andererseits sind die dazu geeigneten Spezial-Quetschzangen der Autoelektriker recht teuer (von 35 DM aufwärts). Hella hat darum eine einfache, aber trotzdem gebrauchstüchtige Quetschverbinderzange für Heimwerker entwickelt, die zusammen mit einem Sortiment gebräuchlicher Kabelverbinder (im Kasten und im Vordergrund des Bildes) nur rund 30 DM kostet (Hella-Bestell-Nr. 8 KW 002 733-001). Mit dem Mittelteil der Zange kann man Isolierungen der gängigen Kabel durchtrennen, ohne dabei die Metallitze des Kabels zu durchschneiden. Im Kopfteil der Zange werden Kabel und Verbinder so kräftig zusammengepreßt, daß sich auch ohne Verlötung die Verbindung nicht mehr lockert oder den Stromdurchfluß hemmt.

Fingerzeige: *Es sind durchaus nicht alle Stromkreise abgesichert. So ist zum Beispiel der Haupt-Stromkreis, der am Lichtmaschinenregler an der Klemme B+ beginnt und über den Batterie-Pluspol, das dicke Anlasserkabel, die Anlasserklemme 30 nach vorn zum Lichtschalter führt und von hier aus über das Zündschloß wieder nach hinten zur Klemme 15 an der Zündspule geht, nicht abgesichert. Auch das Kabel zur Klemme 50 am Anlasser (Steuerkontakt) geht über keine Sicherung. Wenn der Motor einmal nicht anspringt, kann es nie an einer durchgebrannten Sicherung liegen – man braucht hier gar nicht erst zu suchen.*

Die meisten Sicherungen im Transporter sind für eine Stromstärke bis 8 Ampere ausgelegt (bis Juli 1970 gab es sogar ausschließlich solche 8-Ampere-Sicherungen). Es sollten aber außer einigen 8-Ampere-Sicherungen auch immer eine oder zwei für 16 Ampere bereitliegen. Denn oftmals nutzt es nichts, anstelle einer durchgebrannten 8-Ampere-Sicherung eine neue mit 8 Ampere einzusetzen – sie brennt unter Umständen gleich wieder durch. Da kann eine 16-Ampere-Sicherung aufschlußreich sein. Hält sie durch, handelt es sich nicht um einen Kurzschluß in dem betreffenden Stromkreis, sondern um eine Überlastung, die etwa durch den Anschluß eines zusätzlichen Stromverbrauchers verursacht sein könnte.

Wenn ein Stromverbraucher ausfällt, zuerst die an der gleichen Sicherung hängenden anderen Stromverbraucher prüfen. Spielen auch sie nicht mit, liegt es an der Sicherung. Trotzdem kann sie noch intakt sein. Dann sind die Halteklammern der betreffenden Sicherung oxydiert oder lose, so daß der Strom nicht durch die Sicherung fließen kann.

Abhilfe: Kontakte blankschaben, zusammendrücken, Sicherung wieder einsetzen und mehrmals in den Halteklammern drehen, bis die Berührungsstellen garantiert blank sind.

Sicherungstabelle

Durch umfangreiche Modellpflege hat sich die Belegung der Sicherungen im Lauf der Modelljahre immer wieder geändert. Wir haben deshalb auf Seite 128 eine Sicherungstabelle zusammengestellt, die für alle Transportermodelle seit Baujahr 8. 1967 den entsprechenden Belegungsplan enthält. Die Farben der Kabel zu den einzelnen Verbrauchern sind ebenfalls aufgeführt.

Stromverbraucher	ab August 1967		ab August 1969		ab August 1970		ab August 1971		ab August 1972		ab August 1973		ab August 1975	
	Siche-rung Nr.	Kabel-farbe	Siche-rung Nr.	Kabel-farbe	Siche-rung Nr.	Kabel-farbe	Siche-rung Nr.	Kabel-farbe	Siche-rung Nr.	Kabel-farbe	Siche-rung Nr.	Kabel-farbe	Siche-rung Nr.	Kabel-farbe
Abblendlicht links	5	ge	9	ge	4	ge	4	ge	3	ge	3	ge	3	ge
Abblendlicht rechts	6	ge/sw	10	ge/sw	3	ge/sw	3	ge/sw	4	ge/sw	4	ge/sw	4	ge/sw
Heizluftgebläse [1]	–	–	–	–	–	–	flieg.	rt	flieg.	rt	flieg.	rt	flieg.	rt
Blinker	1	sw/wg/gn	4	gn	12	gn	11	gn	11	gn	12	gn	12	gn
Bremslicht	1	sw/rt	3	sw/ge	10	sw	12	sw	12	sw	11	sw	11	sw
Fernlicht links	3	ws	7	ws	6	ws	6	ws	5	ws	5	ws	5	ws
Fernlicht rechts	4	ws/sw	8	ws/sw	5	ws/sw	5	ws/sw	6	ws/sw	6	ws/sw	6	ws/sw
Fernlichtkontrolle	3	bl/ws	7	bl/ws	6	bl/ws	6	bl/ws	5	bl/ws	5	bl/ws	5	bl/ws
Heckscheibenhzg.									11	sw	10	sw	12	sw
Innenleuchte vorn	9	rt	2	rt	8	rt	8	rt	8	rt	8	rt	8	rt
Innenleuchte hinten	9	rt	2	rt	9	rt	9	rt	9	rt	9	rt	8	rt
Kennzeichenleuchte	7	gr/rt	12	gr/rt	1	gr/rt	2	gr/rt	2	gr/rt	2	gr/rt	2	gr/rt
Kontrolleuchten	nicht abgesichert		4	sw	12	sw	11	sw	11	sw	12	sw	12	sw
Kraftstoffanzeige	nicht abgesichert		4	sw	12	sw	11	sw	11	sw	12	sw	12	sw
Rückfahrleuchten	flieg.	sw	flieg.	sw	flieg.	sw	flieg.	sw	flieg.	sw	flieg.	sw	flieg.	sw
Scheibenwischer	2	sw	5	sw	11	sw	10	sw	10	sw/gr	10	sw/gr	10	sw/gr
Schlußlicht links	8	gr/sw	11	gr/sw	2	gr/sw	1	gr/sw	1	gr/sw	1	gr/sw	1	gr/sw
Schlußlicht rechts	7	gr/rt	12	gr/rt	1	gr/rt	2	gr/rt	2	gr/rt	2	gr/rt	2	gr/rt
Signalhorn	1	sw/ge	3	sw/ge	10	sw/ge	12	sw/ge	12	sw/ge	11	sw/ge	11	sw/ge
Standlicht links	7	gr	12	gr	1	gr	2	gr	2	gr	2	gr	2	gr
Standlicht rechts	7	gr	12	gr	1	gr	2	gr	2	gr	2	gr	2	gr
Warnblinker	–	–	2	rt	8	rt	8	rt	8	rt	8	rt	8	rt

[1]) Nur bei Flachmotor

Zündende Funken

Fragt man einen Werkstatt- oder – hier vor allem – einen Straßenwacht-Mann, welche Teile am Auto denn am häufigsten zu einem unfreiwilligen Halt zwingen, so wird er ohne Zögern antworten: Die Elektrik. Und fragt man weiter, welche Teile denn an der immerhin recht verzweigten Elektrik, so wird er nach kurzem Überlegen sagen: Die Zündung.
Dabei ist es durchaus nicht so, daß die Zündung von Haus aus schwach auf der Brust oder sonstwie unzuverlässig ist. Durchaus nicht – aber die Zündanlage gehört mit zu den Teilen am Motor, die am meisten Wartung verlangen. Wer sich nie um seinen Wagen kümmert, kann schon einmal mit einem Zündungsdefekt hängenbleiben.
Wenn man weiß, wie's funktioniert, ist er meist in Nullkommanichts repariert. Und so wollen wir hier zunächst einmal in der Theorie erklären, wie es zu den zündenden Funken kommt.

Wie der Zündfunke entsteht

Den Blitz für die Entflammung des Feuerchens im Zylinder erzeugt die Zündkerze. Für den Strom sorgt die Batterie bzw. die Lichtmaschine. Soweit weiß das jeder Fahrschüler. Was aber zwischen Batterie und Zündkerze geschieht, das liegt schon etwas im Dunkeln. Denn die schlichten 6 oder 12 Volt aus der Batterie genügen ja nicht, um gegen den Druck des Kraftstoff-Luft-Gemisches im Zylinder einen so kräftigen Zündfunken an der Zündkerze überspringen zu lassen, wie er dort notwendig ist. Das gelingt nur durch Hochspannung, die beim Automotor weit über 10 000 Volt betragen muß. Die Stromstärke spielt in diesem Zusammenhang kaum eine Rolle, denn ein Funke springt zwischen zwei Polen nur durch eine hohe Spannung, aber nicht durch eine hohe Stromstärke über. Die 12 Volt der Batterie müssen also in Hochspannung verwandelt werden und außerdem muß geregelt sein, wann und an welcher Zündkerze der Zündfunke überzuspringen hat.
Ein elektrischer Strom kann nur fließen, wenn der Stromkreis geschlossen ist. Im Auto bedeutet dies, daß vom Pluspol der Batterie oder der Lichtmaschine ein Strom zum Stromverbraucher und durch diesen zur »Masse« der Fahrzeugkarosserie fließen muß, von wo er zum Minuspol der Batterie gelangt.
Bei der Zündanlage gibt es zwei Stromkreise, die gewissermaßen ineinander verschlungen sind. Im ersten, dem Primär-Stromkreis, fließen die 12 Volt Spannung von Batterie oder Lichtmaschine und im zweiten, dem Sekundär-Stromkreis, der hochgespannte Strom für den kräftigen Zündfunken.
Wie diese Zündanlage in der Praxis Ihres VW-Transporters aussieht und wie sie funktioniert, erkennen Sie am besten, wenn Sie die entsprechenden Kabel mit spitzem Stift auf dem Schaltplan in der hinteren Buchklappe verfolgen und zwischendurch einen Blick in die Eingeweide Ihres Wagens werfen.
Fangen wir mit dem Primär-Stromkreis an. Er beginnt mit der Klemme B+ am Lichtmaschinenregler bzw. bei stehendem Motor oder während des An-

lassens mit dem Pluspol der Batterie. Weiter geht er über den Lichtschalter (für die Zündung bedeutungslos, jedoch erforderlich für verschiedene andere Stromverbraucher) zur Klemme 30 (= immer stromführend) des Zündanlaßschlosses und von dort ab Klemme 15 (bei eingeschalteter Zündung) über die Eingangsseiten der Sicherungen (damit weitere Stromverbraucher bei eingeschalteter Zündung Strom erhalten können, der Zündstrom läuft aber dabei nicht über eine Sicherung) zur Klemme 15 der Zündspule. In ihr gibt es zunächst eine Wicklung aus dickem Draht – die sogenannte Primärwicklung. Sie endet an der Klemme 1, von der aus der grüne Draht zum Unterbrecher führt, der wiederum im »Untergeschoß« des Verteilers Platz findet. Solange dieser Unterbrecher geschlossen ist, fließt Strom über die Primärwicklung der Zündspule an »Masse« – der Stromkreis ist geschlossen.
In der dicken Drahtwicklung der Zündspule entsteht dabei ein magnetisches Feld, das durch einen Eisenkern in der Mitte noch verstärkt wird. Wenn nun der Unterbrecher im »Untergeschoß« des Verteilers den Primär-Stromkreis unterbricht, fällt das Magnetfeld um die Primärwicklung der Zündspule schlagartig zusammen. Dabei entsteht (durch Induktion) in einer zweiten Drahtwicklung der Zündspule, der Sekundärwicklung, die aus vielen Lagen dünnen Drahtes gewickelt ist, ein plötzlicher Stromstoß von weit über 10 000 Volt für den Zündfunken. Dieser Stromstoß wird von der Zündspule in das »Obergeschoß« des Verteilers an den sich drehenden Verteilerfinger geleitet, der ihn jeweils einer Zündkerze weitergibt. Dort springt der hochgespannte Sekundärstrom als Zündfunke zwischen Zündkerzenelektroden über, so daß auch dieser Stromkreis geschlossen ist.

Das Lenk-Anlaß-Schloß

Um die Funktion des Zündschlosses zu prüfen, brauchen Sie eine Prüflampe mit Nadelkontakt. Mit dieser Nadel durchstechen Sie einfach die Isolierung des Kabels, das Sie prüfen wollen. Auf diese Art kontrollieren Sie die zum Zündschloß führenden Leitungen. Dabei müssen sich folgende Funktionen einstellen:

- Die Klemme 30 erhält ständig Strom über das dicke rote Kabel. Brennt die Prüflampe nicht, so kann keine Sicherung durchgebrannt sein, diese Leitung ist nicht abgesichert. Der Fehler muß an den Steckverbindungen der Zuleitung liegen (je nach Baujahr läuft das Kabel über den Sicherungskasten oder den Lichtschalter zum Zündschloß) oder an der Verschraubung der Kabel am Anlasser, über den die Stromversorgung des Fahrzeugs läuft.
Seit 8/70 ist dieses Kabel bis zum Sicherungskasten rot-weiß und verläuft dann weiter in roter Umhüllung bis zum Zündschloß.
- Die Klemme 50 am Zündschloß steht nur in der Start-Stellung des Zündschlosses unter Strom. Über sie wird der Anlasser betätigt. Die richtige Funktion prüft man am rot-schwarzen Kabel. Bis 7/70 ist das erste Stück des Kabels vom Zündschloß bis zum Leitungsverbinder rein rot. Danach läuft es rot-schwarz weiter.
- Die Klemme 15 ist die »Zündung«, sie führt Strom, wenn der Zündschlüssel in Fahrt- oder Anlaßstellung steht.
- Die Klemme X ist erst bei den Fahrzeugen ab 8/70 vorhanden. Sie erhält ausschließlich in Fahrt-Stellung des Zündschlüssels Strom von Klemme 30. Bei ausgeschalteter Zündung und beim Starten wird die Klemme X stromlos. Ihre Funktion prüfen Sie am gelb-schwarzen Kabel. Vom Vierfach-Flachstecker aus geht diese Leitung bis Baujahr 7/71 als dickes schwarzes Kabel weiter zum Lichtschalter. Seit 8/71 verläuft das Kabel durchweg schwarz-gelb von der Steckverbindung zum Sicherungskasten statt direkt zum Lichtschalter.

Zündung kurzschließen

An dieser Stelle soll nun keine Anleitung zum Stehlen von Autos gegeben werden. Vielmehr wollen wir beschreiben, wie Sie trotz eines defekten Zündschlosses noch bis zur nächsten Werkstatt fahren können. Der Zündschlüssel muß natürlich trotzdem vorhanden sein und er muß sich auch im Zündschloß drehen lassen, damit die Lenksperre geöffnet werden kann. Bei Defekten am Lenkschloß sollten Sie sich lieber abschleppen lassen, die Sperre könnte während der Fahrt einrasten und der Transporter eigene Wege gehen.
Da die Kabelverlegungen und -farben bei den Transportern oft gewechselt haben, geben wir für jede Ausführung eine gesonderte Anleitung zum Kurzschließen. Die Erklärung wäre sonst zu verwirrend.

■ Baujahr 8/67 bis 7/69: Sicherungskasten abschrauben, Leitung Klemme 30 (dickes rotes Kabel) mittels einer kurzen Leitung mit Klemme 15 (schwarzes Kabel) verbinden. Dieses Verbinden muß auf der Eingangsseite des Sicherungskastens geschehen, also dort, wo nur wenige Kabel angeschlossen sind. Öldruck- und Ladekontrolle leuchten auf. Der Wagen kann jetzt angeschoben werden.
Wollen Sie mit dem Anlasser starten, müssen Sie die Steckverbindung des vom Zündschloß kommenden rot-schwarzen Kabels mit dem roten Kabel lösen. Das rote Kabel muß verlängert werden, damit es (aber nur kurz!) gegen die Klemme 30 gehalten werden kann. Der Anlasser erhält so das Signal, den Motor in Gang zu setzen.

■ Baujahr 8/69 bis 7/70: Der Sicherungskasten ist hier mit einer kleinen Feder gehalten. Man hebelt sie hoch und kann das Kästchen dann nach oben herausnehmen. Aus dem Leitungsverbinder der Kabel zum Zündschloß wird jetzt das vom Sicherungskasten kommende grüne Kabel herausgezogen und auf Klemme 30 (dickes rotes Kabel am Sicherungskasten) gesteckt. Die Zündung ist eingeschaltet, der Wagen kann angeschoben werden.
Das Starten mit dem Anlasser geht wie bei der ersten Erklärung, doch hier muß das rot-schwarze Kabel aus dem Leitungsverbinder gezogen werden und gegen Klemme 30 gehalten werden.

■ Ab Baujahr 8/70: Alle Kabel, die zum Zündschloß führen, lassen sich an einem Vierfach-Leitungsverbinder trennen. Ziehen Sie die vom Zündschloß kommenden Leitungen aus dem Verbinder und überbrücken Sie, z. B. mit einer Büroklammer, die Kontakte des roten und des schwarzen Kabels. Zum Starten ziehen Sie das rot-schwarze Kabel aus dem Verbinder und halten es kurz gegen die Drahtbrücke. Sofort nach dem Anspringen des Motors müssen Sie natürlich diese Kurzschlußverbindung wieder lösen. Bei den Wagen mit senkrecht stehendem Zündschloß (ab ca. 2/74) kann unterhalb der Zündschloßverkleidung ein Vierfachstecker abgezogen und dort kurzgeschlossen werden.

Zündschloß ausbauen

Das ist eine sehr umständliche Arbeit, die man besser der Werkstatt überläßt, da hierzu das Lenkrad ausgebaut werden muß (was einen Abzieher erfordert). Dazu muß das Lenk-Mantelrohr gelöst und verdreht werden, um das Gehäuse für das Lenkschloß ausbauen zu können.

Die Zündspule

Wo die Zündspule zu finden ist, zeigt das Motorraum-Schaubild Seite 33/34. Die Zündspule ist wartungsfrei. Sie soll lediglich, um Kurzschlüsse, überspringende Funken und Kriechströme (»langsam« abfließender Strom durch trocken gehalten werden. Eine Prüfung der Zündspule mit Heimwerkermitteln ist nur zum Teil möglich (Seite 132). Wirklichen Aufschluß kann da nur eine Nachprüfung in der Autoelektrik-Werkstatt geben.

Wichtigste Zündstromprüfung: Führt das Hauptzündkabel Strom? Zur Kontrolle dickes Hauptzündkabel aus der Mittelbuchse des Verteilerkopfes ziehen, Kabelende auf 10 mm Abstand gegen Masse (hier: Zündverteilergehäuserand) halten, während Helfer mit Zündschlüssel Motor startet (ohne Gasgeben!). Dabei müssen kräftige Funken zwischen Masse und Kabelende überspringen, wenn Zündstrom in Ordnung. Andernfalls: Zündspule prüfen (lassen).

Zündspule prüfen

Prüfen Sie zuerst, ob die Zündspule hochgespannten Zündstrom abgibt (siehe Bildtext oben). War diese Hochspannungsprüfung unbefriedigend, müssen Sie feststellen, ob an den Anschlüssen der Zündspule überhaupt Spannung anliegt. Dazu eignet sich am besten eine aus einer alten Scheinwerferbirne selbstgebastelte Behelfsprüflampe (zwei ausreichend lange Kabel andrillen oder festlöten, daß ein Lichtfaden brennt). Der Eigenverbrauch der Scheinwerferbirne (mindestens 40 Watt) gibt durch unterschiedlich helles Leuchten den Hinweis, ob der Widerstand der Zündspule noch groß genug ist oder ob sich ein Kurzschluß eingeschlichen hat. Noch genauer ist ein parallel zur Prüflampe geschaltetes Voltmeter. Eine kleine Elektrik-Prüflampe ist zu unserem Versuch ungeeignet.

Sie verfahren folgendermaßen:

- Grünes Kabel (vom Unterbrecher) an Klemme 1 der Zündspule abziehen.
- Zündung einschalten; Öldruck- und Ladekontrolleuchte müssen brennen.
- Ein Ende des Prüfkabels (und Plus-Klemme des Voltmeters) an Klemme 15 der Zündspule drücken, das andere Ende (und Minus-Klemme des Voltmeters) an Masse: Die Lampe muß hell brennen, das Voltmeter zeigt etwa 11,5 Volt.
- Bei der gleichen Prüfung an Klemme 1 der Zündspule muß die Behelfsprüflampe sehr trübe brennen (Voltmeter zeigt ca. 5 Volt an). Brennt nichts, ist die Primärwicklung der Zündspule unterbrochen. Leuchtet die Prüflampe recht hell, herrscht Kurzschlußüberbrückung in der Zündspule. In beiden Fällen muß die Spule ersetzt werden.
- Sind die Leucht- (und Meß-)ergebnisse gut, gibt es aber trotzdem keinen ausreichenden Zündfunken, kann es an der Sekundär-(Hochspannungs-)wicklung der Zündspule liegen oder am Kondensator.

Fingerzeig: *Wenn Ihnen unterwegs in fernen Landen die Zündspule ausfällt, brauchen Sie, im Gegensatz zu vielen anderen Teilen Ihres Wagens, nicht ganz genau die serienmäßig eingebaute Zündspule zu beschaffen (was oft recht schwierig sein wird), sondern es geht mit jeder anderen Zündspule ebenso. Sie muß nur auf 12 Volt (bzw. 6 Volt für den alten Transporter) ausgelegt sein.*

Nicht verwendet werden dürfen jedoch solche Zündspulen für 12 Volt, für die ein »Vorwiderstand« notwendig ist (wie z. B. für Audi und Ford), es sei denn, man baut den Vorwiderstand ebenfalls mit ein. Ist nun auch kein Vorwiderstand zur Hand, kann man sich behelfen, indem man zwischen die Klemme 15 und den Anschlußdraht eine Scheinwerferbirne schaltet.

Der Kondensator

Ein schwacher Zündfunke, dessen Ursache man in erster Linie in einem Fehler der Zündspule sucht, kann auch an einem defekten Kondensator liegen, der ja mit dieser durch ein Kabel über Klemme 1 der Zündspule verbunden ist. Eine genaue Prüfung des Kondensators auf »Durchschlag«, also Kurzschluß, Isolationsverlust und ausreichende Kapazität ist nur in der Fachwerkstatt mit einem entsprechenden Prüfstand möglich. Wenn der Kondensator, der beim Bosch-Zündverteiler außen am Gehäuse sitzt (er sieht aus wie eine Kleinbild-Filmspule), total ausgefallen ist, läßt sich der Motor nicht mehr starten. Langes Prüfen des Kondensators lohnt sich nicht. Wenn er verdächtig ist: austauschen.

Fingerzeige: *Die vielfach angebotenen »Zündverstärker« sind bisher trotz großer Versprechungen den Beweis ihrer Nützlichkeit schuldig geblieben. Erzählt Ihnen jemand, er habe damit beste Erfahrungen gemacht, dann sollte er mal den Zustand der Zündkerzen und die Zündeinstellung überprüfen. Dort die Krankheit zu kurieren, wäre genauso erfolgreich, aber billiger gewesen. Überhaupt: Wenn Ihnen jemand etwas zur Benzinersparnis verkaufen will, halten Sie Ihren Geldbeutel ganz fest zu!*
Anders ist es mit den sogenannten Transistor-Zündanlagen. Sie sind jedoch mehr für hochtourige und anspruchsvolle Motoren gedacht. So stehen ihre Vorteile (längere Lebensdauer der Unterbrecherkontakte, kräftiger Zündfunken bei hohen Drehzahlen) bei Ihrem VW-Transporter, den man wohl kaum je sportlich trimmen will, kaum zur Diskussion.
Mehr darüber in dem Sonderband »Elektrik am Auto«, der ebenfalls in dieser Buchreihe erschienen ist.

Der Unterbrecher

Er sitzt im »Untergeschoß« des Verteilers auf der Unterbrecherplatte, gegen »Masse« isoliert. Er bestimmt durch sein Abheben den Zündzeitpunkt. Vom Überspringen des Zündfunkens im richtigen Augenblick ist die Leistung des Motors abhängig. Die beste Leistung hat der Motor, wenn der Druck des brennenden Kraftstoff-Luft-Gemisches unmittelbar bei Beginn der Abwärtsbewegung des Kolbens am größten ist. Da nun aber das Kraftstoff-Luft-Gemisch stets gleichbleibende Zeit zum vollen Entflammen braucht – es ist zwar nur rund 1/3000 Sekunde, aber das spielt bei der rasenden Geschwindig-

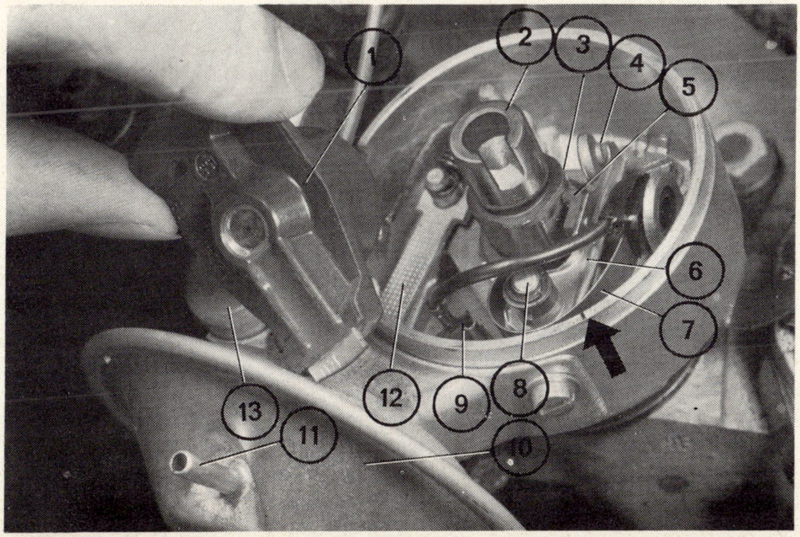

Die Teile des Unterbrechers und Zündverteilers: Verteilerfinger (1) von der Verteilerwelle (2) senkrecht abziehen und aufstecken, wobei innerer Nocken im Verteilerfinger genau in die Auskehlung (zeigt nach vorne) der Verteilerwelle einrasten muß. Nockenwelle (3) der Verteilerwelle hebt Gleitstück (5) des Unterbrecherhammers (6) ab, so daß Unterbrecherkontakte (4) ständig öffnen und schließen. Weitere Teile: 7 = Unterbrecherfeder; 8 = Unterbrecherhebelwelle; 9 = Anschluß-Klemme 1 bringt Strom von der Zündspule; 10 = Unterdruckdose 11 = Anschlußröhrchen für Unterdruckleitung vom Vergaser; 12 = Zugstange der Unterdruckverstellung; 13 = Kondensator. Der Pfeil zeigt auf die Einstellkerbe für Zündzeitpunkt.

keit des Kolbens schon eine Rolle –, muß mit steigender Drehzahl der Zündzeitpunkt immer früher gelegt werden. Wird er allerdings zu früh gelegt, schlägt das bereits entflammte Kraftstoff-Luft-Gemisch dem noch aufwärts strebenden Kolben entgegen: Der Motor klopft. Gibt man zu wenig Frühzündung, wird die Energie des Kraftstoffes nicht vollständig ausgenutzt und der Motor hat nur eine ungenügende Leistung.

Automatische Zündverstellung

Praktisch alle Motoren (selbst schon Mopeds) besitzen eine Einrichtung, die bei steigender Motordrehzahl den Zündzeitpunkt in Richtung früh verschiebt. Meist kommt noch eine lastabhängige Regelung hinzu: Bei viel Gas erfolgt die Zündung etwas später als bei wenig Gas. Bei allen Transportern wird diese Zündverstellung immer durch Unterdruck gesteuert. Der 50-PS-Motor von August 1970 bis Ende Juni 1971 und der 66-PS-Motor von August 1971 bis Ende Juli 1972 hatten eine kombinierte Verstellung durch doppelten Unterdruck und Fliehkraft, bei allen neueren Motoren ist es einfacher Unterdruck kombiniert mit Fliehkraft.

Unterdruckverstellung

Die Unterdruckverstellung bewirkt eine seitlich am Zündverteiler angebrachte Blechdose, die durch eine dünne Saugleitung mit der Ansaugleitung des Motors kurz vor der Drosselklappe im Vergaser verbunden ist. Die Unterdruckverstellung aller Transporter-Motoren, die bis Juli 1970 gebaut wurden, der 50-PS-Motoren, die ab August 1971 gebaut wurden und der Flachmotoren, die ab August 1972 vom Band liefen, arbeitet mit einem einzigen Schlauch. Die Zündungsverstellung geht bei diesen Motoren nur in Richtung »früh«. Von August 1970 bis Juli 1971 (50 PS) bzw. von August 1971 bis Juli 1972 (66 PS) wurde eine Zwischenserie ausgeliefert. Diese Motoren hatten eine sogenannte doppelt wirkende Unterdruckverstellung. Hier gibt es zwei Schläuche, die zu einer größeren Dose am Verteiler führen. Im Leerlauf wird bei dieser Verstellmethode der Zündzeitpunkt in Richtung »spät« verstellt. Der Motor arbeitet bei dieser Zündeinstellung sehr unwirtschaftlich, doch verbrennt er trotz höheren Verbrauchs wesentlich reiner, also umweltfreundlicher. Bei höheren Motordrehzahlen geht die Verstellung wie bei den übrigen in Richtung »früh«. Dieses System bewährte sich jedoch nicht in der erhofften Weise, so daß die neueren Motoren mit einer kombinierten Unterdruck-/Fliehkraft-Verstellung ausgestattet wurden.
Ob die Unterdruckverstellung funktioniert, läßt sich, allerdings ohne genaue Meßwerte, selbst prüfen: Den Schlauch (bzw. die Schläuche) zwischen Vergaser und Unterdruckdose an dieser abziehen und mit der Fingerspitze fest zuhalten. Von Helfer Motor starten und in erhöhter Leerlaufdrehzahl halten lassen. Wenn Drehzahl gleichmäßig ist, Schlauch schnell auf Röhrchen der Unterdruckdose schieben. Da nun vom Vergaser her Luft durch den Schlauch angesaugt wird, muß die Unterdruckverstellung in diesem Teillast-Bereich in Aktion treten, wodurch die Motordrehzahl ohne Gaspedalveränderung sofort merklich erhöht wird. Falls Motorlauf nicht etwas schneller, Unterdruckverstellung wahrscheinlich gestört.
Dann muß die Unterdruckdose ersetzt werden, eine Reparatur ist nicht möglich. Dieses Auswechseln sollte man der Werkstatt überlassen, denn erstens müssen unterschiedliche Unterdruckdosen eingebaut werden, je nachdem, welchen Zündverteilertyp man hat, und außerdem müssen verschiedene Werte nachgemessen werden, wozu nur die Werkstatt die nötigen Geräte hat.

Der Fliehkraftregler

Der Fliehkraftregler wirkt »innerlich« auf die Nocken der Verteilerwelle. Diese ist nämlich bei den Zündverteilern mit Fliehkraftverstellung kein Stück aus

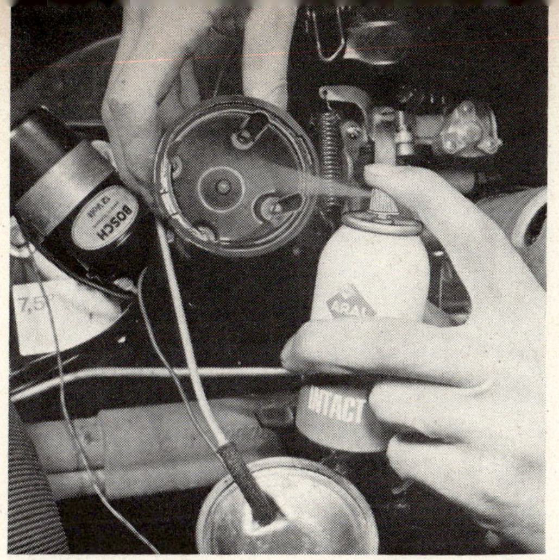

Feuchtigkeit, die zu Kurzschlüssen führt, setzt sich besonders leicht im Verteilerdeckel innen an, wenn der Motorraum bei heißer Maschine ausgespritzt wurde. Gegen solche zündfunkenstörende Feuchtigkeit hilft ein Aussprühen des Verteilerdeckels mit Aral Intact oder einem anderen Isolier-Spray. Dieses Mittel hat die Eigenschaft, sich unter einem Feuchtigkeitsfilm auf der festen Masse abzusetzen, wodurch eine isolierende Wirkung erzielt wird.

einem Guß, sondern in Antriebswelle und Verteilerwelle geteilt. Beide sind beweglich ineinandergesteckt. Damit sie beweglich bleiben, müssen sie geschmiert werden (siehe »Zündverteiler schmieren« Seite 54). Die Trägerplatte des Fliehkraftverstellers sitzt nun im Verteilergehäuse unter der Unterbrecherplatte fest auf der Verteilerantriebswelle. Je schneller sich diese dreht, um so intensiver drücken Fliehgewichte auf ihrer Trägerplatte gegen einen »Mitnehmer«, der seinerseits die eigentliche Verteilerwelle mit den Nocken zusätzlich in ihrer Drehrichtung bewegt. Dadurch werden mit zunehmender Drehzahl die Unterbrecherkontakte früher geöffnet und zunehmende Frühzündung erreicht. Bei abnehmender Drehzahl machen dies kleine Spiralfedern wieder rückgängig.
Die Fliehgewichte und deren Rückholfedern sind genau aufeinander abgestimmt. Eine fehlerhafte Veränderung oder eine Störung kann nur die Fachwerkstatt feststellen. Eine Störung kann man vermuten, wenn der Motor bei sonst einwandfreier Zündanlage in höheren Drehzahlbereichen nicht auf Leistung kommt, obgleich der Zündzeitpunkt einwandfrei eingestellt ist. Es hat aber keinen Sinn, ohne die Meßeinrichtungen der Spezialwerkstatt am Fliehkraftregler etwas verbessern zu wollen.
Die automatische Zündzeitpunktverstellung kann sowohl bei den Zündverteilern allein mit Unterdruckverstellung wie bei jenen mit kombinierter Unterdruck- und Fliehkraftverstellung den Zündzeitpunkt maximal bis zu etwa 35° vorverlegen.
Die Zündverteilerwelle unserer Motoren dreht sich stets, von oben betrachtet, rechts herum.

Zündverteiler kontrollieren

Zu diesem Pflegedienst, der nicht offiziell im Pflegeplan aufgeführt ist, gehört die sorgfältige Reinigung der Verteilerkappe innen und außen, damit keine Strombrücken über Schmutz, Abrieb oder Feuchtigkeit entstehen. Auch auf den Verschleiß der einzelnen Teile ist dabei zu achten. Die Kontaktkohle in der Mitte der Verteilerkappe, die den Zündstrom an den Verteilerfinger weiterleitet, muß glatt und glänzend sein, sich leicht einfedern lassen und ohne zu klemmen zurückfedern.

Die Unterbrecherkontakte

An den Kontakten des Unterbrechers, am Hammer und am Amboß, die eine 0,8 mm dünne Auflage von Wolfram-Metall haben, bewirkt das ständige Öffnen und Schließen des Stromkreises einen unvermeidlichen Verschleiß durch Abbrand, Verschmoren oder Metallwanderung, obgleich gerade Wolfram hierin

Zum Einstellen des Unterbrecherkontaktabstandes muß ein Nocken (1) der Unterbrecherwelle das Gleitstück (2) des Unterbrecherhammers voll abgehoben haben, so daß die Unterbrecherkontakte (3) voll geöffnet sind. Danach Klemmschraube (weißer Pfeil rechts) der Kontaktplatte etwas lockern und mit Schraubenzieher in der Einstellkerbe (oberer weißer Pfeil) Kontaktabstand mit Fühlerblattlehre auf 0,4 mm korrigieren. Dieses Einstellverfahren ist behelfsmäßig und nur bei neuen Kontakten einigermaßen genau (siehe Text auf der nebenstehenden Seite).

sehr widerstandsfähig ist. Durch den Gleichstrom bilden sich am Hammer kleine Krater und am Amboß kleine Höcker, die sich in den Krater einfügen. Das stört zu Anfang nicht weiter, macht aber eine genaue Messung des Kontaktabstandes mit der Fühlerblattlehre fast unmöglich (siehe Abschnitt »Kontatkabstand behelfsmäßig einstellen«).

Bei dieser Gelegenheit ein interessantes Detail: Die Nocken für die Unterbrecherbetätigung sind asymmetrisch angeordnet, und zwar so, daß der 3. Zylinder zunächst einen um 2° (Kurbelwinkel) späteren Zündzeitpunkt hatte. Dieser Zylinder war in der Kühlluftzuteilung etwas benachteiligt, weil in seinem Luftstrom der Ölkühler saß. Ab August 1970 wurde der Ölkühler verlegt, der 3. Zylinder erhält volle Kühlluft und braucht den späteren Zündzeitpunkt nicht mehr. Dafür haben jetzt (50-PS-Motor) die Zylinder 2 und 4 einen etwas nach spät verschobenen Zündzeitpunkt.

Unterbrecherkontakte prüfen
Pflegedienst Nr. 10

Alle 10 000 km sollen die Unterbrecherkontakte geprüft und bei Bedarf durch neue ersetzt werden. Ist die Zündanlage einwandfrei in Ordnung, können sie auch mehr als 30 000 km aushalten.

Zum Prüfen der Unterbrecherkontakte Verteilerkappe nach Lösen der Halteklammern abheben und Verteilerfinger von der Verteilerwelle ziehen.

Das Aussehen der Kontakte bedeutet:

- Kontakte silberartig, wie hell poliert: Zündanlage in Ordnung;
- grauer Überzug durch Oxydation: zu kleiner Kontaktabstand oder zu geringer Kontaktdruck;
- verbrannt, blau angelaufen: Kondensator oder Zündspule fehlerhaft;
- verkrustet: Öl, Fett oder Schmutz zwischen die Kontakte geraten.

Sind die Kontakte verkrustet und verschmutzt, mit einem scharfkantigen Schraubenzieher oder Taschenmesser den Schmutz abschaben (keine Feile oder Schmirgelleinen dazu verwenden!). Anschließend ein Läppchen um einen dünnen Holzstab wickeln und mit Tetrachlorkohlenstoff (als Fleckenreinigungsmittel in Drogerien bekannt) tränken. Damit die Kontakte abwischen. Benzin nicht dazu verwenden, da die Kontakte gegen Benzin empfindlich sind und korrodieren.

Unterbrecherkontakte austauschen
Pflegedienst Nr. 51

Wenn die Kontakte verbraucht sind (die seit August 1975 eingebauten sollen 30 000 km halten), müssen sie durch neue ersetzt werden. Es sind dabei beide Teile, also Hammer und Amboß, gleichzeitig zu ersetzen. Sind die alten Kontakte verschmort oder blau angelaufen, genügt allerdings das Austauschen

allein nicht, es muß auch nach dem verursachenden Fehler in der Zündanlage (Kondensator oder Zündspule) gesucht werden.
Obwohl für die Zündverteiler, je nach Modell, unterschiedlich geformte Kontaktsätze gebraucht werden, ist das Auswechseln der Unterbrecherkontakte im Prinzip doch gleich. Achten Sie bei dieser Arbeit vor allem darauf, daß die neuen Kontaktflächen nicht mit den Fingern berührt werden. Eventuell dadurch übertragenes Öl oder Fett bewirkt alsbald Oxydation. Zum Austausch der verbrauchten Kontakte zuerst die Anschlußklemme des kurzen Innen-Kabels im Verteiler von Klemme 1 abziehen.
Vor dem Einbau der neuen Unterbrecherkontakte Nockenbahn der Verteilerwelle sorgfältig reinigen und hauchdünn einfetten. Der Unterbrecherhebel mit dem Hammer muß leichtgängig auf der Unterbrecherwelle sitzen. Abschließend sind Kontaktabstand und Zündzeitpunkt neu einzustellen.

Unterbrecherkontaktabstand und Schließwinkel

Pflegedienst Nr. 10

Wenn Sie bei abgenommenem Verteilerkopf und abgezogenem Verteilerfinger den Motor von einem Helfer mit dem Anlasser (ohne Gasgeben) durchdrehen lassen, können Sie genau beobachten, wie die Nocken der Unterbrecherwelle den Unterbrecherhammer jedesmal vom »Amboß« abheben. Wie lange die Unterbrecherkontakte jeweils zwischen den einzelnen Nocken geöffnet und geschlossen sind, hängt vom Abstand der Kontakte ab. Ist dieser Abstand beim vollen Abheben nur gering, bleiben die Unterbrecherkontakte bis zum nächsten Abheben verhältnismäßig lange geschlossen. Ist der Kontaktabstand groß, ist die »Schließzeit« bis zum nächsten Abheben nur gering. Dieser Kontaktabstand muß zum Zweck des günstigsten Aufbaus des Magnetfeldes in der Zündspule genau berechnet sein. Er beträgt für alle VW-Motoren 0,4 mm. Da man aber diesen Kontaktabstand nur bei neuen und noch flächenglatten Kontakten mit einer Fühllehre messen kann und die späteren Krater und Höcker auf den Unterbrecherkontakten solch eine Messung nicht mehr genau zulassen, mißt man statt dessen den Winkel, um den sich die Unterbrecherwelle vom Beginn bis zum Ende der »Schließzeit« weiterdreht. Das kann man mit einem speziellen elektrischen Meßgerät bei laufendem Motor, dem sogenannten »Schließwinkel-Tester«.
Dem günstigsten Unterbrecherkontaktabstand entspricht ein Schließwinkel von 44–50°. Der mittlere Schließwinkel von 47° entspricht genau 52 % eines rechten Winkels – auf diesen Wert sind manche Schließwinkel-Tester geeicht.

Kontaktabstand behelfsmäßig einstellen

Zur Not muß es aber bei weit entfernter Werkstatt auch so gehen:
Bei offenem Zündverteiler Wagen mit eingelegtem 3. oder 4. Gang vorwärts rucken, bis eine Unterbrechernocke den Unterbrecherhammer voll abgehoben hat. Darauf mit Schraubenzieher Klemmschraube des Ambosses lockern, Kontaktabstand mit der Hand etwas erweitern, Fühlerblatt 0,4 mm zwischen Kontakte halten und diese mit der Hand fest zusammenpressen (dabei Unterbrecherhammer nicht biegen!), so daß Amboß-Kontakt auf 0,4 mm an Hammer-Kontakt herangedrückt wird. Dabei Klemmschraube wieder fest anziehen und Fühlerblattlehre herausziehen. Bei älteren Kontakten wird die Messung wegen des Höckers und Kraters ungenau. Da die Unterbrecherkontakte nicht plangefeilt werden sollen (der dünne Wolframbelag wäre schnell weggefeilt), hält man die Fühlerblattlehre nur außen am Rand zwischen die Kontakte.

Zündeinstellung kontrollieren

Bei jedem 10 000-km-Dienst, beim Neueinstellen oder Auswechseln der Unterbrecherkontakte, nach dem Zusammenbau des Motors oder dem Aus- und Wiedereinbau des Zündverteilers muß der Zündzeitpunkt neu eingestellt werden. Warum dieser Zündzeitpunkt im Interesse einer guten Motorleistung und eines sparsamen Kraftstoffverbrauches so genau eingestellt werden muß, wurde bereits erläutert. Man kann die Zündeinstellung selbst behelfsmäßig prüfen, braucht jedoch dazu eine kleine Prüflampe für 12 Volt Spannung. Dieses Einstellverfahren wird am stehenden Motor vorgenommen.

Der Obere Totpunkt

Zum Einstellen des Zündzeitpunktes muß der Kolben im 1. Zylinder (das ist der Zylinder rechts vorne, in Fahrtrichtung gesehen) ganz »oben« (bei unserem Boxer-Motor also ganz außen) stehen. Das ist der Punkt, in welchem der Kolben von der »Aufwärtsbewegung« in die »Abwärtsbewegung« übergeht. Man nennt ihn den »Oberen Totpunkt« (Kurzzeichen: OT).
Um den Kolben des 1. Zylinders in den Oberen Totpunkt zu bringen, wird zuerst der Verteilerkopf abgenommen. Auf dem Verteilergehäuserand findet sich eine Kerbmarkierung (siehe Bild Seite 133), auf die der Verteilerfinger zeigt, wenn der Kolben des 1. Zylinders ungefähr im Oberen Totpunkt steht. Der Motor wird nun durch Drehen an der oberen Keilriemenscheibe (rechts herum) langsam weitergedreht (mit einem Ringschlüssel SW 21, den man auf die Lichtmaschinen-Mutter steckt, geht es am besten). Eventuell muß man etwas auf den Keilriemen drücken und so seine Spannung verstärken, daß der Motor auch mitgedreht wird. Wichtig: Motor immer nur rechts herum drehen. Hat man zu weit gedreht, so muß man ein größeres Stück nach links drehen und den richtigen Punkt dann wieder in Rechtsdrehung angehen: So wird das (unvermeidliche) Spiel im Verteilerantrieb ausgeschaltet.
Zeigt der Verteilerfinger auf die Gehäuserandmarke, hat man die Grobeinstellung. Die Feineinstellung des Oberen Totpunktes richtet sich nach den Kerbmarken in der Kurbelwellen-Keilriemenscheibe (Bild unten). Bei den Flachmotoren ist am Gebläsegehäuse ein Metallstreifen mit Gradeinteilung angebracht. Die Kerbe im Kühlgebläserad muß bei der Zündeinstellung auf die entsprechende Markierung zeigen.

Kontrolle mit der Prüflampe

Maßgebend für die Zündeinstellung bei stehendem Motor wie bei Einstellung im Leerlauf (siehe Seite 140) sind:

- 1200/34 PS 10° vor OT
- 1500/42 PS 10° vor OT
- 1500/44 PS 7,5° vor OT
- 1600/47 PS OT
- 1600/50 PS 5° nach OT (bis Motor-Nr. AD 0 290 640)
- 1600/50 PS 7,5° vor OT (ab Motor-Nr. AD 0 290 641)
- 1700/66 PS 5° nach OT (bis Motor-Nr. CA 017 214)
- 1700/66 PS 7,5° vor OT (ab Motor-Nr. CA 017 215)

Die Kurbelwellen-Keilriemenscheibe bis zum Herbst 70 zeigt 3 Kerben: Rechts 10° vor OT (Keilriemenscheibe dreht sich rechts herum!), daneben 7,5° vor OT und links der Obere Totpunkt. Zum Einstellen dieser Motoren müssen sich die entsprechende Marke (z. B. 7,5°; unterer weißer Pfeil) und die Gehäuse-Trennfuge (oberer weißer Pfeil) genau decken. Die Motoren ab August 1970 haben auf der Keilriemenscheibe nur noch eine Kerbe, die den für diesen Motor richtigen Zündzeitpunkt kennzeichnet. Eine flache Delle auf der anderen Keilriemenscheibenhälfte markiert den OT.

■ 1700/62 PS 7,5° vor OT (Getriebeautomatik) ■ 1800/68 PS 7,5° vor OT
■ 2000/70 PS 7,5° vor OT

Bei den Flachmotoren ist der richtige Zeitpunkt durch einen roten Punkt auf der Gradeinteilung am Kühlgebläse markiert (siehe Foto Seite 34).
Für die Einstellung gab es in den Riemenscheiben bis Juli 1970 drei Kerbmarkierungen für OT, 7,5° vor Ot und 10° vor OT. Diese Keilriemenscheiben wurden an allen Motoren verwendet und man mußte sich die für den jeweiligen Motor passende Kerbe heraussuchen. Seit August 1970 haben die Riemenscheiben nur noch eine Kerbe für den richtigen Zündzeitpunkt am betreffenden Motor.
Bevor man nun den Zündverteiler zum Nachstellen lockert, sollte zuerst einmal geprüft werden, ob die Zündzeitpunkteinstellung nicht noch stimmt. Dazu die Prüflampe mit einer Klemme an Klemme 1 der Zündspule anschließen, wobei das grüne Kabel ebenfalls an der Klemme 1 verbleibt. Den anderen Pol der Prüflampe – zumeist ist das eine Nadelspitze – fest an Masse drücken oder – noch besser, um die Hände frei zu haben – irgendwie anklemmen. Nun wird die Zündung eingeschaltet und der Motor von Hand (mit Ringschlüssel auf Lichtmaschinenwelle) langsam rechtsherum gedreht, so daß die Kerbmarken langsam an der Gehäusetrennfuge hinter der Keilriemenscheibe vorbeiwandern. Erst wenn die für Ihren Motor richtige Kerbe an der Trennfuge vorbeiwandert, muß genau in diesem Augenblick die Prüflampe aufleuchten. (Zur Erklärung: Vorher konnte der Zündstrom ohne Widerstand über die geschlossenen Kontakte zur Masse abfließen, die Prüflampe konnte deshalb nicht brennen. Sowie die Unterbrecherkontakte sich trennen, ist dieser Stromfluß unterbrochen und der Strom fließt über die dadurch brennende Prüflampe. Das entspricht genau dem Zeitpunkt des Hochspannungs-Stromstoßes in der Zündspule.) Leuchtet die Prüflampe nicht früher und nicht später auf, ist die Zündzeitpunkteinstellung in Ordnung.

Zündzeitpunkt nachstellen

Stimmt die Zündzeitpunkteinstellung nicht, muß der Motor langsam rechtsdrehend so gestellt werden, daß die richtige Marke genau mit der Gehäusetrennfuge in einer Richtung steht (»fluchtet«). Ist man bereits über diese Einstellung beim Motordrehen hinausgeschossen, Kurbelwelle noch einmal etwa um eine Viertelumdrehung nach links drehen und noch einmal, rechtsdrehend, die Kennmarken genau in Deckung übereinander bringen. Beachtet man diese Sorgfalt nicht, wird das Zahnflankenspiel zwischen Kurbelwelle und Verteilerwelle nicht einwandfrei ausgeschaltet und die Einstellung ist nicht wirklich genau. Danach Klemmschraube am Fuß des Zündverteilers lockern und Prüf-

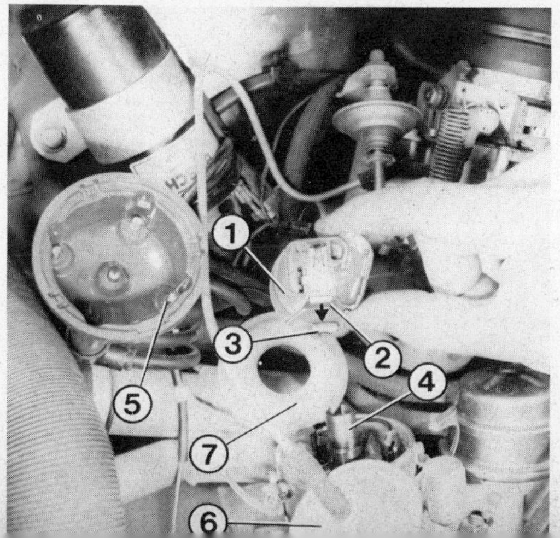

So sieht der Verteilerfinger (1) bei den Transportern mit Drehzahlbegrenzung aus. Der Begrenzer besteht aus einem Fliehgewicht (2) und einer gegenüberliegenden Kontaktzunge (3), die leitend mit der Verteilerwelle (4) verbunden ist. Bei überhoher Drehzahl bewegt sich das Fliehgewicht in Pfeilrichtung und berührt den Kontakt. Der Zündstrom gelangt so nicht mehr zu den Zündkerzen, sondern wird über die Verteilerwelle zur Masse abgeleitet.
Weiter zu sehen sind: Verteilerdeckel (5), Unterdruckdose (6) und Staubschutzdeckel (7).

lampe an Klemme 1 zum grünen Kabel anschließen. Brennt nun die Prüflampe bei eingeschalteter Zündung, sind die Kontakte offen, bei nicht-brennender Prüflampe sind sie geschlossen. Bei nicht-brennender Prüflampe wird das ganze Verteilergehäuse ein wenig rechtsherum – nur um wenige Grad – verdreht, bis die Prüflampe erlischt. Dann ganz langsam wieder im Gegenuhrzeigersinn drehen, bis die Kontakte gerade zu öffnen beginnen, was durch das Aufleuchten der Prüflampe angezeigt wird. Die Stellung des Zündverteilers darf nun nicht mehr verändert werden. Klemmschraube am Verteilerfuß sorgfältig festziehen, Einstellung nachkontrollieren, Verteilerdeckel aufsetzen.

Zündzeitpunkt mit Stroboskoplampe einstellen

In den Werkstätten will das Volkswagenwerk von der auch dort früher üblichen und soeben beschriebenen Zündzeitpunkteinstellung bei stehendem Motor nichts mehr wissen. Dort soll bei im Leerlauf drehendem Motor (möglichst genau 850 U/min) mit einer Stroboskoplampe eingestellt werden. Das ist eine Blitzlampe, die zwischen das Zündkabel zum 1. Zylinder geschaltet und auf die Kerbmarken der Keilriemenscheibe gerichtet wird. Bei jedem Zündfunken für den 1. Zylinder blitzt sie auf und beleuchtet dabei die jeweilige Zündzeitpunktmarkierung, die zu stehen scheint.

Bei den Motoren mit einfacher Unterdruckverstellung wird der Unterdruckschlauch am Verteiler abgezogen, bei Motoren mit doppelter Unterdruckverstellung (50 PS ab August 1970 bis Ende Juni 1971; 66 PS ab August 1971 bis Juli 1972) bleiben die Unterdruckschläuche angeschlossen.

Welche Keilriemenmarke beim Blitzen genau vor der Gehäusefuge stehen muß, geht aus dem Bildtext auf Seite 138 hervor.

Die Zündkabel

Die Zündkabel machen heutzutage keine Sorgen mehr. Früher war dies eine Zeitlang anders, als man zur gesetzlich vorgeschriebenen Funkentstörung sogenannte Widerstands-Zündleitungen einbaute, die nicht aus massiver Kupferlitze in der Mitte, sondern aus graphitierten Nylonfäden oder gedrillten Drähten bestanden. Solche Zündkabel sollten Sie sich bei Ersatz nie aufbinden lassen, denn es gibt schwer entdeckbaren Ärger damit, weil sie gegen Knick und Zug empfindlich sind.

Die Zündkabel sollen sauber und trocken gehalten werden. Wenn sie altersbrüchig geworden sind, sollte man sie austauschen, denn durch verschmutzte oder feuchte Alterungsrisse kann sich der Zündstrom auf verbotenen Wegen davonschleichen.

Bei Motorruckeln empfiehlt es sich, sowohl am Verteilerkopf wie an den Zündkerzen durch vorsichtiges Ziehen einmal nachzuprüfen, ob die Zündkabel auch

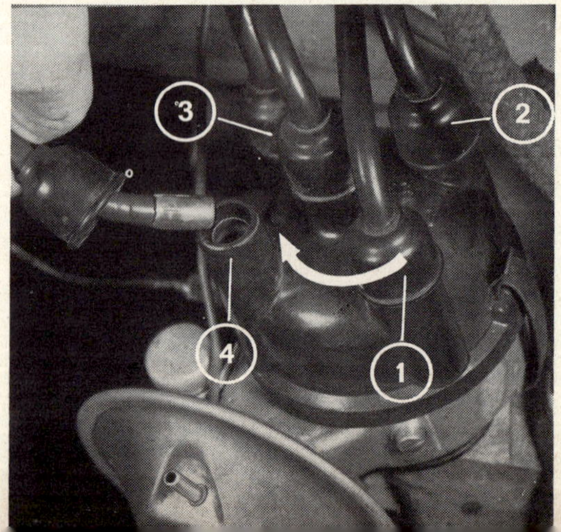

Da sich der Verteilerfinger im Zündverteiler, von oben betrachtet, im Uhrzeigersinn rechts herum dreht, zählt auch die Zündfolge am Verteilerkopf in gleicher Drehrichtung. Bei abgenommenem Verteilerkopf zeigt eine Kerbmarkierung den ungefähren Zündzeitpunkt für den 1. Zylinder an. (Siehe Bild S. 133; schwarzer Pfeil). In die darüber liegende Zündkabelbuchse des Verteilerkopfes gehört also Zündkabel Nr. 1. Die Zylinder-Nummern stehen seitlich auf dem Motor-Abdeckblech.

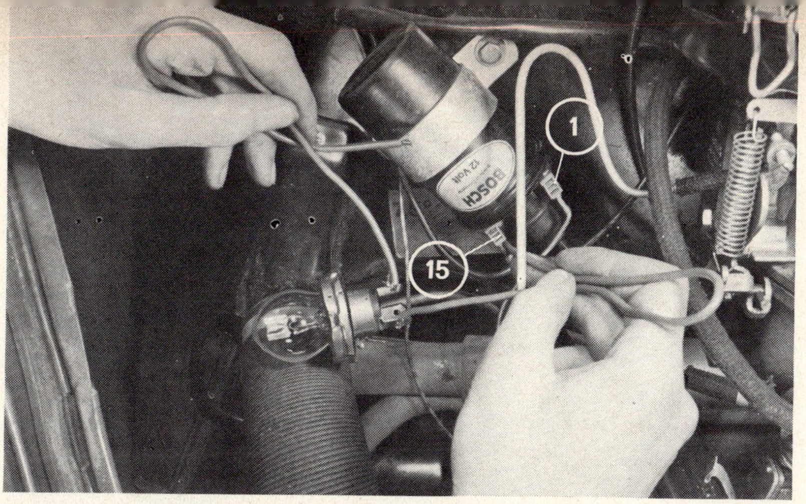

wirklich fest aufgedreht – ein kleines Kontaktschräubchen ist in der Zündkabelmitte in die Drahtlitze eingedreht – sind. Mit Schraubdrehungen wird das Kabel wieder fest angeschlossen. Hilft das nicht, ganz abziehen und die Zündkabelmitte prüfen – sie ist dann oft durch unterbrochenen Kontakt und dann überspringende Zündfunken verschmort. Kabel, wenn möglich, ein wenig kürzen und wieder festdrehen. Scheint das Zündkabel jedoch auch sonst beschädigt zu sein – gebrochen oder spröde gewordene Isolierung –, wird es einfach ausgetauscht. Zündkabel bekommt man als Meterware im Auto-Zubehör-Laden als Kupferkabel.

Auf diesen Seiten hier ist immer wieder die Rede von einer Prüflampe. So etwas kann man sich fertig kaufen. Aus einer Glühlampe (notfalls tut es eine halb ausgefallene Scheinwerferlampe) und zwei Enden Draht (direkt an die Pole der Glühlampe gelötet) kann man sich so etwas ohne Kosten auch selbst bauen. Mit einer solchen Prüflampe können Sie überall in Ihrem Auto prüfen, ob Strom zur Verfügung steht. Wie hier beispielsweise an der Norm-Klemme 15 der Zündspule, die bei eingeschalteter Zündung Spannung vom Zündschloß erhalten soll. Ein Kabelende an die Klemme 15, das andere an »Masse« (hier das Halteband der Zündspule), die Lampe muß bei eingeschalteter Zündung brennen. Norm-Klemme 1 liefert den Zündstrom zum Unterbrecher.

Zündkerzen prüfen

Pflegearbeit Nr. 12

Das Volkswagenwerk empfiehlt, alle 10 000 km den Elektrodenabstand der Zündkerzen zu prüfen und viele Werkstätten raten, nach 20 000 km die Zündkerzen auszuwechseln. Das eine ist uns zu lang, das andere zu kurz. Denn den Zündkerzen sollte man schon nach jeweils 5000 km einmal prüfend ins Angesicht sehen und bei einwandfreier Zündanlage und richtiger Zündkerzenwahl halten die Zündkerzen auch 30 000 oder gar 40 000 km, vorausgesetzt, die Zündkerzen-Elektroden werden rechtzeitig nachgestellt.
Diese Zündkerzenpflege können Sie durchaus selbst machen. Am besten benutzen Sie dazu den verstellbaren Zündkerzenschlüssel, wie wir ihn auf unserem Werkzeugbild auf Seite 29 zeigen. Denn das Aus- und Einbauen der Zündkerzen ist beim Transporter, speziell bei eingebauter Standheizung, eine fummelige Arbeit. Trotzdem dürfen Sie – achten Sie auch in der Werkstatt darauf! – beispielsweise die Zündkerze des 3. Zylinders nicht »vergessen«.

Das Zündkerzengesicht

Aus dem Aussehen und der Färbung der Zündkerzenelektroden kann man Rückschlüsse auf den Zustand des Motors, auf die Vergaser- und Zündeinstellung ziehen.

- mittelbraun oder mittelgrau = gute Vergasereinstellung, Zündkerzen und Motor arbeiten richtig;
- schwarz = Vergaser zu fett eingestellt oder Zündkerze ist im Betrieb durch vorwiegende Kurzstreckenfahrten zu kalt. Zündkerze mit nächstniederem Wärmewert probieren, wenn Vergasereinstellung stimmt;
- hellgrau bis weiß = Vergaser zu mager eingestellt;
- silbrig = Zündkerze wird zu heiß, eventuell durch scharfe Langstreckenfahrten; Zündkerze mit nächsthöherem Wärmewert probieren. Oder Zündung zu früh gestellt.

■ verölt = Zündkerze setzt aus oder Kolbenringe undicht; wenn bei allen Kerzen, Fehler in der Zündanlage und schlechter Motorlauf.

Zündkerzen, die nicht die richtige mittelgraue oder mittelbraune Farbe zeigen, braucht man nicht gleich wegzuwerfen. Schon um den Fehler einkreisen zu helfen, der aus dem »unschönen« Zündkerzengesicht zu vermuten ist, sollten die Zündkerzen, wie im folgenden Abschnitt beschrieben, gereinigt und im Prüfgerät unter Druck beobachtet werden. Wenn sie sich dort als brauchbar erweisen, kann man sie wieder einbauen (vielleicht untereinander austauschen), und nach kurzer Zeit wieder prüfen. Zeigen die gleichen Zylinder das (vorher notierte) gleiche Ergebnis, ist dort ein lokaler Fehler zu vermuten, zeigen die gleichen Zündkerzen (im anderen Zylinder) dasselbe fehlerhafte Gesicht, haben sie wahrscheinlich doch einen im Prüfgerät nicht erkennbaren Fehler oder sind im Wärmewert (siehe Abschnitt auf den folgenden Seiten) nicht richtig gewählt.

Zündkerzen reinigen

Wenn die ausgebauten Zündkerzen das »richtige« Kerzengesicht haben und die Elektroden keine deutlichen Verschleißspuren zeigen (dünn oder völlig rund gebrannte Elektroden), brauchen Sie nur den Elektrodenabstand zu kontrollieren. Eine Reinigung ist bei einwandfreiem Zündkerzengesicht ohne Verbrennungsrückstände nicht notwendig.

Mit der Stahlbürste oder gar einem Schraubenzieher dürfen die Kerzen ohnehin nicht gereinigt werden, da sonst die Mittelelektrodenisolierung (der Speckstein) leidet. Sie müßten also die Zündkerzen in die Werkstatt bringen, wo man sie in ein Reinigungsgerät schraubt, in dem Sand oder feinste Glasperlen gegen den Speckstein gestrahlt werden. Nur so werden die Verbrennungsrückstände selbst aus dem letzten Winkel der Kerze herausgeholt.

Diese Aktion lohnt sich aber nur bei neuwertigen Zündkerzen, die etwa durch einen total verstellten Vergaser funktionsuntüchtig geworden sind. Bei betagten Exemplaren, die ohnehin nur noch ein paar tausend Kilometer gehalten hätten, sind Sie mit neuen Zündkerzen besser bedient.

Elektrodenabstand nachstellen

Durch den natürlichen Abbrand erweitert sich der Abstand zwischen den Zündkerzenelektroden mit der Zeit, so daß es dem Zündfunken schließlich immer schwerer wird, zwischen Mittelelektrode und Masseelektrode überzuspingen. Das gibt dann Zündaussetzer und geringere Motorleistung. Deshalb muß der Elektrodenabstand gemessen und im Bedarfsfall nachgestellt werden. Er ist mit 0,7 mm bei unseren VW-Motoren vorgeschrieben. Geht also der Fühldraht 0,7 der Zündkerzenlehre (etwa für 1,50 DM erhältlich) zu leicht zwischen den Elektroden hindurch, wird die Außenelektrode entsprechend zur Mittelelektrode gebogen, bis der Elektrodenabstand nur noch 0,7 mm beträgt (Fühler 0,7 darf gerade noch durchgehen). Ein geringerer Elektrodenabstand von 0,6 mm ist im Winter für einen leichten Start günstiger.

Die richtige Zündkerzenwahl

Der richtige Wärmewert

Die richtige Zündkerzenwahl ist bei modernen Automotoren und bei den heutigen Straßenverkehrsverhältnissen oftmals ein sehr heikles Kapitel – bei unseren Transporter-Modellen ist das glücklicherweise nicht so sehr der Fall.

Ob eine Zündkerze ihre Pflicht richtig erfüllen kann, hängt nicht zuletzt von ihrem sogenannten »Wärmewert« ab. Da die verschiedenen Kraftfahrzeugmotoren sehr unterschiedliche Temperaturen in ihren Verbrennungsräumen entwickeln (es leuchtet ein, daß Motoren mit hoher Verdichtung und hoher Leistung mehr Hitze erzeugen als gemütliche Durchschnittsmotoren), kann man nicht jede Zündkerze in jeden Motor einsetzen. Sie muß auf die vom Motor erzeugte Hitze abgestimmt sein. Diese Eigenschaft wird durch den Wärmewert gekennzeichnet, der bei deutschen Zündkerzen einheitlich angegeben wird. So hießen die Kerzen früher z. B. 145 oder 175. Je höher die Zahl dabei war, desto mehr Hitze konnte die Kerze vertragen, d. h. ableiten, um selbst nicht zu heiß zu werden. Bei den neueren Bezeichnungen gibt nun eine einstellige Zahl den Wärmewert an. Außerdem haben die »heißeren« Kerzen jetzt eine niedrigere Kennzahl als die »kälteren« und umgekehrt. So entspricht die Zahl 6 dem früheren Wärmewert 200, 7 entspricht 175, 8 entspricht 145 usw. Bei ausländischen Zündkerzen ist der Wärmewert oft nach einem anderen System angegeben. Deshalb nachstehend eine Zusammenstellung der verwendbaren Kerzen. Zunächst die Kerzen für die Motoren mit hohem Gebläsekasten (1,2-, 1,5-, 1,6-Liter):

- Bosch W 8 A (W 145 T 1)
- AC 44 F
- Marchal 36
- Beru 14 - 8 A (145/14)
- Champion L-88 A
- Motorcraft AE 42

Das Volkswagenwerk hat damit den Wärmewert recht niedrig angesetzt, bis Herbst 1967 war Wärmewert 7 (175) empfohlen. Durch den Wärmewert 8 (145) reicht es aber auch bei winterlichen Stadt- und Kurzstreckenfahrten zur Selbstreinigungstemperatur der Zündkerzen. Wer jedoch seinen Wagen recht temperamentvoll bewegt und am Zündkerzengesicht durch zu hellsilbriges Aussehen feststellt, daß der Wärmewert anscheinend zu niedrig ist, kann es auch ohne Bedenken mit Zündkerzen des Wärmewertes 7 (175) versuchen. Das wäre dann

- Bosch W 7 A (W 175 T 1)
- AC 42 F
- Motorcraft AE 32
- Beru 14 - 7 A (175/14)
- Champion L-87 Y
- NGK B-6 HS

Die richtigen Zündkerzen für die 1,7-/1,8-/2-Liter-Flachmotoren müssen 19 mm Gewindelänge aufweisen. Der Wärmewert soll 145 betragen. Das sind

- Bosch W 8 C (W 145 T 2)
- AC 44 XL
- Marchal 36 HS
- Beru 14 - 8 C (145/14/3)
- Champion N-88
- Motorcraft AG 42

Die richtige Gewindelänge

Die für unsere Volkswagen passenden Zündkerzen werden überall angeboten, wo überhaupt Zündkerzen verkauft werden. Trotzdem kann es einmal vorkommen, daß ein sachunkundiger Verkäufer nur nach dem Wärmewert schaut und nicht dabei auf die richtige Gewindelänge achtet. Ein falscher Gewindedurchmesser wird sofort bemerkt, aber nicht so die Gewindelänge. Bei falsch gewähltem Wärmewert bleibt der Motor irgendwann stehen, bei falscher Länge des Einschraubgewindes kann er aber ernsthaften Schaden nehmen. Vorgeschrieben sind für die Zündkerzen im 1,2-/1,5-/1,6-Liter-Motor 12,7 mm Gewindelänge; nur die 1,7-/1,8-/2-Liter-Motoren brauchen 19 mm lange Kerzengewinde.

Ist das Einschraubgewinde zu lang, ragen die Zündkerzenelektroden zu weit in

Ein Zündkerzen-Wechsel ist beim Transporter, speziell bei eingebauter Standheizung, eine schweißtreibende Angelegenheit. Dennoch sollte man sich alle 5000 km um seine Kerzen kümmern – auch um die hinteren! Wichtig: Sind die Gummiringe, mit denen die Kerzenstecker am Kühlgebläse abgedichtet werden, einwandfrei?

den Verbrennungsraum hinein, so daß sich entweder der hochdrehende Kolben sogleich den Kopf anstößt (Folge: Pleuel- oder Kurbelwellenschaden) oder, falls dies nicht geschieht, brennt der dem Kolbenboden zu nahe Zündfunke nach kurzer Zeit ein Loch in den Kolbenboden.

Ist das Einschraubgewinde zu kurz, springt der Zündfunke innerhalb der Gewindegänge des Zylinderkopfes im »toten Raum« über, d. h. es fehlt dort am zündfähigen Kraftstoff-Luft-Gemisch, so daß der Motor allenfalls schlecht läuft. Der nicht verbrennende Kraftstoff wäscht derweilen den Schmierfilm von den Zylinderwänden ab (ergibt trocken laufende Kolben und starken Metallabrieb) und die restlichen Gewindegänge im Zylinderkopf »backen« mit Verbrennungsrückständen zu. Zumindestens müssen an den auszubauenden Zylinderköpfen die restlichen Gewindegänge mit einem Gewindeschneider wieder von den Verbrennungsrückständen befreit werden. Also auch in diesem Falle Zeit und Geld vertan.

Fingerzeige: *Bei heißem Motorblock niemals kalte Zündkerzen zu fest einschrauben. Nach Abkühlen des Motors oder Erwärmung der Zündkerzen sitzt diese wie eingenietet fest.*

Das Kerzengewinde darf vor dem Einbau auf keinen Fall geölt werden, um es besser gängig zu machen. Öl würde verkohlen und die Zündkerze im Gewinde festbacken. Statt dessen mit einem weichen Bleistift Graphit auf das Gewinde schaben. Zündkerze läßt sich später spielend leicht herausschrauben.

Wenn die Zündanlage gestört scheint, sollte man in stockdunkler Nacht im Freien der Motorlauf beobachten (aber nicht in der verdunkelten Garage, wegen der Gasvergiftungsgefahr!), die Taschenlampe einschaltbereit in der Hand. Wenn sich das Auge an die Dunkelheit gewöhnt hat, kann man unter Umständen am Verteiler, an der Zündspule, den Zündkabeln oder sonstigen Teilen der Zündanlage überspringende blaue Funken erkennen, die genau darauf hinweisen, an welchem Teil der Zündstrom »heimlich« zur Masse abfließt, also die Störung ihre Ursache hat.

Ein Motor, der längere Zeit mit zuviel Frühzündung gefahren wird, hat starken Verschleiß, besonders an den Pleuellagern.

Die Zylinderköpfe bestehen aus Leichtmetall, in das direkt die Kerzengewinde geschnitten sind. Beim Kerzeneinschrauben daher Vorsicht und Zündkerzen möglichst zuerst mit der Hand ohne Werkzeug in die ersten Gewindegänge einschrauben, sonst kann das Gewinde durch eine schief angesetzte Zündkerze schnell zerstört werden. Damit wird der Zylinderkopf unbrauchbar. In diesem Falle kann aber die Werkstatt einen Stahlgewinde-Einsatz einpassen (Heli-Coil-Gewindeeinsatz der Firma Böllhoff & Co., 4812 Brackwede, Bunsenstraße 1).

Wurde eine Zündkerze schief eingedreht und ist das Gewinde im Zylinderkopf bereits zerstört, kann die Zündkerze bei höheren Drehzahlen mit lautem Knall herausfliegen.

Entstörung beim Radio-Einbau

Von der einschlägigen Industrie werden Entstörmittel in der ersten Stufe für Mittel- und Langwelle, in der zweiten Stufe auch für UKW angeboten. Vernünftigerweise wird man gleich die UKW-Entstörung vornehmen. Dazu gibt es beispielsweise von Bosch und Beru und verschiedenen anderen Radio-Produzenten besonders zusammengestellte Entstörsätze. Wenn Sie solche kaufen, müssen Sie jedoch unbedingt in der sogenannten Typenliste des Herstellers sorgfältig überprüfen, ob und welche Entstörsätze gerade für Ihren Wagen berechnet sind. Denn »08/15«-Entstörsätze müssen natürlich für eine Menge

verschiedener Fahrzeuge passen und können in Ihrem Transporter nicht den höchsten Effekt erzielen. Und zu »scharfes« Entstören mit ungeeigneten Mitteln ergibt neben erhöhtem Elektrodenabbrand der Zündkerze ärgerliche Zündstörungen, weil der Zündstrom zu stark gedrosselt wird. Das kann beispielsweise passieren, wenn man zusätzlich zu den serienmäßig vorhandenen Zündkerzen-Entstörsteckern noch entstörte Zündkerzen einbaut. Sie haben im Isolatoroberteil einen Widerstand und sind bei Bosch am zusätzlichen Buchstaben »R«, bei Beru an einem »E« in der Typenbezeichnung erkennbar. Bei VW-Modellen braucht man sie gewöhnlich nicht; der Motor hinten ist vom Radio vorn so weit entfernt, daß man zuweilen sogar ohne alle Entstörung einen einwandfreien Empfang hat.
Da eine genaue Entstöranleitung bei den hier besprochenen Transporter-Modellen den Rahmen dieses Buches sprengen würde, möchten wir auf die sehr genauen Entstör- und Einbauanleitungen von Blaupunkt und Bosch (Blaupunkt ist eine Bosch-Firma) hinweisen. Da ist in Wort und Bild beschrieben, welche Entstörteile benötigt werden und wo und wie sie anzubringen sind. Man kann sie sich von den Kundendienstabteilungen der Robert Bosch GmbH, 7 Stuttgart 1, Postfach 50, der Blaupunkt-Werke GmbH, 32 Hildesheim, Robert-Bosch-Straße 200, schicken lassen. Natürlich muß man in Stuttgart oder Hildesheim genau wissen, welchen Wagentyp Sie haben und welches Baujahr er hat.

Radio-Störgeräusche einkreisen

Aber auch bei einem von der Werkstatt oder vom Radiohändler eingebauten Apparat gibt es öfter Störungen, die den Spaß an der Musik im Auto erheblich dämpfen. Die Ursachen können so zahlreich sein wie ein Hund Flöhe tragen kann. Doch gibt es auch für den Laien eine Einkreisungstaktik der häufigsten Störungsursachen, die oft zum Erfolg führt. Zumindest kann man dem Mann in der Werkstatt den richtigen Fingerzeig geben, der ihm Untersuchungen mit entsprechender Zeitverschwendung (die dann auf Ihrer Rechnung steht) erspart.

■ Auto-Radio zwischen zwei zu empfangenden Stationen mit voller Lautstärke einstellen, so daß Störgeräusche besonders deutlich zu hören sind. Bei jeder der nachfolgenden Prüfungen die unterschiedlichen Wellenbereiche (Langwelle, Mittelwelle, UKW) nacheinander einschalten. Die Prüfungen nimmt man außerdem, um Außeneinwirkungen zu vermeiden, weder in der Nähe von Hochspannungsleitungen, noch Straßenbahnen oder deren Oberleitungen und auch nicht bei eingeschalteter Straßenbeleuchtung (störende Leuchtröhrenstarter) vor.

■ Zuerst Radio-Empfang bei stehendem Motor aber eingeschaltetem Scheibenwischer prüfen. Ist der Wischermotor auch im Lautsprecher zu hören, muß an dessen Klemme »53« ein sogenannter »Vorbeischleif-Kondensator« oder ein »Entstörfilter« montiert werden.

■ Machen sich bei laufendem Motor im Stand prasselnde Geräusche bemerkbar, die mit der Drehzahländerung an- und abschwellen, sollten zuerst einmal die Zündkabel nachgeprüft werden: Sind die Zündkerzenstecker und Klemmenkrallen einwandfrei leitend mit der Kupferlitze des Kabels verbunden? Bei schief eingedrehten (bei Montageschnelligkeit gar nicht selten) Zündkerzensteckern gibt es im Zündkabel eine kleine Funkenstrecke zwischen Kupferlitze und Mittelstift des Steckers, die natürlich im Lautsprecher deutlich vernehmbar ist. Auf der Verteilerseite der Zündkabel ist außerdem nachzuprüfen, ob dort wirklich entstörte Verteilerstecker befestigt sind. Sie können beim Einziehen neuer Zündkabel vergessen worden sein. Auch auf der Zündkerzenseite der Kabel müssen die Zündkerzenstecker natürlich entstört sein, falls keine entstörten Zündkerzen eingebaut sind. Ebenso kann es bei diesen Motorgeräuschen im Radio an der richtigen Entstörung des Reglers, der Lichtmaschine, der Zündspule oder am Fehlen eines entstörten Verteilerfingers liegen. Bei letzterem springt nämlich der Zündfunke über einen kleinen Luftspalt vom Verteilerfinger zu den Zündkabelkontakten über – der Verteilerfinger berührt sie also nicht schleifend metallisch. Dieser Funkensprung kann knisternde Geräusche verursachen, wenn der Verteilerfinger nicht entstört ist.

■ Nun lassen Sie einmal Ihren Wagen bei ausgeschaltetem Motor »im Freilauf« ein brottrockene Asphaltstraße bei möglichst warmem Wetter herunterrollen. Knistert es im Radio während des Rollens und verschwindet dieses Knistern, sowie der Wagen zum Stillstand kommt, dann laden sich Ihre Reifen mit statischer Elektrizität auf. Da hilft nun nicht das alberne »Hundeschwänzchen« aus geflochtenem Kupferband, das man an manchen Autos auf der Straße schleifen sieht, sondern die Metallfelgen müssen einwandfrei leitend mit der Karosserie verbunden werden (an der Vorderachse kann nämlich das Radlagerfett isolierend wirken). Das Problem wird durch Radnabenkontakte (Bosch RK 140) gelöst, die jeweils unter den Radnabendeckel der beiden Vorderräder zu klemmen sind. An den Hinterrädern taucht das Störgeräusch in der Regel nicht auf, weil dort über die Antriebsachsen guter »Masseschluß« gegeben ist.

■ Kratzt es in Ihrem Autoradio immer noch, wird es schwierig. Es kann am Keilriemen liegen, der sich aufgrund seiner Gummimischung vielleicht elektrostatisch auflädt. Kontrolle: Bei Dunkelheit am laufenden Motor den an Masse fest angedrückten Schraubenzieher mit Spitze dem Keilriemen nähern. Springen Funken zum Schraubenzieher über, die man auch im eingeschalteten Radio hört, wird der Keilriemen leicht mit Glyzerin eingerieben, das schafft Abhilfe.

Im Lichterglanz

»Einäugige« Fahrzeuge mit defekten Leuchten vorn oder hinten können außerordentlich gefährlich werden. Im eigensten Interesse sollte man daher darauf achten, daß alle Scheinwerfer- und Rücklichtlampen funktionieren, dazu die Brems- und die Blinkerbirnen. So oft ist hier etwas nicht in Ordnung, daß man die »Kraftfahrzeug-Beleuchtungswoche« erfand, in der in jedem Herbst verstärkt kontrolliert wird, ob der Lichterglanz komplett ist. Ist er es nicht, so kann es Strafe kosten.

Ersatzlampen im Handschuhkasten

Autolampen brennen durch – das ist ihre Natur. Im Interesse hoher Lichtausbeute ist ihre Lebensdauer verhältnismäßig kurz: In der Scheinwerferlampe ist der Abblendfaden auf eine Lebensdauer von 150 Stunden ausgelegt, der Fernlichtfaden (den man ja seltener braucht) auf 75 Stunden. Wenn das Pech es will, kommt man gerade in der »151. Brennstunde« des Abblendfadens zur Polizeikontrolle. Dann sparen Sie sich viel Ärger und Zeitverlust, wenn Sie bei der Beanstandung des Polizeibeamten hurtig ein Kästchen mit Ersatzlampen aus dem Handschuhkasten ziehen können und sofort die schadhafte Lampe auswechseln. Die Polizeibeamten sollen in diesem Fall keine Anzeige erstatten und keine gebührenpflichtige Verwarnung erteilen, denn bei einem so vorsorglichen Autofahrer ist es nach gerichtlicher Meinung durchaus glaubwürdig, daß die Lampe »gerade eben« erst durchgebrannt ist. Und dafür kann kein Autofahrer etwas.

Wenn Sie sich einen Ersatzlampen-Kasten für unterwegs kaufen wollen, müssen Sie darauf achten, daß er für Ihren Wagen sortiert ist, also jene Lampen für 12 Volt Spannung enthält, die Sie auch tatsächlich brauchen. Für den VW Bus und Transporter werden benötigt:

- für die Hauptscheinwerfer:
  Asymmetrische Zweifadenlampe A 12 V, 45/40 Watt
- oder asymmetrische Zweifadenlampe H 4, YD 12 V, 60/55 Watt
- für das Standlicht vorn: Röhrenlämpchen HL 12 V, 4 Watt
- für die Brems-Schlußleuchte:
  Zweifaden-Kugellampe SL 12 V, 21/5 Watt
- für die Kennzeichenleuchte: Kugellampe G 12 V, 10 Watt
- für die Blinkleuchten vorn und hinten:
  Kugellampe RL 12 V, 21 Watt

Für eventuell vorhandene Rückscheinwerfer braucht man Kugellampen F 12 V, 15 Watt. Die Instrumentenbeleuchtung und die Kontrollampen haben die Bezeichnung W 12 V, 1,2 Watt, und die Lampe der Innenleuchte schließlich heißt K 12 V, 10 Watt.

Die Bezeichnungen gelten auch für den Transporter bis einschließlich Baujahr 1966 mit 6 Volt-Anlage; hier muß man natürlich 6 Volt-Lampen nehmen. Die Instrumentenlämpchen allerdings hören hier auf den Namen J 6 V, 1,2 Watt.

Licht- und Signalanlage prüfen

Kontrolldienst Nr. 35 und 37

Die alle 10 000 km im Inspektionsplan vorgesehene Prüfung der Licht- und Signalanlage sollte man natürlich öfter vornehmen. Es geht so:
Alle Schalter für Beleuchtung und Signaleinrichtungen nacheinander betätigen. Um den Wagen gehen und Leuchten kontrollieren. Auf- und Abblenden nicht vergessen, auch Blinkanlage prüfen. Bei dieser Gelegenheit: Mit Lappen alle Leuchten säubern – die Lichtausbeute wird größer. Bremslichtprobe: Wie bei den Blinkern Widerschein an Garagen- oder Hauswand beobachten.

Scheinwerferlampe auswechseln

Zum Auswechseln einer defekten Scheinwerferlampe die Schraube rechts in der Mitte im Chromring des Scheinwerfers herausdrehen, Scheinwerfereinsatz etwas anheben und oben aushängen, an der Rückseite des Scheinwerfereinsatzes zuerst den Kabelstecker von der Glühlampe abziehen, dann den Haltering für die Glühlampe etwas nach unten drücken und nach links drehen (Bajonettverschluß). Die Glühlampe läßt sich jetzt herausnehmen. Seit August 1973 ist der Scheinwerfereinsatz anders befestigt, siehe Bild rechts unten.
Die neue Scheinwerferlampe faßt man nicht mit den bloßen Händen an, denn auf dem Glaskolben bleiben auch bei sauberen Händen Fingerabdrücke – das sind Schweißabsonderungen –, die beim Einschalten der Lampe durch Hitze verdampfen und den Scheinwerferspiegel trüben.
Beim Einsetzen der Scheinwerferlampe darauf achten, daß die Nocken am Lampenrand in die Kerbe der Lampenfassung einrasten und die Halterungen genau in die Klemmschlitze des Haltesockels eingreifen. Sonst ist der Zusammenbau nicht einwandfrei möglich. Dazu hat man als »Richtmarke« außerdem noch die Kontaktzunge für die unter der großen Glühlampe im Scheinwerferspiegel sitzende kleine Standlichtlampe.

Fingerzeige: *Geht irgendein Licht nicht, so ist in der Regel die Glühlampe durchgebrannt (meist sieht man auch, daß der Faden gebrochen ist). Das Auswechseln der Lampe kommt also immer zuerst. – Brennt auch die neue Lampe nicht, so kommen die Schalter, die Kabel und die Kontaktfahnen in den Leuchten selbst in Frage, natürlich auch die Sicherungen. Achtung:*

- *Brennt die neue Scheinwerferlampe nicht, brennt aber der andere Scheinwerfer, so sind Lichtschalter und Abblendrelais in Ordnung (hier hängt ja auch der funktionierende Scheinwerfer dran). Es kommt also nur die Sicherung in Frage und das von hier zum Scheinwerfer führende Kabel.*
- *Brennt ein Standlicht nicht und funktioniert auf der gleichen Seite auch das Rücklicht nicht, ist die Sicherung defekt.*

Nach dem Herausdrehen der mittleren Schraube (S. 150) läßt sich der Scheinwerfer bis Juli 1973 unten anheben und oben aushängen. Zum Vorschein kommt dieses ziemlich wirre Gebilde.
Zum Ausbau der Glühlampe ist es erforderlich, zunächst einmal den Stecker von der Glühlampe abzuziehen.
Nach dem Abziehen des Steckers drückt man den frei gewordenen Blechteller nach unten und dreht ihn gleichzeitig nach links – er rastet aus seinen Bajonettverschlüssen aus und läßt sich abnehmen. Jetzt ist die Glühlampe frei.

■ *Sicherungen müssen nicht immer durchgebrannt sein. Ihre Kontaktkappen können korrodieren, so daß kein Strom mehr fließt. Abhilfe: Sicherungen in ihren Kontaktfahnen etwas hin- und herdrehen.*

■ *Auch die Sockel speziell kleiner Lampen (Blinker usw.) können korrodieren (sie sind dann meist ganz weiß). Durch Blankschaben des Sockels und der Halter kann man diese Lampen weiter verwenden.*

■ *Bei Biluxlampen schließlich kommt es vor, daß die Glühfäden gar nicht defekt sind, sondern die Lötstellen an den Kontaktzungen keinen Strom durchlassen. Hat man eine solche Lampe mit offensichtlich intakten Fäden, so kann man einmal versuchen, die Kontaktstellen im Sockel nachzulöten.*

Fehler in den Kabeln kommen sehr selten vor. Sie sind dann sehr schwer zu finden. Beste Möglichkeit: Ein Drahtende nehmen, an einer Sicherung anschließen, die immer Strom führt (z. B. Innenleuchte) und damit die Sicherung (den Schalterkontakt usw.) des nicht funktionierenden Stromkreises berühren. Brennt das Licht jetzt, so ist von hier ab bis zur Leuchte alles in Ordnung, der Fehler muß weiter zurück liegen.

Durcheinander bei den Klemmenbezeichnungen

Wer sich in der Auto-Elektrik etwas auskennt, weiß, daß nach der allgemein gültigen Norm-Vorschrift für das Fernlicht der Scheinwerfer die Norm-Klemme 56 a und für das Abblendlicht die Norm-Klemme 56 b »zuständig« ist. Wenn Sie sich daraufhin den Schaltplan von VW betrachten, dem der unsrige in der hinteren Buchklappe entspricht, dann findet man zwar diese Klemmenbezeichnungen richtig neben den Scheinwerferglühlampen. Aber das für das Abblendlicht (Klemme 56 b) zuständige gelbe Kabel ist am Abblend-Relais (»J« in unserem Schaltplan) an Klemme 56 a angeschlossen, was ja eigentlich das Fernlicht wäre. Und das weiße Kabel für das Fernlicht (Klemme 56 a an den Scheinwerfern) steckt dort an einer Klemme F. Wer seinen Wagen dagegen in Österreich gekauft hat, findet ebenfalls am Abblendrelais an der dortigen Klemme 56 a ein gelbes Kabel, dieses steckt jedoch an den Eingangsseiten der Abblendlicht-Sicherungen, von wo weiße Kabel zu den Klemmen 56 a der Scheinwerfer führen. Also stimmen diesmal die Klemmen, aber die Kabel sind »verwechselt«. Dieser Unsinn hat seine Ursache in den unterschiedlichen Beleuchtungsvorschriften verschiedener Länder.

Scheinwerfer-Streuscheibe auswechseln

Wenn eine Scheinwerfer-Streuscheibe etwa durch Steinschlag beschädigt oder zerschlagen ist, muß sie baldmöglichst ausgewechselt werden, damit der dahinterliegende empfindliche Scheinwerferspiegel nicht unbrauchbar wird.

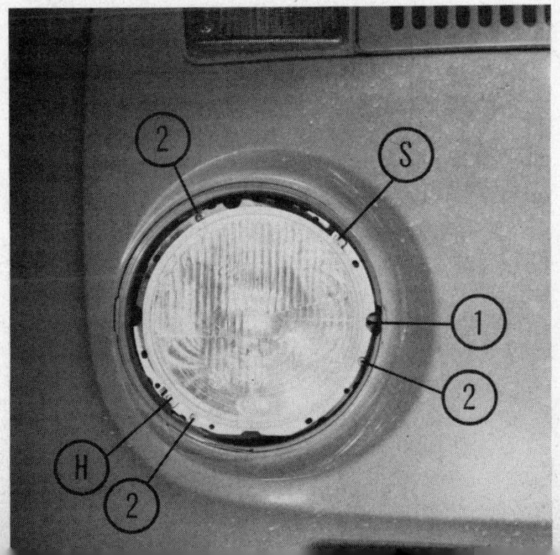

Der Scheinwerfereinsatz des ab August 1973 gebauten VW-Transporters wird folgendermaßen ausgebaut: Zierring losschrauben (1 zeigt auf das Gewinde für die Halteschraube), Scheinwerfer-Tragring abschrauben (3 Kreuzschlitzschrauben – 2 –). Damit kann man den Scheinwerfereinsatz bereits herausnehmen. Die Seiteneinstellschraube (S) sitzt bei diesem Scheinwerfer oben, die Höhenverstellschraube (H) findet sich unten am Scheinwerfer.

Hierbei sollte man darauf achten, daß Scheinwerfereinzelteile verschiedener Hersteller (also z. B. Hella, SWF oder Bosch) nicht miteinander kombiniert werden dürfen, denn die erforderliche Feinabstimmung der Lichtstrahlführung, die ja von Millimeter-Bruchteilen der Spiegel- und Streuglaskonstruktion abhängig ist, wird dadurch gestört. Dagegen dürfen Sie in Ihrem Wagen komplette Scheinwerfer unterschiedlicher Hersteller, also etwa links einen von Hella und rechts einen von Bosch, haben.
Nach Ausbau des Scheinwerfereinsatzes aus der Scheinwerfermulde und Herausnehmen der Lampen kann der Einsatz so auseinander genommen werden: Scheinwerfer-Justierschrauben aus ihren Gewinden am Scheinwerferspiegel herausdrehen, Spiegelteil aushängen, die 4 Halteklammern um den Spiegel-Haltering von Hand vorsichtig abdrücken und Einzelteile auseinandernehmen. Der Zusammenbau erfolgt sinngemäß umgekehrt, wobei besonders auf einwandfreie Abdichtung geachtet werden muß. Achten Sie darauf, daß die Streuscheibe richtig herum aufgesetzt wird, nämlich mit der Riffelung für das asymmetrische Abblendlicht nach links zeigend. Den Scheinwerferspiegel darf man nicht mit den Fingern berühren, denn die wegen des Hochglanzes nur aufgedampfte Spiegelfläche ist hochempfindlich. Deshalb ist es auch ein aussichtsloses Unternehmen, einen verstaubten oder verschmutzten Scheinwerferspiegel mit einem Läppchen oder sonstwie reinigen zu wollen. Ist der Scheinwerferspiegel trübe, was auch nach 4 Jahren Normalgebrauch der Fall ist, sollte man ihn ebenfalls auswechseln.
Bei den seit August 1973 eingebauten Scheinwerfern sind Streuscheibe und Reflektor verklebt, das bedeutet, daß die Streuscheibe oder der Reflektor nicht mehr einzeln ersetzt werden können. Zum Ausbau den Scheinwerfer-Abdeckring abschrauben, Tragring losschrauben, Klammer für den Scheinwerferhalter am Tragring abhebeln, Zugfeder (innen) am Scheinwerfereinsatz aushaken, Halter für den Scheinwerfereinsatz (außen) nach einer Vierteldrehung aushaken. Einstellschrauben herausdrehen und Scheinwerfereinsatz abnehmen. Der Einbau erfolgt in umgekehrter Reihenfolge.

Fingerzeig: *Brennen die Scheinwerfer nur noch trübe, kann dies an einem getrübten Scheinwerferspiegel (siehe vorhergehender Abschnitt) oder einer gealterten und daher trüben Scheinwerferlampe (geschwärzter Glaskolben) liegen. Die Ursache kann aber auch Spannungsabfall in den Leitungen oder eine Störung des Abblend-Relais sein.*
Auch eine schlechte Verbindung des braunen Massekabels im Scheinwerfer-

Die Kreuzschlitzschraube links oben dient zur Höheneinstellung des Scheinwerferstrahls. Sie wird beim Justieren des Scheinwerfers zuerst betätigt. Mit ihr bringt man die Hell-Dunkel-Grenze des Abblendlichts genau auf die waagrechte Hilfslinie auf der Wand. Wenn die Höhe stimmt, wird die Seitenrichtung mit der Kreuzschlitzschraube rechts unten eingestellt, bis der Abknickpunkt des Scheinwerferlichtes genau in das Markierungskreuz auf der Wand zeigt. Die Schraube ganz rechts hält den Scheinwerfer-Einsatz in der Scheinwerfermulde.

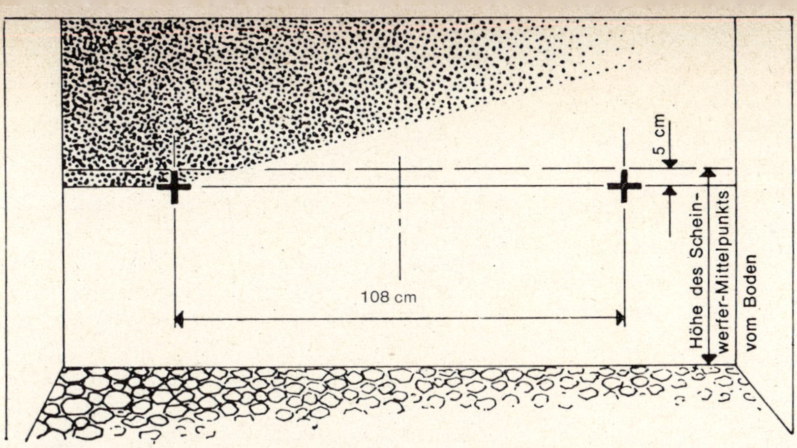

Vor der senkrechten Wand, auf der Sie diese Hilfslinien zum Einstellen der VW-Scheinwerfer ziehen, sollten Sie 9 m ebener Fläche haben. Auf was bei der Herrichtung dieses Platzes zu achten ist, wird auf diesen Seiten beschrieben. Die 108 cm entsprechen dem speziellen Scheinwerferabstand des VW-Transporters jeweils von der Mitte des Scheinwerferglases aus gemessen.

einsatz zur »Masse« kann die Ursache sein. Ist dieser Masse-Anschluß ganz oder teilweise unterbrochen, dann ist dies an der brennenden Fernlichtkontrolle zu erkennen, obgleich das Abblendlicht eingeschaltet ist. Dann »erschleicht« sich nämlich der Strom anstelle der gestörten Masse-Verbindung über den Fernlichtfaden und die Fernlichtkontrollampe einen Weg zur »Masse«.
Alle diese Störungen kreist man am besten mit einem Voltmeter ein. Die an den Glühlampenklemmen gemessene Spannung soll nicht mehr als 0,6 Volt (bei 12-Volt-Batterie) unter der an der Batterie gemessenen Spannung liegen. 10 % Spannungsverlust (= 1,2 Volt bei der 12-Volt-Batterie) bringen bereits 30 % Leuchtstärkeverlust!

Scheinwerfer einstellen

Pflegedienst Nr. 38

Wenn unterwegs eine neue Scheinwerferlampe eingesetzt werden mußte, ist unter Umständen ein Neueinstellen des Scheinwerfers fällig, denn selbst Bruchteile eines Millimeters in der Fertigungstoleranz einer Scheinwerferlampe machen sich natürlich auf 25 oder 50 Meter Entfernung im Scheinwerferstrahl bemerkbar. Weil man nun im Kofferraum kein Scheinwerfereinstellgerät mitzuführen pflegt, bleibt in diesem Falle nichts weiter übrig, als den Wagen rund 10 oder 20 Meter vor einer möglichst hellen Wand aufzustellen und den neu bestückten Scheinwerfer der Höhe nach mit dem unveränderten Scheinwerfer gleichzustellen. Dazu wird das Abblendlicht eingeschaltet, das nach oben eine scharf abgegrenzte Hell-Dunkel-Grenze hat, und durch wechselseitiges Verdecken der Scheinwerfer festgestellt, welches »Lichtbild« auf der Wand zum neu einzustellenden Scheinwerfer gehört und ob dieser höher oder tiefer eingestellt werden muß.
Das Verstellen der Hell-Dunkel-Grenze ist beim VW-Transporter nicht schwierig. Wenn Sie sich den Chromring um den Scheinwerfereinsatz von vorne betrachten, sehen Sie darauf drei Kreuzschlitzschrauben. Die Schraube rechts außen ist die Halteschraube des ganzen Scheinwerfereinsatzes, die Schraube rechts unten dient zur Seiteneinstellung, die links oben zur Höheneinstellung des Scheinwerferstrahls. Bei dieser Neujustierung kann die Seiteneinstellung noch vernachlässigt werden.
Beim Transporter ab August 1973 muß der Scheinwerfer-Abdeckring losgeschraubt werden, um an die Einstellschrauben zu gelangen.
Unterläßt man jedoch die behelfsmäßige Höhen-Einstellung nach dem Einsetzen einer neuen Lampe, ist zumeist entweder die Fahrbahn schlecht ausgeleuchtet oder die entgegenkommenden Autofahrer machen durch wütendes Geblinke darauf aufmerksam, daß auch der abgeblendete Scheinwerfer noch blendet. Überhaupt sollten solche Blinzeleien entgegenkommender Fahrzeuge als Hinweis geachtet werden, daß etwas mit der Scheinwerfereinstellung nicht stimmt.

Die Blinkleuchten am VW Transporter sitzen seit August 1972 oberhalb der Scheinwerfer. Zum Wechseln der 21-Watt-Birne werden die drei Kreuzschlitzschrauben im Abdeckglas herausgeschraubt und das Glas abgenommen.

Das richtige Einstellen der Scheinwerfer nimmt die Werkstatt oder der Bosch-Dienst mit einem Scheinwerfereinstellgerät vor, das direkt vor jeden einzelnen Scheinwerfer geschoben wird. Das ist eine Arbeit von wenigen Minuten, die aber des Spezialgerätes wegen doch 2,– oder 3,– DM kostet.

Sie können aber die Scheinwerfer Ihres Wagens auch selbst vorschriftsmäßig einstellen, wenn Sie irgendwo eine ganz ebene Fläche von mindestens 9 m Länge mit abschließender senkrechter Wand zur Verfügung haben und auf dieser Wand mit Kohle oder Kreide Striche ziehen dürfen. Ferner brauchen Sie noch ein Metermaß und eine Latte zum Stricheziehen. Als Vorbereitung wird der Reifendruck geprüft. Und während der Scheinwerfereinstellung muß sich ein hilfsbereiter Mensch von etwa 70 kg Lebendgewicht auf dem Fahrersitz ausruhen – das ist die vorgeschriebene Belastung. Nun stellt man seinen Wagen auf der ebenen Fläche genau im rechten Winkel zur Wand auf, schiebt ihn mit der Hand einige Meter hin und her, damit sich die Federung richtig einspielt, und stellt ihn schließlich so ab, daß die Scheinwerfer genau in fünf Meter Abstand vor der Wand stehen.

Jetzt peilen Sie durch die Heckscheibe Ihres Wagens genau in der Mitte – ausmessen! – nach vorne über den Haltearm des inneren Rückspiegels jenen Punkt auf der Wand an, auf den somit die Mitte Ihres Wagens genau zeigt. Dort lassen Sie von Ihrem Helfer einen kurzen senkrechten Strich aufmalen, wonach er sich auf den Fahrersitz sinken lassen kann. Nun tragen Sie beidseits des senkrechten Striches auf der Wand den Abstand der beiden Scheinwerfer ein. Er beträgt beim Transporter genau 1080 Millimeter – also malen Sie 54 cm rechts und links vom Mittelstrich wieder je einen senkrechten Strich. Danach messen Sie an Ihrem eigenen Wagen die Höhe der Scheinwerfermitte über dem Boden. Je nach Vorspannung der Federn schwankt diese Höhe von Wagen zu Wagen um einige Zentimeter. Diese Höhe wird auf die beiden äußeren senkrechten Striche übertragen und quer durch diese Markierungspunkte eine waagrechte Linie gezogen. Von jedem der so entstandenen Markierungskreuze messen Sie nun entsprechend der vorgeschriebenen Neigung von 1 Prozent jeweils 5 cm herunter. Diese ausgemessenen Punkte werden mit einem dicken Kreuz markiert und durch eine waagrechte Linie verbunden.

Nach dieser Vorarbeit beginnt das eigentliche Einstellen der Scheinwerfer mit dem Abblendlicht. Da der Transporter asymmetrische Scheinwerferlampen hat, steigt nach einer genau waagrechten Hell-Dunkel-Grenze auf der linken Seite in einem sehr gut erkennbaren Abknickpunkt das beleuchtete Scheinwerferfeld im Winkel von 15° nach rechts oben an. Dieser Abknickpunkt muß haarscharf auf das vorher markierte, für ihn bestimmte Kreuz zeigen. Auch eine geringe Abweichung nach rechts, links oder oben ist nicht zulässig. Allenfalls dürfte der Lichtpunkt unterhalb des Kreuzes liegen. Das würde aber bedeuten, daß man die Straße nicht so weit ausgeleuchtet hat, wie man sie ausleuchten darf.

Erst Höhe, dann Seite einstellen

Wenn die beiden Abknickpunkte der beiden Scheinwerfer nicht genau auf ihr jeweiliges Markierungskreuz zeigen – zum besseren Erkennen deckt man die Scheinwerfer wechselseitig mit einer Decke oder Jacke ab —, verstellt man die Scheinwerfer mit den beiden diagonal gegenüberliegenden Einstellschrauben, die die Bilder dieser Seiten zeigen. Mit der Höheneinstellung bringt man die linksseitige Hell-Dunkel-Grenze des Abblendlichtes genau auf die waagrechte Linie, die man durch die beiden dicken Markierungskreuze gezogen hat. Wenn die Höhe stimmt, wird die Seitenrichtung mit der Kreuzschlitzschraube links unten eingestellt. Von Zeit zu Zeit fährt man wieder einmal vor diese Kreuze an der Wand und prüft, ob die Scheinwerfereinstellung noch stimmt.
Wer eine solche Wand nicht zur Verfügung hat oder auf ihr nicht malen darf, kann sich auch so helfen: In der Werkstatt Scheinwerfer peinlich genau einstellen lassen. Bei der Einfahrt in die eigene Garage läßt man den Wagen mit eingeschaltetem Abblendlicht am Garagentor stehen und markiert sich die beiden Abknickpunkte auf der Garagenwand. Wenn das auf die wenigen Meter auch keine sehr genaue Kontrolle ist, eine gute Hilfe ist es doch.

Lampenwechsel

Standlicht

Als Standlicht brennt in jedem Scheinwerfer ein Röhrenlämpchen 4 Watt. Das Standlicht an beiden Scheinwerfern, das rechte Rücklicht und die Kennzeichenleuchte sind über jeweils die gleiche Sicherung abgesichert (siehe Sicherungstabelle Seite 128).
Die kleine unscheinbare Standlichtlampe brennt immer, wenn überhaupt ein Scheinwerferlicht eingeschaltet ist. So dient sie als Notbeleuchtung, wenn der Abblend- oder Fernlichtfaden einer Scheinwerferlampe ausgefallen ist und hilft vermeiden, daß ein entgegenkommender Verkehrsteilnehmer das Auto für ein Motorrad hält. Die kleine Röhrenlampe braucht nur 4 Watt, wird also nicht besonders strapaziert und hält dementsprechend lange.
Wenn sie aber doch einmal ersetzt werden muß, ist der Scheinwerfereinsatz wie zum Wechseln der Scheinwerferlampen auszubauen. Klemmring des Lampensockels etwas eindrücken, nach links drehen und Lampensockel herausnehmen. Die Standlichtlampe liegt unter der unteren Kontaktzunge. Mit Zeigefinger in den Reflektor greifen, auf die Standlichtlampe drücken und sie von

Zum Auswechseln einer Blinkerlampe vorn zunächst die zwei Kreuzschlitzschrauben im Lampenglas lösen und das Glas abnehmen. Danach die Lampe nach innen drücken und nach links drehen – sie löst sich aus ihrem Bajonettverschluß. Neue Lampe eindrücken und bis zum Anschlag nach rechts drehen. Vor dem Aufsetzen der Kappe kontrollieren!

außen etwas drehen, damit sie herausfällt. Beim Einsetzen der neuen Lampe darauf achten, daß die beiden Stifte am Lampensockel in die dafür vorgesehenen Kerben zu liegen kommen. Die Kontaktzunge muß nach Aufsetzen des Lampensockels und des Klemmringes gespannt auf dem Kontakt der Standlichtlampe aufliegen.
Seit August 1973 muß zum Ausbau der Standlichtlampe deren Fassung etwas nach links gedreht und dann abgenommen werden. Beim Einbau muß die Rastnase der Fassung nach unten zeigen.

Vordere Blinkleuchten

Kugellampe 21 Watt; rechts schwarz-grünes Kabel ab Klemme R Blinkerhebel, links schwarz-weißes Kabel ab Klemme L Blinkerhebel.
Das Glas der Blinkleuchte wird von zwei Kreuzschlitzschrauben gehalten. Als Ersatz für eine defekte Blinkerlampe nur die vorgeschriebene 21-Watt-Lampe verwenden (6-Volt-Fahrzeuge: 18 Watt), da sonst der Arbeitsrhythmus des Blinkrelais gestört wird. Sonstige Arbeiten an der Blinkanlage siehe Seite 166.

Fingerzeig: *Defekte Blinkerlampen machen sich dadurch bemerkbar, daß der Blink-Takt ganz schnell wird oder die Blinker-Kontrolleuchten nicht mehr aufleuchten.*

Heckleuchte

In der Heckleuchte sitzt oben die Blinkleuchte, unten die Zweifadenlampe für Brems- und Schlußlicht. Das Abdeckglas wird mit zwei Schrauben gehalten, für die man die Kreutzschlitzseite des Schraubenziehers aus dem Bordwerkzeug benötigt. Die Glühlampen sitzen in »Bajonett-Verschlüssen«, lassen sich also nach leichtem Druck und Linksdrehung aus ihrer Fassung nehmen. Beim Montieren des Abdeckglases darauf achten, daß dieses rundum gut an der Dichtung anliegt, damit keine Feuchtigkeit oder Staub eindringen kann. Die Halteschrauben dürfen trotzdem nicht zu fest angezogen werden, sonst springt das Glas. Gute Abdichtung wird dagegen erreicht, wenn rundum die Dichtlippe der Gummidichtung nicht eingeklemmt, sondern mit einem Holzstäbchen über den Rahmen des Abdeckglases gehoben wird.
Blinker: Kugellampe 21 Watt; rechts schwarz-grünes Kabel ab Klemme R Blinkerhebel, links schwarz-weißes Kabel ab Klemme L Winkerhebel.
Schlußlicht: Kombiniert in einer Zweifadenlampe mit dem Bremslicht, Kugellampe 21/5 Watt; grau-rotes Kabel, grau-schwarzes Kabel.
Bei der Zweifadenlampe ist der leuchtschwächere 5-Watt-Faden für die Schlußbeleuchtung zuständig. Bei dieser Zweifadenlampe ist beim Einsetzen zu

Die Rückleuchte enthält oben eine 21 Watt-Lampe für den Blinker, unten eine 21/5 Watt-Lampe für Brems- und Schlußlicht. Lampen wie üblich nach unten drücken und nach links drehen, dann lassen sie sich herausnehmen. Die kombinierte untere Lampe nicht falsch einsetzen! Beim Einschalten des Lichts muß der schwache, beim Tritt auf die Bremse der starke Faden leuchten!

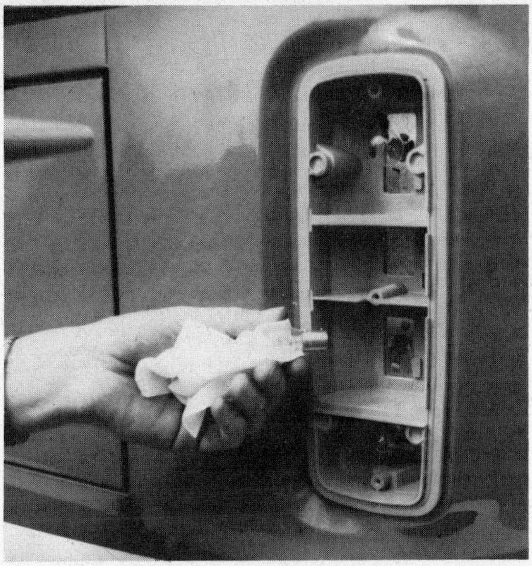

Seit August 1971 kamen bei den Transporter-Modellen verbesserte Rücklichter zum Einsatz. Sie lösten die seit über zehn Jahren gebauten ovalen Leuchten ab, die ständig durch schlechten Massekontakt und gerissene Abdeckgläser Ärger bereiteten.
Zum Lampenwechsel nimmt man das Rücklichtglas nach dem Lösen von drei Kreuzschlitzschrauben ab. Die richtige Stärke der Birnen ist im jeweiligen Lampensegment angeschrieben, so daß nichts schiefgehen kann. An die Stecker der Anschlußkabel kommt man vom Motorraum her erst heran, wenn man die Schutzkappe abzieht.

beachten, daß die beiden seitlichen Haltezapfen am Lampensockel unterschiedlich hoch angesetzt sind. Dadurch kann die Lampe ohne Gewalt nur in einer einzigen Richtung in ihre Fassung eingesetzt werden. Damit soll sichergestellt werden, daß Schlußlicht und Bremslicht jeweils nur mit ihrem eigenen Leuchtfaden brennen.

Bremslicht: Kombiniert in einer Zweifadenlampe mit dem Schlußlicht. Kugellampe 21/5 Watt; schwarz-rotes Kabel.

Die Besonderheit dieser Zweifadenlampe ist im vorhergehenden Absatz erläutert. Beim Einsetzen dieser Lampe beachten.

Rückfahrscheinwerfer: Kugellampe 15 Watt; Hülsensicherung hinten am Gebläsegehäuse; schwarzes Kabel.

Bei Ersatzbedarf sollten Sie sich anstelle der hier serienmäßig vorgesehenen 15-Watt-Lampe 21-Watt-Lampen kaufen, denn für diese Rückfahrscheinwerfer gibt es für die Leuchtstärken keine bindenden Vorschriften. Mit 21-Watt-Lampen in den Rückfahrscheinwerfern hat man aber für den Notfall Ersatz für eine defekte Blinkerlampe, die ja lebenswichtig ist.

Ein Trick für Leute, die keinen Rückfahrscheinwerfer haben: Warnblinkanlage einschalten.

Die Kennzeichenleuchte hat ihr Lämpchen hinter dem Fensterchen. Nach Lösen der zwei Schrauben zieht man die Leuchte nach unten heraus und kommt jetzt bequem an die Glühlampe heran.

An die Glühlampe der Innenleuchten kommt man heran, wenn man die komplette Leuchte vorsichtig mit einem feinen Schraubenzieher hochhebelt und dann herausnimmt. Die Sofittenlampe wird nur durch die beiden Spiralfedern gehalten.

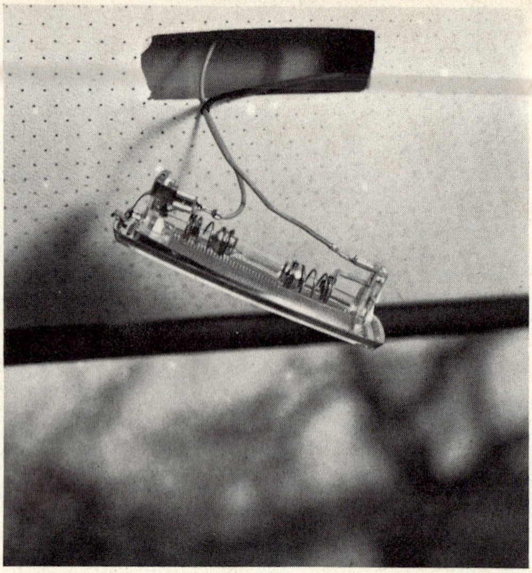

Kennzeichenleuchte

Kugellampe 10 Watt; grau-rotes Kabel ab Kabelstecker des rechtsseitigen Schlußlichtes.
Zum Lampenwechsel Motorraumhaube anheben und von der Unterseite her die beiden Halteschrauben des Abdeckglases herausdrehen, Abdeckglas abnehmen und defekte Glühlampe aus ihrer Fassung drehen (Bajonett-Verschluß).

Innenbeleuchtung

Beide Innenleuchten enthalten Soffittenlampen 12 Volt, 10 Watt, 41 mm lang. Um sie auszuwechseln, muß die ganze Innenleuchte mit einem feinen Schraubenzieher herausgehebelt werden. Beim Einbau die Innenleuchte zuerst mit der Schalterseite in den Blechausschnitt einsetzen.
Zeigt sich, daß einer der beiden Türkontaktschalter, die beidseitig im Vorderholm der Türen in halber Höhe sitzen, nicht regelmäßig beim Öffnen der Tür das Licht anschaltet, muß der Schalter mit einem feinen Kreuzschlitzschraubenzieher aus dem Türholm geschraubt und wieder gängig gemacht werden (siehe Bild auf der folgenden Seite).

Instrumentenbeleuchtung

Röhrenlämpchen 1,2 Watt; ohne Sicherung; grau-rotes Kabel ab Klemme 58 b des Lichtschalters.
An dieser Stelle soll zunächst nur das Austauschen der drei Beleuchtungslämpchen in den Instrumenten interessieren. Im linken Kombi-Instrument oberhalb der Benzinuhr, im Tachometer und in der (nicht immer vorhandenen) Uhr gibt es je ein Beleuchtungslämpchen 1,2 Watt, das bei den neueren Wagen in einem Kunststoffsockel sitzt. Dieser Sockel läßt sich nach hinten aus den Instrumenten herausziehen (mit einer Lampe kann man die Sockel hinter den Instrumenten von unten sehen), dann läßt sich das Lämpchen aus dem Sockel herausziehen. Die Lampen selbst haben keinen eigentlichen Sockel mehr, Kontakt geben zwei am Glaskolben umgebogene Drahtenden. Die früheren 2-Watt-Lämpchen mit Metallsockel passen nicht! Die Kontrollampen im linken Kombi-Instrument werden auf dieselbe Weise ausgewechselt.

Der Lichtschalter

Durch Einkreisen einer Störung mit einer Prüflampe kann sich herausstellen, daß der Fehler im Lichtschalter sitzt. Um besser zur Fehlersuche an die Schalterrückseite mit den Kabelanschlüssen heranzukommen, kann man den Schalter komplett ausbauen. Um Kurzschlüsse zu vermeiden, wird zuerst das Minus-Kabel der Batterie gelöst, das bei der späteren Prüfung am ausgebauten Schalter wieder angeschlossen wird. Wie man den Lichtschalter (und ebenso den benachbarten Scheibenwischerschalter) ausbaut, ist im Bild S. 159 gezeigt. Die an der Schalterrückseite angeschlossenen 7 Kabel brauchen Sie nicht zu verwirren. Durch eines der 3 dicken roten Kabel erhält der Lichtschalter an eine Klemme 30 stets Strom auch bei ausgeschalteter Zündung direkt von der Batterie (über Klemme B + des Reglerschalters). Welches der drei roten Kabel dies ist, kann man nach Abziehen von ihrer Schalterklemme mit der Prüflampe ermitteln. Die beiden anderen roten Kabel (ebenfalls an eine Klemme 30 angeschlossen) liefern dauernd Strom, einmal an die stets stromführenden Sicherungen und zum anderen an Klemme 30 des Zündschlosses. Die drei roten Kabel können also ebensogut an einer einzigen Schalterklemme zusammenstecken.

Wird nun der Lichtschalter halb herausgezogen, erhalten die Klemmen 58 (graues Kabel zu den Sicherungen für das Standlicht) und 58 b (grau-rotes Kabel zur Instrumentenbeleuchtung) Strom. Die an die Klemme 58 b gelieferte Spannung ist überdies mit dem Schalterknopf noch regelbar. Außerdem erhält auch noch die Klemme 57 Strom, an der die Standlicht-Kontrollampe angeschlossen ist.

Zieht man den bis Juli 1970 eingebauten Lichtschalter ganz heraus, erhält zusätzlich die Klemme 56 Strom (weiß-schwarzes Kabel zum Abblend-Relais), die für Fern- und Abblendlicht zuständig ist. Ab Herbst 70 erhielt der Lichtschalter einen zusätzlichen Kontakt mit der Bezeichnung X (weil es dafür keine Normklemmenbezeichnung gibt). Das daran angeklemmte schwarze Kabel verbindet den Lichtschalter mit der gleichbezeichneten Klemme X des seit Herbst 70 eingebauten Zündschlosses. Das Ganze nennt sich »Zündschloßabhängige Scheinwerferschaltung« und bewirkt, daß die Klemme 56 für Fern- und Abblendlicht nicht mehr, wie bis Herbst 70, direkt von Klemme 30 des Lichtschalters, sondern vom Zündschloß mit Strom versorgt wird. Dies geschieht aber nur bei eingeschalteter Zündung. Am stehenden Fahrzeug kann also nur noch das Standlicht brennen, ebenso während des Startvorganges, bei dem sich die Batteriekraft ganz auf den Anlasser konzentrieren kann.

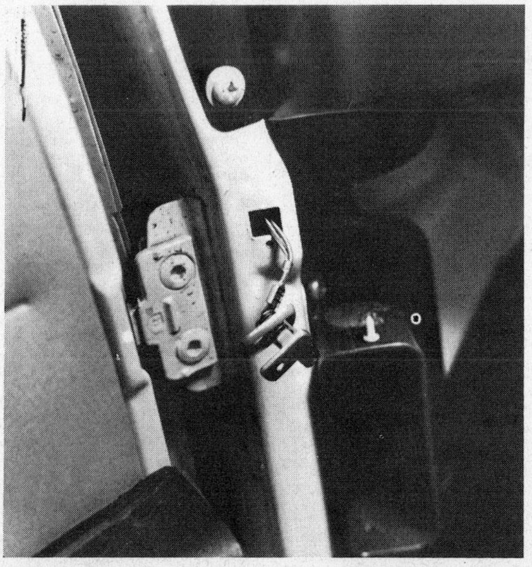

Wenn beim Öffnen einer Tür die vordere Innenraumleuchte nicht einschaltet, obgleich sie beim Öffnen der anderen Tür funktioniert, liegt der Fehler zumeist im betreffenden Türkontaktschalter. Dessen Halteschraube herausdrehen, den ganzen Schalter aus dem Türrahmen ziehen, reinigen (Schaltkontakt stellt Verbindung zur Masse her und läßt Lampe dadurch leuchten), blank schaben. Der Kontaktstift muß sich leicht einfedern lassen und gut zurückfedern. Im Befarfsfall leicht einölen.

Mit diesen Hinweisen dürfte sich ein Fehler – etwa ein gebrochener Kontakt im Schalter – ermitteln und feststellen lassen, ob ein neuer Lichtschalter eingebaut werden muß oder nicht. Das kann man sich z. B. sparen, wenn die Lichtstärkeregelung der Klemme 58 b defekt ist. Dann läßt sich das grau-rote Kabel mit einem »Doppelstecker« an die Klemme 58 anschließen, nur brennt dann die Instrumentenbeleuchtung stets mit gleicher Helligkeit.

Zusätzliche Leuchten

An das »Elektrizitätswerk« eines Autos lassen sich die vielfältigsten und erstaunlichsten Stromverbraucher zusätzlich anschließen – bis Batterie und Lichtmaschine streiken. Der Stromhaushalt darf nämlich nicht aus dem Gleichgewicht gebracht werden, so verlockend elektrisch beheizte Sitzkissen, Autoradio, Trockenrasierer, Ventilatoren und vor allem Zusatz-Scheinwerfer auch im Schaufenster des Zubehörhändlers liegen.

Nebelscheinwerfer

Selbstverständlich montiert man, wie vorgeschrieben, zwei Nebellampen, denn nur mit dieser kompletten Ausstattung darf man ausschließlich mit den Nebellampen bei eingeschaltetem Standlicht fahren (wenn die äußeren Ränder der Lichtaustrittsflächen nicht weiter als 40 cm vom äußersten Fahrzeugumriß entfernt sind). Auch Lampenzwerge sind reichlich kümmerlich, denn was man bei Anschaffung kleinerer Lampen spart, steht in schlechtem Verhältnis zu den unvermeidbaren Gesamtkosten für Nebellampen. Die Lichtaustrittsöffnung soll in der Breite wenigstens 140 mm betragen.
Da heutzutage Nebellampen vorzugsweise mit den sehr hellen Halogenlampen ausgestattet sind, macht man sich den Nebel noch undurchsichtiger, wenn die Leuchten zu hoch montiert werden. Dann bildet das grelle Licht – besonders bei weißer Ausführung – eine weiße Wand vor dem Fahrzeug, statt den Nebel zu durchdringen. Wird stattdessen die Nebellampe unter der Stoßstange montiert, stehen Lichtstrahl und Augensicht nicht nahezu parallel, die optische Reflexwirkung ist geringer, auch ist der Nebel in Bodennähe in der Regel dünner, so daß ihn der Lichtstrahl unterwandern kann.
Für die Montage unterhalb der Stoßstange können Sie nun nicht einfach jede Nebellampe umdrehen, sondern Sie müssen ausdrücklich eine Lampe für »hängende Befestigung« kaufen. Bei ihr ist das Wasserablaufloch im Gehäuse (das jedes Lampengehäuse auch aus Luftdruckgründen haben muß) gegenüber dem Befestigungszapfen, also unten. Bei einer Nebellampe für »stehende Befestigung« würde das Belüftungsloch neben dem Montagezapfen mit Wasser vollaufen. Weil nun große runde Scheinwerfer unter der Stoßstange zu tief herunterhängen, empfiehlt sich hier ein rechteckiger Nebelscheinwerfer (z. B. Hella 139 ZNWH 180° CC oder Bosch 145 x 75 LAV 3, beide Ausführungen pro Stück knapp 40 DM). So gefährdet gegen Steinschlag und Beschädigungen, wie man oft befürchtet, sind Nebellampen unter der Stoßstange nicht. Dazu kommen für den Einbau im Transporter speziell vorgerichtete Einbausätze mit den notwendigen Kabelstücken, Schaltern, Relais und den Lampenhaltern. Zuletzt ist noch mit je 19 DM für die Halogen-Glühlampen zu rechnen.
Bei Hella gibt es zur Kabelgarnitur eine spezielle Montageanleitung zum VW-Transporter mit mehreren Fotos und speziellem Schaltplan, bei Bosch ist es – weniger praktisch – ein Prinzip-Schaltplan. Wer also in seinem Heimwerkergerät auch eine Bohrmaschine und vor allem eine Spezial-Quetsch-Zange (auf Seite 127 gezeigt) hat, kann sich also den Einbau durchaus selbst zutrauen.
Trotzdem noch einige Hinweise: Ein Schaltrelais ist beim Einbau von Nebellampen nicht nur zur besseren Lichtausbeute (verhinderter Spannungsverlust) notwendig, sondern man braucht es auch zum automatischen Ausschalten der

Nebellampen beim Einschalten des Fernlichtes, denn laut Gesetz dürfen Nebellampen nur zusammen mit dem Standlicht (wenn zwei Nebellampen vorschriftsmäßig montiert sind) oder dem Abblendlicht brennen. So wird das Schaltrelais mit dem »Schaltstrom« der Klemme 85 an Sicherung Nr. 1 oder 2 (Standlicht, Klemme 58) und über den Schalter mit Relais-Klemme 86 an Sicherung Nr. 5 oder 6 (Fernlicht, Klemme 56 a) angeschlossen. Wenn durch Einschalten des Fernlichtes Strom an Klemme 56 a liegt, schaltet das Relais aus und die Nebellampen verlöschen. Der »Arbeitsstrom« für die Nebellampen wird an der stets stromführenden Sicherung (Klemme 30) abgenommen.

Halogen-Austausch-scheinwerfer

Die moderne Halogen-Glühlampe, von der wir schon bei den Nebelscheinwerfern gesprochen haben, verdrängt wegen ihres wesentlich stärkeren Lichtes mehr und mehr die gute alte Normal-Lampe.
Zumeist verschafft man sich eine bessere Fahrbahnausleuchtung durch Zusatz-Fernscheinwerfer (siehe nächster Abschnitt), aber um so dunkler empfindet man dann das serienmäßige Abblendlicht, das seither nur stiefmütterlich behandelt worden war. Deshalb gibt es seit kurzem von Hella und Bosch auch für den weit verbreiteten VW-Transporter komplette Austausch-Scheinwerfer mit Halogenlampen.
Verwendet wird dabei die »H 4«-Halogenlampe mit zwei Glühfäden für Fern- und Abblendlicht. Wie die bisherige Biluxlampe strahlen beide Lichtarten damit wieder aus einem gemeinsamen Scheinwerfer – die bisherigen Übergangslösungen, bei denen der Serien-Scheinwerfer entweder gegen einen Nur-Abblend-Scheinwerfer ausgetauscht wurde, wobei das Fernlicht in Zusatzleuchten ausquartiert werden mußte oder bei denen zwei Scheinwerfer mit zwei getrennten Glühlampen unter einem gemeinsamen Glas zusammengefaßt waren, sind überholt. Wenn Umbau, dann nur mit den H 4-Scheinwerfern! (Bestellnummer für den Umrüstsatz bei Hella 1 A 8 001/156-86 und bei Bosch 0 301 808 102/103.) H 4-Glühlampen gibt es allerdings ausschließlich für 12 Volt. Ältere 6-Volt-Fahrzeuge lassen sich nicht umrüsten. Wenn man sie mit neuen Scheinwerferspiegeln und eventuell mit neuen Glühlampen ausrüstet, wenn man die Scheinwerfergläser peinlich putzt und vor allem Übergangswiderstände in der Elektrik abstellt, so strahlt auch deren Serien-Licht viel heller!

Soll der Lichtschalter oder ein anderer Zugschalter ausgebaut werden, zuerst Rändelknopf von der Schalterwelle abdrehen. Darunter hält eine Rosette den Lichtschalter im Armaturenbrett fest. Sie wird in der Werkstatt mit einem Spezialschlüssel herausgedreht. Man kann sich aber auch helfen, indem eine spitze Zange (Longgrip-Zange) in den beiden Aussparungen ansetzt. Danach läßt sich der Schalter nach hinten herausnehmen.

Wer mit solch trüben und altersschwachen Glühlampen seinen Weg zu finden versucht, braucht sich nicht zu wundern, wenn er ihn nur mit Schwierigkeiten findet! Mit zunehmendem Alter werden die Glaskolben von Glühlampen von innen schwarz – die Lichtausbeute kann bis auf die Hälfte sinken. Jetzt sollte man die Lampen erneuern – sie leben sowieso nicht mehr lange. Dies gilt übrigens auch für Stand- und Rücklichtlampen!

Zusatz-Fernscheinwerfer

Wem dieser Umbausatz auf Halogenlicht zu teuer ist, der kann sich auch ein Paar Zusatz-Fernscheinwerfer auf die Stoßstange montieren. Für Fahrzeuge, die zumeist in der Stadt und in stark besiedelten Gegenden gefahren werden, hat das allerdings nicht viel Sinn, denn dort gibt es ja kaum noch Gelegenheit zum Einschalten des Fernlichtes. Wenn aber Zusatz-Fernscheinwerfer, dann mit den modernen Halogen-H-3-Glühlampen (pro Stück etwa 19 DM) und auch keine billigen kleinen Scheinwerfer, sondern mit mindestens 130 mm Lichtaustrittsöffnung, noch besser 150 mm. Die Ersparnis bei 12-cm-Scheinwerfern ist im Rahmen der Gesamtkosten gänzlich unbedeutend. Achten Sie auch darauf, daß die Zusatz-Fernscheinwerfer – im Gegensatz zu den Nebelscheinwerfern – möglichst hoch, also über der Stoßstange montiert werden sollen. Aber höher als die Hauptscheinwerfer, wie man dies manchmal sieht, dürfen sie auch nicht montiert werden — das gibt Ärger beim TÜV bei der nächsten Überprüfung.
Wie bei den Nebelscheinwerfern gibt es auch zu den Zusatz-Fernscheinwerfern speziell für den VW-Transporter hergerichtete Einbausätze mit Schaltskizze und Einbauanleitung.

Tuten und Blasen

Der in seinen vier Blechwänden sitzende Mensch kann seinen lieben Nächsten auf der Straße ja nicht zurufen, was er demnächst zu tun gedenkt. Also haben alle Autos eine Vielzahl von Signaleinrichtungen, mit denen sie ihre Auto-Kollegen, Fußgänger und Radfahrer warnen oder ihnen mitteilen können, wohin sie beispielsweise fahren möchten, ob sie jetzt bremsen und dergleichen mehr.

Da steht an erster Stelle die Hupe, die man freilich als aufmerksamer und rücksichtsvoller Fahrer sehr selten braucht. Ähnlich ist es mit der Lichthupe, die von manchen hauptsächlich dazu benutzt wird, andere Verkehrsteilnehmer vor ihnen von der Straße zu scheuchen. Dazu ist sie nicht gedacht, und allzu nachdrücklicher Gebrauch der Lichtstrahlen unmittelbar hinter einem Vorausfahrer kann vor Gericht sogar als Nötigung ausgelegt werden. Dennoch ist die Lichthupe hin und wieder nützlich. In der Stadt übrigens, das sollte man wissen, ist sie verboten.

Von den Blinkern muß man nach der neuen StVO sehr häufig Gebrauch machen – bei jedem Abfahren vom Straßenrand, beim Überholen, beim Einfahren in die Autobahn, dazu natürlich wie bisher beim Abbiegen. Ein Recht etwa, auf die Überholspur der Autobahn zu gehen, hat man durch das Einschalten des Blinkers nicht automatisch: Man muß immer noch im Rückspiegel kontrollieren, ob nicht ein Schneller daherkommt oder gar schon schräg neben einem fährt.

Kein direkter Einfluß besteht auf das Aufleuchten der Bremslichter, die nur zugleich mit der Betätigung des Bremspedals eingeschaltet werden. Weil der Ausfall eines Bremslichtes nicht sofort zu bemerken, aber besonders verkehrsgefährdend ist, befassen wir uns zuerst mit dieser Signaleinrichtung.

Die Bremslichtschalter

Ob die Bremslichter einwandfrei funktionieren, sollten Sie so oft wie möglich prüfen. Das erfordert keine Umstände, siehe Seite 148.

Ist ein Bremslicht ausgefallen, muß es sofort ersetzt werden. Als guter Autofahrer haben Sie die entsprechende Kugellampe Zweifadenlampe 21/5 Watt (zugleich für Schlußlicht) als Ersatzstück im Handschuhkasten liegen. Wie eine neue Lampe im Wagenheck eingebaut wird, ist im Kapitel »Beleuchtung« nachzulesen.

Sind beide Bremslichter ausgefallen, so wird man zunächst einmal ihre Sicherung kontrollieren. Ist sie in Ordnung, so muß der Fehler in den Kabeln, Kabelanschlüssen oder in den Bremslichtschaltern gesucht werden.

Die Zweikreisbremse (ab Modell 1968) besitzt für jeden Bremskreis am Hauptbremszylinder einen eigenen Bremslichtschalter. Daß allerdings beide zugleich defekt sind, ist so unwahrscheinlich wie das gleichzeitige Durchbrennen aller beiden Bremslicht-Glühlampen. Immerhin sollte man versuchsweise einmal eine neue Lampe einsetzen, wenn man keinen Fehler finden kann.

Bis Juli 1969 sitzt auf dem Bremszylinder ein besonderer Druckschalter für die Warnlampe des Zweikreis-Bremssystems. Seitdem werden für die Zweikreisanlage zwei dreipolige Bremslichtschalter (für jeden Bremskreis ein Schalter) eingebaut, die bei Störung die Warnlampe aufleuchten lassen. Steht nur einer der beiden Bremslichtschalter unter Druck, fließt der Strom (dickes Kabel a) von den Klemmen 82 a über die dann nach hinten gedrückten Schaltlamellen zu den Klemmen 81, wodurch die Bremslichter aufleuchten. Fällt dabei ein Bremskreis aus und der betreffende Bremslichtschalter erhält keinen Druck, bleibt die Schaltlamelle dieses Schalters offen und leitet den Strom über die Klemme 81 a zur Warnlampe, wodurch diese aufleuchtet. Das Kabel a am Warnlichtschalter (rechts) führt Strom bei eingeschalteter Zündung (Klemme 15) nur zur Kontrolle des Warnlämpchens zu.

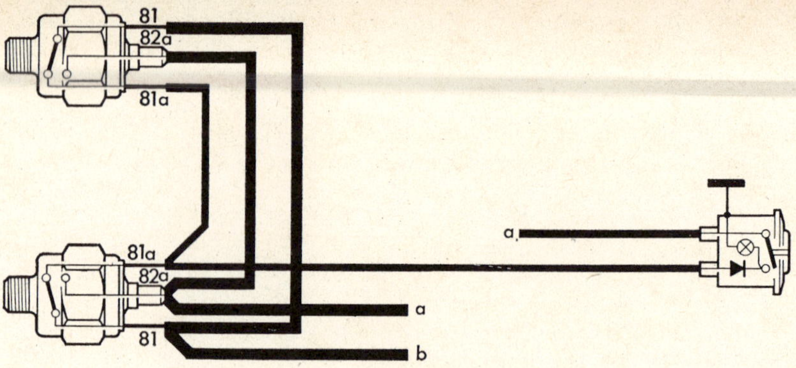

a - zur Klemme 15
b - zu den Bremsleuchten

Aber auch die Bremslichtschalter lassen sich ohne Schwierigkeiten prüfen, wenn man das Abdeckblech vorn unter dem Wagen abschraubt. Dann sieht man in Verlängerung des Bremspedals den Tandem-Hauptbremszylinder mit den Bremsflüssigkeitszufuhrleitungen vom Bremsflüssigkeitsbehälter, den Bremsdruckleitungen und die beiden Bremslichtschalter, an denen je nach Ausführung 2 oder 3 Klemmen mit angeschlossenen Kabeln zu finden sind.
Um die Bremslichtschalter einzeln auf Funktion zu prüfen, zuerst die Kabel am vorderen Bremslichtschalter abziehen, dabei auf einer Klemme zusammengesteckte Kabel zusammen lassen. Blanke Kabelklemmen vor Berührung mit blankem Metall (»Masse«) schützen, Zündung einschalten, Bremse treten und beobachten (auf Garagenrückwand), ob Bremslichter brennen. Nun Leitungen wieder aufstecken und das gleiche Prüfverfahren am hinteren Bremslichtschalter vornehmen. Brennen in beiden Fällen die Bremslichter, sind die Bremslichtschalter in Ordnung. Andernfalls Bremslichtschalter auswechseln lassen (von Werkstatt, weil danach der betreffende Bremskreis entlüftet werden muß).

Warnlicht für Bremsanlage

Pflegedienst Nr. 33

Als Sonderausstattung kann die Bremsanlage mit einem Warnlicht ausgestattet sein, das den Ausfall eines Bremskreises anzeigt. Wenn eingebaut, sitzt dieses Warnlicht rechts oben auf dem Armaturenbrett neben den Hebeln für Heizung und Frischluft. Weil dieses Lämpchen aller Voraussicht nach kaum oder gar nicht zu leuchten braucht, aber lebenswichtig ist, wenn es doch einmal funktionieren soll, wird das Warnlicht selbst noch einmal zusätzlich kontrolliert. Darum gibt es direkt zu ihm eine besondere Prüfleitung, die vom Sicherungskasten kommt (schwarzes Kabel).
Drückt man bei eingeschalteter Zündung das Druckknopflämpchen in das Armaturenbrett, wird dieser Prüf-Stromkreis geschlossen und das Lämpchen muß brennen. Funktioniert es nicht, wird ausgebaut und ausgetauscht. Es handelt sich um ein sockelloses Glaslämpchen mit 1,2 Watt.
Leuchtet dieses Lämpchen jedoch beim Betätigen des Bremspedals auf, hat einer der beiden Bremslichtschalter nicht geschlossen, weil entweder einer der Bremskreise irgendwo ein Leck hat oder ihm der notwendige Bremsflüssigkeitsnachschub fehlt. Mit vorsichtigster Fahrt (damit zum Anhalten notfalls die Handbremse ausreicht) die nächste VW-Werkstatt ansteuern!
Diesen Warnlicht-Strom erhält das Lämpchen von den Bremslichtschaltern

entweder (bis Juli 1969) über einen besonderen Warnschalter (die Bremslichtschalter haben dann nur je 2 Kabelklemmen) oder ohne diesen besonderen Warnschalter durch eine Kunstschaltung der beiden dreipoligen Bremslichtschalter. Bei der ersten Bauart verschiebt sich bei Druckunterschieden in den beiden Bremskreisen ein Kolben, wodurch ein Schalterstift im besonderen Warnschalter betätigt und dem Warnlämpchen dadurch Strom zugeführt wird. In der neueren Ausführung haben die beiden Bremslichtschalter 3 Kabelklemmen mit Normbezeichnungen, da bei dieser Bauart die Kabelanschlüsse nicht verwechselt werden dürfen (das Vertauschen der Kabelanschlüsse an den zweipoligen Bremslichtschaltern stört dagegen nicht). Wie diese Schaltung funktioniert, ist in der Skizze links oben gezeigt.
Den Warnlicht-Stromkreis kann man beim Entlüften der Bremsanlage prüfen, wenn dabei die Zündung eingeschaltet wird.
Seit August 1971 wird eine neue transistorisierte Brems-Kontrolleuchte verwendet. Sie besitzt keinen Prüf-Druckknopf mehr; die Kontrolle leuchtet beim Einschalten der Zündung auf und erlischt, wenn der Motor angesprungen ist. Die Glühlampe läßt sich von vorn auswechseln (Fenster ausrasten, Isolierschlauch 5 mm über die Glühlampe schieben und mit der Lampe herausziehen). Die Klemmen an der Leuchte sind wie folgt angeschlossen: 15 an 15, 61 an 61 am Lichtmaschinen-Reglerschalter, V und 31 sind miteinander verbunden und an Masse angeschlossen, K führt zur Klemme 81 a an den Bremslichtschaltern.

Das Signalhorn

Pflegedienst Nr. 35

Auf der Rückseite des Horns sind zwei Kabel angeschlossen, von denen das schwarz-gelbe bei eingeschalteter Zündung über die entsprechende Sicherung dauernd Strom zum Signalhorn führt. Um einen Ton zu erzeugen, muß also nur noch Verbindung zur Masse hergestellt werden. Das geschieht durch das braune Kabel, welches über den Signalknopf im Lenkrad, wenn er gedrückt wird, den Strom zur Masse leitet. So kann während der Fahrt das Signalhorn plötzlich und unbeabsichtigt zu tönen beginnen, wenn auf dem Weg des braunen Kabels oder direkt am Horn ein Kurzschluß zur Masse auftritt. Es schweigt sofort, wenn die Zündung ausgeschaltet wird. An sich wäre es nun der einfachste Weg, die Sicherung herauszunehmen und nach Hause zu fahren, weil unterwegs die Fehlersuche und -beseitigung kein reines Vergnügen ist.

Am Signalhorn im linken vorderen Radkasten sind zwei Kabel angeschlossen, die gut von den Gummihülsen gegen Schmutz und Wasser geschützt bleiben müssen. Diese Kappen gelegentlich auf einwandfreien Sitz und Dichtheit prüfen.
Das schwarz-gelbe Kabel führt dauernd Strom vom Sicherungskasten zu, das braune leitet ihn dauernd zum Signalhornring. Die Hupe steht also bei eingeschalteter Zündung ständig unter Strom, kann aber erst tönen, wenn der Stromkreis durch Druck auf den Signalknopf geschlossen wird.

Beim Einschalten der Zündung erhält die Hupe über ein schwarz-gelbes Kabel laufend Strom. Beim Druck auf den Hupknopf in der Lenkradmitte wird die Masseverbindung hergestellt. Das braune Massekabel der Hupe endet an diesem isolierten Ring im Lenk-Mantelrohr. Der Hupknopf stellt die Verbindung zum nicht isolierten inneren Lenkrohr her.

Aber an der gleichen Sicherung hängt noch das Bremslicht, das auf keinen Fall ausfallen darf. Wenn die Huperei auch nach Signalknopf-Gewackele nicht aufhört, müssen Sie zuerst unten hinter der Vorderfront die Steckverbindung des braunen Kabels lösen. Schweigt nun die Hupe beim Einschalten der Zündung, haben Sie bereits die Gewißheit, daß der Fehler im braunen Kabel, in der Lenksäule oder im Signalknopf als Kurzschluß zu suchen ist. Hupt es dagegen wieder sofort los, wenn die Zündung eingeschaltet wird, muß auch das schwarz-gelbe Kabel am Signalhorn abgezogen und zum Schutz gegen Kurzschluß dessen blanker Kabelstecker mit Isolierband, Tesafilm oder notfalls trockenem Papier gesichert werden.

Hupknopf prüfen

Zu Hause oder in der Werkstatt geht es dann sogleich an die Fehlersuche. Hatten Sie das Horn bereits durch Abziehen des braunen Kabels zum Schweigen gebracht, werden die Signalhornkontakte im Lenkrad geprüft. Dazu Hupknopf im Lenkrad mit feinem Schraubenzieher vorsichtig heraushebeln. Darunter sehen Sie an einem Metallring ein Kabel verschraubt, das in die Lenksäule zur Lenkungskupplung führt und über das Lenkgetriebe (ab August 70 mit einer besonderen Kontaktfeder auf dem Blinkerschalter) die Verbindung zur Masse herstellt. Das an der Hupe angeschlossene braune Kabel führt über ein Steckergehäuse tief unten in der Lenkrohrverkleidung zum Kugellager des Lenkrohrs, so daß das Lenkrohr von der Hupe her (bei eingeschalteter Zündung) ständig unter Strom steht. Wird der Signalknopf gedrückt, kommt der Schaltring mit dem Lenkrohr in Kontakt und schließt über das an ihm verschraubte Kabel den Stromkreis, so daß das Signalhorn tönt.

Fehler im Signalhorn

Tönt die Hupe trotz abgezogenem braunem Kabel bei eingeschalteter Zündung, hat sie direkt irgendwie (über nassen Schmutz?) Kurzschluß. Daher zuerst Kontakte reinigen und, wenn dies noch nichts nützt, Hupe an ihrem Halter losschrauben, über den sie irgendwie Kurzschluß haben muß. Unter Umständen muß sie ersetzt werden.
Ersatz ist auch notwendig, wenn die Hupe streikt. Aber bevor man sie wegwirft, muß die Ursache gesucht werden, denn der Fehler kann ebenso auf dem Weg durch das braune Kabel zum Signalknopf liegen.
Zur Prüfung einer unwilligen Hupe braunes Kabel daran abziehen und stattdessen mit einem kurzen Kabelstück Verbindung zu blankem Metall (»Masse«) bei eingeschalteter Zündung herstellen. Wenn die Hupe nicht ertönt, ist sie defekt. Ist sie in Ordnung, Fehler am Signalknopf suchen. Dazu Knopf in

Lenkradmitte heraushebeln und mit Kabelstück bei eingeschalteter Zündung Kurzschlußbrücke zwischen Lenkrohr und »Masse« (z. B. blanke Stelle am Armaturenbrett) herstellen. Wenn nun die Hupe ertönt, liegt der Fehler am Kabelstück zwischen dem Schaltring und der Lenkungskupplung. Tönt sie nicht, erhält das Lenkrohr keinen Strom von der Hupe. In beiden Fällen ist eine Demontage von Lenkrad, Blinkerschalter, Lenkrohrverkleidung notwendig, bis man mit der Prüflampe die Stromunterbrechung gefunden hat.
Ein neues gleichwertiges Horn kostet etwa 18 DM, auf dem Autofriedhof nur Pfennige oder gar nichts.

Mehr Musik

Falls Ihnen das serienmäßige Horn an Ihrem Wagen nicht laut genug erscheint, dann stehen grundsätzlich zwei verschiedene Signalhorntypen zur Auswahl: Sogenannte Aufschlaghörner (das serienmäßige Signalhorn gehört dazu) und Fanfaren. Preßluft- oder Elektro-Fanfaren erwecken dabei den Eindruck, daß sie viel lauter seien als das Aufschlaghorn. Das ist jedoch eine akustische Täuschung, denn die tellerförmigen Aufschlaghörner haben einen scheinwerferartig gerichteten Tonstrahl, der in Wirklichkeit viel stärker den in Schallrichtung befindlichen Verkehrslärm durchdringt als die laut erscheinenden Fanfaren. Denn deren Mangel ist es, daß sie rundum gleichmäßig ihren dadurch in Fahrtrichtung schwächeren Ton abstrahlen. Wirkungsvoller sind also bei schnellen Autobahnfahrten zweifellos die von Hella und Bosch als Starktonhörner angebotenen Aufschlaghörner, wobei es allerdings darauf ankommt, daß sie genau in Fahrtrichtung montiert sind und nicht etwa quer zum Wagen unter den Stoßstangen sitzen. Nicht umsonst verwenden Polizei, Krankenwagen usw. Starktonhörner, die direkt oberhalb der vorderen Stoßstange sitzen und genau in Fahrtrichtung »strahlen«.
Bei jeder zusätzlichen Signalhorn- oder Fanfarenmontage sollte nicht auf ein besonderes Signalhorn-Relais verzichtet werden. Es verkürzt den Stromweg, verhindert also leistungsmindernden Spannungsabfall. Wie Zusatzfanfaren und -hörner angeschlossen werden, ist den Prinzipschaltbildern zu entnehmen, die grundsätzlich allen Signalhörnern beigepackt sind.

Die Lichthupe und das Kombi-Relais

Für die Funktionserläuterung der Lichthupe sollten Sie gleichzeitig den Schaltplan in der hinteren Buchklappe betrachten. Wenn Sie den Blinkerschalter anziehen, wird bei eingeschalteter Beleuchtung vom Fern- auf Abblendlicht oder umgekehrt geschaltet. Brennt die Beleuchtung nicht, wirkt der gleiche Hebel zur Lichthupenbetätigung und das Fernlicht brennt, solange Sie am Blinker-Abblend-Lichthupenhebel ziehen.
Das Abblend- und Lichthupen-Relais (kurz: Kombi-Relais) steht über seine Klemme 30 ständig unter Strom. Gibt der Blinkerhebel einen Schaltimpuls, wird im Relais eine Strombrücke zur Klemme F bzw. 56 a gebildet, solange der Blinkerhebel gezogen ist. Von Klemme F bzw. 56 a geht dieser Strom weiter zu den Fernlichtfäden der Scheinwerfer. Das ist die Lichthupe.
Wird mit dem Lichtschalter die Beleuchtung eingeschaltet, hat das Kombi-Relais eine zweite Stromzufuhr über das weiß-schwarze Kabel an Klemme 56. Wird nun der Blinkerhebel gezogen, wird das Relais jeweils umgeschaltet von Fern- auf Abblendlicht oder umgekehrt. Das ist der Abblendvorgang.
Nach dieser Erläuterung (sehen Sie, die Auto-Elektrik ist gar nicht so geheimnisvoll!) ist die Fehlersuche schon klar. Funktioniert die Lichthupe nicht, Prüfung am Kombi-Relais, ob Klemme 30 durch das rote Kabel Strom erhält. Dann weiß-braunes Kabel an Klemme S des Kombi-Relais abziehen und stattdessen mit kurzem Drahtstück Kurzschlußbrücke zur »Masse« herstellen. Dann

muß die Lichthupe (Fernlichtfaden der Scheinwerfer) aufleuchten. Nützt das nichts, Relais defekt. Austauschen.
Hat mit dem Drahtstück die Lichthupe funktioniert, mit dem Blinkerhebel aber nicht, unter dem Lenkrad den Blinkerhebelkontakt prüfen und notfalls die Kontaktzunge beibiegen. Andernfalls muß der Blinkerschalter ausgebaut und das an Klemme S angeschlossene braun-weiße Kabel geprüft werden.
Funktioniert das Auf- und Abblenden nicht, ist entsprechend an Klemme 56 die Stromzufuhr und danach das Schalten des Relais bei Kurzschlußbrücke zur Klemme S des Relais zu prüfen.

Blinkanlage und Warnblinkanlage

Bei allen Transporter-Modellen ist ab August 1968 das Blinker-Relais serienmäßig mit dem Warnblink-Relais kombiniert. Das »Blinkwarnlicht-Relais« steuert also sowohl das Aufleuchten der Blinker einer Fahrzeugseite wie das Aufleuchten sämtlicher vier Blinkerlampen im Notfall. Die Schaltung dieses Relais erfolgt jedoch von zwei verschiedenen Schaltern: zum Richtungs-Blinken vom Blinkerhebel am Lenkrad, zum Warnblinken vom Zugschalter am Armaturenbrett.
Ziehen Sie den Warnblinkschalter – die Zündung bleibt ausgeschaltet – alle vier Blinkerlampen, die rote Kontrollampe im Schalter und die grüne Blinker-Kontrolleuchte leuchten im gleichen Rhythmus auf. Wenn Sie nun die Zündung einschalten, macht die grüne Blinker-Kontrolle »einen Sprung« und leuchtet im Gegentakt, also abwechselnd zur Warnblink-Kontrolle und den Blinkleuchten auf. Das hat folgenden Grund: Die Blinker-Kontrolle ist einerseits an Klemme 49 a des Blinkrelais angeschlossen und erhält von dort die Blinkimpulse. Auf der anderen Seite hängt sie an Klemme 15, die nur bei eingeschalteter Zündung Strom liefert. Ist diese Klemme abgeschaltet, wirkt sie als »Minus« und die Blinker-Kontrolle brennt bei ausgeschalteter Zündung zusammen mit dem Blinkimpuls. Kommt dagegen bei eingeschalteter Zündung Strom von Klemme 15, passiert bei zweimal »Plusstrom« nichts, aber in der Pause zwischen den Blinkimpulsen ist der Stromkreis über den toten (= Minus) Relaiskontakt geschlossen, die Kontrolleuchte blinkt nun im Gegentakt auf.

Störungen in der Blinkanlage

Wenn die Blinker-Kontrolle in kürzeren Zeitabständen oder gar nicht aufleuchtet oder im Rhythmus »hinkt«, ist dies ein Zeichen, daß auf der eingeschalteten Seite eine der Blinklampen ausgefallen ist. Auch wenn Lampen mit falscher Wattzahl eingebaut sind, ist der Schaltrhythmus gestört. Wie man Blinkerlampen auswechselt, ist auf Seite 154 beschrieben.
Bei einer Störung am Blinkerschalter (eine Blinkerseite etwa geht, die andere nicht, hier ist wenigstens das Blink-Relais in Ordnung) muß der Blinkerschalter selbst geprüft oder ausgetauscht werden. Dazu wird der Schalter durch Lösen der beiden seitlichen Schrauben gelöst; der Schalter selbst läßt sich durch Lösen der beiden inneren Schrauben (unmittelbar neben dem Blinkerhebel) aus seinem Gehäuse nehmen. Das Lenkrad muß nicht ausgebaut werden (was auch nur mit einer Abziehvorrichtung möglich ist). Vor dem Ausbau müssen allerdings die in der Blinkerschalter führenden Kabel abgezogen und durch das Lenkschloß herausgezogen werden.
Defekte Blinkerschalter sollen komplett ausgetauscht werden. Als Bastler kann man immerhin versuchen, an die Kontakte heranzukommen und diese nachzubiegen. Beim Einbau soll der Abstand zwischen dem Blinkerschalter und der Lenkrad-Unterkante 2 mm betragen.
Wenn wenigstens eine Seite blinkt, so muß neben dem Blink-Relais und seiner Versorgung das schwarz-grün-weiße Kabel an Klemme 54 Bl in Ord-

nung sein. Zu prüfen wären die Kabel an Klemme L (schwarz-weiß) und R (schwarz-grün) und deren Kontakte.

Warn-Blinken

Da die Warnblinkanlage nach den gesetzlichen Vorschriften auch bei ausgeschalteter Zündung funktionieren muß, erhält der Warnblinkschalter über das rote Kabel ständig Strom an Klemme 30. Erst beim Ziehen des Schalterknopfes wird die Verbindung zur Klemme + (weißes Kabel) hergestellt und dafür dessen ständige Verbindung zur Klemme 15 (schwarzes Kabel) unterbrochen. Ebenso wie durch das schwarz-weiß-grüne Kabel zum Blinkerhebel (der aber hierbei nicht in Funktion tritt) fließt auch der Strom durch das blaue Kabel zu Klemme 49 a des Warnblinkschalters, der diese vom Relais rhythmisch zerhackten Impulse nicht nur (wie der Blinkerhebel) an eine Blinkleuchtenseite, sondern gleichzeitig über seine Klemmen R und L an sämtliche Blinkleuchten gibt. Zugleich blinkt das rote Kontrollämpchen mit.
Bei einer Störung in der Warnblinkanlage ist, soweit sie das Relais betrifft, genau wie bei der Prüfung der Blinkanlage zu verfahren. Ist der Fehler dagegen im Zugschalter zu vermuten, ist dieser genau wie der Lichtschalter auszubauen, nachdem man den Zugknopf vom Schalter abgedreht hat. Ist ein defektes Kontrollämpchen auszutauschen, ist am abgeschraubten Zugknopf das Kontrollfensterchen aus dem Gummiknopf mit einem feinen Schraubenzieher herauszuhebeln und das defekte Lämpchen mit einem dünnen Draht herauszuschieben.

Fingerzeig: *Mit einem ausgefallenen Blinker-Relais ist die Weiterfahrt nicht ganz ungefährlich, denn im dichten Verkehr bei Dunkelheit bleibt anderen Autofahrern Ihre Abbiegeabsicht trotz heftigen Winkens zum Autofenster hinaus wahrscheinlich unsichtbar. Sie können sich jedoch selbst helfen: am Sicherungskasten mit den unten eingesteckten Relais (links unterhalb des Armaturenbretts) das in Fahrtrichtung ganz links sitzende Blink-Relais herausziehen und auf seiner Steckerseite zwischen den Kontaktzungen 49 und 49 a (am Relais eingeprägt) mit einem kurzen Drahtstück oder einer Büroklammer eine Strombrücke herstellen (nicht an Klemme 31 kommen, sonst gibt es Kurzschluß) und das Relais wieder einstecken. Bei gedrücktem Blinkerschalter leuchtet eine Blinkerseite jetzt dauernd, durch Ein- und Ausschalten mit dem Blinkerhebel erhält man einen Blinker-Rhythmus.*

Die Nebelschlußleuchte

Unter den Autofahrern, die bei allen Wetterbedingungen fahren müssen, haben die zusätzlichen Nebelschlußleuchten viele Freunde gewonnen. Denn die normal ausreichenden Schlußleuchten sind für dichten Nebel einfach zu schwach (an unserem Transporter nur je 5 Watt!), das haben viele hundert Auffahrunfälle im Nebel bewiesen. Manche Autofahrer helfen sich damit, bei Nebelfahrt gelegentlich die Bremsen anzutippen, damit die helleren Bremsleuchten den nachfolgenden Verkehr in Respektabstand halten. Besser und sicherer – bei schneller Autobahnfahrt auch bei starkem Regen oder Schnee – sind aber die intensiv rot leuchtenden speziellen Nebelschlußleuchten.
Nebelschlußleuchten gibt es für Glühlampen von 18, 21 und 35 Watt. Letztere nützen die (behördlich begrenzte) Lichtstärke bereits hundertprozentig aus. Die 35-Watt-Ausführung erscheint uns die empfehlenswerteste, etwa die großen runden Leuchten von Hella oder Bosch, die ohne Lampe jeweils etwa 35 DM kosten.
Da die Nebelschlußleuchte, um Verwechslungen mit dem Bremslicht zu vermeiden, in mindestens 10 cm Abstand vom Außenrand der linken Bremsleuchte entfernt montiert werden muß, gehört sie beim Transporter unter die hintere

Stoßstange unter die linke Heckleuchte. Der linksseitige Platz ist für die Nebelschlußleuchte vorgeschrieben.
Zur Nebelschlußleuchte gehört ein Schalter, der gleichzeitig ein grünes Kontrollicht im Armaturenbrett aufleuchten läßt. In der Regel benutzt man Spezialschalter, die das vorgeschriebene grüne Kontrollicht gleich am Schalterknopf haben (kompletter Kabelsatz mit diesem Schalter von Hella für rund 13 DM). Das grüne Kontrollicht darf aber auch getrennt sitzen.
Damit nachfolgende Fahrzeuge nicht unnötig geblendet werden, muß die Nebelschlußleuchte leicht zur Fahrbahn geneigt montiert sein.

Unterstützungseinrichtung

Frühere Automobile hatten eine Vielzahl von Instrumenten einschließlich eines Öl-Schauglases an der vorderen Spritzwand. Unser Transporter kommt mit dem Wichtigsten aus: Tachometer mit Kilometerzähler (mit Hundertmeterwalze, rote Ziffern), Benzinuhr und – auf Wunsch – Zeituhr. Dazu gibt es eine Anzahl von Kontrolleuchten, beispielsweise für die Batterieladung oder für den Öldruck.

Das Tachometer

Das Tachometer besteht aus dem Geschwindigkeitsmesser und dem Kilometerzähler. Zwar wird es nicht elektrisch betrieben, doch beruht die Wirkung des Geschwindigkeitsmessers auf einem ringförmigen Magneten, der durch die biegsame Antriebswelle Wirbelströme erzeugt, die ihrerseits wieder eine darübergestülpte Metallglocke mit sich zu ziehen versuchen. An dieser Metallglocke ist der Zeiger befestigt, der auf der Skala die jeweilige Geschwindigkeit anzeigt. Das Tachometer wird vom linken Vorderrad aus über eine biegsame Welle angetrieben. Ein Tachometer wird als Dokument gewertet, es darf also nicht abgehängt werden, damit der Kilometerzähler weniger Kilometer registriert als das Fahrzeug in Wirklichkeit zurückgelegt hat.

Tachometer austauschen

Früher kam es öfter vor, daß Fett durch die Tachospirale vom Vorderrad durch die Wellenumhüllung in das Tachometer gefördert wurde und dort zu Störungen führte. Heute ist dieser Fall selten. Wenn er vorkommt, ist dies am offensichtlich falschen Anzeigen der Geschwindigkeit, am Hängenbleiben der Tachonadel in einer bestimmten Stellung oder am trägen Nachziehen bei Beschleunigung zu erkennen. Dann muß das Tachometer ausgebaut und instandgesetzt werden. Das ist jedoch nur beim Spezialisten möglich. Man muß also eine VDO-Vertretung – Adresse im Telefonbuch – oder die VW-Werkstatt aufsuchen. Der Ausbau des Tachometers ist ganz einfach: Minuskabel der Batterie lösen (um Kurzschlüsse zu vermeiden), unter das Armaturenbrett greifen und die federnden Halter für die Instrumente zusammendrücken. Die Instrumente lassen sich dann nach oben herausschieben. Vorher müssen noch die Kabel gelöst, die Kontrollampen herausgezogen und die Tachowelle gelöst werden. Der Einbau ist noch einfacher: Instrumente einfach einschieben. Die Halter rasten von selbst ein.

Tachowelle ersetzen

Eine zitternde Tachometernadel während der Fahrt weist zumeist darauf hin, daß die Tachowelle geknickt oder der sie umgebende Kunststoffschlauch im linken Achsschenkel nicht richtig ausgemittelt ist. Das Brechen der Tachowelle ist beim Transporter nichts Außergewöhnliches, der Austausch erfordert jedoch eine gewisse Fingerfertigkeit und Vertrautheit mit dieser Arbeit, so daß man sie besser der Werkstatt überläßt. Sonst bricht die neue Tachowelle nach kurzer Zeit ebenfalls.
Bei Arbeiten am linken Vorderrad, zu denen der Nabendeckel abgenommen

werden muß, kann es beim Aufsetzen des Deckels vorkommen, daß die Tachowelle verschoben wird. Das ist zu vermeiden oder anschließend der Kunststoffschlauch neu auszumitteln. Die Gummihülse, welche von der Blechhülse in der Bohrung des Achsschenkels gehalten wird, muß einwandfrei abdichten, sonst kann dort Feuchtigkeit eindringen, die zu Lagerschäden und im Winter zum Einfrieren der Tachowelle führt.
Wer sich den Austausch der defekten Tachowelle doch zutraut – es geht so: Radzierdeckel am linken Vorderrad abnehmen, Dichtungsmasse um den in der Mitte des Achsnabendeckels sitzenden Vierkant abkratzen und Sicherungshalbring mit einem feinen Schraubenzieher abdrücken (Bild rechts). Antriebswelle an der Rückseite des linken Vorderrades aus dem Achsschenkel herausziehen, Blechschelle über der Tachowelle im Radkasten aufbiegen, oben an der Tacho-Rückseite Überwurfmutter der Tachowelle losdrehen und diese durch die Radkasten-Tülle nach oben herausziehen.
Beim Einbau die neue Tachowelle zuerst durch die Radkasten-Tülle von oben durchschieben und Überwurfmutter gegen selbständiges Lösen durch einen Farblack-Tropfen sichern. Von der Radrückseite her wird die Tachowelle mit einer neuen Gummihülse in den Achsschenkel geschoben und die Tachowelle mit der Blechschelle am Radkasten festgeklemmt. Der Vierkant-Mitnehmer muß durch den Radnabendeckel nach außen kommen. Wenn er nicht durchrutscht, den Radnabendeckel losklopfen und wieder so aufsetzen, daß der Vierkant herauskommt. Sicherungshalbring (Seeger-Sicherung) seitlich über Nut des Vierkants drücken und plastische Dichtmasse über den Vierkant (Abrichtung gegen Feuchtigkeit) kneten.

Die Kraftstoffanzeige

Bei eingeschalteter Zündung erhält die Kraftstoffuhr im linken Kombi-Instrument Strom. Vom Instrument führt ein braunes Kabel zum Geber im Kraftstofftank, der aus einem Widerstand und einem darauf bewegten Schleifkontakt besteht. Der Schleifkontakt wird vom Schwimmer im Tank bewegt, so daß der Kraftstoffpegel im Tank über einen veränderlichen Strom auf dem Instrument angezeigt wird. An den Tank und damit an den Geber der Kraftstoffuhr kann man selbst nicht heran; funktioniert die Benzinuhr einmal nicht, so beschränkt sich die eigene Kontrolle auf die Kabelverbindungen.

Funktionsprüfung aller Kontrollinstrumente

Pflegedienst Nr. 34

Öfter als im Pflegeplan alle 10 000 km empfohlen, prüft man natürlich die Funktion der Kontroll-Instrumente. Praktisch geschieht dies ja bei jedem Herumdrehen des Zündschlüssels. Die Ladekontrolle (Seite 123), die Öldruckkontrolle müssen leuchten, der Zeiger der Kraftstoffanzeige muß ausschlagen. Wie ein defektes Kontrollämpchen im Tachometergehäuse ausgetauscht wird (1,2 Watt), ist auf Seite 156 beschrieben. Die Kontrolle der Bremsdruckkontrolle, wenn eingebaut, ist auf Seite 162 beschrieben. Näheres über die Kontrollampe der Warnblinkeinrichtung findet man auf Seite 167.

Ladekontrollampe

Die rote Ladekontrollampe sitzt unten links im linken Kombi-Instrument und ist mit einem blauen Kabel an Klemme 61 des Reglerschalters angeschlossen. Sie muß beim Einschalten der Zündung aufleuchten und beim Erreichen einer Lichtmaschinendrehzahl von etwa 1300 U/min, wenn der Reglerschalter von der Batterie auf die Lichtmaschine umschaltet, wieder verlöschen. Dieses Verlöschen ist jedoch kein Beweis, daß die Batterie von der Lichtmaschine aufgeladen wird. Gelegentlich ist zu beobachten, vor allem beim Einschalten des Scheibenwischermotors, daß die Ladekontrollampe auch während der Fahrt und bei höherer Tourenzahl des Motors schwach glimmt. Wenn dieses Glim-

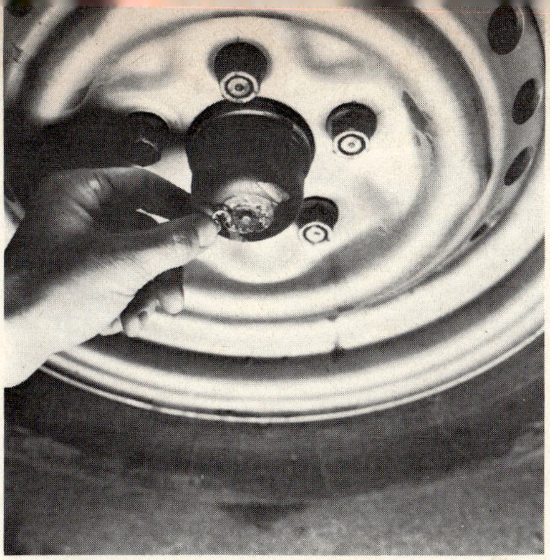

Die Tachowelle wird vom linken Vorderrad angetrieben. Sie sitzt mit einem Vierkant in der Radnabenkappe unter plastischer Abdichtmasse versteckt (hier bereits entfernt). Gegen Herausrutschen ist dieser Vierkant durch eine sogenannte Seegersicherung geschützt, die nach Einbau einer neuen Tachowelle oder nach der Wartung dieses Radlagers in die entsprechende Einkerbung des Vierkants gedrückt werden muß.

men nur beim Einschalten eines bestimmten oder mehrerer Stromverbraucher auftritt, besteht der Verdacht, daß in dem betreffenden Kabel die Spannung unzulässig stark abfällt. Um den Fehler zu finden, wird bei flott laufendem Motor und eingeschaltetem Fernlicht, Scheibenwischermotor und Blinklicht ein mindestens 2,5 mm^2 starkes isoliertes Kabel von etwa 4 m Länge mit dem einen Ende an die Klemme B + des Reglerschalters angeschlossen (von dort kommt direkt der Batterie- und Lichtmaschinenstrom). Mit dem anderen Kabelende werden nacheinander die folgenden Klemmen berührt und dabei durch einen Helfer das Verhalten der roten Ladekontrolle beobachtet: Ausgangsseiten der Sicherungen für Blinkanlage und Signalhorn (dieses dabei kurz betätigen), der Sicherung für den Scheibenwischer und der Sicherungen für Fern- und Abblendlicht (siehe Sicherungstabelle Seite 128).

Wenn die Ladekontrollampe beim Berühren eines dieser Kontakte mit dem Prüfkabel verlöscht, ist in der betreffenden überbrückten Leitung der hohe Spannungsabfall zu suchen. Schuld daran können lose Steckkontakte, angebrochene Kabel und korrodierte Teile in Schaltern sein, die entsprechend instandgesetzt oder ausgetauscht werden müssen.

Mehr über die Ladekontrolle auf Seite 123.

Fernlichtkontrolle und Standlichtkontrolle

Die blaue Fernlichtkontrolle ist durch ein blau-weißes Kabel mit der Ausgangsseite der Fernlicht-Sicherung (Klemme 56 a) verbunden. Sie ist noch kein Beweis, daß die Fernlichtfäden beider Scheinwerfer tatsächlich brennen.

Ältere Transporter besitzen eine Standlichtkontrolle. Sie erhält Strom von der Klemme 57 am Lichtschalter (grau-schwarzes Kabel), die nur bei Standlicht Strom führt – nicht aber, wenn man das Hauptlicht einschaltet. Das Hauptlicht geht – beim Wagen ab August 1970 – beim Ausschalten der Zündung automatisch aus.

Die Öldruckkontrolle

Um ständig überprüfen zu können, ob das Motoröl mit dem notwendigen Druck an alle Schmierstellen gefördert wird, ist zwischen Ölpumpe und Ölkühler ein Öldruckschalter eingebaut. Mit diesem ist die rote Öldruckkontrollampe im Tachometer durch ein blau-grünes Kabel direkt verbunden. Strom erhält sie durch ein schwarzes Kabel, das vom Sicherungskasten kommt. (Dieses schwarze Kabel speist auch die Ladekontrolleuchte und die Blinkerkontrollampen mit Strom.)

Beim Einschalten der Zündung leuchtet die Öldruckkontrollampe auf und verlischt nach dem Anlassen des Motors, wenn der Öldruck im Öldruckschalter

die Kontakte auseinanderdrückt. Bei stillstehendem Motor wird der mit einer Membrane verbundene Kontakt dagegen durch Federdruck geschlossen, so daß bei eingeschalteter Zündung der Stromkreis zur Masse geschlossen ist. Der Federdruck im Öldruckschalter ist so eingestellt, daß erst ein Öldruck von mehr als 0,15–0,45 atü die Kontakte öffnen kann. Dieser Öldruck ist bei kaltem Motoröl schon bei geringen Motordrehzahlen erreicht, so daß die rote Lampe schon im Motorleerlauf erlischt, während heißes und dadurch dünnflüssiges Motoröl der Ölpumpe nur geringen Druck entgegensetzt und dadurch u. U. erst bei etwas höheren Drehzahlen den notwendigen Druck zum Öffnen der Kontakte erreicht. Das bedeutet, daß in der Regel im Winter bei Kaltstart die rote Öldruckkontrollampe schneller als im Hochsommer beim erneuten Starten eines heißen Motors nach langer Fahrt verlischt.
Brennt das rote Lämpchen während der Fahrt, so ist das ein Alarmzeichen. Natürlich kann es auch ganz harmlos sein, weil der Öldruckschalter defekt ist oder weil das blau-grüne Kabel zwischen Kontrollampe und Öldruckschalter irgendwo Kurzschluß zur Masse hat. Aber zuerst besteht der Verdacht, daß der Öldruck zur Schmierung aller Motorteile nicht aufgebaut wird, manche Teile ohne Öl laufen und bei sorgloser Weiterfahrt schwere Schäden im Motor entstehen können. Zuerst soll darum beim Aufleuchten der Öldruckkontrollampe der Ölstand geprüft werden. Es ist immerhin möglich, daß das Motoröl aus irgendeinem Grund auf den letzten Kilometern Straße verteilt liegt, weil sich die Ölablaßschraube lockerte oder eine Ventildeckeldichtung nachgab. Ebenso kann eine Schmierstelle, ein Kurbelwellenlager schadhaft sein, so daß das Motoröl ohne Widerstand aus dem defekten Lager läuft. Auch die Ölpumpe kann defekt sein, was allerdings nur sehr selten vorkommt. Einen Motorschaden, der die Öldruckkontrollampe zum Aufleuchten bringt, weil der Ölkreislauf gestört ist, kann in der Regel nur die Werkstatt feststellen, wenn kein deutlich hörbares Klopfen beim laufenden Motor auf den Schaden hinweist. Damit man sich von der Kontrollampe aber nicht unnötig ins Bockshorn jagen läßt, zuerst noch als Gegenprobe das Kabel vom Öldruckschalter abziehen. Die Lampe muß verlöschen, sonst hat das blau-grüne Kabel irgendwo Masseschluß.
Natürlich ist es genauso fehlerhaft, wenn die rote Kontrollampe überhaupt nicht aufleuchtet. Auch das muß möglichst bald in Ordnung gebracht werden (es kann an den Kabelverbindungen, am Glühlämpchen, an den Kabelsteckern oder am Öldruckschalter liegen), denn eine Kontrolle des Öldrucks ist sonst überhaupt nicht möglich.

Hinter dem Zündverteiler sitzt der Öldruckschalter im Motorblock. Das zu ihm führende blau-grüne Kabel steht nach Einschalten der Zündung unter Strom, so daß der Stromkreis nur durch die Membrane des Öldruckschalters – bei mangelndem Öldruck – geschlossen zu werden braucht, um das Öldrucklämpchen aufleuchten zu lassen. Zur Kontrolle eines etwa defekten Lämpchens Kabelstecker von der Kabelklemme des Öldruckschalters ziehen und bei eingeschalteter Zündung irgendwo gegen gut leitende »Masse« drücken: das Lämpchen muß aufleuchten.

Die Kontrolle ist einfach: Das blau-grüne Kabel am Öldruckschalter (Bild oben) abziehen und bei eingeschalteter Zündung irgendwo mit dem blanken Kabelstecker an »Masse« des Motorblocks tippen. Da hierdurch der Stromkreis geschlossen wird, muß das Kontrollämpchen aufleuchten, wenn es selbst und das Kabel in Ordnung ist. Dann ist der Öldruckschalter defekt. Andernfalls Lämpchen austauschen bzw. Kabelverbindung prüfen.

Öldruckschalter auswechseln

Ist ein elektrischer Defekt im Öldruckschalter festgestellt oder ist er undicht geworden, so daß Motoröl aus ihm austritt, muß er ausgewechselt werden. Das ist beim VW-Motor einfach: Kabel abziehen und Öldruckschalter herausschrauben. Beim Einbau des neuen Schalters diesen nicht zu fest anziehen, da das Gewinde leicht konisch gearbeitet ist, um einwandfrei abzudichten. Brennt die Öldruckkontrolle nach Ihrer Ansicht zu lange oder zu kurz, muß die Werkstatt mit ihrem Druck-Meßgerät bemüht werden.

Störungsbeistand

Öldruckanzeige

Die Störung	– ihre Ursache	– ihre Abhilfe
A Lampe leuchtet beim Einschalten der Zündung nicht auf	1 Steckkontakte locker?	Kabelsteckverbindungen überprüfen
	2 Kontrollampe defekt?	Kontrollampe austauschen
	3 Öldruckschalter defekt?	Öldruckschalter auswechseln
B Lampe leuchtet während der Fahrt auf	1 Ölmangel?	Motoröl auffüllen
	2 Kurzschluß am blau-grünen Kabel zwischen Lampe und Öldruckschalter?	Kabel auf Scheuerstellen untersuchen. Anderes Kabel zwischenschalten.
	3 Ölkreislauf unterbrochen?	Motor wird nicht mehr geschmiert. Zur Werkstatt abschleppen.
	4 Öldruckschalter undicht?	Schalter auswechseln
C Lampe verlischt erst bei Vollgas	Öldruck zu niedrig? Ölpumpe schadhaft?	Zur nächsten Werkstatt. Untersuchen lassen.
D Lampe leuchtet bei heißem Motor im Leerlauf auf	Ansprechdruck des Öldruckschalters etwas zu hoch?	Heißes, dünnflüssiges Motoröl bringt weniger Druck, als kaltes, zähes Öl. Aufleuchten, wie beschrieben, kein Grund zur Sorge.

Die Scheibenwischer

Beim Drehen des Scheibenwischerschalters beginnen die Wischerarme zu pendeln – bei allen Transporter- und Bus-Modellen ab Herbst 1966 sogar mit zwei Geschwindigkeiten. Die Wischer laufen nach dem Abschalten automatisch bis in ihre Endstellung.
Scheibenwischer ohne automatische Endabschaltung (im ganz alten Transporter) werden mit ihrem Schalter einfach ein- und ausgeschaltet. Bei zwei Geschwindigkeiten und automatischer Endstellung sind die Verhältnisse etwas verwikkelter, so daß man am besten unseren Schaltplan in der hinteren Buchklappe aufschlägt: Spannung erhält der Wischerschalter durch das grüne Kabel von der Sicherung (Klemme 15). Beim Drehen des Schalters in die 1. Stufe erhält der Wischermotor über die Klemmen 53 (schwarzes Kabel) Spannung. Der Motor kann sich langsam drehen. Beim Weiterdrehen in die 2. Stufe fließt der Strom über die Klemmen 53 b (schwarz-gelbe Kabel), wodurch eine 3. Kohlebürste am Wischermotor Spannung erhält und den Wischermotor schneller dreht. Wird der Wischermotor abgestellt, liegt die Spannung an den Klemmen 53 a (schwarz-lila Kabel). Eine im Wischermotor mitlaufende Exzen-

Der Wischermotor ganz vorn an der Spritzwand läßt sich im Transporter nur sehr schwer erreichen. Dennoch ist es möglich, den Wischerrahmen und mit ihm auch den Wischermotor auszubauen.

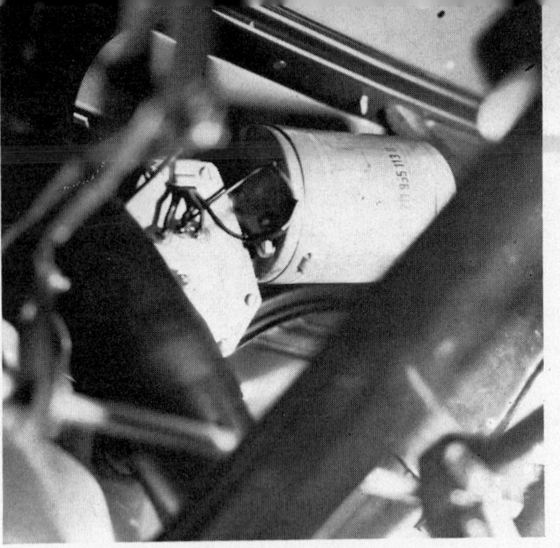

terscheibe drückt einen Kontakt der Klemme 53 an diese Klemme 53 a, so daß der Motor noch so lange weiterlaufen muß, bis die Einkerbung der Exzenterscheibe den Kontakt zurückschnellen und dadurch den Stromzufluß unterbrechen läßt. Auf die Einkerbung der Exzenterscheibe wird die Endablage der Wischerarme entsprechend justiert. Im Augenblick der Endabstellung wird gleichzeitig der Wischermotor über die Klemmen 31 b (braunes Kabel) kurzgeschlossen, was auf den Wischermotor als Schnellbremse wirkt.

Störungen am Wischermotor

Wenn die Scheibenwischerarme mit der Hand oder durch Vereisung außerhalb ihrer Ruhestellung angehalten werden, dann bleibt der Wischermotor auch in ausgeschaltetem Zustand unter Strom, solange die Zündung eingeschaltet ist. Dadurch werden Anker und Wicklung so stark überlastet, daß sie nach kurzer Zeit durchbrennen können. Das Stehenbleiben der Wischerblätter außerhalb ihrer eigentlichen Ruhestellung beim Ausschalten der Zündung ist dagegen ungefährlich.

Wenn der Motor zu langsam geht – eventuell noch mit Quietschgeräuschen – kann die Werkstatt dem Fehler mit einer Strommessung am eingebauten Wischermotor auf den Grund gehen. Man kann das aber auch selbst, wenn ein Amperemeter zur Verfügung steht. Die Wischerblätter werden abgeklappt, denn die Reibung der Wischerblätter auf der Windschutzscheibe gibt falsche Werte. Das Amperemeter muß zwischen Klemme 30 des Wischerschalters (schwarzes Kabel) und dieses Kabel geschaltet werden. Bei Stufe 1 nimmt der Wischermotor etwa 2,5 Ampere, bei Stufe 2 etwa 3,5 Ampere auf (6-Volt-Wischermotor:

Die Scheibenwischer aller neueren Transporter sitzen mit einer Kerbverzahnung auf ihrer Welle. Man braucht nur die Hutmutter zu lösen und kann den Wischarm abziehen. Er läßt sich in jeder beliebigen Stellung aufstecken.

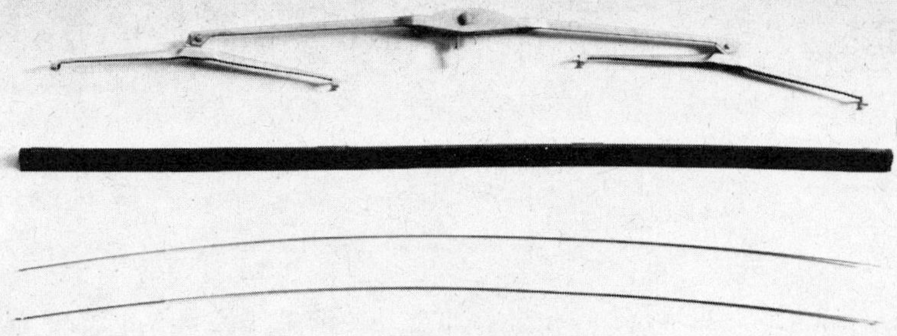

Wischblätter für gebogene Scheiben besitzen ein auswechselbares Gummi. Die Gummis soll man häufig erneuern (alle Jahre spätestens), die Wischblätter halten viel länger. Kauft man nur neue Gummistreifen, so spart man bares Geld. Die Gummistreifen werden von zwei Stahlbändern gehalten.

etwa 4 Ampere). Liegt die Stromaufnahme wesentlich höher, liegt es bei gleichzeitigem Quietschen an mangelhafter Schmierung oder bei leisem Lauf an einem Fehler im Motor, der dann ausgebaut und zerlegt werden muß.
Im Transporter wird seit Herbst 1967 ein Wischermotor mit Schneckentrieb verwendet, der mit den beiden Wischwellen und den Übertragungsstangen auf einem gemeinsamen Rahmen angebracht ist. Die Scheibenwischerarme sind auf ihren gezahnten Wellen mit Hutmuttern befestigt. Stimmt die Wischerstellung nicht (Parkstellung nicht parallel zum unteren Scheibenrand, Anschlagen der Wischer), so lassen sich die Wischarme nach Abschrauben der Hutmutter einfach abziehen und in der richtigen Stellung wieder aufstecken. Der rechte Wischer steht etwas höher als der linke – das ist normal.
Der Scheibenwischermotor samt seinem Rahmen läßt sich gut in Heimarbeit ausbauen, wenn man sich unter dem Armaturenbrett auch sehr verrenken muß. Zunächst Batterie-Minuskabel abklemmen, dann die Scheibenwischerarme lösen. Auf den Wischerwellen die Lagerdeckel abnehmen und die Muttern abschrauben. Unter dem Armaturenbrett den Heizungsverteilerstutzen abnehmen, Kabel am Scheibenwischermotor abziehen, untere Befestigungsschraube am Scheibenwischermotor abschrauben und Motor mit Rahmen nach rechts unten herausziehen.
Die Verbindungsstangen von der Motorkurbel zu den Wischern lassen sich mit einem Schraubenzieher vorsichtig abdrücken, jetzt kann man den Motor von seinem Rahmen abschrauben. Vorher sollte man die Einbaulage des Motors an diesem Rahmen noch anzeichnen, um später die richtige Stellung wieder zu finden.
Es ist kein Kunststück, den Scheibenwischermotor zu zerlegen. Einen verschmutzten Kollektor kann man hierbei mit einem benzinfeuchten Lappen reinigen. Weist der Kollektor Verschleißspuren oder Brandstellen auf, so muß der Motor überholt werden, was man nicht mehr selbst machen kann (Kollektor bis auf höchstens 21,5 mm Durchmesser abdrehen, Isolierung zwischen den Lamellen mit einer Lamellensäge nacharbeiten).
Beim Zusammenbau werden alle Lagerstellen und Gelenke mit einem Moly- oder mit Mehrzweckfett eingefettet. Ein schwergängiger Antrieb wird zerlegt und ebenfalls neu gefettet.

Fingerzeig: *Wischerarme im Winter (etwa zum Unterklemmen einer Zeitung) nicht mit Gewalt in senkrechter Stellung abstellen wollen, sondern mit der Zündung im rechten Augenblick ausschalten. Am nächsten Morgen vor*

Wischblätter lassen sich ohne Werkzeug von ihren Wischarmen trennen. Sie sind nur mit einer Feder und einem kleinen Zähnchen eingehakt. Man drückt die Feder zusammen, so daß das Zähnchen aushakt, schiebt das Wischblatt zunächst zurück und dann nach vorn ab.

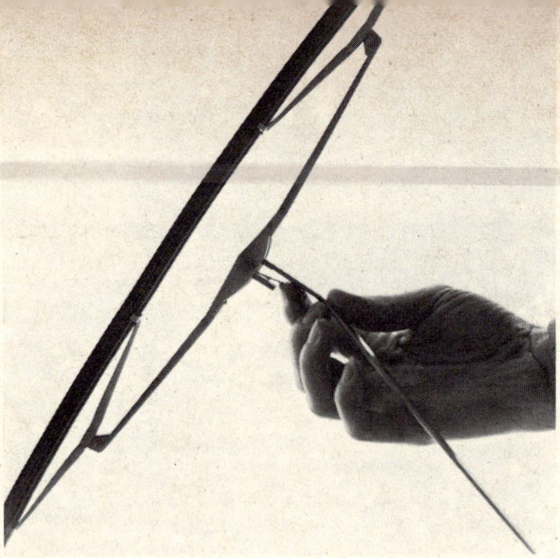

dem Einschalten der Zündung die Abdeckung entfernen und Scheibe säubern, so daß die Wischer in ihre Parkstellung laufen können. Bei starkem Schneefall darauf achten, daß die Wischer ihre vollständige Bewegung ausführen können – bei der nahezu senkrechten Transporter-Scheibe besteht freilich wenig Gefahr, daß Schnee zusammenbacken und die Wischer behindern kann.

Die Wischerblätter

Pflegedienst Nr. 39

Nur selten bringen Wischerblätter ein wirklich einwandfrei sauberes Gesichtsfeld zustande. Das liegt einmal daran, daß die Windschutzscheibe nur selten mit Sidol (siehe Seite 221) und statt dessen mit einem verfetteten Fensterleder beim Tanken und bei der Wagenwäsche geputzt wird. Auch die Wischerblätter selbst nützen sich ab. Wenigstens einmal im Jahr sollten sie erneuert werden, möglichst im Herbst vor ihrer Schwerarbeits-Saison. Die Sommersonne macht den Gummi porös, bei Nachtfahrten im Herbst ist eine schlecht gewischte Windschutzscheibe besonders unangenehm und gefährlich. Schließlich sollen die Wischerblätter selbst auch gereinigt werden, denn an ihnen setzen sich ja die Fettrückstände von der Windschutzscheibe ab. Man reibt sie am besten mit einer festen Nylonbürste und einer starken Waschmittellösung oder auch Brennspiritus ab. Dagegen ist Benzin völlig ungeeignet als Reinigungsmittel für die Wischerblätter, denn Benzin fördert die Verhärtung des Gummis.

Der Wischerschalter

Der Wischerschalter hat eine Doppelfunktion, denn durch einen Druck auf den Knopf wird das Ventil zu den Scheibenwascherdüsen freigegeben. Bei Defekt

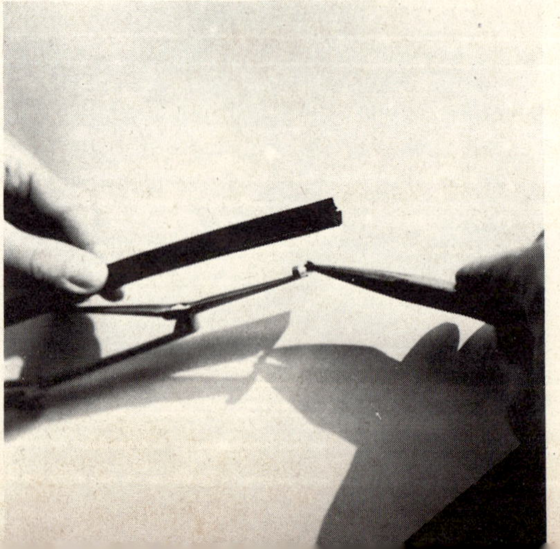

Zum Auswechseln der Gummistreifen zunächst das Halteblech am einen Ende des Blattes etwas aufbiegen. (Der Deutlichkeit halber wurde hier der Gummistreifen bereits herausgenommen.)

Nach dem Aufbiegen des Halteblechs läßt sich der Stahlstreifen mit einer spitzen Zange heraushebeln und herausziehen. Danach auch den Streifen auf der anderen Seite herausziehen, Gummi aushängen. Neues Gummi einhängen und die Streifen wieder einschieben. Die Streifen sollen entgegen der Krümmung des Wischblatts gebogen sein (sonst hat das Wischgummi in der Mitte keinen Anpreßdruck).

in der Motorschaltung oder in der Wascherbetätigung muß der Schalter ausgebaut werden: Minuskabel der Batterie lösen, Schalterknopf abschrauben und Auslösestange für Wascherventil aus diesem ziehen. Danach die Schalter-Rosette herausschrauben, wie im Bild Seite 159 für den Lichtschalter gezeigt. Wischerschalter durch das Armaturenbrett schieben und von der Rückseite her Kabelanschlüsse und Wasserschläuche abziehen (vorher Druck aus dem Wascherbehälter ablassen).

Die Scheibenwaschanlage

Pflegedienst Nr. 40

Der Druck auf den Wischerschalter gibt dem Waschwasser den Weg zu den Sprühdüsen vor der Windschutzscheibe frei, wenn die Scheibenwaschanlage in Ordnung ist. Es gibt allerhand Störungsmöglichkeiten daran, angefangen von verstopften Spritzdüsen bis zu undichten Flüssigkeitsbehältern. Letztere sind allerdings seltener als gemeinhin angenommen wird. Wenn die bis zu 3 atü Betriebsdruck, die ihnen der Tankwart hineingepumpt hat, allzuschnell verschwinden, sollten Sie zuerst einmal das Pumpenventil prüfen, am besten mit Spucke, wie beim Reifenventil. Wenn es dicht ist, geht die Suche am Verschlußdeckel weiter. Dieses Kunststoffteil kann gelegentlich einen zu starken Grat haben, der von der Formpresse übriggeblieben ist. Daran kann Druckluft unter Umständen entlangschleichen. Deshalb einen etwa vorhandenen Materialgrat mit einer feinen Feile glätten. Wenn der Druck trotzdem zu schnell nachläßt – er soll für eine Wasserbehälterfüllung vollständig ausreichen –, liegt es in der Regel an undichten Leitungen oder am Ventil im

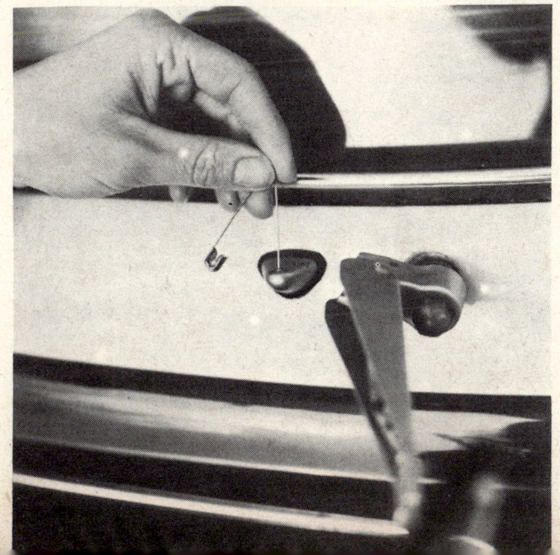

Die Scheibenwascher-Düsen lassen sich ganz einfach mit einer Nadel verstellen. Die Wasserstrahlen sollen in der Mitte und im oberen Drittel des Wischerfeldes auftreffen. Dies muß auch bei hohen Geschwindigkeiten wenigstens in etwa funktionieren.

Wischerschalter. Manche Fahrer hat dieser Wischerschalter und der Druckbehälter der Waschanlage schon so geärgert, daß sie sich einen Wischerschalter mit Handdruckpumpe (der Schalterknopf ist ein kleines Gummibällchen) eingebaut haben, wie ihn z. B. der Audi besitzt – viel vernünftiger (und dazu billiger) ist es freilich, die vorhandene Druckluft-Anlage ein für allemal in Ordnung bringen zu lassen (und sei es durch neue Teile). Die Druckluftanlage arbeitet viel besser als eine Anlage, bei der man das Wasser von Hand auf die Windschutzscheibe spritzen muß! Wenn man unbedingt umbauen will, dann sollte man eine elektrische Wasserpumpe vorsehen, die es von Bosch und von VDO heute preiswert gibt.

Das Scheibenwaschwasser soll vor dem Winter beizeiten frostfest gemacht werden. Dafür gibt es an den Tankstellen eine Fülle von Spezialmitteln, die dem Scheibenwaschwasser beigemischt werden können, allerdings sind die Frostfestigkeitsbehauptungen der Hersteller recht oft nicht sehr glaubhaft. Der billigste Frostschutz ist Spiritus: Ein Teil davon auf drei Teile ergibt eine Frostschutzwirkung bis — 12 Grad.

Auch im Sommer sollte kein reines Leitungswasser in der Scheibenwaschanlage verwendet werden, denn im Laufe der Zeit wird so viel Öldunst von Abgasen auf die Windschutzscheibe geblasen, daß reines Wasser dessen nicht Herr wird. Es ist also besser, eine Scheibenreinigerflüssigkeit beizumischen.

Störungsbeistand

Scheibenwischeranlage

Die Störung	– ihre Ursache	– ihre Abhilfe
A Wischermotor läuft zu langsam, setzt aus oder bleibt stehen	1 Kohlebürsten abgenutzt, Bürstenfedern lahm	Motor instandsetzen
	2 Motorkollektor verschmutzt	Motorkollektor reinigen
	3 Antriebs- und Verbindungsgestänge nicht geschmiert.	Reinigen und fetten
	4 Batteriespannung schwach	Batteriespannung prüfen
B Wischermotor bleibt beim Abschalten nicht stehen oder hält außerhalb Endabstellung	1 Kontakte im Motorschaltgehäuse defekt, verbogen oder verschmutzt	Kontakte auswechseln bzw. reinigen oder nachbiegen
	2 Wischerschalter klemmt	Schwarzes Kabel an Sicherung abziehen, dann Schalter instandsetzen
	3 Schlechte Masseverbindung von Klemme 31 b über Schalter zur Masse	Kabelweg prüfen, evtl. Schalter auswechseln
C Quietschgeräusche	1 wie A 3	
	2 Ankerachse des Wischermotors ohne Fett	Lagerung mit Mehrzweckfett schmieren
	3 Wischermotorkappe sitzt nicht richtig auf Gehäuse	Sitz der Kappe ändern
D Wischermotor dreht sich nicht oder bleibt plötzlich stehen	1 Kurzschluß im Motor	Wischermotor auswechseln
	2 Wischerschalter defekt	Auswechseln
	3 Sicherung Nr. 3 defekt	Auswechseln
	4 Kabelunterbrechung	Kabelweg prüfen
E Im Wischerfeld verbleiben Wasserschlieren	1 Wischgummi verschmutzt	Mit Nylonbürste und Spiritus reinigen
	2 Wischgummi gealtert oder rund geriebene Wischerlippe	Wischergummi erneuern
	3 Wasserunlösliche Rückstände	Scheibenreinigerflüssigkeit in Wascheranlage geben
F Wasserperlen im Wischerfeld	Öl, Silikon oder Kraftstoffrückstände auf der Windschutzscheibe	Scheibe gründlich mit Sidol reinigen

Wer den Transporter zum ersten Mal fährt und – wie üblich – die Betriebsanleitung nicht gelesen hat, findet die Waschanlage unter Umständen nicht gleich. Der Wasserbehälter sitzt unter einer Abdeckkappe rechts vorn an der Wand. Luft wird über einen losen Schlauch eingefüllt.

Die Störung	– ihre Ursache	– ihre Abhilfe
G Wischerblatt wischt nur in einer Richtung gut oder rattert	1 Wischgummi einseitig verformt, kippt nicht mehr	Erneuern
	2 Wischerarm verdreht	Zurechtbiegen
	3 Zu wenig Feuchtigkeit bei starker Verschmutzung, »läuft trocken«	Wascheranlage mehr benutzen, Scheibenreinigerflüssigkeit zugeben
	4 Anpreßdruck des Wischerarms zu gering	Wischerarmgelenk und Feder leicht ölen

Heizbare Heckscheibe

Als Zubehör gibt es auch für den VW-Transporter eine beheizte Heckscheibe, die durch einen zusätzlichen Schalter am Armaturenbrett ein- und ausgeschaltet wird. Da diese Heckscheibenheizung fleißig Strom verbraucht (etwa 80 Watt, so viel wie das Abblendlicht!), gibt es, damit man das Abschalten nicht vergißt, ein besonderes grünes Kontrollämpchen im Schaltknopf. Um den Strom nicht von der Batterie über den Schalter am Armaturenbrett wieder zurück zur Heckscheibe leiten zu müssen (ergibt Spannungsverlust), ist ein Schaltrelais mit eingebaut, das den Arbeitsstrom auf kurzem Wege von der Batterie über eine besondere Hülsensicherung zu den Heizfäden der Heckscheibe leitet. Der Schaltstrom fließt, von der Sicherung kommend, über den Schalter am Armaturenbrett zum Relais. Die Schaltung ist so ausgeführt, daß nur bei eingeschalteter Zündung Heckscheibenbeheizung möglich ist.

Fingerzeig: *Auch bei beheizter Heckscheibe haben Eisschaber und Defroster-Spray keineswegs ausgedient. Man kann es sich nämlich nach einer im Freien durchgestandenen tiefgekühlten Winternacht kaum leisten, die Heckscheibe schon vor dem Starten einzuschalten, damit bis zum Start das Eis weggeschmolzen ist. Bei dem hohen Stromverbrauch der Heckscheibe wird nämlich die restliche Batteriekraft oft nicht mehr zum Anlassen ausreichen. Und beim Einschalten sofort nach dem Starten reicht die Zeit bis zur Abfahrt auch nicht für freie Sicht aus. Denn bekanntlich soll man den VW-Motor bei Kälte nicht im Stand »warmlaufen« lassen, sondern sogleich behutsam losfahren, wenn der Motor »rund dreht«. Im Stand wird der luftgekühlte Motor nämlich nicht warm, sondern hat nur erhöhten Verschleiß. Bereits beim Losfahren braucht man freie Sicht durch die Heckscheibe!*

Reibstelle

Die Kupplung braucht man gleich zu zwei Zwecken im Automobil: Zum einen muß sich mit ihr die Verbindung Motor – Getriebe beim Schalten trennen lassen, denn nur ein nicht belastetes Getriebe läßt sich überhaupt schalten. Zum zweiten muß man mit der Kupplung beim Anfahren den laufenden Motor allmählich mit dem ja zuerst stehenden Auto »kuppeln«.
In der Kupplung gibt es zwei Reibscheiben, die normalerweise von kräftigen Federn zusammengepreßt werden: Es ist eingekuppelt. Beim Druck auf das Kupplungspedal werden diese Scheiben gegen den Federdruck auseinander gerückt: Es ist ausgekuppelt.
An der Kupplung gibt es die größte Abnutzung, wenn sie »schleift« – wenn ihre Scheibe Drehzahlunterschiede ausgleichen muß. Dies ist bei jedem Anfahren der Fall, dies ist aber besonders auch dann der Fall, wenn ein Fahrer sich das Zurückschalten in den ersten Gang ersparen will und etwa in einer engen Kurve auf die Kupplung tritt. In der Kupplung gibt es zudem bei jedem Treten des Pedals Verschleiß am sogenannten Ausrücklager, das die Scheiben beim Tritt auf das Pedal auseinanderpreßt.

Unarten der Kupplung

Wenn bei scharfem Anfahren die Kupplung durchrutscht, der Motor also schneller dreht, als es der gefahrenen Geschwindigkeit entspricht, so ist das Kupplungsspiel zu klein. Im Zweifelsfall kann man eine recht brutale Methode anwenden: Handbremse anziehen, 3. Gang einlegen, langsam einkuppeln und Gas geben. Normalerweise müßte der Motor jetzt abgewürgt werden. Ist das nicht der Fall, so rutscht die Kupplung durch. Voraussetzung für diese Prüfung ist natürlich eine richtig eingestellte und voll wirksame Handbremse.
Eine rutschende Kupplung ist, wie gesagt, auf zu kleines Spiel zurückzuführen oder auf stark abgenutzte Kupplungsbeläge. In solchen Fällen muß die Kupp-

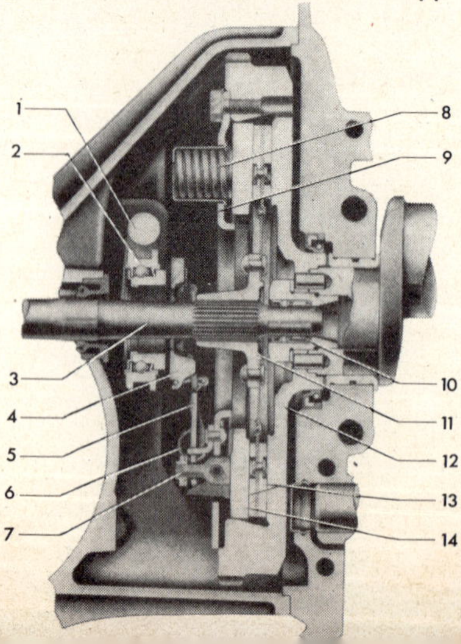

Dieser Schnitt durch die Kupplung sieht komplizierter aus, als er ist. Tritt man das Pedal, wird über die Ausrückwelle (1) das Ausrücklager (2) in Richtung der Getriebe-Eingangswelle (3) auf die Ausrückplatte (4) bewegt. Letztere wird gegen die Ausrückhebel (5) gedrückt, die gegen eine Feder (6), auf dem Bolzen (7) gelagert, dafür sorgen, daß sich die Druckplatte (14) gegen die Druckfeder (8) von der Kupplungsscheibe (11) löst. Letztere wird nun nicht gegen die Motorschwungscheibe (12) gepreßt, womit die Verbindung zum Motor unterbrochen ist. (9) ist der Kupplungsdeckel, (10) ein Nadellager in der Hohlschraube der Kurbelwelle und (13) der Kupplungsbelag.

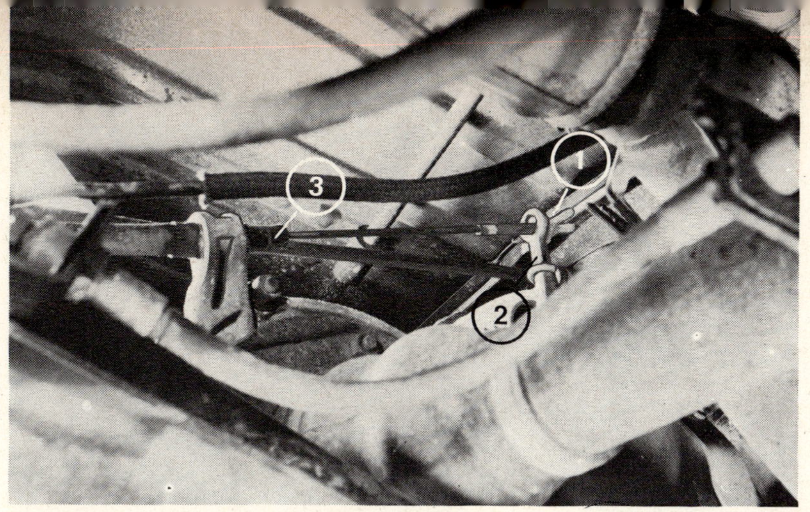

Kupplung nachstellen: Nach Abnehmen des linken Hinterrades oder – wie hier gezeigt – bei aufgebocktem Wagen kann man das Spiel der Kupplung durch eine Flügelmutter (1) am Ausrückhebel (2) korrigieren. Drehen nach rechts verkleinert das Spiel. Drehen nach links vergrößert es. Bei 3 beginnt das Führungsrohr.

lung neu eingestellt, bzw. die Kupplungsscheibe ausgewechselt werden. Das ist auch notwendig, wenn der Belag verölt ist. Gleichzeitig muß hierbei der Dichtring (Motor-Getriebe) erneuert werden.

Trennt die Kupplung nicht richtig, so kratzt es beim Schalten. Das merkt man vor allem beim Einlegen eines nicht synchronisierten Ganges, also des Rückwärtsganges. Lassen Sie den Motor laufen, kuppeln Sie aus, warten eine Sekunde und legen Sie den Rückwärtsgang ein. Kratzt es dabei, so trennt die Kupplung nicht richtig. Auch zu großes Kupplungsspiel kann hierfür die Ursache sein.

Schließlich gibt es noch eine dritte Möglichkeit: das Rupfen der Kupplung. Dann setzt sich der Wagen beim Einkuppeln gewissermaßen stotternd in Bewegung, die Übertragung der Motordrehzahl auf die Antriebsräder erfolgt nicht gleichmäßig weich. Die Druckplatte muß erneuert werden.

Eine harmlose Ursache hat das Pfeifen der Kupplung, das an manchen (auch neuen) Fahrzeugen auftreten kann: schon geringe oszillierende Bewegungen zwischen dem Kunststoffring des Ausrücklagers und dem Ausrückring können das Geräusch hervorrufen. Ein leichtes Einsprühen eines Molybdän-Schmiermittels an die genannten Stellen verhindert neue Geräuschbildung. Dazu bohren die VW-Werkstätten von unten ein 10 mm-Loch in das Getriebegehäuse und sprühen mit einem dünnen Röhrchen das Schmiermittel ein. Mit einem Gummipfropfen wird hinterher die Bohrung dicht verschlossen.

Kupplungsspiel prüfen

Pflegedienst Nr. 30

Ein Spiel ist für die Kupplung wichtig. Es bedeutet »Luft« oder Abstand zwischen den die Druckkräfte übertragenden Teilen. Ist das Spiel zu groß, so geht Pedalweg verloren, die Kupplung trennt nicht richtig, ist das Spiel zu klein, so rutscht die Kupplung.

Da im Laufe der Zeit durch natürlichen Verschleiß die Kupplungsbeläge dünner werden, verringert sich allmählich auch das Spiel. Zur Messung drückt man das Pedal mit der Hand nieder, bis erster Widerstand spürbar wird. Dieser sogenannte »Pedalweg« soll etwa 10–20 mm betragen. Eine noch genauere Prüfung wird möglich, wenn man das linke Hinterrad abgenommen hat und das Spiel des Ausrückhebels direkt am Kupplungsgehäuse prüft, hier soll es 2–3 mm betragen. Durch diese Art der Prüfung vermeidet man Fehlmessungen durch Verschleiß in der Pedallagerung.

Zum Nachstellen des Kupplungsspiels wird (bei abgenommenem linken Hinterrad) die Flügelmutter am Ende des Kupplungsseiles entsprechend verdreht. Anziehen bedeutet Verkleinerung des Spiels, Lockern Vergrößerung des

Spiels. Eine etwas festgerostete Flügelmutter wird man nicht mit Gewalt zu lösen versuchen, sondern mit einem chemischen Rostlöser wie Caramba oder Ferex-Rapid.

Neues Kupplungsseil einbauen

Seilzüge haben mitunter die unangenehme Eigenschaft, im unpassendsten Moment zu reißen. Das war früher eine typische VW-Krankheit, kann aber speziell beim Transporter auch heute noch passieren, wenn Rost und fehlende Schmierung am Lebensnerv genagt haben.

Ein Herausnehmen des Ganges ist bei gerissenem Seil jederzeit möglich, wenn man bei langsamer werdender Geschwindigkeit (Gas wegnehmen) einen leichten Druck auf den Schalthebel in Richtung Leerlaufstellung ausübt. Der Gang springt dann bei einer bestimmten Geschwindigkeit von allein heraus.

Will man trotz gerissenem Kupplungsseil noch mit eigener Kraft die nächste Werkstatt oder Tankstelle anlaufen, so stellt man zunächst den Motor ab, legt den 1. oder (wenn das Gelände nicht ansteigt) den 2. Gang ein und betätigt bei gleichzeitigem leichten Gasgeben den Anlasser. Dieser setzt dann – wenn auch mit etwas Mühe – Motor und Fahrzeug gleichzeitig in Bewegung. Natürlich ist ein Weiterschalten in den nächst höheren Gang nicht möglich, wenigstens dann nicht, wenn Sie nicht zu den »alten Hasen« gehören, die mit viel Gefühl und feinem Gehör für das Getriebe einen Gangwechsel trotz streikender Kupplung vornehmen können.

Fahrkünstler schaffen es, während der Fahrt ohne zu kuppeln zu schalten: Gas wegnehmen, Gang herausdrücken, dosiert Gas geben, neuen Gang andrücken, rutscht bei bestimmter Gasstellung hinein.

Das Auswechseln eines Kupplungsseiles ist eine nicht unbedingt angenehme Angelegenheit, beim Transporter aber wesentlich einfacher als beispielsweise beim VW-Käfer.

Zuerst wird der Wagen aufgebockt, das linke Hinterrad wird am besten abgenommen und das Kupplungsseil hinten an der Nachstelleinrichtung gelöst. Die Gummitülle wird abgezogen. Danach baut man das Abdeckblech vorn unter dem Fußhebelwerk aus, biegt den Splint für den Bolzen des Kupplungsseils auf, zieht den Bolzen heraus und zieht das Kupplungsseil dann nach vorn heraus. Den gerissenen Rest des Kupplungsseils zieht man selbstverständlich nach hinten heraus.

Das neue Kupplungsseil wird gut mit Universalfett behandelt und von vorn in das Führungsrohr geschoben. Zum Schluß fettet man das Gelenk am Fußhebel, steckt den Bolzen wieder durch und sichert ihn durch einen neuen

Die Durchbiegung des Kupplungsseiles in der Seilführung muß 25–45 mm (B) betragen, bei größerer Durchbiegung besteht die Gefahr des Reißens. Eine zu geringe Durchbiegung kann durch Einfügung von Scheiben zwischen Seilführung und Halterung am Deckel (A) berichtigt werden.

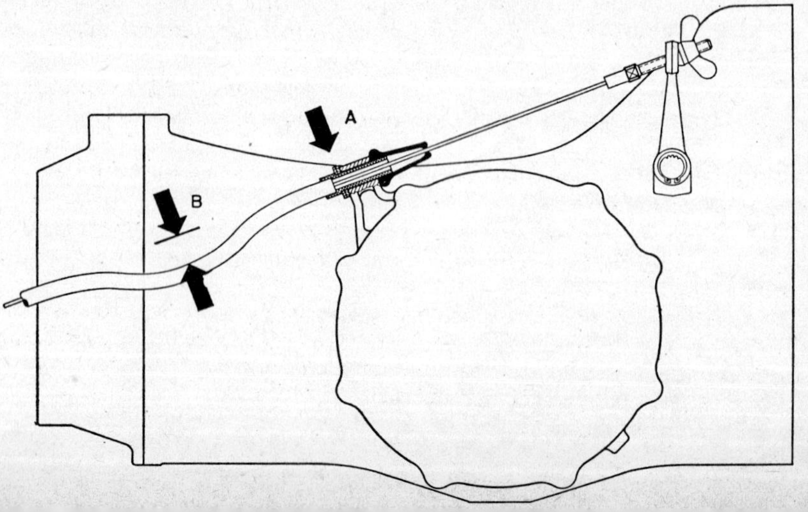

Splint. Danach wird hinten die Gummitülle wieder aufgeschoben und das neue Seil mit der Flügelmutter am Ausrückhebel festgemacht. Auch hier etwas schmieren, wenn man schon einmal an der Arbeit ist!
Hinzuweisen ist noch auf Folgendes: Das Führungsrohr des Kupplungszuges hat eine Durchbiegung von 25–45 mm, die vom Werk gewollt ist und auf deren Vorhandensein geachtet werden sollte. Ist diese Durchbiegung nämlich zu groß, so kommt es zu einer Schwergängigkeit des Kupplungsseiles, es besteht die Gefahr des Reißens; in solchem Fall muß das Ende des Führungsrohres hinten etwas gekürzt werden. Eine zu kleine Durchbiegung kann durch Belegscheiben zwischen Führungsrohr und Lagerbock korrigiert werden.
Warum Durchbiegung des Führungsrohres? Sie soll Vibrationen des nachgiebig in Gummi gelagerten Getriebes von der Kupplungsbetätigung fernhalten. Denn wenn das Kupplungsseil straff gespannt wäre, so würde es zittern und die Kupplung rupfte beim Anfahren. Die Durchbiegung verschluckt diese Seilvibrationen.

Fingerzeig: *Ein Kupplungsseil reißt nicht schlagartig. Das Reißen kündigt sich vielmehr vorher durch langsam größer werdendes Spiel an, vielfach auch durch Geräusche, die beim Durchtreten des Kupplungspedals entstehen. Wird also das Kupplungsspiel laufend größer (obwohl es sich bei normaler Abnutzung eigentlich verkleinern müßte), so sollte man den Zug erneuern lassen – er ist mit Sicherheit angerissen und hält jetzt nicht mehr lange.*

Kupplung ausbauen

Wer die Kupplung ausbauen will, z. B. um die Kupplungsscheiben zu ersetzen, braucht Zeit. Denn vorher muß der Motor ausgebaut werden. An der Schwungscheibe ist die Kupplungsdruckplatte mit sechs Schrauben befestigt (Schlüsselweite 13 mm), die abwechselnd über Kreuz jeweils um zwei Gewindegänge zu lösen sind, damit die Kraft der Kupplungsfedern ausgeglichen und ein Verziehen des Deckels vermieden wird. Nach Abnehmen des Deckels Kupplungsscheibe herausnehmen.
Vor dem Wiedereinbau beachten: Ist die Kupplungsfläche im Schwungrad einwandfrei? Notfalls säubern oder mit Polierleinen glätten. Ist der Kupplungsbelag verschmiert, verbrannt oder gerissen oder fast bis auf die Nieten abgenutzt? Wenn ja, auswechseln. Zulässiger Seitenschlag: höchstens 0,8 mm. Ist das Tragbild der Druckplatte gut? Wenn nicht, nachschleifen oder auswechseln, sonst Rupfneigung. Das Nadellager der Hohlschraube im Schwungrad mit Mehrzweckfett füllen. Kupplungsscheibe zentrieren. Schrauben für den Kupplungsdeckel im umgekehrten Sinne wie beim Ausbau anziehen, also um zwei Gewindegänge. Ausrückplatte muß planparallel zur Anlagefläche des Deckels stehen.
Einstellschraube am Kupplungszug vor dem Wiedereinbau des Motors gängig machen! Das erleichtert anschließend das Einstellen des Pedalspiels.

Fingerzeige: *Die Ursache für eine rupfende Kupplung kann auch in einer gelockerten Getriebe-Aufhängung zu suchen sein.*
Die Kupplung trennt nicht einwandfrei, wenn die Kupplungsbeläge, zumeist als Folge regelmäßiger »Kavalierstarts«, gerissen sind. Dann muß die Kupplungsscheibe ausgetauscht werden.
Schwergängigkeit an Pedal, Seilzug oder Ausrückwelle, zumeist durch Schmutz und Rost im Winter, verhindern das einwandfreie Trennen der Kupplung. Diese Teile müssen dann sorgsam gereinigt, gängig gemacht (Caramba) und mit Mehrzweckfett geschmiert werden.

Viermal vor und einmal zurück

Getriebe haben bei allen Automobilen eine außerordentlich hohe Reife erreicht. Getriebeschäden sind selten, bei einigermaßen vernünftiger Fahrweise überlebt das Getriebe den Motor und oft auch die rostgefährdete Karosserie.
Bei den VW-Modellen mit ihrem Heckmotor kommt als besonderer Vorteil noch die einfache Bauweise hinzu. So fehlen alle Teile, die bei einem Frontmotor die Kraft zu den Hinterrädern leiten müssen (Kardanwelle mit Gelenken). Getriebe und Differential sind miteinander verblockt, beide haben eine gemeinsame Ölfüllung, was zum einen Öl beim Ölwechsel spart, zum anderen aber auch Zeit bei der Wartung, weil nur eine einzige Ölfüllung kontrolliert werden muß.

Das Schaltgetriebe

Alle VW-Modelle und mithin auch die Transporter verfügen über sogenannte Vollsynchron-Getriebe, was nichts anderes bedeutet, als daß man herauf- und herunterschalten kann, ohne Zwischengas geben zu müssen.
Vollsynchronisierung bedeutet, daß alle 4 Gänge (der Rückwärtsgang macht eine Ausnahme) synchronisert sind; die einzelnen Zahnräder im Getriebe sind nicht mehr verschiebbar, sondern frei drehbar auf der Getriebewelle angeordnet und werden beim Gangwechsel jeweils fest mit der Welle verbunden, bzw. von ihr gelöst. Diesen Vorgang ermöglicht die Synchronisierung, mit der die Zahnräder nur dann mit der Welle verbunden werden können, also ein Gang eingeschaltet werden kann, wenn Gleichlauf zwischen antreibender und getriebener (abtreibender) Getriebewelle vorhanden ist.
Die Synchronisierung beruht auf Reibung, weshalb es keinen Zweck hat, den Schalthebel mit aller Gewalt durchzureißen. Sie braucht einen Zeitbruchteil, um durch Reibung eine andere Gangstufe abzubremsen oder zu beschleunigen.

Motor-Getriebe-Block

Getriebe und Hinterachse sind mit dem angeflanschten Motor zu einem Triebwerksblock vereinigt, der im Heck des Wagens an vier Punkten in Gummi aufgehängt ist. Vorn wird der Triebwerksblock über zwei Gummimetall-Lager am Getriebe-Träger an der Karosserie gehalten. Hinten gibt es zusätzlich einen am Motor angeschraubten Querträger mit zwei weiteren Gummimetall-Lagern als zusätzliche Abstützung links und rechts am Aufbau.
Motor und Getriebe sind miteinander durch vier Schrauben (Seite 58) verbunden, je zwei befinden sich oben und unten. Das Getriebegehäuse ist einteilig aus Magnesium-Druckguß hergestellt und an der Stirnseite durch das Lagerschild, an der Hinterseite durch das Kupplungsgehäuse verschlossen. Zum Ausbau des Getriebes muß der Motor mit ausgebaut werden.
Die ältere Transporter-Serie (bis Juli 1967) hatte zusätzliche Untersetzungsgetriebe (für höhere Zugkraft) an den Hinterrädern. Sie verlangen alle 50 000 km einen Ölwechsel (siehe Seite 50), der gern vergessen wird.

Der linke Fuß hat Ruh'

Seit August 1972 wird der VW-Transporter auf Wunsch mit einem automatischen Getriebe ausgerüstet. Anstelle des herkömmlichen Schalthebels sitzt der Wählhebel mit sechs Stellungen.

Funktion

Zwischen Planetengetriebe und Motor ist der hydraulische Drehmomentwandler geschaltet, in dem die Leistung des Motors durch Schaufelräder übertragen wird. Gekuppelt mit dem Motor ist das Pumpenrad, das die Wandlerflüssigkeit bei laufendem Motor in Rotation versetzt und nach außen gegen das Wandlergehäuse schleudert. Dabei trifft die Flüssigkeit auf das sogenannte Leitrad, welches für eine Umlenkung in die Drehrichtung der Kurbelwelle sorgt. Dadurch wird schließlich auch das Turbinenrad in Drehung versetzt, das mit dem nachgeschalteten Planetengetriebe fest verbunden ist. Da die Zahnräder des Getriebes dauernd im Eingriff stehen und die Wandlerflüssigkeit bei laufendem Motor immer versucht, das Getriebe und damit auch die Antriebsräder des Wagens zu drehen, »kriecht« dieser auch im Leerlauf, muß also mit der Fuß- oder Handbremse gehalten werden.

Flüssigkeitsstand prüfen

Pflegearbeit Nr. 14

Die Maßnahmen des Selbstpflegers beschränken sich auf die Sichtkontrolle des Wandlergehäuses auf Undichtigkeiten und auf die Prüfung des Flüssigkeitsstandes im Gehäuse. Dabei ist darauf zu achten, daß der Peilstab mit senkrecht stehendem Griff eingeführt werden muß, sonst kann das Getriebe blockiert werden. Zum Nachfüllen darf nur ATF (= automatic transmission fluid) mit der Bezeichnung Dexvon B verwendet werden.
Alle 50 000 km muß die Wandlerflüssigkeit gewechselt werden, bei überwiegendem Kurzstreckenverkehr schon alle 30 000 km. Diese Wartungsarbeit sollte der Werkstatt vorbehalten bleiben, da auch die Ölwanne und das Ölsieb ausgebaut werden müssen.

Unterdruckdose der Getriebeautomatik auswechseln

Wartungsarbeit Nr. 53

Erst im November 1975 hat das Werk für die bis Juli 1975 gebauten Modelle mit Getriebeautomatik einen wichtigen Punkt in den Wartungsplan eingefügt. Bei diesen Automatic-Fahrzeugen wird die Stellung des Gaspedals dem Getriebe über eine Unterdruckdose übermittelt. Die Membrane dieser Unterdruckdose kann undicht werden, dann saugt der Motor ATF aus dem Getriebe an. Ein wichtiges Warnsignal ist es, wenn der Motorölstand steigt und der ATF-Stand in der Getriebeautomatik sinkt. Dann ist es höchste Zeit, die Unterdruckdose in der Werkstatt auswechseln zu lassen. Damit es möglichst gar nicht zu dem eben beschriebenen Defekt und womöglich zu einem Getriebeschaden kommen kann, schreibt das Volkswagenwerk für diese Modelle vor, daß alle 30 000 km die Unterdruckdose ersetzt wird.

Gelenkt und gefedert

Alle VW-Transporter- und -Bus-Modelle verfügen über unabhängige Aufhängung aller vier Räder. Jedes Rad ist für sich gefedert, Stöße des einen Rades können nicht (wie bei einer starren Achse) auf das andere Rad übertragen werden.

Die Vorderachse

Die Vorderachsen unserer Modellreihe entsprechen weitgehend den VW-Käfer-Vorderachsen älterer Bauart, die für ihre Robustheit bekannt sind. Bauprinzip: Der Achskörper besteht aus zwei übereinander liegenden Rohren (Nr. 1 in den Zeichnungen), in denen die Dreh- oder Federstäbe (Nr. 2), bestehend aus gebündelten Federblättern, untergebracht sind. Sie sind in der Mitte der Rohre durch je eine Haltenuß gegen Verdrehen gesichert. Aber an den Drehstabenden außen können sich die daran befestigten Traghebel oder Kurbellenker (Nr. 6 und 7) frei um die Federstabachsen verdrehen. Die Federbündel liefern also den Federeffekt. Die Kurbel»lenker« haben übrigens nichts mit der Lenkung zu tun, sondern technisch versteht man darunter Anbauteile, die an einem feststehenden Teil «angelenkt« sind und sich in einer einzigen Bewegungsebene – hier: auf und ab – frei bewegen können.

Bundbolzen und Kugelgelenk

Im August 1967 änderte sich die Befestigung der Achsschenkel (Nr. 9) an den Kurbellenkern (6, 7). Vorher steckte ein Achsschenkelbolzen (Nr. 10, Zeichnung unten) als Bewegungsachse durch die beiden Augen der Achsschenkel. Oben und unten waren die Achsschenkelbolzen durch sogenannte »Bundbolzen« in den Lagerbuchsen der Traghebel (6, 7) befestigt. Dementsprechend wird diese VW-Vorderachse als »Bundbolzen-Vorderachse« bezeichnet.
Weil die Bundbolzen in ihren Traghebel-Lagerbuchsen bei jeder Federbewe-

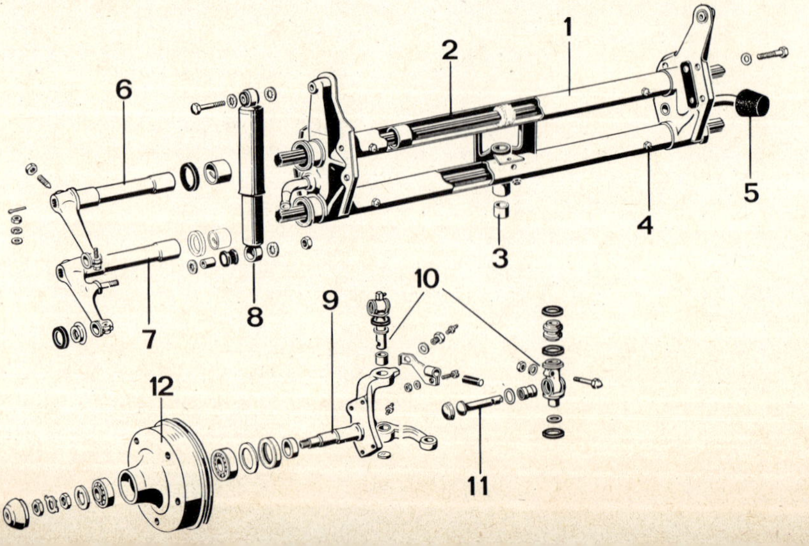

Die Bundbolzen-Vorderachse bis Juli 1967. Es bedeuten: 1 – Vorderachskörper; 2 – Dreh- oder Federstäbe; 3 – Lenkungshebellager; 4 – Schmiernippel; 5 – Anschlaggummipufer für die Federung; 6, 7 – Oberer und unterer Tragbehel (Kurbellenker); 8 – Stoßdämpfer; 9 – Achsschenkel; 10 – Achsschenkelbolzen; 11 – Bundbolzen; 12 – Bremstrommel.

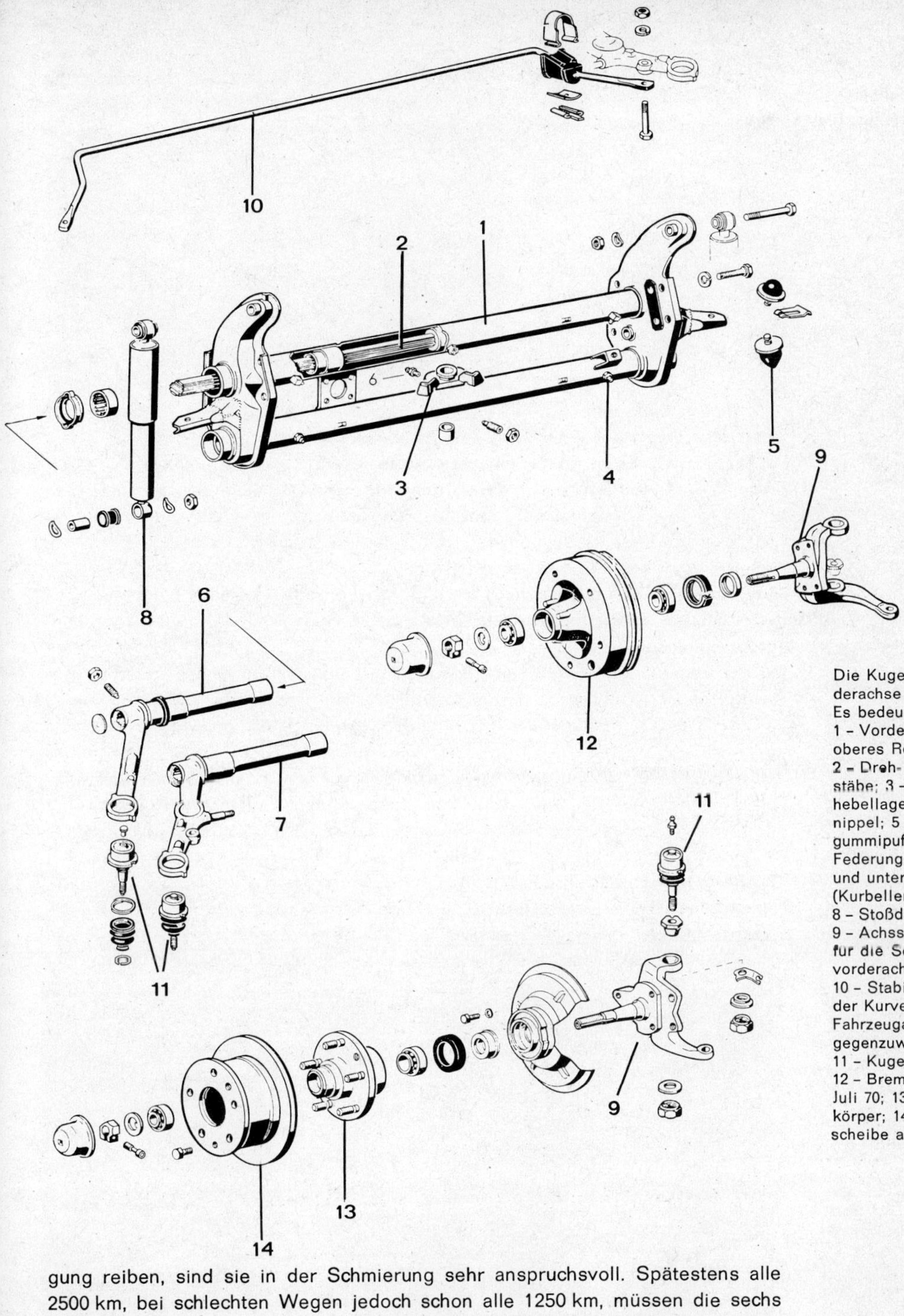

Die Kugelgelenk-Vorderachse ab August 67. Es bedeuten:
1 – Vorderachskörper, oberes Rohr;
2 – Dreh- oder Feder stäbe; 3 – Lenkungshebellager; 4 – Schmiernippel; 5 – Anschlaggummipuffer für die Federung; 6, 7 – Oberer und unterer Traghebel (Kurbellenker);
8 – Stoßdämpfer;
9 – Achsschenkel unten für die Scheibenbremsvorderachse ab Aug. 70;
10 – Stabilisator, um der Kurvenneigung des Fahrzeugaufbaues entgegenzuwirken;
11 – Kugelgelenke;
12 – Bremstrommel bis Juli 70; 13 – Nabenkörper; 14 – Bremsscheibe ab August 70.

gung reiben, sind sie in der Schmierung sehr anspruchsvoll. Spätestens alle 2500 km, bei schlechten Wegen jedoch schon alle 1250 km, müssen die sechs zusätzlichen Schmiernippel (siehe Seite 54) mit frischem Fett versorgt werden. Wird das vernachlässigt, spricht die Federung schlecht an oder die Radauf-

Die Aufhängung des linken Vorderrades, entgegen der Fahrtrichtung gesehen. Die schwarzen Pfeile deuten auf die wartungsfreien Gelenke einmal am Achsschenkel und einmal (hinten) an der Spurstange. Die Gummibälge an diesen Gelenken müssen einwandfrei dicht sein, sonst kann Schmutz in die Gelenke eindringen und sie zerstören. Sie müssen deshalb regelmäßig kontrolliert werden. Der große weiße Pfeil deutet auf das Wasserablaufloch im Achskörper, das bei der Kontrolle der Achsgelenke gleich mitkontrolliert wird, wie auf der gegenüberliegenden Seite beschrieben.

hängung bekommt »Spiel« (locker durch Abnutzung), was Lenkungsverschlechterung und hohen Reifenverschleiß mit sich bringt.
Diese »Bundbolzen-Vorderachse« wurde im August 1967 von der »Kugelgelenk-Vorderachse« abgelöst. An ihr sind die Achsschenkelbolzen mit ihren Bundbolzen weggefallen und stattdessen sitzen in den etwas anders geformten Lagerbuchsen der Traghebel (Kurbellenker) je ein Kugelgelenk (Nr. 11 in der zweiten Zeichnung).
Die Kugelgelenke haben an sich Dauerschmierung, sind also auf Lebenszeit wartungsfrei. Bei einigen Modellreihen sitzt aber oben im Kugelgelenk ein Kunststoffdeckelchen, das sich mit einem Schraubenzieher heraushebeln läßt, worauf in ein bereits vorgeschnittenes Gewinde ein Abschmiernippel (wie es unsere zweite Zeichnung zeigt) eingeschraubt werden kann. Das wird notwendig, wenn solch ein Kugelgelenk trotz unbeschädigter Schutzmanschette quietscht oder wenn in tropischen Ländern die innenliegenden Kunststoffschalen quellen. Im allgemeinen gibt es an der Kugelgelenk-Vorderachse aber nur noch Abschmiernippel an den vier seitlichen Federstablagern (Nr. 4) der Achsrohre und einen weiteren in der Mitte am Lenkungshebel (Nr. 3).

Traggelenke prüfen

Wartungsdienste Nr. 46 und 47

An den Achsen und an der Lenkung kann man nicht viel selbst reparieren, da einem als Heimwerker Werkzeuge und vor allem Meßeinrichtungen fehlen. Die Pflege beschränkt sich auf regelmäßiges Abschmieren der fünf Schmiernippel (vier an den Enden der Achsrohre, einer an der Lenkhebelwelle) sowie auf

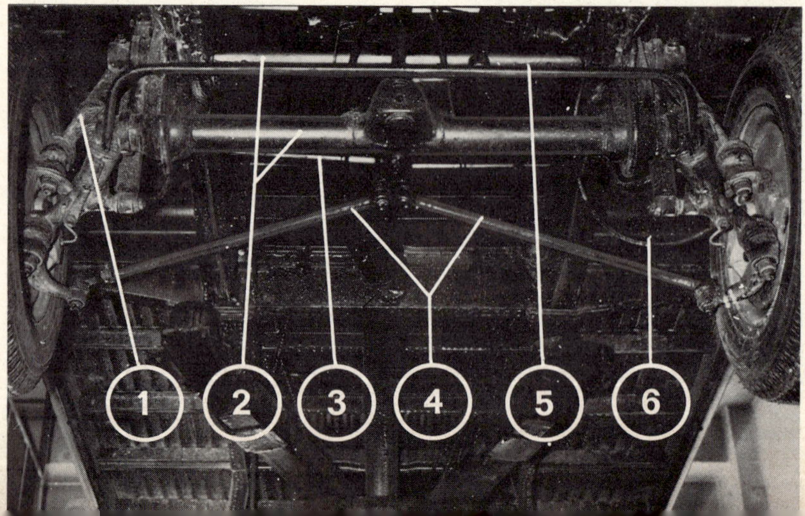

Dieser Blick aus der Froschperspektive zeigt die Vorderachse des neuen Transporters. Man sieht einen der Traghebel (1), die Querrohre der Vorderachse (2), den Lenkungsdämpfer (3), die symmetrischen Spurstangen (4), den Querstabilisator (5) und die Tachowelle (6).

eine Kontrolle der Staubkappen an den Spurstangen- und den Achsgelenken sowie der Verschlußstopfen an den Achsgelenken. Undichte Kappen und Stopfen lassen Schmutz in die Gelenke eindringen und eventuell Fett austreten, so daß die auf Lebenszeit versorgten Gelenke beschädigt werden. Entdeckt man Undichtigkeiten, alsbald in die Werkstatt fahren – oft ist es am Anfang möglich, nur die Schutzkappen zu erneuern, die Gelenke jedoch beizubehalten.
In längeren Zeitabständen sollte man auch das Axialspiel an den Traghebeln und Traggelenken prüfen. Die Werkstatt hat hierzu ein Meßgerät, das ein Messen des Spiels ohne Ausbau gestattet; man selbst kann nur durch Rütteln an den Rädern eventuell vorhandenes Spiel feststellen, wobei man aber kaum etwas darüber sagen kann, ob dieses Spiel noch im Bereich des Zulässigen ist. Bei großem Spiel, bei Rumpelgeräuschen von der Achse bei Kopfsteinpflaster und dergleichen ist aber ein Besuch in der Werkstatt auf jeden Fall angezeigt.

Wasserablauflöcher der Vorderachse kontrollieren

Wartungsdienst Nr. 17

Bei der Kugelgelenk-Vorderachse der VW Transporter ab 1967 sind die beiden übereinanderliegenden Rohre durch sogenannte Seitenschilde verbunden. Damit sich in diesen Seitenschilden, die einen Hohlraum bilden, kein Wasser ansammeln kann, besitzen sie an ihrer Unterseite Wasserablauflöcher (siehe Bild links oben). Die Ablauflöcher sind durch eine Bördelkante teilweise verdeckt; Bördelkante mit einer Rohrzange geradebiegen und Ablauflöcher mit einem Draht durchstoßen.
Falls die Vorderachse bereits durchgerostet ist, hilft Schweißen nicht weiter. Der TÜV verlangt den Einbau einer neuen (oder zumindest einer einwandfreien) Vorderachse.

Spur und Sturz der Räder prüfen

Wartungsdienst Nr. 48

Jedes der beiden Vorderräder hat die Tendenz, nach außen wegzulaufen, hervorgerufen vor allem durch den Fahrwiderstand. Um das zu verhindern, stellt man sie so ein, daß sie vorn näher zusammenstehen als hinten; sie laufen gewissermaßen aufeinander zu. Ist die Vorspur – so nennt man diese Einstellung – zu groß oder zu klein, verschleißen die Reifen schneller, auch wird das Lenkverhalten ungünstig beeinflußt. Natürlich kann nur die Werkstatt die Vorspur mit dem optischen Meßgerät einwandfrei prüfen und gegebenenfalls richtig einstellen. Nur behelfsmäßig läßt sich die Messung an den Innenseiten der vorderen Radfelgen vornehmen. Dabei darf das Fahrzeug nicht belastet sein. Zum Einstellen werden die Spurstangen verdreht.
Mit Sturz bezeichnet man eine leichte Schrägstellung der Vorderräder. Sie stehen unten näher zusammen als oben. Damit bewirkt man, daß die Räder nicht die Tendenz bekommen, von den Radlagerzapfen abzulaufen. Auch hier ist man wegen der Einstellgeräte auf Werkstatthilfe angewiesen.

Radlagerspiel prüfen

Die Vorderräder dürfen nicht »schlackern«. Um Spiel festzustellen, rüttelt man beim am Boden stehenden Wagen oben am Rad. Zeigt sich Spiel, so muß man nachprüfen, ob es am Radlager oder den Achsgelenken liegt. Fußbremse treten lassen – bleibt das Spiel, ist nicht (nur) das Radlager schuld.

Radlager reinigen und schmieren

Pflegedienst Nr. 53

Beim Zusammenbau im Werk bekommen die Radlager ihr Quantum Fett mit auf den Weg. Bei jedem Ausbau und alle 50 000 km müssen sie gereinigt und mit frischem Fett versehen werden, Werkstattangelegenheit. Es wird folgendermaßen gemacht: Rad abnehmen, Bremse ausbauen, Radbremse, Radlagerzapfen usw. sorgfältig mit sauberem Lappen reinigen. Ringe, Käfige und Kugeln restlos von altem Fett säubern. Teile auswaschen und trocknen, dabei auf Beschädigungen achten. Nur ganze Lager auswechseln. Nach dem Trocknen gut schmieren. Dafür ist lithiumverseiftes Mehrzweckfett (kein normales Abschmier- oder Wälzlagerfett!) vorgeschrieben. Fett auch in die Käfige und zwischen die Kugeln drücken. Lagersitze und Ringflächen nur leicht einfetten. Die Lagerdeckel und die Nabe der Bremstrommel bleiben frei von Fett, damit es nicht an die Beläge kommt.

Stoßdämpfer vorn und hinten auf Dichtheit prüfen

Wartungsdienst Nr. 28

Die hydraulisch wirkenden Stoßdämpfer sind wartungsfrei, an ihnen läßt sich nichts pflegen oder reparieren. Allenfalls sollte man ihre Befestigung – insbesondere die Gummizwischenlagen – prüfen. Bei abgenommenen Rädern oder entlasteten Achsen läßt sich durch Rütteln feststellen, ob sie fest in ihrer Aufhängung sitzen und nicht klappern. Dabei ist auf Feuchtigkeitsspuren zu achten; geringe Leckverluste beeinträchtigen die Wirkung der Dämpfer zunächst allerdings noch nicht. Bei Defekten an Dämpfern sind diese auszuwechseln, jedoch nicht einzeln, sondern stets paarweise für eine Achse.
Während der Fahrt die Wirkung der Dämpfer zu prüfen, ist nur bei viel Erfahrung möglich. Die Federung ist bei defekten Dämpfern wesentlich unruhiger, die Räder neigen zum Springen und Trampeln, das Fahrverhalten ist schlechter. Behelfsmäßige Kontrolle im Stand: Wagen an der jeweiligen Ecke mehrmals ordentlich aufschaukeln und dann loslassen. Die Federbewegung muß sofort gedämpft werden, also aufhören. Schwingt das Fahrzeug an der betreffenden Stelle nach, so ist der Stoßdämpfer defekt.
Das Prüfen eines ausgebauten Dämpfers von Hand gibt nicht unbedingt Aufschluß über dessen Wirksamkeit. Allenfalls läßt sich feststellen, ob es sich um einen Totalausfall handelt. Dazu steckt man durch sein unteres Auge einen kräftigen Schraubenzieher und stellt sich mit den Füßen darauf. Durch das obere Auge steckt man ebenfalls einen Schraubenzieher, und jetzt versucht man, den Dämpfer auseinanderzuziehen und ihn zusammenzupressen. Dabei muß der Dämpfer senkrecht stehen, so, wie er im Fahrzeug eingebaut ist. Er muß sich leichter zusammenschieben als auseinanderziehen lassen. Eventuell kann man das gleiche zur Kontrolle mit einem neuen Dämpfer machen, um einen Anhaltspunkt für die Wirksamkeit zu bekommen. Defekte Dämpfer machen sich meist durch Poltergeräusche bemerkbar, die Räder springen.
Eine sichere Aussage über den Zustand der Stoßdämpfer erhält man mit Prüfständen, wie sie der ADAC, manche Werkstätten und vereinzelte TÜV-Stellen haben. Die Prüfung dauert nur vier bis sieben Minuten, denn man braucht weder die Räder abnehmen, noch die Stoßdämpfer ausbauen. Je nach Prüfstand werden die Räder durch einen Elektromotor kurzzeitig in Schwingung versetzt oder der Wagen fällt durch eine Kippvorrichtung genau 10 cm herunter. In einem Diagramm wird nun aufgezeichnet, wie stark das Auto nachschwingt. Anhand der Prüfwerte kann man nun feststellen, ob die Stoßdämpfer noch funktionstüchtig sind.

Fingerzeig: *Stoßdämpfer enthalten einen gewissen Vorrat an Dämpferöl, so daß kleinere Flüssigkeitsverluste ausgeglichen werden können. Ist ein Stoßdämpfer etwas feucht, zeigt er aber einwandfreie Wirkung, so braucht er noch nicht ausgewechselt zu werden. Stoßdämpferöl läßt sich nicht nachfüllen.*

Stoßdämpfer ausbauen

Vorderrad abnehmen und die Befestigungsmutter unten am Bolzen des Traghebels sowie die obere Schraube am Seitenschild der Vorderachse abschrauben. Beim Einbau auf einwandfreien Zustand der Gummibuchsen in den Stoßdämpferaugen achten. Die Gummibuchsen lassen sich erneuern (Werkstatt).

Die Schräglenker-Hinterachse der Transporter ab Herbst 1967:
1 = Auspufftopf;
2 = Stoßdämpfer;
3 = Bremsleitung;
4 = Ölsiebdeckel mit Ölablaßschraube;
5 = Heizungswärmetauscher; 6 = Antriebswelle zum Hinterrad;
7 = Hinterer Rahmen für Motorlagerung;
8 = Schräglenker zur genauen Führung des Hinterrades; 9 = Hinteres Querrohr (enthält den Federstab für die Hinterradfederung);
10 = Handbremsseil.

Die Hinterachse

Wartungsdienste Nr. 20, 21 und 25

Hinten besaß der Transporter bis Herbst 1967 eine Pendelachse. Zur Federung dienen wie vorn Federstäbe, die in einem dicken Querrohr stecken und in ihm in der Mitte mit einer Verzahnung gegen Verdrehen gesichert sind. Die Enden sind frei drehbar; hier greift ein Federstahlblatt an, das die Hinterachse in Längsrichtung führt. Die Hinterräder schwenken beim Durchfedern (»pendeln«) um das Differential, mit dem sie über eine starre Antriebswelle (die nur auf der Innenseite ein Gelenk besitzt) verbunden sind. Seitlich am Hinterradantrieb gibt es bei diesem Modell noch das separate Untersetzungsgetriebe.

Schräglenker-Hinterachse

Der neue Transporter ab Herbst 1967 besitzt mit die modernste Hinterachse überhaupt: eine Schräglenker-Hinterachse mit einem Antrieb über Doppelgelenkwellen. Die Federstäbe und das Querrohr gibt es auch hier, desgleichen das Stahlfederblatt. Die Räder pendeln aber nicht mehr um das Differential, sondern sind an dreieckigen Schwingen befestigt, deren Drehachse etwas schräg zur Wagen-Querachse steht. Für die Verbindung zum Differential sorgen Doppelgelenkwellen. Das zusätzliche Untersetzungsgetriebe ist entfallen.
Die Hinterräder besitzen bei dieser Achskonstruktion auch in unbelastetem Zustand einen leicht negativen Sturz, was die Fahreigenschaften wesentlich verbessert. Veränderungen von Spur und Sturz, wie bei der Pendelachse, gibt es bei der Schräglenkerachse praktisch nicht.
Während bei der Pendelachse für jede Antriebswelle nur jeweils ein Gelenk am Getriebegehäuse vorhanden ist, besitzt die Schräglenkerachse deren zwei,

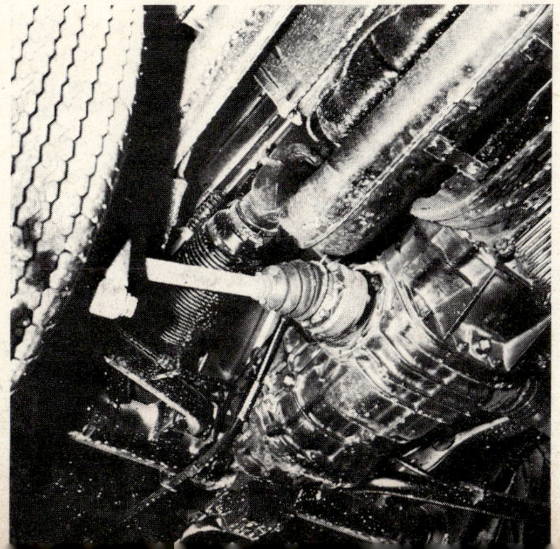

Bei der Schräglenker-Hinterachse müssen die Befestigungsschrauben der Gleichlaufgelenke alle 10 000 km auf festen Sitz geprüft werden. Hierzu benötigt man einen Innenvielzahn-Schlüssel. Das Anzugs-Drehmoment beträgt 3,5 mkg. Dazu müssen die Gummistulpen an den Gelenken auf Beschädigungen untersucht werden.

je eines am Getriebegehäuse und außen an der Schwinge. Die Befestigungsschrauben an diesen Gelenken müssen alle 10 000 km auf festen Sitz geprüft, die Gummistulpen an den Gelenken (gilt auch für die Pendelachse) auf Beschädigungen abgesucht werden.

Die Lenkung

Die Lenkradbewegungen werden über das Lenkrohr und über eine elastische Kupplung auf die Lenkspindel im Lenkgetriebe übertragen. Sie ist nichts anderes als eine Schnecke, in die der sogenannte Lenkfinger eingreift. Für leichtes Lenken ist dieser Lenkfinger rollengelagert, so daß er sich auf der Schnecke abrollen kann. Der Lenkfinger verdreht die Fingerhebelwelle, die ihrerseits den Lenkstockhebel schwenkt. Von ihm aus werden die Lenkbewegungen über eine Schubstange und einen an der Vorderachse gelagerten Lenkhebel auf die Spurstangen und damit auf die Vorderräder übertragen. Alle Gelenke mit Ausnahme der Lenkhebellagerung an der Vorderachse sind wartungsfrei.
Am Lenkhebel ist auch der Lenkungsdämpfer befestigt. Er dämpft von den Rädern kommende Stöße, so daß sie nicht im Lenkrad spürbar werden. Sein Aufbau ähnelt dem der Stoßdämpfer an den Rädern.
Die Lenkung ist nicht sehr wartungsbedürftig, aber natürlich hängt von einwandfreier Beschaffenheit der Lenkungsorgane die Fahrsicherheit des Wagens weitgehend ab. Reparaturen gehören also in jedem Fall in die Hände der VW-Werkstatt. Trotzdem wollen wir hier erläutern, um welche Maßnahmen es sich im Rahmen des Wartungsdienstes handelt.

Lenkungsspiel prüfen
Wartungsdienst Nr. 33

Die Vorderräder werden genau geradeaus gestellt. Dann stellt man sich neben den Wagen und bewegt durch das geöffnete Seitenfenster das Lenkrad in beiden Richtungen hin und her, bis jeweils Widerstand zu spüren ist. Dabei beobachtet man die Vorderräder. Folgen sie der Lenkbewegung direkt oder mit Verzögerung (Spiel)? Das zulässige Spiel darf (am Lenkrad gemessen) höchstens 25 mm betragen.
Spiel am Lenkrad kann auf Spiel in den Spurstangenköpfen oder in den Lenkschubstangenköpfen zurückzuführen sein, auf Spiel in der Vorderradaufhängung und auf Spiel im Lenkgetriebe selbst. Das Lenkgetriebe läßt sich nachstellen – dabei müssen aber ganz bestimmte Reibwerte eingehalten werden, so daß man diese Wartungsarbeit lieber der Werkstatt überläßt.

Fingerzeig: *Das Lenkgetriebe ist mit 280 ccm Getriebeöl SAE 90 gefüllt. Ein Ölwechsel ist nicht erforderlich. Bei den 10 000 km-Durchsichten nimmt man den Verschluß-Stopfen heraus und prüft den Ölstand durch Eintauchen eines Schraubenziehers.*

Spurstangenkappen und Lenkungsdämpfer prüfen
Wartungsdienste Nr. 28 und 29

Die gelenkigen Verbindungen der Spurstangen sind an sich wartungsfrei, da die Gelenke eine Dauer-Fettfüllung besitzen. Durch Steinschlag oder andere mechanische Beschädigungen können jedoch die Gummikappen auf diesen Gelenken schadhaft geworden sein, so daß von außen Schmutz und Feuchtigkeit in die Gelenke eindringen kann, was deren Lebensdauer stark verkürzt. Es liegt also im eigenen Interesse, die genannten Gummikappen der Gelenke an den Spurstangen auf Beschädigungen bzw. auf Dichtheit zu prüfen. Bei dieser Gelegenheit schenkt man auch dem Lenkungsdämpfer einen prüfenden Blick. Er muß trocken sein und darf keine Spuren eines Flüssigkeitsverlustes zeigen.

Trommeln und Scheiben

Seit Herbst 1970 besitzt auch der VW-Transporter Scheibenbremsen – wenigstens an den vorderen Rädern. Das bedeutet, daß die Vorderräder die Hauptarbeit beim Bremsen zu leisten haben – in der Tat entfallen auf sie etwa zwei Drittel der Bremskraft. Bis Herbst 1970 hatten Transporter und Bus Trommelbremsen vorn und hinten, die – seit Herbst 1968 – über ein Zweikreis-System bedient werden. Hier sind die Bremskreise für die Vorder- und die Hinterachse getrennt, so daß bei einem Defekt wenigstens eine Achse bremsfähig bleibt.

Da die Bremsen für sicheres Fahren lebenswichtig sind, rächt sich eine Vernachlässigung der Anlage. Bremsen müssen eingefahren werden. Bremsbeläge und -trommeln müssen sich aneinander gewöhnen, sie müssen eine möglichst große gemeinsame Reibungsfläche miteinander haben. Trägt der Belag nur auf wenigen Quadratzentimetern, so ist die Bremswirkung schlechter und – was noch schlimmer ist – sie ist ungleichmäßig. Der Wagen schleudert beim scharfen Bremsen.

Die Wartungsarbeiten an der hydraulischen Bremsanlage des VW-Transporters sind an sich einfach. Trotzdem können wir sie nachstehend nur mit einigen Vorbehalten erklären: Denn von der sicheren Wirksamkeit der Bremsen kann unter Umständen Ihre Gesundheit und die anderer abhängen. Von der Werkstatt darf mit einiger Wahrscheinlichkeit erwartet werden, daß sie keinen Fehler an der Bremsanlage übersieht. Sich ihr in diesem Punkt anzuvertrauen, ist also nur ein Gebot der Klugheit.

Andererseits: Wer Inspektionen in der Werkstatt aufschiebt – z. B. wenn man sich nach der Garantiezeit etwas mehr auf seinen Wagen verläßt –, sollte dies nicht tun, ohne sich selber um seine Bremsen zu kümmern.

Fingerzeig: *Scheibenbremsen haben keine »Selbstverstärkung« wie Trommelbremsen. Sie erfordern einen wesentlich höheren Anpreßdruck. Ihn spürt man beim Transporter ab 1971 im Bremspedal – soll der Wagen auch von Fahrerinnen bewegt werden, so ist ein Bus mit Bremskraftverstärker sehr zu empfehlen. Die Transporter mit 1,7-/1,8-/2-Liter-Flachmotor haben ihn serienmäßig.*

So entsteht die Bremswirkung

Die Verzögerung des Wagens beim Abbremsen erfolgt durch Reibung zwischen den Bremsbacken und Bremstrommeln bei der Trommelbremse, bzw. zwischen Bremsklötzen und Bremsscheiben (der Vorderräder) bei der Scheibenbremse.

Die Übertragung der vom Bremspedal ausgehenden Druck-Kräfte geschieht durch eine Flüssigkeit (Bremsflüssigkeit), die sich im Hauptbremszylinder, den Bremsleitungen und den Druckkolben der Räder befindet. Wird auf das Bremspedal ein Druck ausgeübt, so wird der mit dem Pedal verbundene Kolben im Hauptbremszylinder eingedrückt und treibt die Bremsflüssigkeit durch

die Leitungen gegen die Bremskolben in den Radbremszylindern. Diese spreizen bei der Trommelbremse die beiden Bremsbacken gegen die Bremstrommeln, die durch die Radschrauben mit den sich drehenden Rädern verbunden sind. Eine Verzögerung findet statt. Bei der Scheibenbremse drücken die Kolben der Bremszylinder die Bremsklötze (Belagträger mit aufgeklebten Belägen) gegen die Bremsscheiben, was ebenfalls zu einer Verzögerung führt.
Eine einwandfreie Funktion der hydraulischen Bremsanlage ist also von völliger Dichtheit des Systems abhängig und von einem ausreichenden Vorrat an Bremsflüssigkeit im Behälter.

Bremsanlage auf Dichtheit prüfen

Pflegedienst Nr. 27

Die Kontrolle der Bremsleitungen sieht zunächst vor, daß sämtliche Leitungen und Anschlüsse auf Undichtigkeit geprüft werden. Verfolgen Sie bei trockener Wagenunterseite (unter den Wagen kriechen, ihn hochbocken oder Hebebühne) den Verlauf der Bremsschläuche: sie müssen trocken, dürfen nicht aufgequollen sein. Bremsleitungen: Diese dürfen nicht verrostet sein. Falls doch, auswechseln lassen! Anschluß- und Verbindungsstellen besonders beachten. Bremsflüssigkeit kriecht auch durch den Schmutz. Wo der Schmutz schwarz wird, kann auf Undichtigkeit geschlossen werden. Vielleicht sind es auch nur Fettkleckse vom letzten Abschmieren. Abwischen. Feuchtdunkle Stellen innen an der Bremstrommel? Radzylinder könnte undicht sein. Werkstatt! Sind Scheuerspuren an den Schläuchen? Sind Staubkappen auf allen Entlüftungsventilen (auf den Radinnenseiten) aller Radbremszylinder? Bremsschläuche vertragen kein Benzin, Petroleum, Dieselkraftstoff oder Fett. Sie dürfen auch nicht lackiert werden. Weil Einsprühöl natürlich Öl enthält, sollte es von den Bremsschläuchen ferngehalten werden. Das bedeutet praktisch: Wagenunterseite nicht mit Öl einsprühen lassen. Unterbodenschutzwachse dagegen sind ungefährlich. Bremsschläuche und -leitungen sind auch auf Beschädigung zu untersuchen.
Wenn das Abdeckblech unter den Pedalen abgenommen ist: Blickkontrolle, ob die Bremslichtschalter dicht sind (sitzen seitlich am Hauptbremszylinder). Ferner ob die Verbindungsleitung zwischen Bremsflüssigkeitsbehälter und Hauptbremszylinder in Ordnung ist. Die Leitung ist aufgesteckt, nicht verschraubt oder gesichert (Flüssigkeit fließt nur nach, es entsteht kein Druck).
Bremsdruckprobe: Bremspedal etwa eine Minute niedergedrückt halten. Gibt es dabei nach, liegt Undichtigkeit vor.
Sinkt Bremsflüssigkeitsstand nicht ab, ist vermutlich Primärmanschette im Hauptbremszylinder defekt.

Der Bremsflüssigkeitsbehälter sitzt vorn im Fußraum. Ihn sollte man – besonders wenn der Wagen keine Bremskontrolleuchte besitzt – öfters einmal anschauen. Der Flüssigkeitsstand in ihm schwankt mit der Abnutzung der (Scheiben-) Bremsen; bei Trommeln sind Unterschiede nicht festzustellen. Abnehmender Pegelstand deutet hier auf einen Bremsendefekt hin – schleunigst die Werkstatt ansteuern!

Sie wissen, wo der Vorratsbehälter steckt? Vorn in der Mitte an der Vorderwand – also unter dem Armaturenbrett. Er ist durchsichtig. Eine Blickprobe genügt. Der Flüssigkeitsspiegel darf nicht mehr als 2 cm unter den Verschlußdeckel absinken. Eigentlich dürfte er überhaupt nicht fallen. Sonst nachfüllen an Tankstelle oder in Werkstatt. Nur Original-Bremsflüssigkeit verwenden, auf keinen Fall Motoröl! Bremsflüssigkeit ist giftig und greift den Lack an. Schmutz und Staub vom Behälter fernhalten. Bei Fahrzeugen mit Bremskraftverstärker befindet sich der Vorratsbehälter hinter dem Fahrersitz.
Ist der Wagen mit Scheibenbremsen ausgerüstet, darf die Flüssigkeit etwas mehr absinken. Das hängt damit zusammen, daß hier mehr Flüssigkeit nachfließen muß, wenn die relativ großen Kolben der Radbremszylinder entsprechend der Abnützung der Beläge weiter aus dem Zylinder treten.

Bremsflüssigkeitsstand prüfen
Pflegedienst Nr. 41

Neuerdings enthalten die Wartungsvorschriften wieder einen Hinweis, daß alle zwei Jahre die Bremsflüssigkeit gewechselt werden sollte. Durch Wasser (das aus der Luft in die Bremsflüssigkeit eindringt) wird der Siedepunkt der Bremsflüssigkeit herabgesetzt. Vor allem bei Scheibenbremsen (in denen die Bremsflüssigkeit den hohen Temperaturen besonders stark ausgesetzt ist) kann es bei sehr hohem Wassergehalt zu Dampfblasen kommen – die Bremswirkung fällt aus. Trommelbremsen sind in dieser Hinsicht weniger empfindlich – aber auch hier sollte man die Bremsflüssigkeit nach Vorschrift erneuern lassen.

Bremsflüssigkeit wechseln

Die Wirkung der Bremsen läßt sich beim Fahren prüfen. Hierzu bremst man aus mittlerer Geschwindigkeit – und unter Berücksichtigung etwa hinterherfahrender Verkehrsteilnehmer! – und auf möglichst ebener (nicht gewölbter) Straße mehr oder weniger scharf ab. Zieht der Wagen einseitig nach rechts, so ist die Wirkung der linken Vorder- oder Hinterradbremse zu schwach. Beim zweiten Versuch kann man während des Bremsens vorsichtig das Lenkrad loslassen, um eine noch eindeutigere Prüfung zu haben. Vor jeder Bremsprobe ist ein Blick in den Rückspiegel auf den übrigen Verkehr selbstverständlich!
Weiter prüft man den Pedalweg des Bremspedals bis zur Druckerhöhung bzw. bis der erste stärkere Widerstand spürbar wird. Der Pedalweg soll etwa 20 bis 35 mm betragen.
Zur Prüfung der Belagstärke an Trommelbremsen sind ab Fahrgestellnummer 218 109 824 (Anfang 1968) vorn und hinten Schaulöcher in der Bremsankerplatte (Innenseite des Rades) vorgesehen, die mit Schutzkappen verschlossen sind. Bei den älteren Wagen müssen die Bremsbeläge durch die Nachstellöffnungen von der Außenseite geprüft werden, was ohne Abnahme der Bremstrommel nur mit einem Spezialgerät (VW 753) zu machen ist.
Neue Bremsbeläge haben eine Stärke von etwa 5 mm, die Verschleißgrenze liegt bei 2,5 mm. Neue Bremsbeläge kann man auf die vorhandenen Bremsbacken aufnieten (von der Mitte aus anfangen!) – einfacher und schneller ist es freilich, Austauschbacken zu verwenden. Neue Scheibenbremsbeläge haben eine Stärke von etwa 10 mm (ab Baujahr August 1972 14 mm).
Mangelhafte Wirkung der Handbremse zeigt sich, wenn der Wagen vorwärts oder rückwärts im Gefälle zu rollen beginnt, obwohl die Handbremse angezogen ist. Auch ein Anfahren mit angezogener Handbremse dürfte nicht möglich sein. Die Handbremse des Transporters gehört zu den am besten wirkenden, bei genauer Einstellung ist eine optimale Wirkung zu erreichen.

Wirkung, Belagstärke und Pedalspiel prüfen
Pflegedienste Nr. 45 und 31

Die Scheibenbremse

Mit dem 50 PS-Motor im Herbst 1970 bekam auch der Transporter Scheibenbremsen an den Vorderrädern. Vor allem drei Vorzüge hat die Scheibenbremse: Sie ist standfester, weil Bremsbeläge und Bremsscheibe offen im Luftstrom liegen und besser gekühlt werden. Bei Bergabfahrten hält die Bremswirkung auch bei Dauerbelastung länger an (kein »fading«). Zweitens ist die Bremswirkung einer Achse gleichmäßiger, d. h. rechte und linke Radbremse haben praktisch die gleiche Wirksamkeit, was bei Trommelbremsen nicht unbedingt der Fall ist. Diese gleichmäßige Bremswirkung macht sich beim Abbremsen aus hoher Geschwindigkeit vorteilhaft bemerkbar: Man kann unbekümmert auf das Pedal treten. Drittens stellt sich die Scheibenbremse selbsttätig nach.
Dieser letzte Punkt darf aber nicht darüber hinwegtäuschen, daß die Beläge bei der Scheibenbremse schneller verschleißen als bei der Trommelbremse. Das ist schließlich kein Wunder: Die Bremsfläche der Beläge ist wesentlich kleiner als bei den Bremsbacken der Trommelbremse, weswegen auch mehrfach höhere Drücke erforderlich sind. Bei scharfer Fahrweise können Scheibenbremsbeläge schon nach 10 000 bis 12 000 km erneuerungsbedürftig sein. Bei normaler Fahrweise kann man es auf das Doppelte bringen.

Verschleißprüfung

Von außen läßt sich die noch vorhandene Belagdicke am besten nach Abnehmen des Rades erkennen. Dann sieht man aus Richtung des Bremssattels – unter der kreuzförmigen Spannfeder – was Belag ist und was Bremsscheibe. Der Belag liegt auch in nichtgebremstem Zustand eng an der Scheibe an. Der eigentliche Bremsbelag sitzt auf einem Belagträger, der mit Ösen zur Halterung versehen ist. Beide – zusammen verklebt – sind im neuen Zustand ca. 15 mm dick, wobei der Belag ca. 10 mm und die Trägerplatte 5 mm mißt. Wenn ein Belag innerhalb eines Bremssattels auf 1 bis 2 mm abgefahren ist (zusammen mit der Trägerplatte also 6 bis 7 mm), sind im Interesse gleichmäßiger Bremswirkung die Beläge beider Vorderradbremsen zu erneuern.
Zur ganz genauen Verschleißprüfung sollten die Beläge herausgenommen werden. Verölte oder gerissene Beläge müssen ausgewechselt werden. Beläge, die sich an den Ecken etwas von der Belagplatte gelöst haben oder ganz feine Risse aufweisen, können noch verwendet werden. Es kann sein, daß die Beläge ungleichmäßig abgenutzt sind, weil auf eine Seite der Bremsscheibe mehr Schmutz und Staub kommt als auf die andere, die durch ein Blech abgeschirmt ist. In diesem Fall müssen beide Beläge ausgewechselt werden. Unter Umständen können zwischen Scheibe und Belag Fremdkörper (Sandkörnchen) eindringen, was zum Bremsenquietschen führt. Verschwindet das Geräusch nicht, so hat sich der Sand in den Belag gefressen. In diesem Fall sollte die Werkstatt den Belag säubern oder auswechseln. Bremsenquietschen liegt auch daran, daß sich ein Kolben im Bremszylinder verdreht hat. Ihn in richtige Stellung zu bringen, ist Werkstattsache (Spezialwerkzeug).
Wir empfehlen im Verlauf dieses Buches unter anderem auch, die Wagenunterseite mit einem Unterbodenschutz zu behandeln. Wird das bei einem Wagen mit Scheibenbremsen ausgeführt, müssen die Scheibenbremsen abgedeckt werden (altes Packpapier, alte Lappen). Während die Bremsscheiben zur Not noch mit Spiritus gereinigt werden können, müssen verschmierte Beläge ausgewechselt werden. Sonst wird die Bremswirkung gefährdet. Das Absprühen der Wagenunterseite mit mineralischen Ölen haben wir ohnedies aus unseren Vorschlägen ausgeklammert.
Die Bremsscheiben können im Laufe des Betriebes Riefen bekommen. Erst wenn diese mehr als 0,4 mm tief sind, sollte die Scheibe ausgewechselt wer-

den. Ein einmaliges fachgerechtes Nachschleifen ist zulässig. Dunkelfärbung (Anlauffarben) der Scheiben sind kein Grund zum Austausch. Die Scheibe darf höchstens einen Seitenschlag von 0,20 mm aufweisen.

So funktioniert die Scheibenbremse

Beim Betätigen des Bremspedals wird der im Hauptbremszylinder entstehende Druck auf die Kolben in den Bremszylindern beiderseits der Bremsscheibe weitergeleitet. Dadurch verschieben sich die Kolben und drücken die Bremsbeläge von beiden Seiten gegen die 11 mm starke Bremsscheibe. Beim Entlasten des Bremspedals lösen sich die Bremsbeläge und Kolben bis auf ein ganz geringes »Lüftspiel« (0,05–0,20 mm) von der Bremsscheibe. Die Größe des Lüftspieles beeinflußt den Bremspedalweg. Deswegen ist bei zu großem Pedalweg außer der Entlüftung auch der Seitenschlag der Bremsscheibe zu kontrollieren.
Die Nachstellung eines Belages erfolgt durch den ihn betätigenden Kolben, wobei dieser den Belagträger um den jeweiligen Betrag der Abnutzung an die Bremsscheibe nachschiebt. Ein die Rückzugsbewegung begrenzender Gummiring hält den jeweiligen Kolben bzw. Reibklotz immer dicht an der Scheibe. Dabei wandern die Kolben je nach dem Grad der Abnützung des Belages allmählich weiter aus dem Zylinder heraus.

Belagwechsel

Einer der Vorzüge der Scheibenbremsen besteht darin, daß ein Belagwechsel – verantwortungsvolles Arbeiten vorausgesetzt – relativ einfach möglich ist. Der Wagen wird zunächst vorn aufgebockt und gegen Abrollen gesichert. Danach werden die Vorderräder abgenommen. An jedem Bremssattel schlägt man die Haltestifte für die Beläge (Bremsklötze) mit einem Durchschlag von außen nach innen heraus (Klemmhülsen zur Sicherung). Jetzt läßt sich die kreuzförmige Spreizfeder herausnehmen, die nach jedem Belagwechsel zu erneuern ist. Mit (u. U. selbstgefertigten) Ausziehhaken nimmt man die Beläge heraus. Falls das lediglich zur Verschleißprüfung geschehen soll, muß man sie markieren, damit man sie wieder in gleicher Weise einbauen kann.
Mit einer sogenannten Kolbenrücksetzstange werden beide Kolben gleichzeitig zurückgedrückt, was praktisch auch durch kräftige Schraubenzieher, Holzstücke o. ä. möglich ist. Dabei besteht jedoch die Gefahr des Verkantens der Kolben oder ein Kolben fällt aus dem Bremssattel, wenn der andere allein zurückgedrückt wird. Beim Zurücksetzen der Kolben steigt im Bremsflüssigkeitsbehälter die Flüssigkeit an. Wegen der Gefahr des Überlaufens sollte ihn eine Hilfskraft überwachen. Nun werden die neuen Beläge in den Schacht ein-

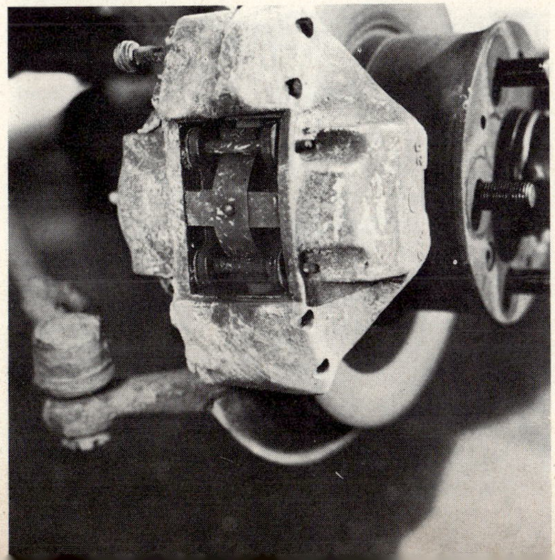

Im Bremssattel der Scheibenbremse sitzen die beiden Beläge, die sich beim Druck auf das Bremspedal gegen die Scheibe pressen. Zum Auswechseln der Beläge werden die beiden Stifte über der kreuzförmigen Haltefeder herausgetrieben, dann nimmt man die Feder heraus und kann die Beläge mit einem Drahthaken herausziehen. Beim Einbau neuer Beläge müssen die Kolben im Bremssattel zurückgedrückt werden.

geschoben, die neue Kreuzfeder eingesetzt und die Haltestifte eingeschoben und gesichert.
Bei noch stehendem Wagen wird jetzt das Bremspedal niedergetreten, damit die Beläge an der Scheibe anliegen. Auf diesen Punkt muß man besonders achten, da erst nach dieser Pedalbetätigung Bremswirkung vorhanden ist!
Neue Bremsbeläge werden während der ersten 200 km »eingefahren«, d. h. Gewaltbremsungen sollen möglichst unterbleiben, da sonst die Lebensdauer der Beläge herabgesetzt wird.
Grundsätzlich müssen immer alle vier Beläge einer Achse erneuert werden, nicht nur einer oder zwei. Klappergeräusche entstehen manchmal an den Scheibenbremsen durch zu geringe Vorspannung der Spreizfeder. Man biegt sie in solchen Fällen etwas nach oben durch, erhöht also die Vorspannung.
Für die Scheibenbremsen gibt es im VW-Ersatzteildienst komplette Reparatursätze zum Belagtausch.
Bei zu großem Pedalweg prüft die Werkstatt das sogenannte Lüftspiel zwischen Scheibe und Belägen mit einer Fühlerblattlehre. Das Lüftspiel soll 0,05 bis 0,20 mm betragen. Ist das Lüftspiel zu groß, so liegt das meist an einem Verkleben des Kolbens am Dichtring. Bei Verschleiß rutscht der Kolben nicht mehr durch den Ring hindurch, er spannt ihn und wird nach dem Bremsen zu weit zurückgezogen. Abhilfe schafft u. U. der Ausbau des Bremsbelages und das Einschieben eines mindestens 6 mm dicken Holzbrettes entsprechender Form. Durch mehrmaliges kräftiges Betätigen des Bremspedals wird der Kolben gelöst und gängig. Die Kolben werden mit der Rücksetzzange wieder zurückgedrückt und der Vorgang wiederholt. Zuletzt Belag wieder einbauen.

Fingerzeig: *Ab August 1971 (Modelljahr 1972) werden neue Scheibenbremsbeläge mit der Ersatzteilnummer 211 698 151 B verwendet. Für das Modelljahr 1971 ist die Nummer 211 698 151 A richtig.*

Leerweg des Handbremshebels prüfen

Pflegedienst Nr. 32

Die Wirkung der Handbremse sollte beginnen, wenn man sie um zwei bis vier Rasten anzieht. Nach der sechsten Raste sollten die Hinterräder blockiert sein. Stimmt diese Einstellung nicht, so muß die Handbremse nachgestellt werden.
Dazu hebt man die Gummistulpe am Fuß des Handbremshebels an. Darunter kommen die zwei Handbremsseile mit ihren Gewindestücken zum Vorschein. Zum Nachstellen werden zuerst die Kontermuttern gelöst, dann zieht man die Nachstellmuttern (Bremsseile mit Schraubenzieher gegen Verdrehen festhalten) so weit an, daß sich die Hinterräder bei hochgebocktem Fahrzeug in der

Die Vorderrad-Bremstrommel abgenommen. Man sieht die beiden Bremsbacken mit ihren Belägen und den beiden Federn, man sieht die beiden Radbremszylinder mit ihren Nachstellrädchen. Die kleinen Pfeile zeigen die Richtung, in der die Rädchen zum Nachstellen gedreht werden müssen. Der große Pfeil gibt die Fahrtrichtung an.
Da die Bremsbacken bei der vorderen Trommelbremse von zwei Radbremszylindern betätigt werden, nennt man diese Bremsenart Duplexbremse.

sechsten Raste gerade noch drehen lassen. Auf gleichmäßige Wirkung an beiden Hinterrädern achten! Nach der Einstellung die Kontermuttern wieder festziehen. Bei richtiger Einstellung steht der Ausgleichsbügel bei angezogener Handbremse waagrecht.

Fingerzeig: *Vor dem Nachstellen der Handbremse müssen die hinteren Bremsbacken (Fußbremse) richtig eingestellt werden!*

Bremsseil auswechseln

Ein gerissenes Bremsseil gehört an sich zu den Seltenheiten. Der Austausch gegen ein neues ist nicht einfach, denn dazu müssen die Hinterrad-Bremstrommeln abgezogen werden. Dies ist also ein Fall für die Werkstatt, zumal die Kronenmutter für die Hinterachswelle gelöst werden muß, was den Besitz eines Ringschlüssels SW 36 voraussetzt!

Handbremshebel ausbauen

Gummistulpe am unteren Ende des Handbremshebels hochziehen, Muttern von den Handbremsseilen abschrauben. Aschenbecher ausbauen, Stift aus dem Handbremsgriff herausschlagen und Griff und Anschlaggummi abnehmen. Feder aushängen und Bolzen für die Zahnstange ausbauen. Vier Schrauben aus der Stütze unter dem Armaturenbrett herausdrehen. Abdeckblech abnehmen, Bremsseile nach unten herausziehen und Lagerbolzen für den Handbremshebel (unter dem Bodenblech) nach Abnehmen der Federklammern ausbauen. Der Handbremshebel läßt sich jetzt nach unten herausziehen.
Beim Einbau den Hebel von unten einschieben und Bolzen befestigen. Von oben Gummi überstülpen, übrige Teile befestigen. Die Länge der Zahnstange mit der Augenschraube so einstellen, daß der Handbremshebel bei voll gelöster Handbremse nicht am Heizungsrohr anschlägt. Erst danach Handbremsseile neu einstellen.

Fußbremse nachstellen

Eines Tages werden Sie das Gefühl haben, Sie müßten das Bremspedal weiter durchtreten, als es bis dahin üblich war. Die Ursache für den größeren Pedalweg liegt in einem fortgeschrittenen Belagverschleiß, die Bremsbacken brauchen einen größeren Weg, bis sie an den Trommeln anliegen. Hier hat die Scheibenbremse den Vorzug, sich selbst nachzustellen, was an etwas größerem Absinken des Bremsflüssigkeitsstandes im Behälter auch sichtbar ist. Eine zweite Möglichkeit für größeren Pedalweg kann auch ein Eindringen von Luft in die hydraulische Anlage sein (s. »Entlüften der Bremsanlage«).
Der Wagen wird gegen Wegrollen gesichert und hochgebockt, die Handbremse

Die Hinterrad-Bremstrommel ist abgenommen. Man erkennt auch hier die Bremsbacken mit ihrem Belag, dazu die beiden Rückholfedern und den Handbremshebel, an dem oben das Handbremsseil eingehängt ist, und der die Bremsbacken unten mit dem Zwischenhebel auseinanderdrückt. Oben sehen Sie den einzigen Radbremszylinder der hinteren Simplexbremse mit zwei Nachstellmuttern. Die in Fahrtrichtung (Pfeil) vorn liegende Bremsbacke heißt Primärbremsbacke, die hinten liegende entsprechend Sekundärbacke. Für die Sekundärbacke, die weniger Bremskraft aufbringen muß, wurde ab Ende 1975 der Bremsbelag verkürzt. Als Ersatzteile gibt es auch für ältere Fahrzeuge nur noch die verkürzten Beläge für die Sekundärbacken der rechten und linken Hinterradbremse. Beim Aufnieten muß der kürzere Belag oben (in Höhe des Radbremszylinders) mit der Sekundärbacke abschließen.

wird gelöst, die Radkappen werden abgenommen. Nun tritt man die Fußbremse mehrmals kräftig durch, damit sich die Bremsbacken zentrieren. Jetzt fährt man mit einem Schraubenzieher durch die Nachstellöffnungen und verstellt die gezahnten Nachstellmuttern so weit, bis am gedrehten Rad ein leichtes Schleifgeräusch hörbar wird. Sodann wird die Mutter um etwa 3 bis 4 Rasten zurückgedreht, so daß das Geräusch gerade verschwunden ist und der Belag nicht mehr schleift. Das Rad muß sich frei drehen können. Dieser Vorgang wiederholt sich an der zweiten Nachstellmutter in gleicher Weise, wobei es Sie nicht irritieren darf, daß die Drehrichtung beider Muttern entgegengesetzt ist! An den Vorderrädern kann man bei dieser Gelegenheit auch gleich das Radlagerspiel prüfen (S. 189). Nach dem Bremseneinstellen Pedal mehrmals niedertreten. Fortgeschrittener Belagverschleiß setzt dem Nachstellen eine Grenze.

Die Nachstellöffnungen gibt es stets in den Bremstrommeln (von außen zu erreichen). Eine Ausnahme macht nur der Transporter ab Herbst 1970: Hier sind die Nachstellöffnungen in der Bremsankerplatte vorhanden, also von innen zu erreichen. An seinen vorderen Scheibenbremsen gibt es logischerweise keine Nachstellöffnungen. Fahrzeuge ab Fahrgestellnummer 218 109 824 haben dazu zur Belagstärke-Kontrolle Schaulöcher, die stets von innen zu erreichen (und durch Stopfen verschlossen) sind.

Entlüftung der Bremsanlage

Gebraucht werden: 7-mm-Schlüssel, 1/2 m dünner Schlauch (wie von Scheibenwaschanlage), ein durchsichtiges Gefäß und ein zweiter Mann.

Die andere Ursache für zu tiefes Durchtreten des Bremspedals besteht darin, daß Luft irgendwie in die Leitungen oder Bremszylinder eingedrungen ist. Es läßt sich am Pedal feststellen, wenn es beim Betätigen »federt« und beim gleich darauf folgenden Fußdruck fester oder hart wird. Entlüftung auch nach Arbeiten an der hydraulischen Anlage (Werkstatt). Erste Kontrolle vor dem Entlüften: Ist Bremsflüssigkeitsbehälter gefüllt? Möglicherweise war der Stand zu tief abgesunken.

Entlüften allein ist zwecklos, wenn die Bremse nicht ordnungsgemäß, wie vorhin beschrieben, eingestellt ist. In der Praxis liegt vergrößerter Pedalweg meistens an Belagverschleiß.

Der zweite Mann (auch eine Frau ist angenehm) muß mit dem Bremspedal pumpenderweise die Flüssigkeit aus den Leitungen drücken, und zwar so lange, bis sie keine Luftbläschen mehr mit sich bringt.

Damit sieht der Gang der Handlungen dann folgendermaßen aus: Entfernen der Schutzkappe von den dafür vorgesehenen Entlüfterventilen. (Sie sitzen dort, wo der Bremsschlauch im sogenannten Bremsträger, also im Rad, mündet.) – Schlauch über den Ventilnippel schieben. – Schlauchende in Glasgefäß (altes Marmeladeglas, kleinere Flasche) stecken. Das Gefäß muß schon mit Bremsflüssigkeit gefüllt sein, damit beim folgenden »Pedalpumpen« keine Luft in die Leitung zurückgesaugt wird. Das Schlauchende muß also in der Flüssigkeit liegen. – Mit Gabelschlüssel Entlüfterventil lösen (etwa eine Umdrehung). – Auf Zuruf des Mannes am Rad fängt der Mann mit dem Bremspedal zu pumpen an: schnell treten, langsam zurückkommen lassen. – Beobachtet der erste Mann, daß mit der Flüssigkeit keine Luftblasen mehr herausgedrückt werden, ruft er »Halt«. – Der zweite Mann muß das Pedal in seiner tiefsten Stellung getreten lassen. – Der erste schließt das Entlüfterventil. – Schlauch abziehen, Staubkappe wieder aufsetzen.

Bei einer Einkreisbremse beginnt das Entlüften am Rad mit der längsten Leitung: Das ist hinten rechts, dann kommen hinten links, vorn rechts und

vorn links. Bei Zweikreisbremsen soll mit dem Vorderrad-Bremskreis begonnen werden. Nach jeder Radentlüftung muß der Bremsflüssigkeits-Vorratsbehälter wieder weit genug aufgefüllt werden. Sonst sinkt das Niveau so weit ab, daß wieder Luft in die Leitungen gerät. Glasgefäß beim Entlüften möglichst so halten, daß das Schlauchende nicht zu tief unterhalb des Entlüfterventils liegt, sonst könnten nicht ganz herausgepumpte Luftbläschen während des Pedalrückgangs wieder im Entlüfterschlauch hochsteigen.
Wagen mit Scheibenbremsen: Erst mit Bremspedal jedesmal durch wiederholte Betätigung Druck aufpumpen und dann Entlüfterventil lösen (Pedal dabei in tiefster Stellung halten!). Kommt keine Flüssigkeit mehr, Ventil schließen.

Fingerzeige: *An den Scheibenbremsen der Transporter ab Herbst 1970 gibt es zwei Entlüfterventile. Das beim Entlüften richtige ist jeweils das obere; das untere wird beim Wechsel der Bremsflüssigkeit gebraucht.*
Bremsflüssigkeit war in zurückliegenden Jahren an ihrer blauen Färbung leicht erkennbar. Seit Mitte 1975 wird sie dagegen nur noch in heller bis bernsteingelber Farbe verkauft. Damit auch tatsächlich Bremsflüssigkeit in den Vorratsbehälter gegossen wird, sollten Sie darauf achten, daß auf dem Etikett die Spezifikation DOT 3 oder DOT 4 vermerkt ist (z. B. FM VSS 116 DOT 3).
Arbeiten an der Hydraulik (Hauptbremszylinder, Radbremszylinder, Bremsschläuche und -leitungen) gehören in die Werkstatt. Ebenso das Auswechseln von Bremsbacken oder deren Neubelegen.
Probieren Sie gelegentlich aus, wie man mit der Handbremse abbremst. Im Notfall – wenn die Hydraulik versagt – kann sie Ihre letzte Rettung sein. Beachten: Wenn nur die Hinterräder gebremst werden, kann der Wagen hinten ausbrechen. Aufpassen!
An den Bremslichtschaltern – sitzen am Hauptbremszylinder – gibt es nichts einzustellen oder zu reparieren. Aber man kann sie prüfen (siehe Seite 162).
Von der Fa. Hazet, Remscheid, gibt es einen speziellen Nachstellhebel für die Bremsbacken der Bremstrommeln; Hazet-Nr. 2582.
Wagen nicht mit angezogener Handbremse abstellen, wenn Trommeln durch vorhergehendes Bremsen heiß sind. Abkühlende Trommeln können sich dadurch verziehen und werden unrund (Schütteln beim Bremsen).

Korrosion durch Streusalz

Bei Fahrzeugen, die sehr viel im Winter auf gestreuten Straßen gefahren werden, tritt zuweilen ein Bremsenfehler besonderer Art auf: Unter dem Einfluß von Feuchtigkeit und Salz quellen die Bremsbeläge, korrodieren die

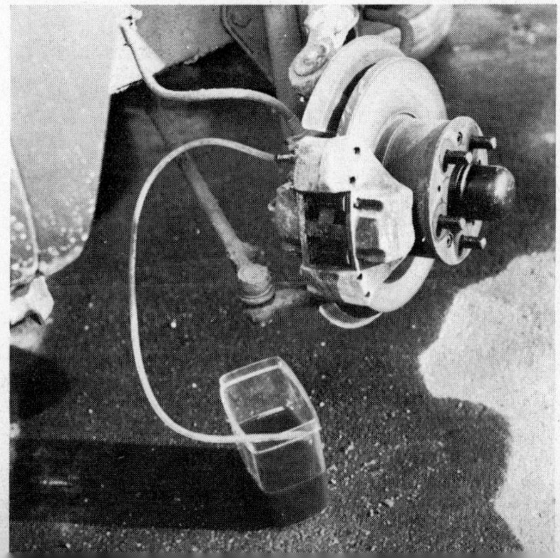

Nach größeren Reparaturen kann ein Entlüften der Bremsanlage notwendig werden. Dazu zieht man an der oberen Entlüftungsschraube zunächst die Schutzkappe ab, säubert den Nippel sorgfältig und schiebt einen Schlauch auf, der in ein teilweise mit Bremsflüssigkeit gefülltes Gefäß führt. Nun wird die Schraube eine Umdrehung gelockert und mit dem Bremspedal so lange Flüssigkeit herausgepumpt, bis sie ohne Luftbläschen kommt.

bewegten Teile. Betroffen sind vor allem die der Witterung stärker ausgesetzten Scheibenbremsen.
Der Fehler äußert sich in ungleichmäßig ziehenden Bremsen, in Geräuschen beim Bremsen, in nicht mehr lösenden Bremsen, die also auch bei losgelassenem Pedal schleifen. Abhilfe bringt nur die Demontage der betreffenden Teile und das Reinigen.

Der Bremskraft-Verstärker

Der Transporter oder Bus ist auf Wunsch mit einem Bremskraftverstärker zu haben (M 506); im 1,7-/1,8-/2-Liter-Modell ist er serienmäßig vorhanden. Der Verstärker arbeitet mit Unterdruck, der im Ansaugrohr über ein Vakuum-Rückschlagventil entnommen wird. Dieser Unterdruck saugt einen Kolben großen Durchmessers (Rollmembrane) an und unterstützt so die Kraft am Bremspedal. Gesteuert wird der Unterdruck durch ein Ventil, das beim Druck auf das Bremspedal mit bedient wird. In den meisten Fällen – so auch beim Transporter – ist der Unterdruckkolben direkt mit dem Hauptbremszylinder zusammengebaut. Trotz der Bremshilfe ist das Bremspedal starr mit dem Kolben im Hauptbremszylinder verbunden. Sollte das Hilfsgerät einmal ausfallen, so kann man immer noch (wenn auch mit höherem Pedaldruck) bremsen. Fahrzeuge mit Verstärker haben ihren Bremsflüssigkeits-Behälter hinter dem Fahrersitz.

Funktion

Solange die Bremse nicht betätigt wird, drücken die Federn im Tandem-Hauptbremszylinder die Druckstange (4) und die Feder (5), die sich auf dem Federteller (6) abstützt, den Membranteller (7) mit der Rollmembrane (8) und dem Steuergehäuse (9) gegen den linken Gehäuseteil. Der Kolben (10) und mit ihm die Kolbenstange (11) werden durch die Feder am Bremspedal in ihrer Endstellung gehalten. Die Federn (12 und 13) drücken gleichzeitig das Tellerventil (14) gegen den Kolben.
Beim Bremsen wird die Kolbenstange (11) mit dem Kolben (10) nach rechts (in Richtung auf den Tandem-Hauptbremszylinder) geschoben. Unter der Wirkung der Federn (12 und 13) legt sich das Tellerventil an das Steuergehäuse an, der Vakuumkanal wird damit verschlossen. Beim Erhöhen der Bremskraft drückt der Kolben die Reaktionsscheibe (15) zusammen und hebt sich vom Tellerventil (14) ab. Atmosphärische Luft tritt jetzt über die Steuerbohrung (16)

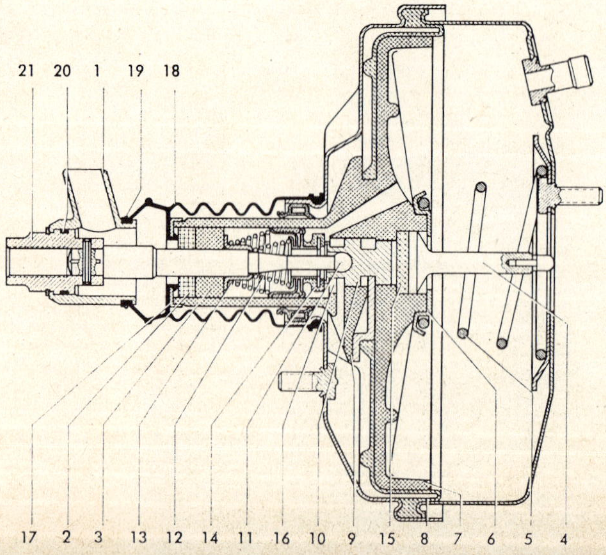

1 - Außenluftanschluß
2 - Dämpfungsscheibe
3 - Filter
4 - Druckstange für Tandem-Hauptbrems
5 - Feder
6 - Federteller
7 - Membranteller
8 - Rollmembrane
9 - Steuergehäuse
10 - Kolben
11 - Kolbenstange
12/13 - Feder für Tellerventil
14 - Tellerventil
15 - Reaktionsscheibe
16 - Steuerbohrung
17 - Abdeckkappe
18 - Faltenbalg
19 - Sicherung
20 - Dichtring
21 - Verbindungsstück für Betätigungsstange

in den linken Teil des Vakuumzylinders ein: Durch die Druckdifferenz zum rechten Teil entsteht eine Kraft, die über den Membranteller (7) zusätzlich auf die Druckstange (4) und auf den Kolben im Hauptbremszylinder einwirkt.
Steuergehäuse (9) und Membranteller (7) werden zusammen verschoben. Wird das Bremspedal in dieser Stellung festgehalten, so bleibt auch der vom Bremsgerät erzeugte Druck konstant; die Zufuhr atmosphärischer Luft wird in dem Augenblick unterbrochen, da der Kolben sich wieder an das Tellerventil anlegt. Bei Erhöhung der Fußkraft hebt sich der Kolben wieder ab; es strömt erneut atmosphärische Luft in den Vakuumzylinder. Dies geht so lange, bis der maximale Druck, der Aussteuerdruck des Bremsgeräts, erreicht ist.
Beim Loslassen des Bremspedals wird zunächst die Zufuhr atmosphärischer Luft unterbunden. Danach hebt der Kolben das Tellerventil von seinem Sitz ab und gibt den Vakuumkanal frei.
Die atmosphärische Luft für das Servogerät wird der linken Schloßsäule entnommen. Sie kommt über eine Leitung, den Außenluftanschluß (1), die Dämpfungsscheibe (2) und ein Filter (3) in das Steuergehäuse. In der Schloßsäule ist weitgehend staubfreie Luft, wie sie nötig ist, um die Kolben und die Ventile vor Beschädigungen zu schützen.

Prüfung

Der Bremskraftverstärker läßt sich prüfen, indem man bei stehendem Motor mehrmals kräftig auf die Bremse tritt, um den Unterdruck im Gerät abzubauen. Dann hält man das Bremspedal kräftig gedrückt und läßt den Motor an: Das Bremspedal unter dem Fuß muß spürbar nachgeben.
Der Bremskraftverstärker ist wartungsfrei. Ist er einmal ausgebaut, so sollten Filter (3), Dämpfungsscheibe (2), Gummimanschette sowie der Dichtring für den Außenluftanschluß erneuert werden. Sonstige Reparaturen sind nicht möglich.
Funktioniert das Hilfsgerät einmal nicht (Pedalkraft ungewöhnlich groß), so kann man nur die Anschlüsse der Unterdruckleitung und das Vakuum-Rückschlagventil in dieser Leitung prüfen. In Pfeilrichtung hineingeblasen muß das Blattventil abheben, gegen den Pfeil muß das Ventil dicht sein.

Störungsbeistand

Bremsen

Die Störung	ihre Ursache	ihre Abhilfe
A Wagen zieht nach rechts oder links beim Bremsen	1 Reifendruck ungleichmäßig	Korrigieren bei kalten Reifen
	2 Bereifung ungleichmäßig abgenutzt	Reifen so untereinander wechseln, daß auf jede Achse gleichmäßig abgenutzte Reifen kommen
	3 Verschmierte Beläge	Beläge erneuern
	4 Unrunde Bremstrommeln	Trommeln egalisieren oder erneuern
	Scheibenbremsen:	
	5 Verklemmter Bremssattel	Richten
	6 Verschmutzte Schächte im Bremssattel	Reinigen
B Bremsen quietschen	1 Falscher Belagtyp	Auswechseln nach Vorschrift
	2 Staub und Schmutz in der Trommel	Trommeln mit Preßluft ausblasen und mit Schmirgelleinen oder Drahtbürste säubern.
	Scheibenbremsen:	
	3 Kolben in Bremssattelzylinder verdreht	20°-Stellung der Kolben herstellen
	4 Bremsscheibe hat Schlag	Erneuern
	5 Verklemmter Bremssattel	Richten

Neueste Transporter besitzen wie die VW-Personenwagen in den hinteren Bremsankerplatten Schaulöcher und Nachstellöffnungen. Nach dem Abnehmen der Gummiverschlüsse läßt sich die Bremse leicht warten. Ältere Modelle besitzen in den Bremstrommeln Nachstellöffnungen; ab Fahrgestellnummer 218 109 824 gibt es in den Trommeln Schaulöcher für die Kontrolle der Belagstärke.

Die Störung	ihre Ursache	ihre Abhilfe
C Pedalweg zu groß	Beläge abgenutzt	Beläge erneuern
D Pedalweg zu groß, federndes oder völliges Durchtreten	1 Luft in Bremsanlage, evtl. Bremsflüssigkeit im Vorratsbehälter zu tief abgesunken	Bremsen entlüften. Evtl. Vorratsbehälter auffüllen.
	2 Undichtigkeit	Gesamtes System kontrollieren
	3 Beschädigte Manschette im Haupt- oder Trommelbremszylinder	Auswechseln
	4 Scheibenbremse: Dichtring in Bremssattelzylinder defekt	Erneuern
E Bremsscheibe oder Trommel wird zu heiß	1 Siehe D 4	
	2 Siehe A 6	
	3 Spreizfeder in Scheibenbremsen-Sattel defekt	Auswechseln
	4 Erlahmte Rückzugfedern in der Trommel	Auswechseln
	5 Gummiteile gequollen	Gummiteile, auch Bodenventil erneuern
F Schlechte Bremswirkung bei hohem Fußdruck	1 Belag verölt	Radlagerdichtung und Beläge erneuern
	2 Beläge verschlissen	Erneuern
G Bremsen schütteln	1 Beläge abgenutzt	Beläge bzw. Bremsbacken auswechseln
	2 Bremstrommeln unrund	Trommeln egalisieren oder auswechseln
	3 Trommeln laufen nicht zentrisch zur Nabe	Trommeln egalisieren
H Festsitzende Bremsbeläge der Scheibenbremse	1 Siehe A 5	
	2 Siehe A 6	
	3 Siehe E 3	
I Festsitzende Kolben im Bremssattel der Scheibenbremse	1 Siehe D 2	
	2 Siehe A 5	

Runde Sachen

Transporter und Bus sind Nutzfahrzeuge. Mehr als beim Personenwagen steht bei Ihren Reifen die Frage der Wirtschaftlichkeit im Vordergrund – die Reifen sollen möglichst lange halten, dazu natürlich möglichst angenehme Eigenschaften haben (etwa gut federn, auf nasser wie auf trockener Straße gut haften, leise laufen).

Was bedeutet die Reifenbezeichnung?

Die Größenangabe

Alle VW-Transporter-Modelle (ausgenommen mit Flachmotor) sowie der Kombi werden serienmäßig mit Reifen der Bezeichnung »7.00 – 14 8 PR« ausgerüstet. Bis Juli 1963 hatten die VW-Transporter die Reifengröße »6.40 – 15 6 PR«. Bei den Sieben-, Acht- und Neunsitzern waren es bis Herbst 1971 Reifen »7.00 – 14 6 PR«, schließlich gibt es Gürtel-Reifen mit der Bezeichnung »185 R 14« oder »185 SR 14 reinforced«. Diese Gürtel-Reifen gibt es auf Wunsch auch bei anderen Modellen. Was bedeuten diese Zahlen und Bezeichnungen?
Nach international gültigen Regeln wird die Reifengröße in englischen Zoll, in Millimetern oder gemischt in Zoll und Millimetern angegeben. Die erste Zahl oder Zahlengruppe bezeichnet dabei die Reifenbreite.
Ein Zoll (Kurzzeichen: ″) entspricht 25,4 mm. Der Reifen »7.00 – 14« ist also 7 Zoll breit (187 mm), und seine Felge hat an der Auflage für den Reifenwulst einen Durchmesser von 14 Zoll (357 mm). Alle anderen Abmessungen der Reifen dieser Größe sind genormt, so daß alle Reifen mit dieser Größenangabe ohne Rücksicht auf das Fabrikat passen.
In der Größenangabe des Transporter-Reifens steht zwischen den Zahlen 7.00 und 14 ein Bindestrich (»–«). Das bedeutet, daß dieser Reifen ein Diagonal-Reifen (Erläuterung nächste Seite) und nur für normale Geschwindigkeiten zugelassen ist – worunter man bei 13″-, 14″- und 15″-Reifen 150 km/h versteht. Für den Transporter ist dies mehr als genug.

S-Reifen für höhere Geschwindigkeit

Andere Fahrzeuge freilich erreichen ein höheres Tempo als diese 150 km/h. Sie müssen daher mit »Sport«-Reifen gefahren werden, die in ihrer Größenbezeichnung statt des Bindestriches ein »S« tragen (»S« = »Speed«). Der Reifen lautete also 7.00 S 14. S-Reifen sind für Geschwindigkeiten bis zu 175 km/h zugelassen, die noch schnelleren »H«-Reifen bis 210 km/h. Beide haben für den Transporter keinen Sinn, sie sind viel teurer und dazu härter.

Kennzeichnung der Tragfähigkeit

Bleiben noch die Buchstaben »PR« in der Reifenbezeichnung zu erklären. Sie bezeichnen die höchste Tragfähigkeit – ebenfalls nach internationalen Normen. Je höher die »PR«-Zahl, desto höher ist die Tragfähigkeit der Reifen. Die niedrigste Zahl ist »4 PR« – sie gilt in der Regel für Personenwagen. Kombiwagen und Transporter haben Reifen mit höherer Tragfähigkeit, »6 PR« oder »8 PR« wie unsere Transporter. Da der Transporter stärker beladen werden kann als der Bus, hatte er schon immer »8 PR«-Reifen, während sich der Bus bis Juli mit »6 PR« begnügte. Man könnte auch auf dem älteren Bus 8 PR fahren, zulässig ist eine höhere PR-Zahl (nicht jedoch eine niedrigere!) – die Reifen bringen aber keinen Vorteil. Die PR-Zahl gab ursprünglich die Anzahl der Gewebelagen in der Reifenkarkasse an (im Unterbau); heute ist sie nur noch eine Vergleichszahl für die Tragfähigkeit.

Diagonal- und Gürtel-Reifen

Die eben beschriebenen Reifen 7.00 – 14 (und 7.00 S 14) mit geringerer oder höherer Belastbarkeit sind in ihrer Karkasse – das ist der Unterbau des Reifens – gleichartige »Diagonal-Reifen«, d. h. die Fäden der verschiedenen Gewebeeinlagen liegen schräg zur Reifenachse übereinander (Zeichnung unten).
Daneben haben im letzten Jahrzehnt die in Frankreich zuerst zu Bedeutung gekommenen Radial- oder Gürtel-Reifen zunehmend Verbreitung gefunden. Während im Diagonal-Reifen verschiedene Gewebeeinlagen mit schrägem Fadenlauf zueinander eingebettet sind, hat der Gürtel-Reifen unter seiner Lauffläche einen ziemlich stabilen »Gürtel« – daher sein Name – aus feinen Stahl- oder Textilfäden, die quer zur Laufrichtung des Rades (also »radial«) liegen. Siehe dazu die untenstehende Zeichnung.
Dieser Gürtel kann sich in seinem Durchmesser kaum verändern, so daß sich die Lauffläche nicht, wie bei den Normalreifen, mit wachsender Geschwindigkeit aufbaucht. Dadurch gibt es in der Lauffläche bei der Berührung der Fahrbahn keine Querbewegungen, wodurch eine besonders gute Bodenhaftung entsteht und der Abrieb sehr gering gehalten wird. Dieser Gürtel-Reifen gibt hauptsächlich in den weichen Reifenflanken nach, so daß die Reifen oft den Eindruck machen, es fehle am richtigen Luftdruck. Trotzdem ist der Rollwiderstand etwas geringer, wodurch der Gürtel-Reifen etwas Benzinersparnis bringt. Durch den geringeren Abrieb haben Gürtel-Reifen natürlich eine längere Lebensdauer, ein wesentliches Argument für wirtschaftlich denkende Autofahrer. Auch bewirkt die nicht-walkende Lauffläche, daß die Reifen im Winter nicht so schnell ins Rutschen geraten.
Diesen Vorteilen steht auch ein Nachteil gegenüber, der manche Autofahrer stört: Manche Radial-Reifen dröhnen bei mittleren Geschwindigkeiten auf Kopfsteinpflaster, sind allgemein laut bei niedrigen Geschwindigkeiten und lassen beim Überfahren querliegender Straßenbaufugen die Stöße bis ins Lenkrad spüren.
Im allgemeinen werden Radial-Reifen in Millimetern (und Zoll für die Felgengröße) angegeben. Um diese Reifenart ganz eindeutig zu kennzeichnen, tragen

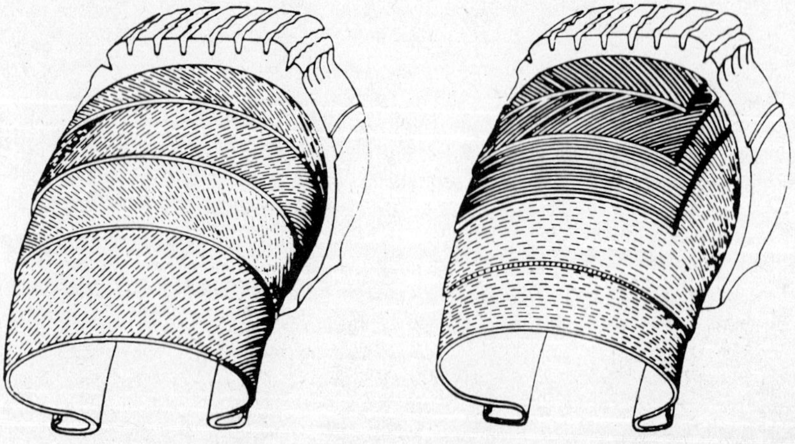

Der Diagonal-Reifen (links) besitzt unter seinem Laufstreifen meist vier Gewebelagen, die schräg zur Laufrichtung (»diagonal«) liegen. Die Zahl der tatsächlich vorhandenen Lagen muß nicht mit der »PR«-Zahl auf dem Reifen (Transporter z. B. 6 oder 8) übereinstimmen. Der Gürtel-Reifen (rechts) besitzt meist zwei quer zum Reifen (»radial«) angeordnete Gewebelagen und darüber einen Gürtel aus zwei bis vier Lagen.

sie in der Mitte der Größenangabe anstelle eines Bindestriches ein »R« (= Radial), also beispielsweise 185 R 14. Ein zusätzlicher Buchstabe »S« in der Kennzeichnung »R« besagt, daß der betreffende Reifen für höhere Geschwindigkeiten zugelassen ist. Bei den SR-Reifen unserer Größe sind es 180 km/h Höchstgeschwindigkeit. Reifen mit nur einem R in ihrer Bezeichnung sind tauglich bis 150 km/h.
Diese Reifen sind übrigens außerordentlich selten; Conti stellt extra für den Transporter einen solchen Reifen her – eben den 185 R 14. Sein Zusatzbuchstabe »C« steht für »commercial« und soll betonen, daß es sich um einen Reifen für Nutzfahrzeuge handelt. Außerdem tragen sie in der Regel noch die Bezeichnung »6 PR«. Es müssen, da Radial-Reifen an sich schon höhere Tragfähigkeiten haben, aber keine »8-PR-Reifen« sein.
Diese erhöhte Radial-Reifen-Tragfähigkeit reicht aber in der »SR-Ausführung« nicht. Dort ist die verstärkte Ausführung mit »reinforced« bezeichnet, der ganze Reifen muß also mit »185 SR 14 reinforced« beschriftet sein. Mehr über Radial-Reifen im Kapitel »Die Reifenwahl« auf Seite 213.

Die Felgen

Der Transporter ist mit Felgen der Größe 5½ J x 14 oder 5 JK x 14 ausgestattet, wobei es sich in der neuesten Ausführung um Lochscheibenräder handelt, die durch ihre Löcher einen kühlenden Luftstrom zur Bremse zulassen.
Die Größenbezeichnung ist ebenfalls eine Normbezeichnung, allerdings betrifft diese Norm nur die für die Reifengröße wichtigen Felgenabmessungen, jedoch nicht die Art der Felgenbefestigung, die Zahl der Radmuttern usw. Deshalb lassen sich Felgen mit gleicher Norm-Bezeichnung, aber anderer Befestigung, wie z. B. auch von den Transporter-Modellen älterer Bauart nicht an unseren Transporter-Modellen montieren.
Die Größenbezeichnung der Felgen bedeutet:

5½, 5	=	Felgenmaulweite in Zoll, an der Felgenhorn-Basis quer zur Laufrichtung des Rades gemessen
J, JK	=	Formung des Felgenhornes nach Norm-Vorschrift
x	=	Zeichen für Tiefbettfelge
14	=	Felgendurchmesser von Wulst zu Wulst, in Zoll gemessen

Fingerzeig: *Reifen und Felgen sind bei allen Fahrzeugen »bauartgenehmigt«. Das heißt, daß der Wagen mit bestimmten Felgen und nicht minder bestimmten Reifen seinerzeit die Typprüfung abgelegt hat – und daß andere Felgen und Reifen nicht zulässig sind. (Mit der Ausnahme, daß man statt der Normal- auch Gürtel-Reifen montieren kann, siehe Seite 205.)*

Reifendruck prüfen

Pflegedienst Nr. 42

Die Tragfähigkeit eines Reifens ist durch seine Größe in Abhängigkeit vom Luftdruck gegeben. Bei geringer werdendem Luftdruck sinkt die Tragfähigkeit, allerdings kann auch, in gewissen Grenzen natürlich, durch niedrigeren Reifendruck der Fahrkomfort verbessert werden, weil die druckschwachen Reifen weicher abrollen.
Das hat, wie gesagt, seine Grenzen, denn schon bei geringer Luftdruckabnahme wird der Reifenverschleiß beträchtlich erhöht und besonders bei scharfer Fahrt liegt der Wagen »schwammig« und unsicher auf der Straße. Etwas erhöhter Luftdruck schadet dagegen weniger, es geht allerdings durch die größere Abrollhärte ein Teil des Fahrkomforts verloren.
Wer in seinem Transporter das Gefühl hat, es fehle dem Wagen an Spurgenauigkeit, sollte es einmal mit einem um 0,3 atü erhöhten Luftdruck probieren, das schadet nichts, der Wagen rappelt nur ein wenig mehr.

Reifendruck-Tabelle

	Siebensitzer/Achtsitzer/Neunsitzer	alle übrigen Modelle
Bereifung (schlauchlos)	185 SR 14 reinforced 185 SR 14 C 7.00–14 8 PR	7.00 – 14 8 PR
Luftdruck:		
vorn	2,1 atü	2,1 atü
hinten		
bis 3/4 der Nutzlast	2,8 atü	2,95 atü
mit voller Nutzlast	3,1 atü	3,25 atü

Für höhere Geschwindigkeiten über längere Strecken sind die Luftdruckwerte um jeweils 0,2 atü zu erhöhen.

Diese unterschiedlichen Luftdruckempfehlungen bedeuten nun nicht, daß man stets bei anderer Belastung oder anderer Fahrweise zur nächsten Tankstelle fährt, um den Luftdruck herauf- oder herunterzusetzen, sondern der Luftdruck wird nach der hauptsächlichsten Inanspruchnahme gewählt, wobei es kein Fehler ist, wenn stets der höhere Luftdruck gefahren wird.

Kalte Luft ist maßgebend

Der Reifendruck wird stets am kalten Reifen gemessen. Da der Druck schon nach wenigen Kilometern zügiger Fahrt um 0,2 oder sogar 0,4 atü ansteigen kann, wäre es falsch, beim nächsten Halt an einer Tankstelle den Luftdruck entsprechend zu erniedrigen. Denn diese Druckerhöhung durch Erwärmung ist von den Reifenkonstrukteuren bereits einkalkuliert.
Wenn kein besonderer Verdacht auf mangelnden Luftdruck besteht, ist es keinesfalls notwendig, täglich den Luftdruck zu prüfen. Alle 2 oder 4 Wochen genügt es, denn ein schlauchloser Reifen darf in 6 bis 8 Wochen nur etwa 0,1 atü verlieren. Schnellerer Druckverlust bedeutet einen Defekt.

Reifenzustand prüfen

Pflegedienst Nr. 43

Es kann nicht schaden, öfters als im Pflegeplan vorgeschrieben, nach dem Zustand der Reifen zu sehen. Die beste Möglichkeit ergibt sich, wenn der Wagen in der Tankstelle zum Ölwechsel oder zu einer Unterwagenwäsche hochgebockt wird. Bei dieser Gelegenheit bohrt man mit einem kleinen Schraubenzieher Fremdkörper aus der Reifendecke und prüft nach, ob sie ernsthaften Schaden gestiftet haben. Im Vordergrund der Reifenprüfung steht natürlich die Beobachtung der Reifenabnutzung. Sie können sehr zufrieden sein, wenn alle Reifen über den gesamten Reifenumfang und über die gesamte Profilbreite gleichmäßig abgenutzt sind. Zeigt sich jedoch eine einseitige Abnutzung oder hat das Profil wellige Vertiefungen in regelmäßigen Abständen, dann ist am Fahrgestell oder am Rad selbst etwas faul.
Nur der wirkliche Fachmann kann an der ungleichen Reifenabnutzung sehen, ob es sich um zuviel oder zuwenig Luftdruck, um unausgewuchtete Räder, um unwirksame Stoßdämpfer, um ausgeschlagene Gelenke, um Fehler in Vorspur oder Radsturz handelt. Alle diese zahlreichen Fehlerquellen hinterlassen nämlich ihre individuellen Spuren auf dem Reifenprofil. Der Weg sollte dann bald zur Fachwerkstatt führen.

Räder nicht austauschen

Vom regelmäßigen Reihum-Austauschen der Räder, das manche Werkstätten empfehlen, halten wir nichts. Durch das Auswechseln der Räder werden nämlich

Die lange Lebensdauer der Reifen ist entscheidend vom richtigen Luftdruck abhängig. Darum empfiehlt sich zur gleichmäßigen Kontrolle die Anschaffung eines eigenen Luftdruckprüfers, denn der Reifendruck soll ja am kalten Reifen, also vor Fahrtantritt, gemessen werden. Der Skalenbereich eines eigenen Luftdruckprüfers (Preis zwischen 5 und 15 DM) soll wegen der Ablesegenauigkeit nicht über 3 atü hinausgehen.

Fehler der Lenkung, Stoßdämpfer, Gelenke usw. verschleiert. Bestimmte Fehlerquellen haben dann nicht genügend Zeit, ihre Kennmarken auf dem Reifenprofil zu hinterlassen.
Die Räder nicht austauschen – gleichmäßigen Abrieb vorausgesetzt – hat auch noch einen wirtschaftlichen Effekt. Da sich bei allen VW-Modellen in der Regel die Hinterräder schneller abnutzen, sind diese zuerst zu ersetzen. Zumeist fällt es einem leichter, nur zwei statt vier Reifen auf einmal bezahlen zu müssen.

Die Reifenpflege

Zur pfleglichen Behandlung der Reifen gehört es, daß deren Ventile stets durch Kappen verschlossen sind. Sonst setzt sich dort Schmutz an, der beim nächsten Luftgeben zwischen Ventilnadel und Ventilwand geklemmt wird und zur Undichtigkeit führt.
Will man seinen schwarzen Reifen wieder einen schönen matten Glanz geben, hilft Schuhcreme wenig, denn sie haftet nur schlecht auf Gummi und außerdem ist ihr Terpentinöl für den Reifengummi schädlich. Besser ist dazu eine der Spezial-Reifenfarben, die man in Autozubehörgeschäften zu kaufen bekommt (z. B. Teroson »Aurefa«). Auch die Felgen erwarten einen prüfenden Blick. Anfahren an große Steine oder Bordsteinkanten kann zu Beschädigungen am Felgenhorn führen. Der schlauchlose Reifen kann dann undicht werden. Als Gegenmaßnahme legt man einen Schlauch 1440 (für Reifengrößen 7.00–14 und 185 R 14) in die Decke ein. Dazu muß erst das »schlauchlose Ventil« aus der Felge ausgebaut werden. Damit beim Aufpumpen die Luft zwischen Reifendecke und Schlauch entweichen kann, muß das Ventil des Schlauches locker und ohne Gummidichtring im Felgenloch sitzen. Nach Unfällen müssen die Felgen genau überprüft werden, ob die Schweißnähte in Ordnung sind und die Felge in sich nicht verbogen ist.

Radschrauben auf festen Sitz prüfen

Pflegedienst Nr. 44

Als besonderer Pflegepunkt ist das Prüfen der Radschrauben auf festen Sitz vorgesehen. Diese Kontrolle ist aber kurze Zeit nach einem Radwechsel noch wichtiger.
Nach 10 000 km Fahrt wird man eher Mühe haben, die Radschrauben lösen zu können.
Da das Volkswagenwerk sehr mit Recht das erneute Auswuchten der Räder (siehe letzter Abschnitt dieses Kapitels) nach jeweils 10 000 km empfiehlt, fällt diese Radschraubenkontrolle bei einem besorgten VW-Fahrer mit dem Ab- und Anmontieren der Räder in der Reifenwerkstatt zum Zwecke des Nachwuchtens zusammen.

Radwechsel

Auch im Notfall sollten Sie niemals mit einem Plattfuß weiterfahren, das ruiniert den Reifen nach wenigen hundert Metern. Er ist dann im Gewebe so verwalkt, daß er sich nicht mehr reparieren läßt: Man muß also in den sauren Apfel beißen und das Rad sofort wechseln. Am besten so:

- Handbremse festziehen
- Räder der anderen Wagenseite mit Steinen oder Holz blockieren
- Radkappe mit der Abziehkralle des Bordwerkzeugs oder des Radschraubenschlüssels abnehmen
- Radmuttern etwas lockern
- Wagenheber in das Vierkantrohr unter der Wagenseite bis zum Anschlag einsetzen (siehe Bild Seite 32) und Ersatzrad bereitlegen
- Fahrzeug hochkurbeln
- Radmuttern vollends abdrehen
- Rad abnehmen und auswechseln
- Radmuttern andrehen und festziehen
- Wagen ablassen
- Radmuttern über Kreuz fest anziehen und Radkappe aufsetzen
- Defektes Rad und Wagenheber verstauen

Fingerzeig: *Das Volkswagenwerk empfiehlt übrigens, die Radmuttern nach einem Radwechsel möglichst umgehend mit einem Drehmomentschlüssel nachziehen zu lassen. Das vorschriftsmäßige Anzugsmoment beträgt 13 mkg.*

Die Reifenreparatur

Der defekte Reifen sollte schon in der nächsten Werkstatt repariert werden. Sonst hat man, wenn es der Teufel will, einen zweiten Platten und kein Ersatzrad. Die Reparatur eines schlauchlosen Diagonal- oder Textilgürtel-Reifens, an dem sich der Anlaß der Plattheit erkennen läßt – ein eingedrungener Nagel etwa –, ist eine Arbeit von nur wenigen Minuten: Das Einstichloch wird aufgebohrt, gereinigt, mit Vulkanisierlösung eingerieben und ein Gummi-Pilz eingeführt, der sich im Reifen spreizt und das Loch dicht verschließt. Man kann eine solche Reparatur auch selbst machen. Den entsprechenden Reparatursatz gibt es beispielsweise von Tip-Top. Die Reparatur hat allerdings nur dann Sinn, wenn man eine Luftpumpe zur Hand hat.
Bei einem schlauchlosen Stahlgürtel-Reifen kann man leider keinen Reparaturstopfen einsetzen, denn die Cordfäden des Stahlgürtels würden den Stopfen anschließend beim Fahren zerscheuern.
Ist das Loch in der Lauffläche (Reparaturen der Seitenwand sind nicht zu empfehlen) nicht größer als 5 bis 6 mm, kann man sich mit einem einfachen Flickzeug zur Reparatur von Autoschläuchen behelfen (vor allem bei Auslandsreisen). Den beschädigten Reifen von der Felge abnehmen, eingedrungenen Fremdkörper entfernen und innen in den Reifen an der Schadensstelle einen Schlauchflicken einsetzen. Diese Reparatur hält tausende von Kilometern. Zu Hause muß man dann den Reifen vom Fachmann vulkanisieren lassen; entsprechende Reparatursätze zum Selbermachen gibt es leider nicht.
Und wenn der Reifen nun montiert werden muß? Dann werden als Werkzeug zwei möglichst lange Montiereisen mit abgerundeten Kanten ohne jeden scharfen Grat benötigt. Der Reifen will sich oft nur schwer von der Felge trennen, wenn er nicht mit einigen Metern platter Fahrt heruntergewalkt wurde. Man legt ihn deshalb auf den möglichst sauberen Boden – sauber, damit kein Schmutz, Kies oder Sand mit einmontiert wird – und tritt mit den Absätzen möglichst dicht am Felgenhorn auf die Reifenwand. Bei lang montierten Reifen fährt man mit dem Vorderrad des Transporters tangential über die Reifenwand.

Zum Abziehen der Radkappen die Kralle aus dem Bordwerkzeug in den Löchern der Kappe ansetzen und mit der Stange ziehen – geht ganz leicht! Mit der Hand allein bekommt man die Kappe mit der kleinen Kralle nicht ab, ein Schraubenzieher zerkratzt unnötig Lack und Chrom.

Beim Montieren eines neuen Reifens muß der rote oder blaue Punkt auf der einen Reifenseite direkt an das Ventil zu liegen kommen. Der Punkt bezeichnet die leichteste Stelle des Reifens, die durch das Gewicht des Ventils wieder ausgeglichen werden soll. Der zu montierende Reifen rutscht leichter über das Felgenhorn, wenn er am Wulst eingeseift wird.
Einen frisch montierten schlauchlosen Reifen kann man mit einer Handpumpe nicht aufpumpen. Er braucht, um in die richtige Lage zu springen und dadurch abzudichten, einen Luftstoß von etwa 4 atü. Den hat nur die Tankstelle oder Werkstatt mit dem Kompressorkessel verfügbar. Man kann sich allerdings, wenn man eine kräftige Fuß-Luftpumpe und ein Seil zur Hand hat, so helfen: Das Seil (Abschleppseil) wird mehrmals um den Reifen entlang der Lauffläche geschlungen, am Ende verknüpft und ein Montiereisen oder Holzknüppel als Knebel eingedreht. Wenn man damit das Seil sehr straff anspannt, drückt es die Reifenlauffläche zusammen und spreizt dadurch die Reifenwülste in die Felgenhörner. Dann kann der Reifen schon so dicht sitzen, daß er auch zu Anfang keine Luft seitlich entweichen läßt.

Räder auswuchten

Gelegentlich überholt man andere Fahrzeuge, an denen ein Rad oder mehrere ständig wackeln oder springen, obgleich die Fahrbahn eben ist. Das kann seine Ursache in einem defekten Stoßdämpfer haben, der nicht mehr in der Lage ist, das Springen des federnden Rades zu verhindern. Sehr oft liegt dies jedoch an ungleicher Gewichtsverteilung bei dem betreffenden Rad. Diese

Radschrauben können fast unlösbar festrosten, besonders wenn sie auch noch mit roher Gewalt angezogen wurden. Da ist man mit dem Bordwerkzeug schnell am Ende. Ohne großen Kraftaufwand lassen sich solche »angeknallten« Schrauben dagegen mit einem stabilen ausziehbaren Radschlüssel lösen. Den hier gezeigten Schlüssel vertreibt die Firma Karadium-Werkzeuge, Horst Klein, 5632 Wermelskirchen, Postfach 1351 unter der Bestell-Nr. 2000/19.

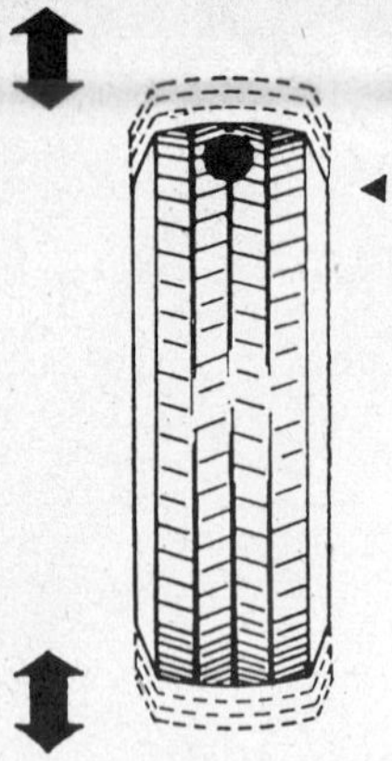

Unsere Skizze erläutert die Auswirkungen der Unwucht:
Die **statische** Unwucht erkennt man, wenn ein freihängendes, drehendes Rad immer mit der gleichen Stelle zu Boden sinkt und sich allmählich auspendelt. Folge: Das Rad hüpft während der Fahrt.

Die **dynamische** Unwucht ist durch Auspendeln des Rades nicht zu erkennen, denn sie liegt irgendwie schräg zur Radachse, so daß das schnellaufende Rad flattert und wackelt. Unausgewuchtete Räder führen zu schnellem Reifenverschleiß, unruhiger Lenkung und vorzeitiger Abnutzung der Radlager.

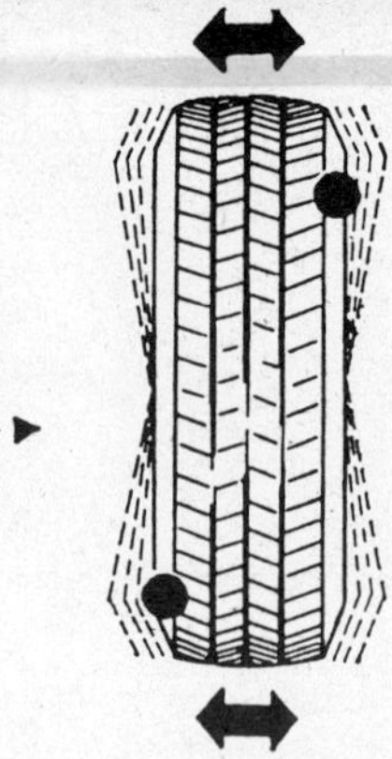

ungleichmäßige Gewichtsverteilung nennt man Unwucht, von der es zwei Arten gibt: die statische und die dynamische. Die Skizze gibt die Erklärung.
Die Kräfte, die an unausgewuchteten Rädern auftreten, sind recht beachtlich. Eine ungleiche Gewichtsverteilung von 100 Gramm bringt bei hoher Geschwindigkeit leicht eine einseitige Zugkraft von 20 Kilogramm zustande. Die Kosten für das Auswuchten der Räder lohnen sich deshalb auf jeden Fall. Dazu müssen die Räder einzeln abgenommen und auf einer besonderen Auswuchtmaschine ausgewuchtet werden. Diese Maschinensysteme sind sehr unterschiedlich. Trotzdem erkennt man schnell, wie sie eine Unwucht anzeigen und kann durch Zuschauen die Qualität der Auswuchtarbeit unterstützen. In manchen Werkstätten stellt man nämlich die jüngsten Lehrlinge, denen es auf 20 Gramm mehr oder weniger nicht ankommt, an diese Maschinen. Achten Sie auch beim Aufspannen des Rades auf die Maschine genau, daß das Rad einwandfrei zentriert ist, also auf Mitte sitzt und mit allen Radmuttern – und nicht nur mit zwei oder drei – angeschraubt wird.
Eine Unwucht an den Vorderrädern läßt sich mit etwas Fingerspitzengefühl auch beim Transporter am Vibrieren des Lenkrades erkennen. Der Transporter ist hier nicht so empfindlich wie schnelle Personenwagen – speziell mit kleinen 13″-Rädern – bei 120 km/h merkt man aber auch bei ihm eine Unwucht sehr schön. Wenn die Räder nachgewuchtet werden sollen, reißen manche Mechaniker gerne zuerst die angebrachten Ausgleichsgewichte ab und fangen dann von vorne an. Sie müssen verlangen, daß das Rad erst einmal zur Probe läuft. Vielleicht ist die Auswuchtung noch einwandfrei und Sie können sich einen Teil des Geldes für das Auswuchten – pro Rad zwischen 3 und 4,50 DM – sparen. Auch nach jeder Reifenreparatur muß das betreffende Rad genau ausgewuchtet werden. Ein Flickstopfen im schlauchlosen Reifen verändert bereits die Unwucht. Eine Unsitte mancher Werkstatt übrigens, die Ausgleichsgewichte auf der Felge zu belassen, wenn der Reifen regelrecht ab- und wieder aufmontiert werden mußte. Dann können die Gewichte nicht mehr stimmen und es ist besser, sie ganz abzumachen, denn andernfalls können die falsch gesetzen Gewichte zu verdoppelten Unwuchten führen.
Besonders wichtig ist das Auswuchten runderneuerter Reifen. Sie lassen sich noch weniger als Neureifen gleichgewichtig herstellen. Da Unwucht an Hinterrädern weniger unangenehm als an den gelenkten Vorderrädern ist, sollen Reifen, die starke Ausgleichsgewichte brauchen, möglichst hinten laufen.

Reiflich überlegt

Langsam aber sicher nähert sich jeder Reifen der Einmillimeter-Grenze, die von der Polizei als die äußerst zulässige Profilabnutzung toleriert wird. Vorsichtige Fahrer pensionieren ihre Reifen schon mit einem Restprofil von 1,5 oder 2 mm – die Haftfähigkeit bei Nässe läßt mit dem schwindenden Profil rapide nach (auf trockener Straße dagegen gibt es keine Unterschiede, hier ist ein Reifen ohne Profil sogar genau so gut wie ein neuer).

Man sollte rechtzeitig überlegen, ob man für die Beine des Wagens dasselbe Schuhwerk wieder kauft, wie sie es hatten, oder ob man die Gelegenheit benützt, auf andere Reifen umzusteigen. Damit meinen wir weniger ein anderes Reifen-Fabrikat – die Unterschiede hier sind heute meist nur sehr gering – als vielmehr eine andere Reifen-Art. Auch für den Transporter steht die ganze Palette an Möglichkeiten bereit, die die moderne Reifen-Industrie bietet:

- Diagonal-Reifen
- Radial-Reifen
- Runderneuerte Reifen
- Radial-Winter-Reifen
- Radial-Haft-Winter-Reifen

Wie lange müssen Reifen halten?

Ähnlich wie beim VW-Käfer oder beim 1600 erreichen auch beim Transporter die Reifen in der Regel eine hohe Lebensdauer. Hierfür sind die recht großen Reifen ebenso verantwortlich wie die nach wie vor verhältnismäßig »milde« Motorisierung. Trotzdem ist die Frage nach der Lebensdauer, die Reifen mindestens erreichen müssen, nicht ohne weiteres mit einer Kilometerzahl zu beantworten. Zu viele Einzelheiten wirken dabei mit.

Bei Reifen gleichen Typs spielen dabei die Unterschiede von Marke zu Marke übrigens keine so große Rolle wie die Einwirkungen des Fahrwerks und vor allem die Sorgfalt des Fahrers. Wer mit allem Dampf um die Kurven fegt, Gas- und Bremspedal stets bis zum Bodenbrett durchtritt, braucht sich nicht zu wundern, wenn abgeriebene Gummikrümel seine Fahrspur markieren. Noch stärker wirkt sich erhöhter Reifenverschleiß durch zu niedrigen Luftdruck aus. Auch die Außentemperatur macht sich beim Reifenabrieb bemerkbar: Im Hochsommer können sich durch scharfe Fahrt heißgefahrene Reifen dreimal so schnell verschleißen als in gemächlicher Fahrt bei Frostwetter. Schließlich müssen Lenkung, Stoßdämpfer, Sturz, Spur und Nachlauf der Räder in Ordnung sein. Fehler in dieser Beziehung sind am außergewöhnlichen und einseitigen Reifenverschleiß vom Fachmann zu erkennen. Unterschiedliche Kilometerleistungen erbringen natürlich auch die verschiedenen Reifentypen.

Am schnellsten verschlissen sind die winterlichen M + S-Reifen, deren dicke und grobe Stollen verhältnismäßig bald abgerutscht sind, trotz der abriebgünstigen Jahreszeit, in der sie gefahren werden. Die durchschnittlichen Kilometerleistungen zeigen die serienmäßig montierten Diagonal-Reifen. Da gibt es, wie wir hören, Transporter-Fahrer, die bereits nach 15 000 km zu neuen Reifen greifen müssen, während andere es mit den gleichen Reifen auf

30 000 km oder noch mehr bringen. Das ist also eine sehr weite Spanne, die mehr im Fahrer als in der Reifenmarke ihre Ursache hat.
An dieser Stelle muß aber unmißverständlich darauf hingewiesen werden, daß sich die Qualität eines Reifens nicht nur durch seine Kilometerleistung bemerkbar macht, denn ein abriebfester Reifengummi ist oftmals »hart« und dadurch in seiner Straßenhaftfähigkeit geringer. Diese ist jedoch beim Kurvenfahren und beim Bremsen vor allem auf nasser Fahrbahn von ganz besonderer Bedeutung. Da ist ein »weicher« Gummi besser, der aber andererseits nicht so abriebfest ist. Aus diesen Gegensätzen suchen die Reifenproduzenten den besten Kompromiß herauszuknobeln.
Die längste Haltbarkeit zeigen die Radial-Reifen. Man erreicht damit teilweise die doppelte Kilometerstrecke der Diagonal-Reifen. So bringt es mancher besonnene Fahrer mit dem besonders langlebigen Michelin zX auf 50 000 und mehr Kilometer mit einem Reifensatz. Das liegt in diesem Falle aber nicht an der Gummimischung, sondern vor allem an dem grundsätzlich anderen Aufbau der Radial-Reifen.

Fingerzeig: *Auch neue Reifen müssen eingefahren werden! Nicht nur wegen der vom Vulkanisieren her sehr glatten Oberfläche und wegen der Reifenwülste, die sich während der ersten Fahrkilometer erst exakt in das Felgenhorn schmiegen müssen. Der anfangs wenig verformungsfreudige Pneu muß sich durch einige Einlauf-Kilometer geschmeidig walken, und vor den ersten harten Bremsmanövern oder starkem Beschleunigen muß das beim Reifenaufziehen verwendete Montagefett austrocknen. Am besten geschieht das Reifeneinfahren auf trockener, kurvenreicher Landstraße; aber es genügt auch, wenn Sie den Transporter die ersten 100 km nicht allzu hart abbremsen (sofern möglich) und beschleunigen.*

Diagonal-Reifen

Diagonal-Reifen sind in den letzten Jahren aus der Mode gekommen. Viele namhafte Reifenfabriken stellen sie gar nicht mehr her, weil die Vorteile der Radial-Reifen zu augenfällig sind. Dadurch kann es schwierig werden, die Reifengröße 7.00–14 8 PR beim Reifenhändler direkt ab Lager zu erhalten. Die VW-Händler werden sie in der Regel noch führen, aber bei den Werksvertretungen sind nach unseren Erfahrungen Reifen durchweg besonders teuer (genau wie Motoröl und Lackpflegemittel). Zudem werden Reifenpreise wegen übergroßer Produktionskapazitäten und uneingeschränkter Einfuhrmöglichkeiten aus aller Herren Länder sehr unterschiedlich kalkuliert. Dies gilt zwar in erster Linie für die verbreiteten Pkw-Größen, man kann aber auch als Transporter- oder Bus-Besitzer davon profitieren. Herumfragen lohnt sich also – man kann den gleichen Reifen aus einer anderen Quelle also vielleicht wesentlich billiger bekommen.
Wenn aber der (meist preiswertere) Reifenhändler diesen selten gefragten Reifen erst bestellen muß, wird er meist teurer kalkuliert als der entsprechende (am Lager vorhandene) Radial-Reifen. Wenn es also nicht nur um einen einzelnen Ersatzreifen zu drei vollwertigen Diagonal-Reifen geht, sollte man an Umbereifung auf Radial-Reifen denken (siehe Seite 217).
Von Import-Reifen ist durchaus nicht abzuraten, wenn sie aus seriöser Quelle stammen. Seriös sind die großen ausländischen Werke wie etwa Semperit, Vredestein, Kelly – letztere bauen auch in Deutschland Reifen.

Radial-Reifen

Die Unterschiede der Gürtel- oder Radial-Reifen im Aufbau und Fahreigenschaften im Vergleich zu den Diagonal-Reifen sind bereits im Kapitel »Räder

Eine verbeulte Radkappe kann man selbst wieder ausbeulen. Sie darf nur nicht völlig zerdrückt sein. Man darf nicht direkt mit dem Hammer auf die Innenseite der Radkappe klopfen, sondern muß einen stoßdämpfenden Lappen unterlegen. Er ist auch auf der Außenseite nötig.

und Reifen« auf Seite 206 erläutert. Ihre Vorteile sind heute unbestritten, auch im Verhältnis vom Preis zur Dauerhaftigkeit.
Der Buchstabe »S« in der Größenangabe weist darauf hin, daß diese Radial-Reifen für größere Geschwindigkeiten (in der verstärkten »SR«-Ausführung für den VW Bus und Transporter bis zu 170 km/h) freigegeben sind.
Wenn Sie Ihren Transporter auf Gürtel-Reifen umrüsten wollen, kommen nur solche der Größe 185 R 14 in Frage; andere Größen sind nicht zugelassen. Ist im Kraftfahrzeugbrief noch nicht die ABE-Nr. 2043/3, Nachtrag VI vermerkt, müssen die Gürtel-Reifen in die Fahrzeugpapiere eingetragen werden.

M+S-Reifen

Bis vor wenigen Jahren galt ein Fahrer, der seinen Wagen auf der Antriebsachse mit zwei M + S-Reifen (M + S = Matsch + Schnee) ausgestattet hatte, als für den Winter gerüstet. Das grobstollige Profil dieser Reifen brachte auf frisch gefallenem Schnee und Schneematsch guten Vortrieb. Aber auf hartgefahrenem Schnee und Glatteis entsprach ihre Bodenhaftung der normaler Diagonal-Sommer-Reifen oder war sogar noch schlechter. Da aber die letzteren Fahrbahnzustände wesentlich häufiger auftreten, sind M + S-Diagonal-Reifen nicht mehr empfehlenswert.
Der Trend zum Gürtel-Reifen setzte auch auf dem Gebiet der Winterbereifung ein, und in den letzten Jahren erschienen viele M + S-Gürtel-Reifen auf dem Markt. Durch ihre nichtwalkende Lauffläche sind sie wesentlich wirkungsvoller als Diagonal-Reifen, die auf nasser oder glatter Fahrbahn viel früher ins Rutschen kommen.
Es gibt aber auch »normale« Gürtel-Reifen, deren Profil und Konstruktion sich im Winter als recht brauchbar erwiesen hat und die gerne als sogenannte »Ganzjahres-Reifen« bezeichnet werden. Diese Reifen sind im Sommer auf solchen Fahrzeugen nützlich, die sehr oft auf Wald- und Feldwegen gefahren werden. Besonders bewährt haben sich in dieser Hinsicht die X-Typen von Michelin (die freilich als SR-Reifen für den Transporter sehr teuer sind). Der sehr komfortable 185 R 14 C von Conti dagegen hat trotz seines Gürtels leider wenig überzeugende Wintereigenschaften.

M + S-Haft-Reifen

Das schlechte Fahrverhalten der M + S-Diagonal-Reifen auf Glatteis und festgefahrenem Schnee führte zur Entwicklung der Spikes-Reifen, deren scharfe Spikes energisch ins Eis griffen und so den Bremsweg wirkungsvoll verkürz-

ten. Diesen Reifen – wie auch den wesentlich straßenschonenderen Spikes-Gürtel-Reifen – wurden aber erhebliche Fahrbahnbeschädigungen angelastet und ihre Benutzung wurde in der Bundesrepublik seit April 1975 untersagt.
Die als Spikes-Ersatz angebotenen Haft-Reifen unterscheiden sich nicht nur durch eine spezielle Laufflächenmischung, sondern vielfach auch durch ihre Profilgestaltung von den herkömmlichen Winter-Gürtel-Reifen. Sie sind als Nachfolger der in Verruf geratenen Spikes-Reifen anzusehen, aber unter bestimmten Bedingungen können sie die Nagel-Reifen nicht ersetzen: Bei Temperaturen um den Gefrierpunkt bildet sich auf dem Eis beim Darüberrollen ein Wasserfilm, der die Haftfähigkeit der Reifen stark herabsetzt. Dagegen sind nur Spikes-Reifen eine wirksame Waffe. Mit sinkenden Temperaturen erhöht sich die Haftfähigkeit der Haft-Reifen und übertrifft unter etwa $-5°$ C sogar die Eis-Reifen. Das Angebot an Haft-Reifen wird laufend erweitert, hierzu zählen z. B. der Dunlop SP 66 M + S 185 SR 14 reinforced speziell für den VW Bus und Transporter.
Zusammenfassend kann man sagen, daß die Haft-Reifen zur Zeit die sicherste Lösung darstellen, wenn sich der Fahrer bei Temperaturen um null Grad und Regen oder hoher Luftfeuchtigkeit auf die stark verringerte Bodenhaftung einstellt.

Geschwindigkeitsbegrenzung für Winter-Reifen

Über die zulässigen Geschwindigkeiten mit den verschiedenen Reifen haben wir bereits auf Seite 205 gesprochen. Es bleibt noch zu erwähnen, daß M + S-Reifen auf Diagonalkarkasse bis höchstens 130 km/h gefahren werden dürfen, während Gürtel-Winter-Reifen bis 150 km/h zugelassen sind.

Luftdruck und Profiltiefe

Wenn Winter-Reifen mit einem um 0,2 bis 0,3 atü erhöhten Luftdruck gefahren werden, können die Profilstollen und Kanten besser greifen.
Die Profiltiefe sollte 4 mm möglichst nicht unterschreiten, um bei winterlichen Verhältnissen gutes Vorankommen zu gewährleisten. Dasselbe gilt für Sommer-Gürtel-Reifen, die im Winter gefahren werden.

Besondere Felgen für den Winter

Die Anschaffung besonderer Felgen für Winter-Reifen rentiert sich sehr schnell. Das erspart nicht nur das »kostenpflichtige« Ummontieren der Reifen auf den

Serienmäßig ist der Transporter beim 50-PS-Motor mit Diagonal-Reifen ausgerüstet, von denen das nebenstehende Bild ein Beispiel zeigt. Den inneren Aufbau zeigt die Skizze auf Seite 206.

Gürtel- oder Radial-Reifen gibt es entweder mit Textil- oder mit Stahlunterbau. Beide Arten eignen sich für den Transporter (wobei wir vom Stahl-Gürtel-Reifen die höhere Meinung haben). Hier der Continental 185 R 14 C, eine Spezialentwicklung für den Transporter.

Winter-Reifen gibt es sowohl in Normal- als auch in Gürtel-Bauart. Die Gürtel-Reifen sind speziell für den Transporter viel teurer, sie leben aber länger und bringen eine höhere Zugkraft. Hier als Beispiel der Phoenix P 110 SMS reinforced.

Das Verbot der Spikes-Reifen hat zu neuen Reifenentwicklungen geführt, die sich durch besonders haftfähige Laufflächenmischungen auszeichnen, wie der abgebildete SP 66 von Dunlop.

Felgen vor und nach dem Winter, sondern ohne besondere Schwierigkeit lassen sich während des Winters auch die ganzen Räder am Wagen austauschen, wenn wochenlang weit und breit von Schnee und Eis nichts zu sehen ist.

Die Runderneuerung

Neu besohlte Reifen stehen bei vielen Autofahrern in schlechtem Ruf, obwohl sie den Beweis ihrer Tauglichkeit in verschiedenen Tests erbracht haben. Reifen mit »RAL-Gütesiegel« haben sogar Schnellaufprüfungen bestanden, was allerdings für den Transporter nicht ganz so wichtig ist. Die Runderneuerten sind natürlich wesentlich billiger als fabrikneue Reifen, doch für den Minderpreis können Sie sich unter Umständen auch Nachteile einhandeln: So erreichen sie nicht mehr ganz die Lebensdauer neuer Reifen, und auch das Fahrverhalten kann sich trotz gleicher Profilgestaltung erheblich vom entsprechenden Markenreifen unterscheiden. Auch muß mit größeren Unwuchten gerechnet werden.
Sie tun gut daran, den Luftdruck an runderneuerten Reifen sorgfältig zu überwachen, denn viele Defekte an solchen Pneus haben ihre Ursache in zu niedrigem Luftdruck. Neu besohlte Reifen sind in diesem Punkt empfindlicher.
Wenn Sie alle genannten Punkte beachten, können Sie mit Runderneuerten einiges Geld sparen, vor allem bei der Winterbereifung, die es mit Haftgummimischung preisgünstig zu kaufen gibt.

Vorsicht bei Misch-Bereifung

Da sich Diagonal- und Gürtel-Reifen in ihren Fahreigenschaften erheblich unterscheiden, sollen sie nicht kombiniert am Fahrzeug montiert werden. Wer bei Ersatzbeschaffung Gürtel-Reifen wählen möchte, sollte möglichst nicht damit beginnen, zwei Reifen dieser Art auf die Hinterachse montieren – das ist sowieso die einzige ungefährliche Kombination mit Normal-Reifen –, sondern er sollte die seither gefahrenen Reifen in diesem Falle solange untereinander austauschen, bis alle gleichzeitig abgenutzt sind und zugleich durch vier Gürtel-Reifen ersetzt werden können.
Auch Stahl- und Textil-Gürtel-Reifen möglichst nicht gemischt montieren. Wenn

Für schlauchlose Gürtel-Reifen ist eine besondere Felge erforderlich, die sogenannte »Hump-Felge«. Sie besitzt auf beiden Seiten eine Eindrückung (Pfeile), die verhindert, daß der Reifen bei Seitenbeanspruchung in das Felgenbett gleitet. Die Eindrückung läßt sich von außen fühlen. Der Transporter wird seit Herbst 1969 serienmäßig damit ausgerüstet, aber es gibt auch passende Felgen ohne diesen »Hump«-Wulst. Prüfen Sie also, wenn schlauchlose Radial-Reifen montiert werden sollen, vorher, ob Ihre Felgen diesen Sicherheitswulst haben.

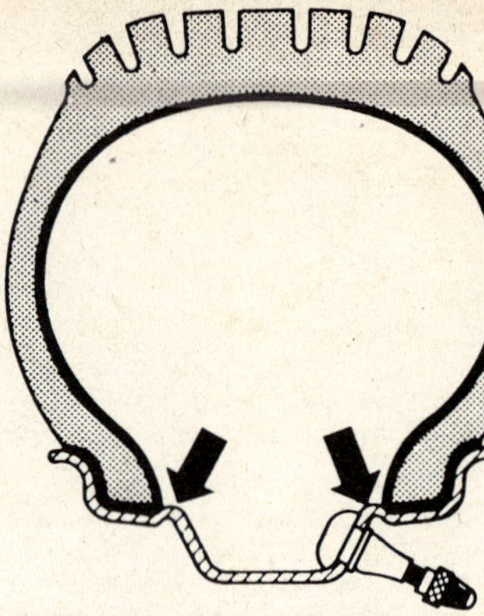

sich eine Kombination nicht umgehen läßt, gehören die Gürtel-Reifen auf Stahlkarkasse auf die Hinterachse. Auf der Vorderachse würden sie – bei Textilgürtel-Reifen hinten – die Neigung zum Übersteuern des Wagens (das Fahrzeugheck drängt in Kurven nach außen) fördern.
Im Winter ist eine gleichartige Bereifung an allen Rädern noch viel wichtiger. So ist die Kombination Gürtel-Reifen vorn und Diagonal-M + S-Reifen hinten sogar ausgesprochen gefährlich, denn schon bei geringem Anlaß kommt ein solcherart bereiftes Fahrzeug ins Schleudern. Auch die weniger gefährliche Kombination Diagonal-Reifen vorn und Radial-Reifen hinten ist bei Winterbereifung abzulehnen.
Wer sich zu Haft-Winter-Reifen entschlossen hat, muß grundsätzlich vier derartige montieren.

Reifenpreise

Für Autoreifen gelten, wie heutzutage überall üblich, »empfohlene Richtpreise«, an die sich aber niemand halten muß. So gibt vielleicht ein Händler 10 % Rabatt auf den empfohlenen Richtpreis und außerdem sind Montage, Auswuchten und die Beseitigung der alten Reifen im Preis inbegriffen. Ein anderer Händler offeriert dagegen 30 % Rabatt, dafür muß man aber Montage und Auswuchten extra bezahlen. Lassen Sie sich von hohen Rabattprozenten nicht täuschen, das billigste Angebot kann hinterher teurer als gedacht ausfallen. Es lohnt sich also in jedem Fall, erst einige Angebote einzuholen, ehe man Reifen kauft.
Auf dem Markt gibt es neben den bekannten Markenreifen welche von großen Kaufhauskonzernen und sogenannte Importreifen. Letztere sind meist die billigsten. Bevor Sie aber bei völlig unbekannten Reifen zugreifen, sollten Sie erst das Urteil eines Fahrers (nicht des Verkäufers) hören, der schon längere Zeit diese Reifen aufgezogen hat oder, noch besser, Sie besorgen sich einen Reifentestbericht einer unabhängigen Fachzeitschrift.

Familie Saubermann

Nachdem wir uns bisher hauptsächlich um die »inneren Werte« des VW Transporters gekümmert haben, soll hier noch etwas über die Pflege des Äußeren gesagt werden. Um das Blechkleid möglichst lang im Glanz erstrahlen zu lassen, muß man nicht etwa ständig mit allerlei Tinkturen auf dem Lack herumfummeln – weniger ist hier mehr wert. Wer sich besonders ausführlich mit diesem Thema befassen will und sich auch für Ausbeul- und Lackarbeiten interessiert, dem sei der Band Nr. 45 »Die Autokarosserie« aus dieser Handbuchreihe empfohlen.

Viel Wasser

Die einfachste Lackpflege ist die Autowäsche und schon hierbei kann man viele Fehler machen. Ist der Wagen nur leicht verschmutzt, genügt es völlig, wenn man ihn mit viel klarem Wasser abwäscht; ohne irgendwelche Zusätze, wie Haushaltswasch- oder Geschirrspülmittel, die viel zu scharf für Autolack sind. Und auch Autoshampoo, das jedesmal angewendet wird, laugt den Lack mit der Zeit aus (trotz »rückfettender« Versprechungen). Erst wenn die reine Wasserwäsche nicht mehr ausreicht, sollten Sie zum Autoshampoo greifen.
Damit der Schmutz aber nicht auf dem Autolack herumgerieben wird, ist viel Wasser vonnöten. Am besten mit »weichem« Strahl aus dem Schlauch, der Sand und Staub gleich wegschwemmt, und einer Schauchbürste, einem Waschhandschuh oder einem grobporigem Schwamm. Wer keinen Wasseranschluß am Autostandplatz zur Verfügung hat, muß sich mit zwei Wassereimern behelfen. In einem wird der schmutzige Schwamm oder Waschhandschuh ausgewaschen, im anderen der saubere Schwamm mit Wasser getränkt. Sparen Sie dabei nicht mit Wasser, denn im Wasser treibender Sand und Staub wird sonst immer wieder kratzend über den Lack gewischt. Mit den Resten des schmutzigen Wassers kann man den Schmutz an den Rädern und Radkästen aufweichen, zum Abwaschen von Reifen, Felgen und Radkästen eignet sich eine Wurzelbürste.
Zum Abschluß der Wagenwäsche muß der Transporter noch trockengeledert werden, sonst bleiben auf dem Lack Wasserflecken zurück. Am besten eignet sich ein großflächiges Ziegen- oder Rehleder, das Sie aber nicht auch für die Autoscheiben verwenden sollten. Mit dem Leder gelangen Silikonspuren aus Lackpflegemitteln auf die Windschutzscheibe und verursachen Schlieren.
Wer sich die Hände nicht naßmachen will, kann in die Schnellwaschanlage fahren. Dann sollten Sie aber nach etwa fünf Schnellwäschen den Lack wieder mit Konservierer behandeln, das in der Waschanlage versprühte Wachs dient nur schnellerem Trocknen. An guten Waschstraßen wird das Auto an unzugänglichen Stellen (z. B. unter den Stoßstangen) von Hand vorgewaschen, damit sich keine Schmutz- und Rostnester bilden können. Wenn Sie nicht gerade freitagnachmittags oder samstags zur Waschanlage fahren, wird Ihr Transporter gründlicher vorgewaschen, weil man dann mehr Zeit für Sie hat.

Einfach glänzend

Pflegen bringt Segen, so hört man manchmal. Und so gibt es Leute, die ihren nur am Sonntag benutzten Wagen an jedem Samstag abseifen, wachsen und polieren. Und die sich dann wundern, wenn in wenigen Jahren der Lack regelrecht durchgeschliffen ist!
Die Auto-Lackschicht, das muß man wissen, ist nur sehr dünn: etwa ein Zehntelmillimeter dick. Sie ist zwar außerordentlich hart – wenn man aber lange genug mit einem Poliermittel (dessen Wirkung ja darauf beruht, daß es »schleift«) darauf herumreibt, ist sie eines Tages durch! Deshalb gilt bei der Lackpflege der Grundsatz, daß man an seinem Lack um so länger Freude hat, je sparsamer man mit Pflegemitteln umgeht.

Lackpflege von Stufe zu Stufe

Ungepflegter Lack verliert mit der Zeit seine Elastizität, er »altert«, indem sich die Poren erweitern, Feuchtigkeit eindringt und die Farbschichten von innen zermürbt. Der im Autolack enthaltene »Weichmacher«, der ihm seine Elastizität verleiht, verflüchtigt sich allmählich, und die einzelnen Farbkörnchen liegen nicht mehr eingebettet im Lack, sondern stehen spröde ab, wodurch er ein stumpfes Aussehen erhält. Im fortgeschrittenen Zustand »kreidet« der gealterte Lack aus, wie die Autolackierer sagen.
Es ist nun nicht damit getan, daß man zu einer Tankstelle oder in den Autozubehörladen geht und sagt, man möchte ein gutes Lackpflegemittel haben. Der Verkäufer, wenn er fachkundig ist, wird sich zuerst nach dem Zustand des Lackes erkundigen, der behandelt werden soll. Denn darauf kommt es an. Deshalb wollen wir in diesem Abschnitt die ziemlich verwirrenden Begriffe, die auch von den Pflegemittelherstellern manchmal kreuz und quer verwendet werden, zu erklären versuchen.

Keine Haushalts-Spülmittel nehmen

Ganz besonders müssen Sie sich davor hüten, anstatt eines speziellen Auto-Shampoos etwa eines der im Haushalt durchaus bewährten Spül- und Reinigungsmittel im Wagenwaschwasser zu verwenden, auch wenn auf dem Etikett nebenbei irgend etwas von Autopflege steht. Was nämlich zur Reinigung von Glas, Porzellan und Eßbestecken sehr wirkungsvoll ist, taugt für den stets porösen und geschmeidigen Autolack gar nicht. Glas und Porzellan sind selbst für scharfe Reinigungsmittel unangreifbar. Nicht so der Lack.

Auto-Shampoo nicht zu oft anwenden

Leider ist Auto-Shampoo zur »Naß-Pflege« des Lacks bei Samstagsnachmittag-Straßenrand-Pflegern viel zu beliebt, so daß sie allwöchentlich mit wenigen Eimerchen Wasser und Shampoo ihr Auto wieder auf Hochglanz bringen. Daß Eimerwäsche schon an sich problematisch ist, wurde bereits auf Seite 221 beschrieben. Schlimmer wird es noch, wenn die fehlende Wassermenge durch Shampoo ausgeglichen werden soll. Die Rechnung geht nicht auf, denn die meisten Auto-Shampoo, auch als »Auto-Schaumwäsche« bezeichnet, laugen den Lack mit der Zeit doch ziemlich aus, und ihre vielfach angebliche »rückfettende Wirkung«, bei der die fettlösenden Bestandteile des Shampoos in den Lackporen nach getaner Arbeit während des Reinigungsprozesses durch schützende Wachsteilchen ersetzt werden sollen, ist eine Art chemischer Akrobatik, die wohl nur in der Theorie einwandfrei funktioniert. Nicht so in der Praxis, denn die Versuche verantwortungsbewußter Pflegemittelhersteller haben gezeigt, daß nach zwei Jahren der Lack nie mit Shampoo gewaschener Wagen wesentlich besser ist als jener, der ständig fleißig mit Shampoo gepflegt wurde. Deshalb: Auto-Shampoo nur gelegentlich verwenden, wenn der Lack etwa von Dieselqualm, Ruß oder anderer Schmiere wasserunlöslich verschmutzt ist. Vorher wird der grobe Schmutz vom Wagen abgewaschen – also noch ohne Shampoo –, danach kommt als zweiter Gang die »Feinwäsche« mit Shampoo, das hinwiederum mit einer tüchtigen Wasserflut abgeschwemmt werden muß, damit alle fettlösenden Stoffe und Emulgatoren aus den Lackporen gewaschen werden (aus diesem Grund ist also Shampoo schon nichts für die wassersparende Eimerwäsche) und schließlich soll nach dem Trockenledern dieser mit einem Hartwachs oder Lack-Konservierer (siehe nächsten Abschnitt) behandelt werden, wenn die »Tropfenprobe« aus dem trockenen Lack nicht durch scharfe Tropfenränder beweist, daß eine wasserabstoßende Schutzschicht bereits auf dem Lack durch die »rückfettende« Wirkung sitzt.

Wasch-Konservierer Wasch-Politur

Wasch-Konservierer ist bei manchen Fabrikaten mit Auto-Shampoo kombiniert, dient also sowohl zur Wäsche wie auch der Beschichtung des Lackes mit einem schützenden Wachsfilm.
In der Regel wird jedoch der Waschkonservierer erst angewendet, nachdem der Wagen ganz normal mit klarem Wasser gewaschen wurde und sauber ist. Auf einen Eimer Wasser gibt man zumeist einen Meßbecher Wasch-Konservierer und überwäscht den Wagen noch einmal mit dem Schwamm – er wird »abgeschwammt«, sagt der Wagenpfleger. Danach wird der Wagen, je nach der Gebrauchsanweisung des einzelnen Präparates, im nassen Zustand abgeledert (z. B. bei »Rex« und »alwi«) oder man läßt ihn von der Luft trocknen (z. B. bei Polifac). Zuletzt mit Poliertuch oder Polierwatte nachreiben. Es bleibt eine feine Wachs-Schutzschicht auf dem Lack zurück.
Diese Wasch-Konservierung ist bei gesundem Lack angebracht. Wird sie zu oft, etwa bei jeder Wagenwäsche, ohne andere Lackpflege wiederholt, zeigt sich der Lack nach unseren Erfahrungen nach einiger Zeit milchig-trübe. Dann ist die Wachsschicht mit der Zeit zusammen mit feinstem Staub »zu dick« geworden. Das schadet dem Lack an sich nichts, aber diese Schicht sollte zwischendurch mit einem milden Lackreiniger wieder heruntergeputzt werden.

Spezial-Waschmittel

Wer die Insektensammlung eines ganzen Sommerhalbjahres auf der Vorderfront seines Wagens sitzen hat oder nach der Schnee-, Matsch- und Salzwasserperiode des Winters an seinem Auto einen gründlichen Frühjahrsputz vornehmen will oder Flugrost auf dem Lack entdeckt, wird mit Auto-Shampoo noch keinen vollen Erfolg haben. Dem speziellen Zweck, besonders hartnäckigen Schmutz aufzulösen, Rostpartikelchen (nach dem Winter) zu neutralisieren und der Korrosion auf und unter dem Lack Einhalt zu gebieten, dienen Spezial-Waschmittel, die, im Gegensatz zum Auto-Shampoo, säurehaltig sind. Wir kennen da »Bostik wie neu« (Bostik, Oberursel) und Spezial-Autolackreiniger »abomar« (Loba-Chemie, Wien, Vertrieb durch Firma Artweger, 8415 Nittenau, Thanner Straße 32 a.
Beide Mittel sollte man nur anwenden, wenn ein Wasserschlauch unbegrenzt

Wasser spendet, denn so viel Wasser, wie zum nachträglichen Abschwemmen des etwa 10 Minuten einwirkenden Waschmittels notwendig ist, kann man in Eimern gar nicht herbeischleppen. Was für die normale Wasserwäsche schon gilt, wird hier zum Gesetz: Die Sonne darf nicht zuschauen, das Karosserieblech muß kühl sein, sonst kann es verheerende Lackverfleckungen geben. Besonders wirkungsvoll sind diese Mittel, wenn möglichst lange vorher der Lack nicht mehr mit einem Konservierungsmittel behandelt wurde, sie können dann in den »offenen Lack« besser eindringen. Will man dieses Spezialwaschmittel anwenden, darf also nicht vorher der Wagen mit Auto-Shampoo oder Waschkonservierer gereinigt werden.
Praktisch sind das also Lackreinigungsmittel, die nur an regentrüben Tagen und nur bei wirklich hartnäckiger Lackverschmutzung angewendet werden sollten. Dann sind sie allerdings überraschend wirkungsvoll. Man nimmt zum Auftragen am besten eine breite, wasserfeste Kleiderbürste. Zum Schluß darf nicht versäumt werden, den sorgfältig abgelederten Lack mit einem Lack-Konservierungsmittel (siehe folgenden Abschnitt) zu pflegen.

Lack-Konservierungsmittel

Lack-Konservierungsmittel gibt es zumeist unter den Bezeichnungen »Hartglanz«, »Autowax«, »Sprühwachs«. Auch manche »Auto-Polish«, die dem Namen nach eigentlich zu den polierenden Lackpflegemitteln gehören, sind in Wirklichkeit Lack-Konservierer. Das ist die richtige Pflege für einwandfrei gesunden Lack, der nur ein wenig frischen Glanz und eine schützende Wachsschicht benötigt. Er ist in der Wirkung ähnlich wie Waschkonservierer, bleibt jedoch auch nach längerer Anwendung ohne milchige Trübung. Es gibt die Lack-Konservierer als Paste (z. B. das sehr brauchbare Polifac-Auto-Wax) oder helle Flüssigkeit und (teuer, aber leicht zu handhaben) in Spraydosen. Nach dem Auftragen je nach Gebrauchsanweisung wird die Wachsschicht blank gerieben – wir sagen bewußt nicht »poliert«, denn das ist etwas anderes und eine Stufe weiter. Beim Blankreiben darf die Watte nichts von der Lackfarbe annehmen, sonst ist es kein echtes Konservierungsmittel, sondern es enthält schleifende oder lacklösende Bestandteile, die in einen Konservierer nicht hineingehören und bei gesundem Lack völlig fehl am Platze sind. Meist ist auch Silikon drin. An sich ist Silikon auf der Windschutzscheibe, wo es von dem Autoblech her unvermeidbar hingerät und bei Regen zur sichtstörenden Schlierenbildung führt, gar nicht erwünscht. Da es aber unbestritten ein wirkungsvolles Konservierungsmittel ist und auch zur leichteren Verarbeitung der Lackpflegemittel beiträgt, wollen die Pflegemittelhersteller nicht darauf verzichten. Ist tatsächlich kein Silikon in einem Lackpflegemittel, wird dies auf der Verpackung ausdrücklich mit dem Hinweis »ohne Silikon« vermerkt. Unter den namhaften Lack-Konservierungsmitteln kennen wir derzeit nur das Autohartwachs von Dupli-Color als bestimmt silikonfrei, dazu enthalten auch die diversen Präparate von VW kein Silikon.

Autopolitur

Das ist schon eine schärfere Waffe zur Lackpflege. Sie sollte erst dann angewendet werden, wenn der Lack gealtert ist und stumpf zu werden beginnt. Der Schmutz wird von der Flüssigkeit, die es auch unter den Bezeichnungen »Auto-Polish«, »Spezial-Politur«, »Wax-Politur« usw. gibt, aufgelöst und die Lackoberfläche ganz leicht angeschliffen, wobei die »toten« Farbkörperchen in der Polierwatte hängen bleiben. Deshalb darf sich die Watte, mit der man die Autopolitur auf dem Lack verarbeitet, auch leicht in der Wagenfarbe färben. Wenn die Watte aber sehr kräftig Farbe annimmt, ist das Mittel bei nur verschmutztem Lack schon zu scharf.

Das sind die schwersten Geschütze, die nur bei stark verwitterten Lacken und nur sehr selten angewendet werden dürfen. Vor allem Schleifpolierpaste, die fast schon so grob wie Handwaschpaste aussieht und von den meisten Lackpflegemittelherstellern gar nicht für Selbstpfleger angeboten wird, sollte nur zum Auspolieren von Schrammen und nach einer Streifberührung mit einem fremden Fahrzeug zum Wegpolieren des fremden Lackes benutzt werden. An der starken Farbe, die in der Watte hängen bleibt, können Sie die schnelle und scharfe Wirkung erkennen, die manchen Autopfleger – auch die Wagenpfleger an manchen Tankstellen – verlockt, schon bei geringerem Anlaß zu dieser Brisanzgranate zu greifen. Das ist aber falsch, denn der Autolack hält dies nicht ewig aus. Vor allem nimmt er die härteste oberste Schicht des Lackes weg; darunter ist der Lack »weicher« und weniger widerstandsfähig, so daß er nach einigen Schleifpoliturbehandlungen immer wieder nach Politur »schreit«. Bis die Grundierung herausschaut.

Lackpolitur und Schleifpoliergrade

Lackreiniger

Eine Sonderstellung nehmen die Lackreiniger ein. Sie dienen vor allem zur Vorbehandlung und Aufarbeitung sehr stumpfer und stark angegriffener Lacke, also ähnlich wie die scharfen Lackpolituren. Im Gegensatz dazu haben jedoch die Lackreiniger auch stark lösende Zusätze, die die oberste »tote« Lackschicht anlösen, so daß diese mit der Polierwatte leicht beseitigt werden kann. Wir haben recht gute Erfahrungen z. B. mit »1z Extra« (gelbe Flasche) und »Pingo Rapid Extra« gemacht.
In der Regel (Gebrauchsanweisung beachten!) muß der Lack nach Aufarbeitung mit einem Lackreiniger durch eine Nachbehandlung mit Lack-Konservierer (»Hartglanz«, »Auto-Wax« usw.) sorgfältig gegen Schmutz und Witterungseinflüsse geschützt werden.

Fingerzeig: *Bei der Anpreisung von Lackpflegemitteln wird gerne das Wort »mühelos« verwendet. Glauben Sie bloß die Hälfte. Und das ist meist noch zu viel. Lackpflege kostet nämlich Schweiß, beim einen Mittel mehr, beim anderen weniger. Aber ganz ohne Mühe geht es nicht. Geht es doch, war eine Lackpflege noch gar nicht nötig.*
Für die Lackpflege ist die Grundregel der Wagenwäsche noch bedeutungsvoller: Die Sonne darf nicht zusehen! Lackpflege ist nur im Schatten und bei kühlem Karosserieblech angebracht.

Pflege von neuem Lack

Wie eingangs dieses Kapitels erwähnt, soll man an seinem neuen Wagen nicht gleich mit Lackpflegemitteln herumfummeln. Ist aber auf neuen Lack, etwa durch ein naheliegendes Industriewerk, hartnäckiger Schmutz geraten, verträgt auch der Lack des neuen Wagens die Behandlung mit einem geeigneten Pflegemittel. Er ist ja durch Transportkonservierung und Entkonservierung auf dem Weg von der Fabrik bis zum Besitzer schon allerhand an Plagen gewohnt. Echte Vorsicht ist aber bei Nach- oder Neulackierungen geboten, denn in den Autolackierereien wird entweder lufttrocknender Lack oder solcher mit geringerer »Einbrenntemperatur« verwendet, der nicht so robust sein kann, wie der mit höherer Temperatur »eingebrannte« Lack der Autofabrik. Hier darf man in den ersten Wochen tatsächlich nur mit klarem Wasser waschen.

Chrom will gepflegt sein

Genau wie der Lack braucht auch die Verchromung Pflege und Schutz gegen Witterungseinflüsse. Chromschutzmittel gibt es ebenfalls in Massen. Man trägt sie auf und reibt mit einem weichen Lappen oder Polierwatte blank. Besondere Schwierigkeiten gibt es dabei nicht, doch sollte man sich darüber klar sein,

Bei den zahlreichen Lackpflegemitteln laufen die Bezeichnungen oft verwirrend durcheinander. Ihre schwersten Geschütze, die Poliermittel mit schleifender Wirkung, sollen nur sehr selten angewandt werden. Ob ein Lackpflegemittel den Lack schleifend angreift, läßt sich auf dem polierenden Wattebausch erkennen. Wenn der Lack auf ihm stark »abfärbt«, handelt es sich um eine Polierpaste. Bei geringer Abfärbung ist es zumindest eine intensiv wirkende Autopolitur oder ein Lackreiniger.

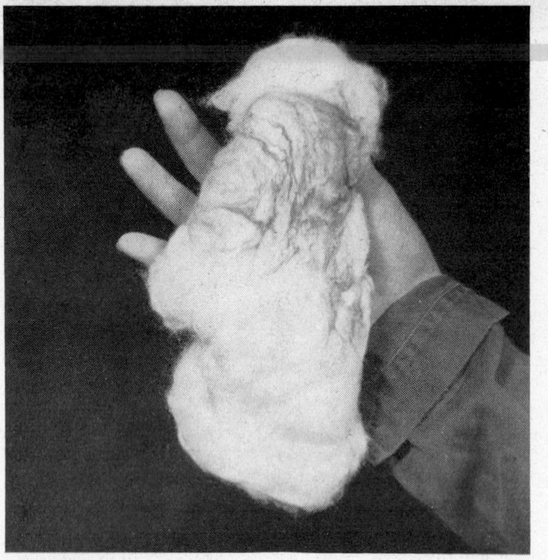

daß die üblichen Chrompasten (zumeist auf Vaseline-Basis, die – billiger – genau so gut ist) der Verchromung im Winter nicht genügend Schutz bieten. Darüber mehr im Kapitel »Winterschutz« dieses Buches. Erste Rostspuren auf der Verchromung müssen unbedingt »bekämpft« werden, sonst frißt der Rost unter der Verchromung weiter. Sehr gute Erfahrungen haben wir dabei mit Lackreiniger gemacht, etwa dem an den meisten Tankstellen erhältlichen »1 z« (gelbe Flasche). Für diese Rostspuren ist übrigens Rostumwandler nicht zu empfehlen, denn er kann die Unterrostungen unterwandern, dabei die Chromschicht abheben, so daß der Schaden unter Umständen noch auffälliger wird.

Teerspritzer und Insekten

Bei der Fahrt über frisch asphaltierte Straßen hinterläßt der hochgespritzte Splitt kleine schwarze Teerflecken auf dem Lack. Völlig falsch ist es, sie mit dem Messer oder auch mit einem Holz abschaben zu wollen. Das gibt Kratzer im Lack, die nicht weniger schäbig als der Teerfleck aussehen. Sie müssen chemisch aufgelöst werden. Das geht schon mit Petroleum oder Superbenzin, besser ist aber ein besonderer Teerfleckenentferner. Die modernen und sehr einfach zu handhabenden Mittel dieser Art gibt es in Spraydosen (z. B. von Rex und Pingo). Sie sind abwaschbar, was alle Reibereien erspart und den Lack schont.

Insektenleichen, die die Wagenvorderseite im Sommer zu Tausenden auffängt, können den Lack verätzen, wenn sie nicht rechtzeitig beseitigt werden. Auch hier ist Herumkratzen nur schädlich. Ebenso falsch ist es, jedesmal mit scharfem Lackreiniger an diesen Stellen zu arbeiten. Die Insektenleichen gehen zwar davon weg, aber der Lack auch. Das mildeste Mittel ist der kleine Insektenspezialschwamm, wie ihn beispielsweise Polifac anbietet. Das ist ein rauher und grobporiger Kunststoffschwamm, der sehr wirkungsvoll ist, den Lack aber nicht zerkratzt. Lange angetrocknete Fliegenleichen lassen sich allerdings besser mit einer Spezialflüssigkeit lösen, wie sie z. B. Rex oder Muko-Sol anbietet.

Ein altes »Hausmittel«, das noch den Vorteil hat, sehr billig zu sein, ist jedoch ein Packen patschnasser Zeitungsblätter, die man über Nacht auf die Wagenvorderfront legt. Die Feuchtigkeit weicht die Fliegenrückstände auf, die sich danach ohne heftiges Reiben abwischen lassen.

Wehret den Anfängen

VW Transporter erreichen in der Regel ein hohes Dienstalter. Selten wandert ein Exemplar, das jünger als acht bis zehn Jahre ist, auf den Schrott. Das liegt nicht zuletzt an dem hohen Marktwert der gebrauchten Transporter. Manche Reparatur lohnt sich deshalb noch, die man an einem »normalen« Auto aus Rentabilitätsgründen nicht mehr durchgeführt hätte.
Nun »stirbt« ja ein VW Transporter gewöhnlich nicht deshalb, weil der Motor oder das Getriebe versagt haben und die Reparatur den Wert des Wagens übersteigen würde. Solche Teile lassen sich unschwer bei einer Autoverwertung besorgen. Der Weg zum Schrottplatz wird zumeist erst eingeschlagen, wenn sich der Rost rundum durch die tragenden Teile der Karosserie gefressen hat. In diesem Kapitel wollen wir Ihnen helfen, diese Entwicklung möglichst lange hinauszuzögern und so den Wert des Wagens möglichst lange zu erhalten.

Schutz für die Wagenunterseite

Der VW Bus und Transporter wurde ab Werk lediglich mit einem Wachs-Unterbodenschutz ausgeliefert, der nach spätestens drei Wintermonaten seine Schuldigkeit getan hat. Der mit Sand und Splitt durchsetzte Schneematsch arbeitet am Wagenbauch wie ein Sandstrahlgebläse und schleift erst Wachs und dann den Lack ab, bis das blanke Metall allen Rostangriffen schutzlos preisgegeben ist. Ein wirksamer Unterbodenschutz bereits am neuen Fahrzeug ist also kein Luxus. Noch wichtiger ist nach unseren Erfahrungen aber eine Hohlraumkonservierung (siehe Seite 227), die auch bereits beim Neuwagen bestellt werden kann.
Neben der Möglichkeit, alljährlich eine Wachsschicht aufsprühen zu lassen, gibt es Unterbodenschutzmaterialien auf Bitumen- und PVC-Basis, die wesentlich langlebiger sind. Am gebräuchlichsten sind Bitumen-Mittel.
Wahrscheinlich wird man Ihnen bei der VW-Vertretung gerne dienlich sein wollen. Ob dort aber das beste Ergebnis zu erwarten ist, kann man nicht unbedingt sagen, denn diese zweifellos unangenehme Arbeit wird erfahrungsgemäß in allgemeinen Werkstätten nicht gerade von erstklassigem Personal ausgeführt. Besser dran sind Sie nach unserer Erfahrung in einem Spezialbetrieb, am besten in Lackier- oder Karosserie-Werkstätten, die sich mit Rostschutz befassen. Sie müssen unter Werkstattleuten und Bekannten beizeiten herumhören, wer als bester Betrieb genannt wird. Dabei kommt es viel weniger darauf an, ob die Leute dort Rostschutzmittel von Teroson, Bostik, Tectyl, Dr. Riehm oder Dinol verarbeiten – das sind alles gute Rostschutzprodukte –, sondern die Qualität der Arbeit, die sich beispielsweise in den Hohlräumen nicht so ohne weiteres nachprüfen läßt, ist viel wichtiger. Gute Arbeit mit einem von der Stiftung Warentest weniger gut bepunktetem Produkt ist besser als schlampige Arbeit mit dem theoretisch allerbesten Unterbodenschutz und Hohlraumkonservierer.

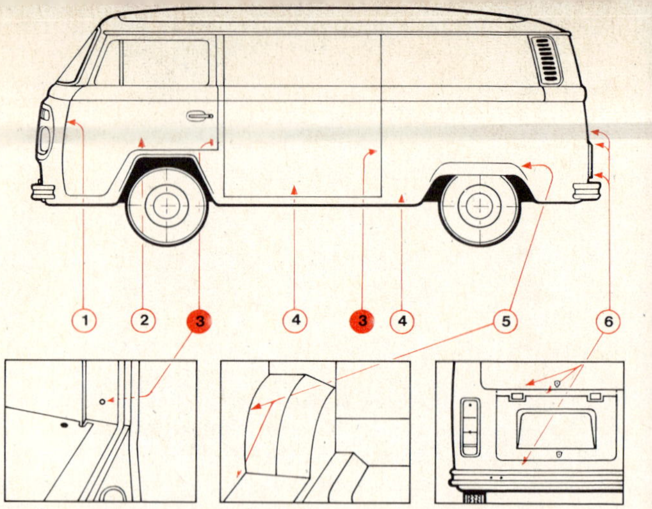

Dieses Bild von Teroson zeigt die Stellen, an denen die Düse der Versiegelungsspritzpistole angesetzt wird. Die rot eingekreisten Zahlen deuten auf bereits vorhandene Löcher. Die Zahlen auf den roten Punkten weisen auf noch zu bohrende Löcher. (1) Türholm; (2) Tür; (3) Türsäule; (4) Ladetür, Seitenteile; (5) Motorraum, Radschacht; (6) Hecktür, Querträger, Motorraum.

Bei einem älteren Gebrauchtwagen sollten Sie sich keinen Illusionen hingeben; hier hilft kein Unterbodenschutz mehr, wenn der oder die Vorbesitzer bislang nichts zum Schutz der Unterseite getan hatten. Unterbodenschutz auf vorhandenen Rost aufzutragen, hat allenfalls moralische Wirkung – der Rost setzt seine Tätigkeit dann eben vorläufig unsichtbar fort. Wer gar vor dem TÜV-Termin noch schnell etwas Unterbodenschutz auf durchgerostete Bleche kleistert, wird mit hundertprozentiger Sicherheit wieder nach Hause geschickt. Wenn Sie aber ein gepflegtes Exemplar Ihr eigen nennen, das bereits in zurückliegender Zeit einen richtigen Unterbodenschutz erhielt, dann sollten Sie diese Schutzschicht weiterhin erhalten.

Unterbodenschutz kontrollieren und ausbessern

Mindestens einmal im Jahr muß der aufgetragene Unterbodenschutz kontrolliert und eventuell nachgearbeitet werden. Wenn Sie einen hellen und günstigen Arbeitsplatz haben, wo sich der Transporter sicher aufbocken läßt, können Sie das selbst machen. Sie brauchen dazu eine helle Handlampe und ein Spachtelwerkzeug oder abgebrochenes Messer, mit dem Sie verdächtige Stellen ankratzen und damit prüfen können, ob der alte Unterbodenschutz nicht locker sitzt oder unterrostet ist. Um alle Ecken beobachten zu können, ist weiterhin ein Spiegel nützlich.

Nach einer gründlichen Unterwagenwäsche – am besten an einer Tankstelle, die ein Heißdampfstrahlgerät hat – werden alle schadhaften Stellen sorgsam ausgekratzt mit Spachtelwerkzeug, Schaber und Drahtbürste. Alle Rostansätze so weit wie möglich bis aufs blanke Metall abschleifen und den letzten Porenrost mit einem Roststopper »einbalsamieren«. Bewährt hat sich dazu »Terotex

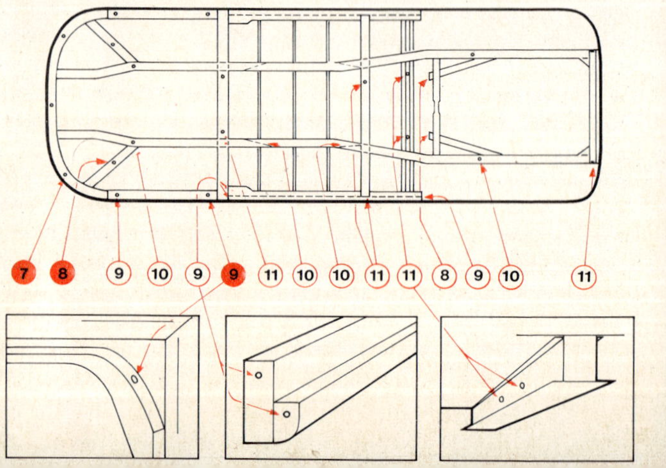

An diesen Stellen muß der VW Transporter »von unten her« konserviert werden: Auch hier zeigen die roten Punkte die noch zu bohrenden Löcher: (7) Rahmenträger vorn; (8) Rahmenversteifung; (9) Türschwellen; (10) Längsträger; (11) Querträger.

Unterbodenwäsche gehört zu den wichtigsten Karosseriepflegearbeiten am Transporter. Mit scharfem Wasserstrahl werden die Ansammlungen von Straßenschmutz aus allen Winkeln des Wagenbodens gespült. Als sehr praktisch hat sich dabei der APA-Druckstrahlreiniger erwiesen. Mit diesem Gerät kommt man auch an schwer zugängliche Stellen des Wagenbodens heran, ohne gleich selbst »mitzubaden«.

Rostprimer« von Teroson, der zugleich die Haftfestigkeit des nachfolgenden Unterbodenschutzmaterials verbessert. Sogenannte Rostumwandler haben am Unterboden keinen Sinn, sie versprechen viel und halten wenig.
Zum eigentlichen Ausbessern benötigen Sie sowohl streichbares Material für die größeren Flächen und überall dort, wo Sie mit dem Pinsel hinkommen, denn es läßt sich dickschichtiger auftragen. Für schwer zugängliche Fugen und Ecken brauchen Sie außerdem eine Sprühdose mit Unterbodenschutz, am besten Tectyl von Valvoline, denn die Tectyl-Sprühdose hat einen schräg nach oben strahlenden Sprühkopf, was für diese Arbeit sehr praktisch ist.
Zum Sprühen montiert man die Räder ab und verdeckt die Bremsen mit Papierbogen gegen den schmierigen Sprühnebel.

Karosseriehohlräume konservieren

Die selbsttragende Karosserie des Transporters besteht aus einer Vielzahl von Profilen, die Winkel und Hohlräume bilden. Diese Profile ergeben eine sehr große Stabilität bei geringem Gewicht, sind aber gegen Feuchtigkeit von innen her anfällig. Innen sah man für diese Hohlräume noch bis vor wenigen Jahren allgemein keinerlei Schutz vor – wie sollte hier auch Wasser hineinkommen?
Das Wasser kommt doch hinein. Zum einen durch undichte Schweißnähte und aus dem Wageninneren (nasse Schuhe). Zum anderen bildet sich gerade in abgeschlossenen Hohlräumen bei Temperaturschwankungen Kondenswasser. Die Holme sind nicht auf solches Wasser vorbereitet: Die Ablauflöcher sind klein und in den meisten Fällen mit Dreck oder Unterbodenschutz zugesetzt, das Wasser staut sich also.
Die Folge ist, daß in manchen selbsttragenden Karosserien jahrelang irgendwo Wasser steht – bis das Blech eines Tages durchgerostet ist. Dagegen hilft nur, wenn möglichst sofort nach der Auslieferung des neuen Fahrzeugs alle diese Hohlräume von innen mit einem guten Rostschutz sorgfältig ausgesprüht werden, denn wenn sich erst einmal Rost in den Hohlraumprofilen angesetzt hat, ist nachträgliche Hohlraumkonservierung nur noch rostverzögernd, aber nicht mehr rostverhindernd.
Die Hohlraumkonservierung kann man als Heimwerker auf gar keinen Fall selbst machen – alle derartigen Behauptungen verschiedener Spraydosen-Anbieter sind Unfug. Das kann nur die Fachwerkstatt mit entsprechend langen Sprühsonden und dem notwendigen hohen Arbeitsdruck. Dazu haben gut ausgestattete Fachbetriebe auch noch eine besondere Leucht- und Beobachtungssonde, mit der man in den Hohlräumen des Autos Roststellen auffinden kann.
Klar, daß eine solch umfangreiche Arbeit nicht ganz billig ist: Beim neuen

Die Reparaturbleche rund um den Wagen: Auftritt (1), Kniestück (2), Randstreifen lang (3), Randstreifen kurz (4). Es handelt sich dabei um sogenannte Überziehbleche, d. h. die Reste der durchgerosteten Teile brauchen nicht entfernt zu werden.

Transporter muß man mit etwa 200 DM rechnen. Nimmt man dazu einen Dauer-Unterbodenschutz für 150 DM, so ist man im Nu 350 DM los – ohne daß man direkt etwas davon sieht! Erst nach Jahren zeigt sich der Wert der Behandlung – wobei man freilich seinen Wagen überhaupt lange genug fahren muß. Wer einen solchermaßen behandelten Wagen als Gebrauchtwagen erwischt, hat natürlich fein lachen.

Durchrostungen

Wie alle anderen Automobile hat auch der VW Transporter sogenannte spezifische Roststellen. An diesen Stellen zeigen alle Transporter früher oder später Durchrostungen. Schuld daran trägt nicht nur der Hersteller, der diese Stellen nicht mit dem nötigen Rostschutz versah, sondern auch zu großen Teilen der Fahrzeugbesitzer, der dem Wagen, vornehmlich der Unterseite, zu wenig Pflege angedeihen ließ.

Gerade der VW Transporter, dessen Unterboden durch zahlreiche Träger und Querverstrebungen stark zerklüftet ist, braucht die Karosseriepflege hauptsächlich von unten. Dort setzt sich der von den Rädern hochgeschleuderte Straßenschmutz fest und bildet regelrechte »Drecktaschen«. Der Dreck bleibt ständig feucht und so entsteht natürlich bester Nährboden für Rost. Ein gutes Beispiel hierfür sind die hinteren Ecken der Transporter-Karosserie. Dort finden sich meist ganze Schmutzberge.

Bester Rostschutz ist immer noch, in Verbindung mit Unterbodenschutz und Hohlraumversiegelung, die regelmäßige Unterbodenwäsche mit dem Wasserschlauch. Aus allen Ecken und Winkeln muß der oft festgebackene Dreck herausgespült werden, notfalls hilft man mit einem Holzstab nach. Was aber

Für die hier rot abgesetzten Kastenprofile gibt es ebenfalls Reparaturbleche zum Aufschweißen. Diesen Verstrebungen sollte auch der Gebrauchtwagenkäufer seine Aufmerksamkeit schenken. Nicht umsonst gibt es hierfür Ersatzblechel

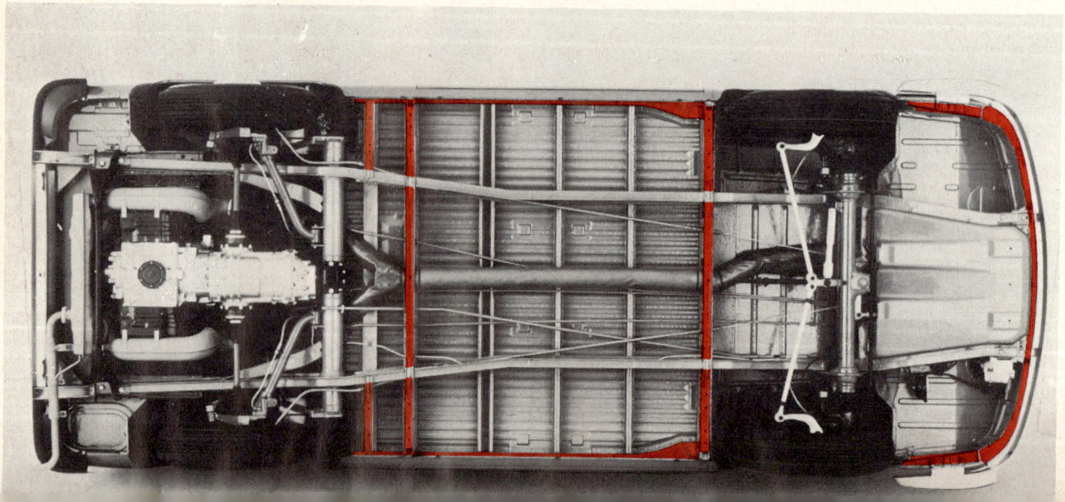

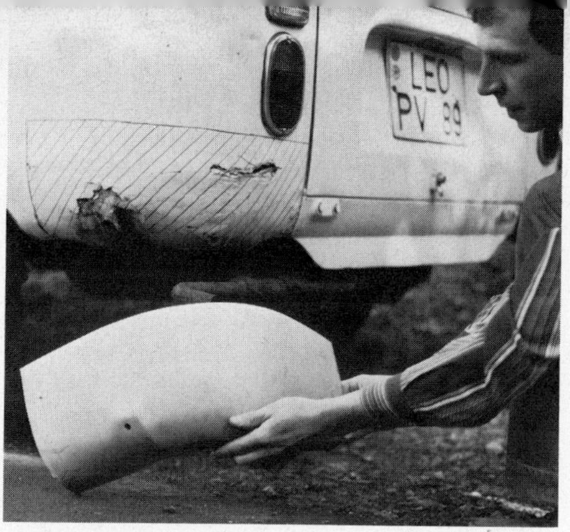

In den hinteren Karosserieecken sammelt sich viel Straßenschmutz an, der durch seine wasserspeichernde Wirkung den Rostfraß fördert. Hätte der Besitzer bei der regelmäßigen Unterwagenwäsche auch diese Stellen mit reichlich Wasser bedacht, bräuchte er sich jetzt keine Gedanken über die Anbringung eines Reparaturblechs zu machen.

tun, wenn trotz aller Pflege der vielleicht schon betagte, aber insgesamt noch rüstige Transporter die ersten Durchrostungen zeigt? Das ist noch kein Grund, die Flinte ins Korn zu werfen, denn für die bereits angesprochenen spezifischen Roststellen bietet eine rege Zubehörindustrie schon fertig zugeschnittene und entsprechend der Karosserieform gebogene Blechteile an. Die Reste der durchgerosteten Teile brauchen dabei nicht einmal herausgetrennt zu werden. Die Reparaturbleche schweißt man einfach darüber.
Viele Werkstätten haben sich auf das Einschweißen dieser Teile spezialisiert. Reden Sie einmal mit dem Meister einer solchen Werkstatt, ob und welche Vorbereitungen Sie schon zu Hause treffen können, damit das Schweißen nachher schneller geht und so billiger wird.
Mit dem beliebten glasfaserverstärkten Polyesterharz ist da nicht viel zu machen, denn die meisten rostgefährdeten Teile haben tragende Funktion. Spätestens bei der nächsten TÜV-Untersuchung fliegt die Sache auf: Der Prüfer riecht den Braten schnell, denn auch er kennt die schwachen Stellen beim Transporter und schenkt den Längs- und Querträgern, den Schwellern und den vorderen Radausschnitten einen prüfenden Blick. Wenn da gepfuscht wurde, dürfen Sie den Herrn nochmals besuchen, allerdings mit handfesten Blechen und sauberen Schweißnähten am Wagen.
Kleine Rostschäden an der Karosserie kann man dagegen ohne weiteres selbst beseitigen. Das angerostete Blech wird dazu so weit als nötig entfernt und das Rostloch anschließend mit Kunststoff und Glasfasermatten verschlossen. Durch eine Hohlraumkonservierung kann man wenigstens versuchen, das Weiterrosten von innen so gut wie möglich zu stoppen.
Übrigens: Was wir hier nur stichwortartig erwähnen können, finden Sie unter Beschreibung vieler Tricks und aller Handfertigkeiten im Band 45 dieser Buchreihe mit dem Titel »Die Autokarosserie«. Dort geht es um Rostbekämpfung, Blechinstandsetzung, Heimwerker-Lackiererei, Lackpflege und Unterbodenschutz.

Auch im Winter, wenn es schneit

Geschäftlich genutzte Fahrzeuge gehörten noch nie zu denjenigen, die im Winter abgemeldet und kunstvoll auf Holzböcke in die Garage gestellt wurden. Seinen Transporter, Lieferwagen oder Kleinbus braucht man im Winter genauso wie im Sommer – nicht zuletzt ist mindestens der Kombi und der Bus mit der famosen Standheizung lieferbar, die beispielsweise in einem als Werkstattwagen eingesetzten Kombi für Wärme sorgt. (Natürlich: Man muß dabei auf die Batterie Rücksicht nehmen!)
Straßenräumung, Winter-Reifen und vor allem das Streusalz haben die schlimmsten Probleme des Fahrens im Winter verscheucht – so scheint es wenigstens. Aber gerade das Streusalz auf unseren Straßen bringt neue Probleme hervor, an die man früher nicht dachte. Von der Bremsen-Korrosion sprachen wir schon – und es rosten nicht nur die Bremsenteile, sondern alle Teile am Wagen. Den Wert seines Wagens den Winter über zu erhalten, erfordert heute eigentlich mehr Aufwand als früher.

Dünneres Motoröl im Winter

Das Volkswagenwerk empfiehlt bei länger anhaltenden kühlen und frostigen Temperaturen als dünnflüssiges Winteröl die Viskositätsklasse SAE 20 W/20. Dieses Motoröl kann man bereits bei einem etwa fälligen Ölwechsel im Spätherbst einfüllen, denn die erlaubte Temperaturspanne reicht für dieses Öl nach VW-Empfehlung bis zu + 5° C. Mit diesem dünnflüssigen Motoröl hat es der Anlasser leichter, den kältestarren Motor durchzudrehen.
Für kalte Gebiete, in denen vorwiegend Wintertemperaturen unter − 10 ° C herrschen, wie beispielsweise in Skandinavien, ist das noch dünnere HD-Öl SAE 10 W empfohlen.
Was beim Ölwechsel allgemein zu beachten ist, finden Sie im Kapitel »Schmieren aller Teile«.
Winterfahrten im Stadt- und Kurzstreckenverkehr sind ausgesprochen »erschwerte Bedingungen« für das Motoröl. Für Transporter, die zumeist unter diesen ungünstigen Verhältnissen im Winter gefahren werden, empfiehlt sich ein vorverlegter Ölwechsel – vielleicht schon alle 2500 km.

Fingerzeige: *Zum guten Starten im Winter muß der Elektrodenabstand der Zündkerzen stimmen. Oft sind sie den Sommer über zu weit abgebrannt. Deshalb nachprüfen – 0,7 mm sind vorgeschrieben – und im Bedarfsfalle auf 0,6 mm nachbiegen.*

Frostfestes Scheibenwaschwasser

Obgleich es ja bei einem rassereinen Volkswagen keinen Ärger mit einer gefrorenen Kühlung geben kann, so hat man trotzdem gelegentlich auch bei einem VW-Transporter Ärger mit gefrorenem Wasser. Der Behälter der Scheibenwaschanlage, ob serienmäßig oder nachträglich eingebaut, liegt ganz vorn, wo kein warmer Hauch der Heizung hingelangen kann. Das Scheibenwasch-

wasser ist also mindestens so kalt wie die Außentemperatur. Bei Temperaturen um den Gefrierpunkt kann es, selbst wenn es noch aus der Düse vor der Windschutzscheibe sprüht, durch den Fahrtwind sofort gefrieren und die Sicht versperren. Es muß also frostfester gemacht werden, als dies sonst bei Wagen mit wärmenden Front-Motoren notwendig ist.
Für diesen Zweck gibt es an den Tankstellen eine Fülle von Spezialmitteln, die dem Scheibenwaschwasser beigemischt werden können. Sie zu kaufen hat aber nur Sinn, wenn sie gleichzeitig in der Lage sind, Öldunst und Silikonschleier von der Windschutzscheibe zu vertreiben. (Nicht jeder Waschwasserzusatz, der das verspricht, kann es auch. Dagegen haben wir mit Pingo Ice cleaner sehr gute Erfahrungen gemacht.) Andernfalls geht es mit Brennspiritus, der Silikon und Öldunst auch nicht lösen kann, weitaus billiger. Er wird im Verhältnis 1 : 1 mit dem Waschwasser gemischt. Den Brennspiritus kann man auch zusetzen, wenn man den Sommer über mit einem Scheibenwascherzusatz gute Reinigungserfahrungen gemacht hat, dieses Mittel aber von sich aus keinen Frostschutz bietet.
Den Wascherzusatz oder den Brennspiritus kippt man nicht einfach zum Leitungswasser in den Behälter, sondern mischt die Flüssigkeiten gründlich in einer Flasche o. ä., bevor man sie in den Wasserbehälter einfüllt. Andernfalls trennen sich die unterschiedlich schweren Flüssigkeiten im Wascherbehälter und das Wasser friert unter dem Spiritus oder Wascherzusatz doch ein, wenn der Wagen über Nacht im Freien steht.

Reifen im Winter

Durch die stürmische Reifenentwicklung der letzten Jahre, die gerade in der Winterbereifung beträchtliche Fortschritte gemacht hat, ist es gar nicht einfach, sich durch das derzeitige Angebot hindurch zu finden. Deshalb hierzu einige Stichworte. Weitere Hinweise Seite 215.

Diagonal-Reifen reichen kaum aus

Wer im Winter nur zu fahren braucht, wenn die Straßenverhältnisse entsprechend gut sind, kann vielleicht auch in der kalten Jahreszeit mit den serienmäßigen Sommer-Reifen auf Diagonal-Karkasse auskommen. Auf hartgefrorenem Schnee und Glatteis ist aber Kurvenfahren, Bremsen und Anfahren mit diesen glatten Reifen keine reine Freude, wenn überhaupt möglich, und in frischem Schnee ist der Wagen auch bei geringer Steigung nicht mehr vorwärts zu bringen.
Leider müssen wir sagen, daß der Transporter nicht ganz die guten Wintereigenschaften der übrigen VW-Modelle besitzt, die selbst mit glatt gefahrenen Sommer-Reifen noch ausgesprochen weit kommen. Als Notlösung bieten sich jedoch immer noch Schneeketten an, die sowieso auf Sommer-Reifen am besten montiert und schließlich in ihrer Wirkung doch noch allen Spezial-Winter-Reifen überlegen sind.

Besser sind Radial-Reifen

Da sie auch im Sommer ihre unbestreitbaren Vorteile zeigen, haben viele Bus-Besitzer Radial-Reifen auf ihren Wagen montiert. Sie sind im Winter besser dran, denn die Gürtel- oder Radial-Reifen walken durch ihren stabilen Laufgürtel nicht in ihrer Aufstandsfläche auf der Fahrbahn, was bei den Diagonal-Reifen den Anstoß zur Rutscherei bedeutet. Gürtel-Reifen liegen also besser auf Schnee und Glatteis. Besonders Gürtel-Reifen mit Blockprofil, wie etwa der Michelin zX werden nicht zu Unrecht oft als »Ganzjahres-Reifen« bezeichnet. In nicht allzu tiefem Schnee leisten sie genausoviel wie M + S-Reifen, auf nasser, trockener oder vereister Fahrbahn sind sie diesen aber weit überlegen. Aber für richtige Gebirgswinterfahrten reicht es doch nicht aus.

M + S-Diagonal-Reifen nicht empfehlenswert

Noch vor wenigen Jahren galt ein Fahrer, der an seinem Fahrzeug auf der Antriebsachse zwei M + S-Reifen (M + S = Matsch und Schnee) montiert hatte, bestens für den Winter gerüstet. Inzwischen haben sich aber die winterlichen Straßenverhältnisse durch intensives Salzstreuen und die Reifen durch Neukonstruktionen gewandelt. Die M + S-Diagonal-Reifen sind praktisch bereits überholt. Zwar sind sie im frischen, noch nicht hartgefahrenen Schnee und im Schneematsch sehr wirksam, aber sowohl auf nasser wie auf vereister Fahrbahn sind sie den Sommer-Reifen unterlegen. Auf keinen Fall sollte man M + S-Reifen nur auf der Hinterachse aufziehen. Hat man an den Vorderrädern Diagonal-Sommer-Reifen, so ist die Lenk- und Bremswirkung vorn bei Schnee stark vermindert, sind auf der Vorderachse aber Gürtel-Reifen montiert, ist die Kombination lebensgefährlich, da die Eigenschaften dieser beiden Reifensorten extrem unterschiedlich sind.

M + S-Gürtel-Reifen – voll wintertauglich

Will man seinen VW-Transporter mit M + S-Reifen ausrüsten, dann sollte man unbedingt solche in Gürtelbauweise wählen, und zwar auf allen vier Rädern. Bei diesen Reifen wurden die Vorteile normaler Radial-Reifen mit einem entsprechenden Winterprofil kombiniert. Ganz besonders gilt dies natürlich für die sogenannten Haft-Reifen, aber bei »warmem« Glatteis (zwischen 0° und – 3°) sind sie kaum rutschfester als normale Sommer-Gürtel-Reifen. Wenn also das Thermometer knapp unter die Frostgrenze sinkt und feuchte Witterung herrscht, ist auch mit Haft-Reifen Vorsicht angebracht. Neue Haft-Reifen sind enorm teuer, wer sparen will und trotzdem gute Winter-Reifen auf seinem VW haben möchte, kann auch runderneuerte nehmen. Wir haben mit runderneuerten Haft-Reifen von Vergölst mit der Gummimischung und dem Profil des Conti Contact recht gute Erfahrungen gemacht.

Reifendruck im Winter

Gelegentlich behaupten Autofahrer, die es zu wissen glauben, beim Fahren auf Schnee und Eis müsse man den Reifendruck herabsetzen. Dadurch werde die Auflagefläche des Reifens größer und damit griffiger. Versuche der Reifenindustrie haben jedoch eindeutig ergeben, daß genau das Gegenteil der Fall ist. Durch eine Luftdruckerhöhung um 0,2 bis 0,3 atü können die Profilstollen und Kanten besser greifen.

Gute Dienste als Anfahrhilfe in Schnee, Morast oder in nassem Gras (nicht aber auf Sand) leistet der »Snowgrip«. Vier kräftige, griffige Bügel lassen sich in weniger als einer Minute montieren und wieder entfernen. Die Radkappen müssen vorher abgenommen werden. Zusammengeklappt nimmt das aus Norwegen stammende Gerät wenig Platz weg. Vertrieb durch Auto-Technik Hans Herrmann, 7032 Sindelfingen 6, Carl-Orff-Str. 6. Preis für einen Satz zwischen 165,– und 175,– DM.

Gleitschutzketten

Das schwerste Geschütz gegen Eis und Schnee sind »Schneeketten«, die bei Hochgebirgsfahrten und Alpenpässen auch dann noch weiterhelfen, wenn der griffigste M + S-Reifen schon versagt. Den Ausdruck »Schneeketten« mögen die Fachleute nicht, denn diese Ketten sind nicht nur für Schnee das letzte Mittel, sondern auch auf Glatteis und vereistem Schnee wirkungsvoller als die besten Eis-Reifen. Deshalb heißen sie offiziell Gleitschutzketten. Viele Leute schwören deshalb darauf, aber die meisten Autofahrer sind – geben wir es zu – einfach zu faul, die Gleitschutzketten mit frostklammen Fingern wieder auf- und abzumontieren. Denn das ist unvermeidbar. Schon nach wenigen Kilometern flotter Fahrt auf trockener Autobahn können auch an den besten Gleitschutzketten die ersten Fetzen davonfliegen. Und dazu sind sie zu teuer. Auch ist die Fahrgeschwindigkeit mit Gleitschutzketten sehr begrenzt. Mehr als 80 km/h »sind nicht drin«, sonst wird es gefährlich, und auch diese 80 km/h sollte man nur fahren, wenn auf der Straße genügend Schnee liegt. Auf freier Straße sind 50 km/h das Äußerste.

Dafür gibt es heute Ketten, die sich wenigstens einigermaßen leicht montieren lassen. Wir denken hier vor allem an die »Kantenspur«-Kette von Rud, die – nachdem man in den ausgelegten Ring hineingefahren ist – von oben über das Rad gestülpt wird. Mit einem Gummispanner zieht sich die Kette beim Vorfahren gewissermaßen selbst über das Rad – das lästige Zusammenhaken entfällt. Dazu gibt es von W. Neuber in 581 Witten, Postfach 2004 eine Montblanc-»Schnapp-zu«-Kette mit einem Montagebügel, mit dem das Zusammenhaken der Kette auf der Rad-Rückseite wenigstens erleichtert wird. Diese Kette bekommt man vielfach preiswert auch in Kauf- und Versandhäusern. Von Erlau erschien im Winter 1971 die »Euromont«-Kette – auch sie läßt sich leicht montieren. Selbst dann, wenn der Wagen bereits festsitzt.

Angesichts solch praktischer Montierhilfen ist der Tip, sich zwei bereits bekettete Räder mitzunehmen und sie im Bedarfsfall komplett zu wechseln, nicht mehr ganz zeitgemäß.

Dennoch ist ein probeweises Auflegen der Ketten zu Hause zu empfehlen. Im Schnee und mit klammen Fingern übt es sich längst nicht so leicht.

Gleitschutzketten lassen sich ohne weiteres auch auf M + S-Reifen montieren. Man muß hier nur besonders darauf achten, daß sie so locker sitzen, daß sie auf den Reifen »wandern« können. Sonst gibt es Spannungen in den Kettenteilen, daß diese reißen oder den Reifen beschädigen können. Wegen der hohen Profilstollen der M + S-Reifen können die Ketten aber auf dieser Reifensorte nicht ganz so gut wandern, sie verklemmen sich leichter und reißen unter Umständen ganze Profilstollen weg.

Wenn Sie an den Kauf von Gleitschutzketten denken, sollten Sie sich keine billigen »Leiterketten« (Quersteg-Ketten) oder »Zickzack-Ketten« aufschwatzen lassen, denn diese Typen sind veraltet und können das abgebremste Fahrzeug auf Glatteis erst recht zur (oftmals seitlichen) Schlittenfahrt bringen. Sie sollten nur sogenannte »Spurkreuzketten« oder »Kantenspurketten« in Betracht ziehen, bei denen ein verhältnismäßig kleinmaschiges Netz den Reifen umspannt. In diesem Falle hat es keinen großen Sinn, einen billigen Kauf im Kaufhaus oder Zubehörgeschäft zu versuchen, denn das kann ein Fehlkauf werden, weil man den Stahlketten ihre Verschleißfestigkeit nicht von außen ansehen kann. Daher muß man bei bewährten Marken mit 300 DM für einen Satz wirklich guter und feingliedriger Gleitschutzketten rechnen.

Für einmaligen oder kurzzeitigen Schneekettenbedarf lohnt es sich, bei den ADAC-Verleihstationen Ketten auszuleihen. Seit Ende 1976 stehen rund 65 derartige Stationen zur Verfügung.

Lackpflege im Winter

Auch der Lack erfordert im Winter, wenn er im kommenden Frühjahr noch glänzen soll, erhöhte Aufmerksamkeit. Vor der Lackpflege steht allerdings die Wagenwäsche, die aber bei hartem Frost nicht möglich ist, sonst frieren Türen, Schlösser und Heckklappe zu. Deshalb muß im Winter frostfreies Wetter abgewartet, aber dann möglichst bald der mit Auftausalzen vermischte Schmutz gründlich und mit viel Wasser abgewaschen werden. Der Wagen wird im Winter besonders viel an seiner Schönheit verlieren, wenn man sich mit dem Gedanken tröstet, die Wagenwäsche sei nicht so wichtig, weil der Wagen nach einem Tag schon wieder schmutzig sei. Öfter als im Sommer soll im Winter auch der Lack mit Konservierungsmitteln gepflegt werden. Lackreiniger und polierende, d. h. schleifende, Lackpflegemittel verwendet man dagegen im Winter nicht und wartet mit der Aufarbeitung des Lackes bis zum kommenden Frühjahr.

Praktische Hilfen unterwegs

Für Fahrten im Winter nimmt man als kluger Autofahrer einige Hilfsmittel mit, die unterwegs sehr nützlich sein können.

- Eis-Schaber, um vereiste Scheiben zu reinigen. Er muß aus Kunststoff sein, damit die Scheiben nicht verkratzt werden. Manche Mineralölfirmen verschenken an die Stammkunden ihrer Tankstellen solche Eis-Schaber als Werbegeschenk, man kann ihn aber auch als »Teig-Schaber« – für die Kuchenteigschüssel gebraucht ihn die Hausfrau – im Haushaltwarengeschäft kaufen.
- Sandsäckchen, um an vereister Steigung eine Fahrbahn zum Anfahren streuen zu können. Am besten sind dichte Leinen- oder Kunststoffsäckchen.
- Schneeschaufel, um sich bei Schneefall einen Weg bahnen zu können. Damit es auch ein wirklich brauchbares Gerät ist, kein kleines Handschäufelchen mitnehmen, sondern möglichst eine breite Kohlenschaufel mit kurzem Stiel (Schnee kann man in der Not auch mit einer Radkappe wegschaufeln).
- Anti-Beschlagtuch, mit dem die von innen beschlagene Windschutzscheibe und Heckscheibe abgerieben werden kann. Die Imprägnierung, die das Beschlagen etwa für eine Woche verhindert, reicht in dem Tuch für eine Saison. Dann wird es ausgewaschen und als normales Staubtuch weiter verwendet.
- Zwei alte Teppichstreifen, jeweils etwa einen halben Meter breit und mindestens 1,5 m lang, aus einem alten Teppich oder Kokosläufer. Diese Stücke kann man zum Anfahren unter die Hinterräder legen, wenn es auf Glatteis nicht mehr weitergeht. Wenn man die Teppichstreifen an der Stoßstange anbindet, spart man sich, auf der Höhe angelangt, den weiten Rückweg zu Fuß, um die Streifen zu holen, oder, bei sofortigem Anhalten, die laufende Wiederholung der Anfahrversuche.
- Sprühdose mit Klarsichtmittel gegen vereiste Windschutzscheiben. Es wird aufgesprüht, das Eis löst sich schnell auf, aber die Scheibenwischer nicht als Eiskratzer verwenden, die Gummilippen werden riefig und im Wischerfeld verbleiben Wasserschlieren. Besonders wirkungsvoll fanden wir Entfroster-Spray von Texaco.

Anzugsfragen

Beim VW-Käfer, man weiß es, gibt es für heutige Verhältnisse ganz ungewöhnliche Möglichkeiten, alle möglichen Karosserieteile abzuschrauben und zu erneuern. Dies gilt etwa für alle vier Kotflügel, für die Trittbretter, für die Stoßstangen, Türen und Hauben.

Was ist demontierbar?

Der Transporter folgt hier leider den übrigen Automobilen heutiger Bauart: Außer den Stoßstangen und einigen Kleinteilen, wie etwa der Tankklappe, läßt sich nichts abschrauben. Die bewegten Teile wie die Türen und Hauben selbstverständlich ausgenommen – sie lassen sich immer abschrauben. So ist bei Karosserieschäden kaum etwas selbst zu machen – auch die gerade beim VW-Käfer beliebte Möglichkeit, preiswerte Ersatzteile vom Autofriedhof zu holen, entfällt fast ganz. Doch wir wollen hier noch nicht an einen Unfall denken, sondern erst mal ganz bescheiden anfangen.

Klappergeräusche

Klappergeräusche, die in den Ohren vieler Autofahrer eine schreckliche Blechmusik sind, genügen bereits, um die Aufmerksamkeit auf das Autogehäuse zu lenken. Die Haubendeckel oder Türen können daran schuld sein. Aber auch ein Schlüsselbund im Handschuhkasten! Sehr oft ist es übrigens ein locker hängendes Kabel, das während der Fahrt irgendwo gegen das Autoblech klappert.
Ebenso kann buchstäblich irgendwo eine Schraube locker sein, die in irgendeinem Blechwinkel der Karosserie umherrasselt. Deshalb in der Klappergegend mit Taschenlampe, Draht oder dünnem Schraubenzieher alle Winkel abtasten und alle erreichbaren Schrauben, Muttern und Blechschrauben anziehen. Offen gestanden, diese Sucherei ist zumeist ein Geduldsspielchen, das starke Nerven erfordert. Denn durch Geräuschübertragung innerhalb der Karosserie kann der Klopfgeist ganz woanders sitzen, wo man ihn gar nicht sucht. Wer noch stärkere Nerven hat, läßt es klappern!
Auch Quietschgeräusche sind nicht jedermanns Ohren angenehm. Sie sind ebenfalls nur selten leicht zu finden. Vorbeugend oder versuchsweise hilft es, alle in der Störgegend erreichbaren gegeneinander scheuernden Teile mit Glyzerin einzureiben oder zu beträufeln. Öl ist in diesem Falle nicht ratsam, denn sehr oft sind Gummi- oder Kunststoffzwischenlagen an der Quietscherei mitbeteiligt, denen eine Öldusche gar nicht gut bekommen würde.

Stoßstangen auswechseln

Was man beim Transporter z. B. noch selbst machen kann, ist das An- und Abmontieren der Stoßstangen. Sie sind mit ihren Trägern durch je zwei Schrauben mit den vorderen und hinteren Längsträgern verbunden. Alle Schrauben sind von unten zugänglich. Vorn müssen als erstes je zwei Schrauben an den seitlichen Haltern herausgedreht werden.
Beim Einbau auf gleichmäßigen Abstand zwischen Aufbau und Stoßstangen-

ecken achten, erst danach alle Schrauben anziehen. Die Unterlagscheiben sind bei den Langlöchern besonders wichtig!
Die vorderen Stoßstangen sind bis Baujahr 7/72 zerlegbar. Bei einem Schaden braucht man unter Umständen nur das verbogene Teil auszuwechseln und kann die anderen weiter verwenden.
Stoßstangenschrauben (und überhaupt Schrauben unter dem Wagen) sind gern festgerostet. Statt wild daran herumzuwuchten (wobei die Schrauben gern abreißen und hinterher mühsam ausgebohrt werden müssen), besprüht man sie zunächst mit einem zuverlässigen Rostlösemittel (etwa »mo« von Teroson, »Multi-Gliss« von Molykote oder »Mo S_2« von Pingo sowie »Ferex-Rapid«). Sie werden hierdurch gelöst und lassen sich herausdrehen. Auch wenn eine Schraube nach einigen Umdrehungen stockt, sollte man sprühen und sie dann immer wieder hin und her drehen – das bereitet viel weniger Mühe als das erwähnte Ausbohren einer abgerissenen Schraube!

Tankklappe ausbauen

Die Klappe über dem Tankeinfüllstutzen (bis 8/73) wird durch zwei Blechschrauben gehalten. Sie drückt sich mit einer Feder gegen die Karosserie, an der sie an zwei Gummipuffern anliegt. Fehlende Puffer ergeben starke Klappergeräusche! Die Klappe läßt sich nur komplett mit der Feder ersetzen.

Türen-Aus- und -Einbau

Hierzu hält man sich am besten an diese Reihenfolge: Zunächst das Halteband des Türfeststellers nach Ausbau des Lagerbolzens aus dem Lager an der Scharniersäule ziehen. Kreuzschlitzschrauben des oberen und des unteren Türscharniers mit einem Schlagschraubenzieher (den man als Heimwerker freilich nur in den seltensten Fällen hat) lockern. Beim Herausschrauben die Tür festhalten und diese seitlich aus der Scharniersäule herausheben.
Wenn man keinen Schlagschrauber hat, nicht mit einem normalen Kreuzschlitz-Schraubenzieher und mit Gewalt versuchen – man ruiniert nur die Kreuzschlitze, so daß nachher auch der Schlagschraubenzieher keine Angriffsfläche mehr findet.
Beim Einbau muß die Tür so eingepaßt und festgeschraubt werden, daß der Abstand zum Türausschnitt überall gleich ist. Die Scharniere werden an bewegliche Gewindeplatten angeschraubt, damit die Tür einwandfrei eingepaßt werden kann. Dazu am besten die Schließplatte an der Schloßsäule zunächst ausbauen. Die Tür muß sich ringsum gleichmäßig an die Gummidichtung anlegen. Umlaufende Türdichtung prüfen, notfalls neue festkleben. Auf jeden Fall auch die Wasserablauflöcher unten in der Tür prüfen! Die Türscharniere erhalten zum Schluß einige Tropfen Öl (SAE 30), wie auf Seite 52 beschrieben.

Türen justieren

Auch zum Richten der Türen ist es notwendig, die Halteschrauben an den Türscharnieren zu lösen. Solches Justieren einer Tür wird beispielsweise notwendig, wenn sie geöffnet auf eine Mauer o. ä. aufgeschlagen ist und nun etwas verkantet im Türausschnitt sitzt oder sich durch Anprall etwas verschoben hat. Dieses Justieren ist für den Mann in der Werkstatt sehr einfach; er braucht dazu nur einen Hammerstiel und ein besonderes Richtwerkzeug, das man als Selbsthelfer natürlich nicht hat. Damit werden je nach Bedarf die Türscharniere etwas gebogen oder gespreizt. Weil dazu neben dem Richtwerkzeug einige Erfahrung gehört, läßt man diese zeitlich nicht aufwendige Arbeit – nicht aufwendig, falls sonst nichts beschädigt ist – in der VW-Werkstatt machen. Die Scharnierschrauben brauchen nur gelöst zu werden, falls die Tür zugleich mit der Scharniersäule »bündig« (flächengleich) gestellt werden muß. Selbst helfen kann man sich jedoch, wenn eine Tür in ihrem Rahmen klappert, also

Die Schließplatte im Türrahmen läßt sich nach Lösen der beiden Schrauben nach oben und unten verstellen sowie kippen. Bei richtiger Stellung läßt sich die Tür leicht öffnen und schließen, sie klappert nicht und fluchtet genau mit der übrigen Karosserie.

nicht ganz klapperfest geschlossen ist oder falls die Tür nicht »bündig« (= flächenglatt) zur Schloß-Säule sitzt.
Soll die Tür bündig zur Schloß-Säule gestellt werden, ist die Schließplatte, wie im Bild oben gezeigt, mit einem kräftigen Innensechskantschlüssel zu verstellen, bis die eingerastete Tür flächengleich zur übrigen Karosserie sitzt. Sitzt die Tür an sich gut, klappert jedoch, wird nach dem gleichen Lösen der Schrauben nur die Oberkante der Schließplatte etwas nach innen gedrückt. Geht die Tür erst bei starkem Druck zu, muß die Oberkante der Schließplatte etwas nach außen gedreht werden.

Türverkleidung ausbauen

Wenn Sie einmal unten im Türkasten nach dem Rost sehen wollen, wenn das Türfenster sich nur noch schwer kurbeln läßt oder ersetzt werden soll, dann muß die Innenverkleidung der Tür abgenommen werden. Das ist beim Transporter recht umständlich, jedoch nicht schwierig: Am Luftkanal an der Tür vorn und hinten je zwei Kreuzschlitzschrauben herausdrehen (Gummidichtung vorn dazu etwas abdrücken). Tür-Zuziehgriff mit zwei Kreuzschlitzschrauben abnehmen. Schwarze Abdeckung der Fensterkurbel hinten hochdrücken, zur Seite klappen und Fensterkurbel mit einer Kreuzschlitzschraube abnehmen. Aus der Griffschale für den Innendrücker den Kunststoffeinsatz mit dem Schraubenzieher heraushebeln, Rosette mit einer Kreuzschlitzschraube abnehmen. Jetzt lassen sich die Pappklammern, mit denen die Türverkleidung ringsum im Innenblech gehalten wird, herausdrücken. Danach kann man die Türverkleidung

Zum Abnehmen der Türverkleidung müssen die innere Türschlaufe und die Griffschale am Innendrücker ausgebaut werden. Zu letzteren wird zunächst die schwarze Kunststoffschale mit einem feinen Schraubenzieher vorsichtig hochgehebelt. Darunter kommt eine Schraube zum Vorschein, nach deren Herausdrehen die Griffschale abgenommen werden kann.

Die Fensterkurbeln sind aufgesteckt und mit einer Kreuzschlitzschraube befestigt. Man hebelt die Verkleidung am hinteren Ende vorsichtig hoch und gelangt so zur Schraube.

abnehmen; sie ist mit einer Lasche an der Tür noch angehängt. Daher die Verkleidung zunächst etwas abziehen und dann nach oben aushängen. Der Einbau erfolgt umgekehrt, wobei die Verkleidung zunächst in die zuletzt erwähnte Lasche eingehängt wird.
Die Fensterkurbel (die auf ihrer Verzahnung beliebig aufgesteckt werden kann) soll bei geschlossenem Fenster schräg nach oben zeigen.
Unter der Innenverkleidung ist über den Türkästen eine Folie mit dauerplastischem Klebstoff geklebt. Diese Folie darf nach der Arbeit an der Tür nicht vergessen werden, denn sie schützt die Papprückseite der Türverkleidung gegen das unvermeidbar durch den Fensterschlitz eindringende Wasser. Zerreißt die Folie, kann sie durch eine Haushaltfolie ersetzt werden.

Fingerzeige: *Der Fensterhebermechanismus ist zwar am Fließband im Werk tüchtig geschmiert worden, aber auf die Lebenszeit des Wagens reicht es zumeist doch nicht. Zum Schmieren der beweglichen Teile nimmt man kein zu weiches Fett – es könnte bei starker Sonneneinstrahlung auf die heruntergekurbelte Fensterscheibe tropfen. Mehrzweckfett ist auch hier angebracht.*
Die Pappklammern sind gegen Zugluft mit kleinen Plastikhütchen abgedichtet. Fehlen diese Hütchen oder sind sie defekt, so kann aus der Türverkleidung Zugluft blasen – die Hütchen also kontrollieren.
Schaumgummiteile bei der Fensterbetätigung und bei der Schloßfernbedienung überprüfen – sind sie verschlissen oder abgefallen, so können hier Klappergeräusche entstehen.

Nach dem Abbau von Fensterkurbel, Griffschlaufe und Griffschale und dem Herausdrehen von zwei Schrauben vorn am Lüftungskanal an der Tür läßt sich die Türverkleidung abnehmen. Hierzu muß sie nur mit ihren Klammern aus der Tür gezogen werden.

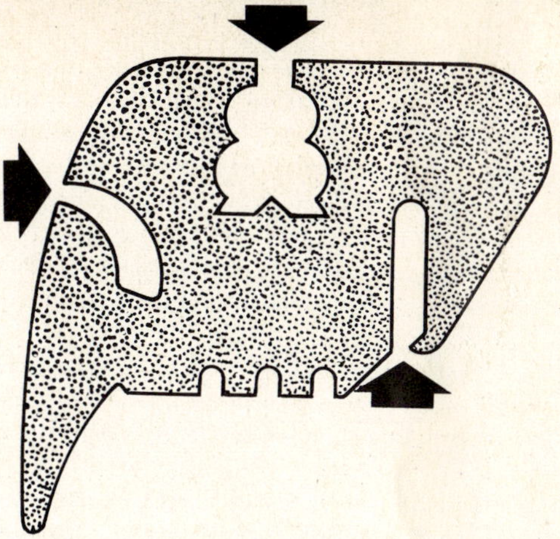

Diese Skizze zeigt den Querschnitt des Gummiprofils einer Fensterdichtung, wie sie überall im VW-Transporter eingebaut ist. Man sieht deutlich, daß die Scheibe nirgends an der Karosserie anliegt, sondern nur durch die Dichtung an der Rahmenkante des Fensterausschnitts festgehalten wird.

Eine verschlissene Gummidichtung für den Luftkanal läßt sich ersetzen. Sie gibt es als Ersatzteil in verschiedenen Stärken (12 und 17 mm).
Nach dem Abbau der Türverkleidung läßt sich auch der Türgriff abschrauben (zwei Inbus-Schrauben 5 mm). Dieser Abbau ist nötig, um zum Beispiel einen Schließzylinder auswechseln zu können (bei Fahrzeugen bis einschließlich Baujahr 1968). Ab Modell 1969 kann man den Schließzylinder von außen ausbauen.
Muß ein Schließzylinder ausgewechselt werden, so läßt der neue sich auf den vorhandenen Schlüssel einstellen – man braucht keinen neuen Schlüssel. Er wird nur notwendig, wenn einmal ein neues Lenkschloß eingebaut wird – dann aber kann man die Türschlösser auf das neue Lenkschloß umstellen (wenn man sich die Mühe machen will).

Fenster austauschen

Diese Arbeit ist bei einer »Sekurit«-Scheibe leichter auszuführen, als das nachfolgende Rezept erkennen läßt. Anders ist das, wenn die Frontscheibe den Schriftzug »Sigla« trägt. Dann ist in Ihrem Wagen eine Verbundglasscheibe eingebaut, die bei Beschädigung nicht in unzählige Krümel zerfällt, sondern nur Sprünge bekommt. Der Nachteil dieser Scheiben ist ihre Empfindlichkeit gegen Verspannen. Lassen Sie eine solche Windschutzscheibe lieber in der Werkstatt ausbauen; wenn sie dort kaputtgeht, belastet das nicht Ihren Geldbeutel.
Vor dem eigentlichen Ausbau klappt man die Scheibenwischerarme nach vorn oder schraubt sie ganz ab. Die alte Scheibe wird dann einfach – vorausgesetzt sie ist noch ganz – von innen nach außen gedrückt. Man beginnt an einer der oberen Ecken, während außen schon ein Helfer bereitsteht, um die Scheibe abzufangen.
Bei der Verbundglasscheibe muß, will man den Ausbau wagen, an der gesamten Oberkante und mindestens zu zweit gleichmäßig gedrückt werden.
Ist die Scheibe herausgenommen, zieht man die Zierblende (nur L-Bus), nachdem man die Verbindungsmuffen zur Seite geklopft hat, aus der Gummidichtung. Die Dichtung wird von der Scheibe abgezogen. Ist sie rissig, darf sie nicht weiter verwendet werden.
Die Überbleibsel der alten Dichtungsmasse werden vorsichtig vom Rahmen abgekratzt oder mit Verdünnung abgewaschen.
Vor dem Wiedereinbau wird die Gummidichtung über die Scheibe gezogen. Zum Einsetzen des Zierrahmens bedient man sich eines bewährten Tricks: Ein flexibles Elektrokabel von ca. 2 bis 3 mm Außendurchmesser wird erst in

den Schlitz für den Zierrahmen gelegt (siehe Skizze). Am besten nimmt man dazu ein 10 bis 15 cm langes Röhrchen, durch das das Kabel geführt wird. Mit diesem wird der Schlitz im Gummi fortlaufend geöffnet und gleichzeitig das Kabel eingelegt.
Dort, wo die Kabelenden nach ihrer Scheibenumrundung wieder zusammentreffen, beginnt man mit dem Einsetzen der jeweiligen Zierrahmenhälfte: Kabel herausziehen und den Rahmen, ihm folgend, in den sich öffnenden Schlitz drücken. Die Muffen werden oben und unten über die Trennfugen geschoben.
Jetzt wird das Kabel auf gleiche Weise in den äußeren Schlitz der Dichtung eingelegt. Die Kabelenden müssen sich in der Mitte überschneiden. Der Scheibenrahmen wird mit Scheibenzement (z. B. VW D 10) oder Silikondichtmasse bestrichen.
Von außen nun die Scheibe in den Fensterrahmen einpassen. Von innen wird durch Herausziehen des Kabels die Gummilippe der Dichtung über die Rahmenkante gestülpt. Der Helfer schlägt dabei jeweils dort, wo gerade gezogen wird, mit der flachen Hand von außen gegen die Scheibe, damit die Gummidichtung vollends in den Fensterausschnitt rutscht.
Die Einschichtscheibe (serienmäßig) ist ziemlich unempfindlich gegen Stoß- und Schlagbeanspruchungen während des Einsetzens. Die Verbundscheibe dagegen nicht – bei dieser muß mit beiden Handflächen unter gleichmäßigem Druck das Einpressen in den Rahmen erfolgen. Keine Schläge!
Für den Einbau der hinteren Seitenfenster und für die Heckscheibe gilt das gleiche Verfahren wie für die Frontscheibe.

Scheiben nicht einschlagen

Aus der Skizze auf Seite 239 ist ersichtlich, daß die Windschutz-, die hinteren festen Seitenscheiben und die Heckscheibe nirgends am Karosserieblech anliegen, sondern kleiner als der Fensterausschnitt der Karosserie sind und nur von dem doppelt-T-förmigen Profilgummi gehalten werden.
Das bedeutet, daß sich solch eine Scheibe, wenn ihre Öffnung bei einem Unfall mal als Notausgang benutzt werden muß, mit den Füßen, dem Arm oder der Schulter ohne weiteres nach außen drücken läßt. Das ist besser, als sie mit der Faust oder einem harten Gegenstand zerschlagen zu wollen.
Das bedeutet auch, daß Sie, falls Sie unbedingt in Ihren verschlossenen Wagen rein müssen – Schlüssel verloren und weder ein Schlüsseldienst noch eine Werkstatt weit und breit – auf keinen Fall eine Scheibe Ihres Wagens einschlagen müssen; das wird viel zu teuer! Sie können statt dessen an einer festen Seitenscheibe oder der Heckscheibe das Profilgummi um die Scheibe

In den Laderaum des geschlossenen Kastenwagens lassen sich auch noch nachträglich Fenster in Originalgröße einbauen. Die Firma Joch, 3000 Hannover, Ikarusallee 10, liefert dazu einen Einbausatz, der aus einem Fensterrahmen (1), einer Scheibe (2) und einer Schablone für den nötigen Blechausschnitt besteht. Die Einbaufenster gibt es für alle Laderaumscheiben, sie können aber auch einzeln bestellt werden, so daß z. B. der Campingfreund nur die vorderen beiden Fenster einbauen lassen kann (mehr sind in diesem Fall oft nicht nötig). Das Ausschneiden der Karosserie geschieht am besten mit einem Blechnager, wie ihn die Karosseriewerkstätten besitzen. Anschließend wird der Rahmen eingeschweißt und der Übergang verspachtelt. Nach dem Beilackieren kann die Scheibe eingesetzt werden.

mit einem Messer zur Hälfte aufschneiden, die evtl. vorhandene Chromumrandung entfernen, und die unzerbrochene Scheibe mit leichter Hand herausnehmen, um durch diese Öffnung kriechen zu können – noch besser: ein Kind als »Hilfseinbrecher« – und die Tür von innen zu öffnen.

Im Innenraum Reinlichkeit an erster Stelle

Vor allem kommt es bei einem gepflegten fahrbaren Zimmer auf Sauberkeit an. Deshalb gehört es zu jeder Wagenwäsche, daß etwa eingelegte Fußmatten herausgenommen, abgewaschen oder ausgeklopft werden und die eigentliche Bodenmatte mit einem feuchten Schwamm abgerieben wird. Wenn nach längerer Winter- oder Regenzeit wieder warmes und trockenes Wetter herrscht, kann es auch nichts schaden, die Bodenmatte herauszuziehen, damit ihre eventuell von vielen nassen Schuhen oder eingedrungenem Wasser feucht gewordene Unterlage gut austrocknen kann. Vorhandene Roststellen werden blankgeschliffen, mit Rostumwandler behandelt und das Metall mit etwas Teroson-Unterbodenschutz überstrichen oder mit Tectyl übersprüht.
Den Kunststoffhimmel, mit dem die Dachunterseite bespannt ist, reinigt man, ebenso die Sitzbezüge, auf keinen Fall mit Benzin oder Fleckenwasser, denn damit lassen sich viele Kunststoffarten auflösen, so daß es nicht mehr reparierbare Flecken und Schäden gibt. Statt dessen versucht man es erst einmal mit einem feuchten Schwamm und etwas Seifenschaum. Noch schneller und intensiver geht es mit einem Plastikreiniger, den es von verschiedenen guten Pflegemittelfirmen gibt, beispielsweise Pyrmofix Plastoclean (kleine Blechflasche mit 250 Gramm Inhalt mit kleinem Spezialschwamm). Auch die Seitenverkleidungen werden damit gereinigt.

Polsterreparaturen

Die meisten VW-Transporter- und Bus-Modelle haben Kunststoff-Sitzbezüge. Sie sind zwar speziell für den Fahrer nicht übermäßig schön, weil sie ihn in Kurven nicht sehr fest halten, weil sie im Winter kalt und im Sommer »schwitzig« sind – aber sie sind unverwüstlich. Durch Draufsitzen allein wird man einen solchen Bezug kaum je zur Strecke bringen, Abnutzung gibt es so gut wie nicht. Dazu läßt sich das Material geradezu hervorragend reinigen: Auch völlig verschmutzte Sitze bekommt man mit einem üblichen Plastikreiniger (Seifenschaum) und mit Wasser wieder sauber.
Anders sieht es freilich aus, wenn die Polster mit allerlei spitzen Dingen malträtiert werden und Löcher bekommen. Auch hier bewährt sich Kunststoff indem es nicht weiter reißt. Werden die Schäden gar zu schlimm, so muß man sich eines Tages für den betreffenden Sitz einmal einen neuen Originalbezug kaufen. Das Auswechseln ist nicht schwer: die Bezüge werden mit Ösen und Haken am Sitzgestell gehalten.

Einbau von Sicherheitsgurten

Im Fahrerhaus vorn gibt es acht und im Fahrgastraum hinten nicht weniger als 16 Befestigungslöcher für Sicherheitsgurte. Das reicht bei allen Außensitzenden für Dreipunkt- und bei allen innen in der Mitte Sitzenden immerhin für Hüftgurte.
Automatic-Dreipunktgurte sind nach den heutigen Erkenntnissen bei weitem die sichersten und gleichzeitig angenehmsten Gurte – sie sollte man zumindest Fahrer und Beifahrer gönnen. Seit August 1978 sind sie auf den Vordersitzen ohnehin serienmäßig eingebaut.

An der Leine

Im VW-Werk wirken freundliche Menschen: Seit Herbst 1967 – als noch wenige Automobilfirmen an so etwas dachten – haben die VW-Transporter vorne und hinten Abschlepphaken. Sie sind bequem zu erreichen, sie sind stabil, so daß man ein Seil ohne lange Fummelei befestigen kann. Wer will, kann sich in der Werkstatt statt des kleinen, serienmäßigen Hakens bis Herbst 1971 sogar einen größeren anbringen lassen – für den Normalfall reicht freilich der normale völlig aus.
Bei älteren Transportern ohne serienmäßige Haken befestigt man das Seil

- vorn am unteren Rohr der Vorderachse
- hinten an der unteren Stoßdämpferhalterung.

Hinten gibt es noch einen stabileren Angelpunkt für ein Seil: Das Querrohr, in dem die hinteren Federstäbe stecken. Hier kann man ohne weiteres ein Super-Seil anbinden, um etwa ein anderes Fahrzeug aus dem Graben zu ziehen. Natürlich muß das Seil hierzu stabil genug sein.

Eigenes Seil empfehlenswert

Sie sollten selbst ein Seil an Bord haben (unter dem vorderen Sitz gibt es gut Platz dazu). Man hat nur selten Glück, wenn man sich für diese Gelegenheit auf andere Leute verlassen muß. Wenn Sie jedoch Ihr eigenes Seil am Wagen befestigen und mit dem anderen Ende hilfeheischend winken, weiß jeder Fahrer auf hundert Meter, was Ihre Bitte ist. Schneller, als Sie zu hoffen wagen, wird jemand anhalten und Sie anhängen, weil ja schon alles vorbereitet ist.
Ihr Abschleppseil sollte schon etwas Stabiles sein, einerlei, ob Perlonseil, Hanfseil oder Stahlseil. Jede dieser drei Sorten hat Vor- und Nachteile. Perlonseile dehnen sich beim Anschleppen, vermeiden also am leichtesten, daß beim Anrucken an den beiden Fahrzeugen etwas verbogen wird. Dafür sind Perlonseile scheuer- und hitzeempfindlich: Wenn sie an einer Karosseriekante oder Stoßstange schaben oder an den heißen Auspuff kommen, sind sie schnell hin. Deshalb muß ein Perlonseil unbedingt verschiebbare Ledermanschetten haben, die es vor scharfen Kanten und heißem Auspuff schützen. Hanfseile sind besonders preiswert, aber dick, so daß sie sich nicht überall einfädeln lassen. Außerdem sind sie unelastisch, so daß man sie niemals an einer Stoßstange befestigen soll – beim ersten Ruck ist die Stoßstange schiefgezerrt. Stahlseile sind ziemlich spröde zu handhaben und besonders wenig nachgiebig. Wenn man diese Sorte ins Auge faßt, dann unbedingt mit »Ruckdämpfer«. Das ist ein Gummistück oder Stahlfedersatz, der aus der Seilmitte eine dehnfähige Schlinge bildet. Stahlseile haben andererseits den Vorteil, daß man mit ihnen auch einen Wagen aus dem Graben zerren kann. Perlonseile halten so etwas in der Regel nicht aus.
Auch wenn beide Fahrer im Abschleppen Erfahrung haben, sollte man beim anderen Fahrzeug kein Seil mit Befestigungskrallen an den Stoßstangen

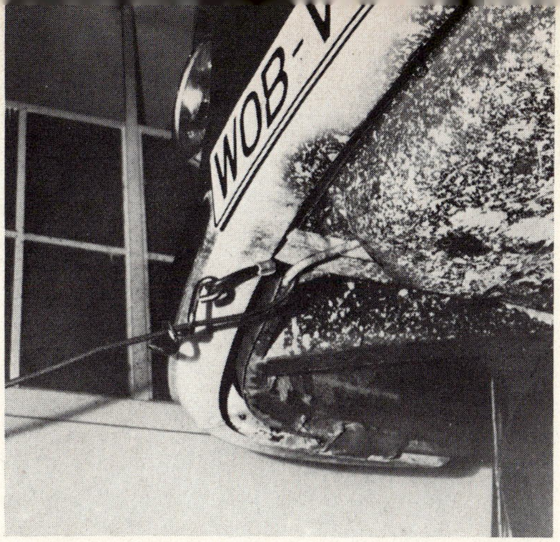

Neuere Transporter besitzen vorn rechts am Stoßstangenhalter eine Abschleppöse. Bei älteren muß ein Seil um das untere Querrohr der Vorderachse geschlungen werden – bei nasser Straße keine ganz saubere Angelegenheit.

anbringen (man selbst benutzt natürlich seine Haken). Auf den Stoßstangen können Krallen seitlich verrutschen, dabei Kratzer verursachen und vor allem die Stoßstange durchbiegen, wenn sie zu weit von den Haltern wegrutschen. Oder die Befestigungskrallen biegen bei zu starkem Zug das Stoßstangenblech auf – sehr viele Pkw-Stoßstangen sind mehr Zierbleche!

Bei anderen Fahrzeugen befestigt man das Seil so:

- vorn, entweder an einem Querträger der Vorderachse oder – bei einem VW-Modell – wieder am unteren Achsrohr.
- Hinten eignet sich meist der untere Stoßdämpfer-Befestigungspunkt (auch bei VW) oder – bei Fahrzeugen mit einer starren Hinterachse – diese Hinterachse selbst. Achtung, keine Bremsleitungen beschädigen!

Hinweis: Will man selbst als Hilfswilliger einen Wagen mit vollautomatischem Getriebe abschleppen, so darf man nicht schneller als 50 km/h fahren und auch nicht weiter als 50 km. Das vollautomatische Getriebe wird beim Abschleppen (wenn also der Motor nicht läuft) nicht ausreichend geschmiert.

Anschleppen

Schwere Fahrzeuge kann man nicht mehr anschieben, das geht zu schwer. Man muß sie anschleppen. Dazu wird das Seil wie beim Abschleppen befestigt, man fährt los, und bei etwa 30 km/h läßt der Fahrer im angeschleppten Fahrzeug (der schon im Stand den 3. Gang einlegte und seitdem die Kupplung durchtrat) die Kupplung sanft kommen: Der Motor wird durchgedreht und springt an.

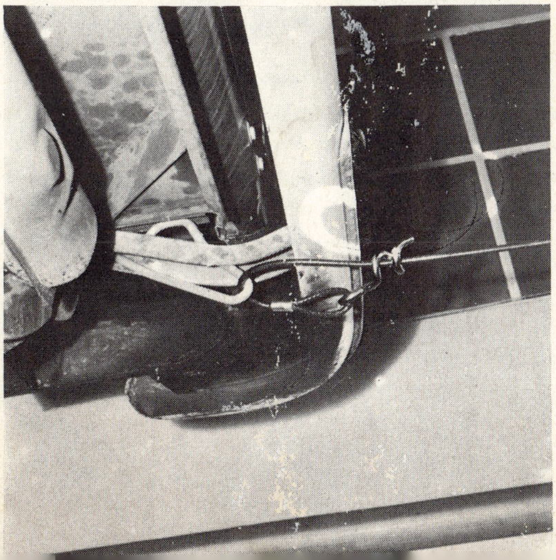

Auch hinten besitzen neuere Transporter eine Abschleppöse an der Stoßstangenhalterung. Diese Öse ist allerdings nicht übermäßig stabil angebracht – will man ein anderes Fahrzeug etwa aus dem Graben ziehen, so sollte man das Seil besser am hinteren Querrohr befestigen (Bild nächste Seite).

Der stabilste Punkt, ein Abschleppseil zu befestigen, ist dieses dicke Querrohr für die hinteren Federstäbe. Es ist allerdings nur mit allerhand Parterreakrobatik zu erreichen, und bei Perlonseilen besteht die Gefahr, daß sie mit dem Auspuff in Berührung kommen und durchschmelzen.

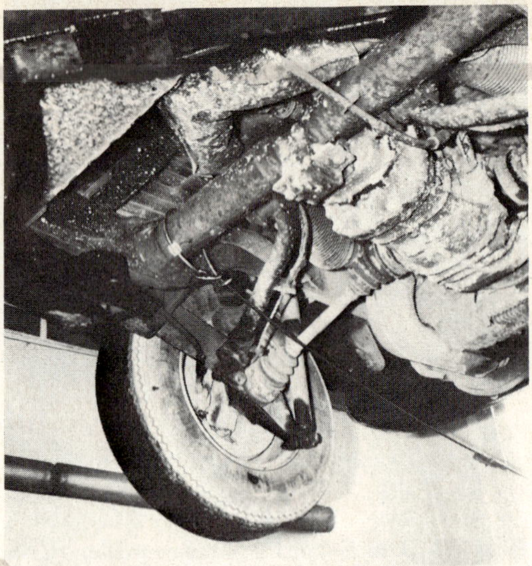

Im Schlepptau

Für die Fahrtechnik beim Abschleppen gilt vor allem eines: weich, weich, weich fahren! Weich anfahren, weich schalten, ganz vorsichtig bremsen. Der Hintermann hält seinen Fuß immer an – nicht auf! – der Bremse, so daß er sofort sanft bremsen kann, wenn das Seil einmal durchhängt. Es kommt darauf an, alle Rucke zu vermeiden, sie überlasten Befestigungspunkte und Seil.
Man darf übrigens nicht weiter als bis zur nächsten Reparatur-Möglichkeit schleppen. Autobahnen muß man bei der ersten Ausfahrt verlassen.
Ein VW-Transporter mit automatischem Getriebe darf höchstens 50 km weit abgeschleppt werden und nicht schneller als mit 50 km/h.

Fingerzeige: *Das Abschleppen kann man sich sehr erleichtern, wenn man statt eines Seils eine starre Abschleppstange benützt. Sie läßt sich allerdings nicht an den serienmäßigen Haltern befestigen, sondern nur an den Stoßstangen – da es aber keine Rucke gibt, halten sie die Belastungen eher aus.*
Die Abschleppösen am Transporter sind für manche handelsüblichen Abschleppseil-Verschlüsse zu eng. Man kann die Seile aber dennoch verwenden, wenn man für diese Abschleppösen zusätzlich ein kurzes Stahlseil kauft wie es etwa zum Abschließen von Fahrrädern benutzt wird. Dieses wird in die Öse eingehängt, und in diesen Ring wird das Abschleppseil geschlungen.

Eigenes Haus am Haken

Was man seinem Transporter längere Zeit hinten dran hängen will, muß mit diesem durch eine typgeprüfte und amtlich zugelassene feste Anhängerkupplung verbunden sein.
Anhängerkupplungen sind kein Gebiet für Eigenbaukonstruktionen. Auch vom eigenen Anbau einer für den VW amtlich zugelassenen und typgeprüften Anhängerkupplung möchten wir abraten, da nach dem Anbau das Fahrzeug dem Technischen Überwachungs-Verein vorgeführt werden muß.
Anhängekupplungen für den Transporter gibt es u. a. von den Firmen Otto Riehle, Stuttgart (»Oris«), Westfalia und Peka, Karlsruhe, zu sehr ähnlichen Preisen. Dazu kommen die recht aufwendige Montage und die elektrischen Anschlüsse. VW-Transporter mit Getriebe-Automatik bis Baujahr 1974 dürfen keine Anhänger ziehen.

Zahlen bitte!

»Technische Daten« finden Sie in der Betriebsanleitung Ihres Wagens. Außer den hier genannten Zahlen aber gibt es noch einige weitere, die im Bedarfsfall zu wissen gut ist. Wir haben hier alle interessierenden Zahlen im Vergleich einmal zusammengestellt.
Allerdings: Ihre richtige Betriebsanleitung brauchen Sie trotzdem. Auch im Leben der einzelnen Modelle, die wir hier behandeln, gibt es – zum Teil nur vorübergehende – Änderungen. Bei älteren Wagen können sich durch den Einbau von Ersatz- und Austauschteilen wichtige Daten für die Wartung geändert haben – z. B. das Ventilspiel.

Typenübersicht

In diesem Buch sind besprochen:

- VW-Transporter 1200 mit 30-PS-Motor
- VW-Transporter 1200 mit 34-PS-Motor
- VW Transporter 1500 mit 42- und 44-PS-Motor
- VW-Transporter 1600 mit 47- und 50-PS-Motor
- VW-Transporter 1700 mit 62- und 66-PS-Motor
- VW-Transporter 1800 mit 68-PS-Motor
- VW-Transporter 2000 mit 70-PS-Motor

Der Transporter wird intern als »Typ 2« bezeichnet. Mit weiteren Nummern werden die verschiedenen Modelle voneinander unterschieden:

- Typ 211 ist der Kastenwagen
- Typ 215 ist der Kastenwagen mit Schiebetüren links und rechts
- Typ 221 ist der Achtsitzer
- Typ 225 ist der Achtsitzer mit Schiebedach
- Typ 231 ist der Kombi
- Typ 241 ist das Achtsitzer-Sondermodell
- Typ 261 ist der Pritschenwagen
- Typ 265 ist die Doppelkabine
- Typ 271 ist der Krankenwagen

Für die verschiedenen Unter-Ausführungen (Großraum-Kastenwagen, Holzpritsche, Feuerlöschfahrzeug, Sieben- oder Neunsitzer) gibt es eine zusätzliche Nummer an unseren dreistelligen Typbezeichnungen.

Motoren

		1200/30 PS	1200/34 PS	1500/42 PS	1500/44 PS	1600/47 PS	1600/50 PS	1700/66 PS (1700/62 PS)	1800/68 PS	2000/70 P
Bauart		Luftgekühlter Vierzylinder-Viertakt-Boxermotor im Wagenheck								
Leistung	PS	30	34	42	44	47	50	66 (62)	68	70
bei	U/min	3400	3600	3800	4000	4000	4000	4800 (4200)	4200	4200
Hubraum	ccm	1192	1192	1493	1493	1584	1584	1679	1795	1970
höchstes Drehmoment	mkg	7,7	8,4	9,7	10,4	10,6	10,8	11,6 (11,8)	13,2	14,4
bei	U/min	2000	2000	2200	2000	2200	2800	3200		2800
Hub	mm	64	64	69	69	69	69	66	66	71
Bohrung	mm	77	77	83	83	85,5	85,5	90	93	94
Verdichtung		6,6	7,0	7,8	7,5	7,7	7,5	7,3	7,3	7,3
Oktanzahlbedarf	ROZ	84	87	90	91	91	91	91	91	91
Ventilsteuerung		Nockenwelle unter Kurbelwelle, Stößel, Stößelstangen und Kipphebel								
Motorgewicht	kg	90	108	110	110	115	118	129	132	135
Schmierung		Druckumlaufschmierung durch Zahnradpumpe, Ölkühler im Gebläse-Luftstrom								
Kühlung		Luftkühlung durch Gebläse, thermostatisch geregelt								
Fördermenge	Liter/sec	500	530	550	575	575	620	800	700	700
bei	U/min	3400	3600	3800	4000	4000	4000	4600	4000	4000

Vergaser

Bauart		Solex-Fallstromverg. mit Beschleunigerp., ab 34 PS mit Startautomatik						Zwei Vergaser		Zwei Vergaser
Solex-Type		28 PCI	28 PICT 28 PICT-1	28 PICT-1 28 PICT-2	30 PICT-1 30 PICT-2	30 PICT-2 30 PICT-3	34 PICT-3	34 PDSIT		34 PDSIT
Lufttrichter	mm	21,5	22,5	22,5	24,0	24,0	26	26	26	26
Hauptdüse		117,5	122,5	115	115	x 116	x 125	x 137,5 (132,5)	x 132,5	x 132,5
Ausgleichluftdüse		180	145 y	145 y/150 z	135 z	125 z	60 z ¹)	155	175	160
Leerlaufdüse	g	50	55	45	60	55	g 55 ²)	55	47,5	52,5
Leerlaufluftdüse		0,8	2,0	1,55	150	140	120	120 (130)	140	130
Schwimmernadelventil		1,5	1,5	1,5	1,5	1,5	1,5	1,2	1,2	1,2
Schwimmergewicht	g	5,7	5,7	5,7	5,7	8,5	8,5	7	7	7
Pumpenfördermenge	ccm	0,4	1,1	1,1	1,3	1,3	1,45 ± 0,15	0,45 ± 0,1	0,70 ± 0,15	0,6 ± 0,
bei Kaltlauf	ccm	–	–	–	–	–	–	(1,6 ± 0,3)	1,45 ± 0,15	1,50 ± 0
Leerlaufdrehzahl	U/min	800	800	800	800	800	800	800 (950)	800	800

¹) ab 8/75: 80 z
²) 8/74 bis 7/75: 60

Elektrische Anlage

Batterie		6 V/77 Ah	6 V/77 Ah	6 V/77 Ah	12 V/45 Ah	12 V/45 Ah	12 V/45 Ah	12 V/45 Ah		12 V/45 Ah
Lichtmaschine (ab 2/73)		Bosch-Gleichstrom-Lichtmaschine, ab 1966 früh einschaltend					(Drehstrom)	Drehstrom		Drehstrom
Maximalstrom	Amp.	45	45	45	30	30/38	38 (50)	55	55	55
bei	U/min	2400	2400	2400	2400	2400	2400	2400	2400	2400
Ladebeginn	U/min	1600	1600	1450	1450	1450/1200	1300 (1130)	1130	1130	1130
Mittlere Spannung	V	7	7	7	14	14	14	14	14	14
Keilriemenübersetzung		1 : 2	1 : 1,8	1 : 1,9	1 : 1,9	1 : 1,9	1 : 1,9	1 : 2	1 : 2	1 : 2
Anlasser		Bosch, linkslaufender Schubschraubtrieb-Anlasser								
Zündverstellung										
U = Unterdruck		U	U	U	U	U	U	U	U	U
F = Fliehkraft		F	–	–	–	–	F	F	F	F
Unterbrecherabstand	mm	0,4	0,4	0,4	0,4	0,4	0,4	0,4	0,4	0,4
Schließwinkel		44–50°	44–50°	44–50°	44–50°	44–50°	44–50°	44–50°	44–50°	44–50°
Zündfolge		1-4-3-2	1-4-3-2	1-4-3-2	1-4-3-2	1-4-3-2	1-4-3-2	1-4-3-2	1-4-3-2	1-4-3-2
Zündkerzen								Länge 19 mm		
Elektrodenabstand	mm	Wärmewert 145, Gewinde M 14, Länge 12,7 mm				0,6–0,7	0,6–0,7	0,6–0,7	0,6–0,7	0,6–0,7
		0,6–0,7	0,6–0,7	0,6–0,7	0,6–0,7					

Kraftübertragung

Kupplung	Einscheiben-Trockenkupplung								
Getriebe	Viergang 2–4 synchr.		Viergang-Vollsynchrongetriebe						
Getriebeübersetzung									
1. Gang	3,60	3,80	3,80	3,80	3,80	3,80	3,80	3,78	3,78
2. Gang	1,94	2,06	2,06	2,06	2,06	2,06	2,06	2,06	2,06
3. Gang	1,22	1,22/1,26	1,26	1,26	1,26	1,26	1,26	1,26	1,26
4. Gang	0,82	0,82	0,82	0,82	0,82	0,82	0,82	0,89	0,88
Rückwärtsgang	4,63	3,88	3,88	3,88	3,62	3,62	3,80	3,78	3,78
Hinterachse	4,43	4,43	4,125	4,125	5,375	5,375	5,428	4,857	4,57
zusätzliche Untersetzung	1,40	1,39	1,26	1,26	–	–	–	–	–

		1200/30 PS	1200/34 PS	1500/42 PS	1500/44 PS	1600/47 PS	1600/50 PS	1700/66 PS (1800/68 PS, 2000/70 PS)
Fahrgestell		Selbsttragende Ganzstahl-Karosserie mit Längs- und Querträgern						
Vorderachse		Einzelradaufhängung an Kurbellenkern und Drehstäben, ab 1968 Drehstabstabilisator						
Stoßdämpfer		Doppelt wirkende Teleskop-Stoßdämpfer						
Vorderradeinstellung								
Gesamtspur ungedrückt		+ 5′ ± 10′	+ 5′ ± 10′	+ 5′ ± 10′	+ 5′ ± 10′	+ 10′ ± 10′	+ 10′ ± 10′	+ 10′ ± 10′
Gesamtspur gedrückt		— 5′ ± 10′	— 5′ ± 10′	— 5′ ± 10′	— 5′ ± 10′	0° ± 10′	0° ± 10′	0° ± 10′
Kraft zum Drücken der Vorderräder	kg	15 ± 3 kg	15 + 3 kg	15 + 3 kg	15 + 3 kg	15 + 3 kg	15 + 3 kg	15 + 3 kg
Sturz (Geradeausst.)		+ 40′ ± 30′	+ 40′ ± 30′	+ 40′ ± 30′	+ 40′ ± 30′	+ 40′ ± 15′	+ 40′ ± 15′	+ 40′ ± 15′
Nachlauf		max. 1°	max. 1°	max. 1°	max. 1°	3° ± 40′	3° ± 40′	3° ± 40′
Lenkung		ZF-Roß-Lenkung mit wartungsfreien Spurstangen und hydr. Lenkungsdämpfer						
Lenkrad-Umdrehungen		2,4/2,8	2,8	2,8	2,8	2,8	2,8	2,8
Wendekreis-∅	m	12	12	12	12	12,3	12,3	12,3
Hinterachse		Pendelachse mit Längslenkern				Schräglenker-Hinterachse		
Sturz (leer)		+ 4° ± 30′	+ 4° ± 30′	+ 4° ± 30′	+ 4° ± 30′	— 50′ ± 30′	— 50′ ± 30′	— 50′ ± 30′
Gesamtspur		— 25′ ± 25′	— 25′ ± 25′	— 25′ ± 25′	— 25′ ± 25′	+ 5′ ± 10′	+ 5′ ± 10′	+ 5′ ± 10′
Bremsen		ab Herbst 1967 Zweikreis-Bremsanlage						
vorne		Trommel	Trommel	Trommel	Trommel	Trommel	Scheibe	Scheibe
hinten		Trommel	Trommel	Trommel	Trommel	Trommel	Trommel	Trommel
Trommel-∅ vorn/hinten	mm	230/230	230/230	230/230	230/230	230/230	-252	-/252
Bremsbackenbreite vorn/hinten	mm	55/45	55/45	55/45	55/45	55/45	-/55	-/55
Scheibenbremse vorn ∅	mm	-	-	-	-	-	278	278
Scheibenstärke	mm	-	-	-	-	-	13	13
Handbremse		mechanisch, auf Hinterräder wirkend						
Felgen		4½ K x 15	4½ JK x 14	4½ JK x 14	4½ JK x 14	4½ JK x 14	5½ J x 14	5½ J x 14
Reifen		6.40–15 6 PR mit Schlauch	7.00–14 6 PR/8 PR 185 R 14 schlauchl.	7.00–14 6 PR/8 PR 185 R 14 schlauchl.	7.00–14 6 PR/8 PR 185 R 14 schlauchl.	7.00–14 6 PR/8 PR 185 R 14 schlauchl.	7.00–14 6 PR/8 PR 185 R 14 schlauchl.	185 SR 14 reinforced schlauchl.

Maße und Gewichte

Radstand	mm	2400	2400	2400	2400	2400	2400	2400
Spurbreite vorn	mm	1370/1375	1370/1375	1370/1375	1370/1375	1385	1385	1385
Spurbreite hinten	mm	1360	1360	1360	1360	1426	1426	1426
Größte Länge	mm	4280/4290	4280/4290	4280/4290	4280/4290	4420	4420	4420
Größte Breite	mm	1800	1800	1800	1800	1765	1765	1765
Größte Höhe	mm	1925	1925	1925	1925	1940	1940	1940
Leergewicht (Kombi)	kg	1140	1140	1140	1140	1275	1275	1325
Nutzlast	kg	930	930	930	930	985	885	980
Vorderachslast	kg	950	950	950	950	1010	1010	1010
Hinterachslast	kg	1150	1150	1150	1150	1250	1250	1300
Anhängelast ungebr./gebr.	kg	500/500	500/750	500/800	500/800	600/800	600/300	600/800
zulässige Dachlast	kg	100	100	100	100	100	100	100

Füllmengen

Kraftstofftank	Liter	40	40	40	40	56	56	56
Kurbelgehäuse	Liter	2,5 Liter HD-Öl						3,5 Liter HD-Öl
Hinterachse mit Getriebe	Liter	2,5 Liter, bei Neufüllung 3,5 Liter						
Bremsanlage	Liter	0,3	0,3	0,3	0,3	0,45	0,45	0,45
Scheibenwascher	Liter	–	–	0,75	0,75	1,5	1,5	1,5

Fahrleistungen und Verbrauch

Höchstgeschwindigkeit	km/h	90	95	105	110	105	110	125 (127)
bei	U/min	3700	3620	3630	4040	3900	4040	4800 (4650)
Geschwindigkeit bei Nenndrehzahl	U/min	3400	3600	3800	4000	4000	4000	4800 (4200)
1. Gang	km/h	18	20	24	21	23	23	27
2. Gang	km/h	35	38	44	40	43	43	51 (49)
3. Gang	km/h	53	64	74	67	70	70	83 ([illegible])
4. Gang	km/h	80	94	110	109	107	107	127 (115)
Bergsteigefähigkeit								
1. Gang	%	24,0	26,0	28,0	28,0	27,0	27,0	28,0
2. Gang	%	12	13,4	14,5	14,5	14,0	13,0	14,5
3. Gang	%	7,5	7,0	7,5	8,0	7,0	7,0	7,5
4. Gang	%	4,0	4,0	4,0	4,5	4,0	4,0	4,0
Normverbrauch	Liter/100 km	9,5	9,5	9,2	9,7	10,4	11,4	12,9
Ölverbrauch	Liter/1000 km	0,5–1,4	0,5–1,4	0,5–1,4	0,5–1,4	0,5–1,4	0,5–1,4	0,5–1,4

Entwicklungsjahre

Im Leben des Transporters gab es bislang eine einzige wirklich einschneidende Änderung: Im August 1967 erschien ein völlig neues Modell. Außer dem Motor, dem Getriebe und der Grundkonzeption hat der neue Wagen nur noch wenig mit dem alten gemein. Abgesehen von dieser einen Karosserieänderung ist der Transporter unter seiner gleichbleibenden Außenhaut aber immer wieder verbessert worden. Die Veränderungen sind vor allem für denjenigen wichtig, der sich einen gebrauchten Wagen anschaffen möchte.

1950

Luftgekühlter Vierzylinder-Boxermotor im Heck, Hub/Bohrung 64/75 mm, Verdichtung 5,8 : 1, Leistung 25 PS bei 3300 U/min, Viergang-Getriebe, nicht synchronisiert, 3. und 4. Gang schrägverzahnt und geräuscharm, Höchstgeschwindigkeit ca. 85 km/h. Hydraulische Bremsen, Drehstabfederung vorn und hinten, Leergewicht (Lieferwagen) 890 kg, Nutzlast 860 kg.
Im Mai 1950 erhielt der Motor die thermostatische Kühlluftregelung mit einem klappbaren Drosselring.

1951

Fertigungsbeginn Kombi, Krankenwagen, Achtsitzer und dessen Sondermodell mit Schiebedach. Technisch neu eine weichere Federung, eine bessere Geräuschdämpfung und neue Heizkörper mit höherer Leistung.

1952

Fertigungsbeginn Pritschenwagen, verbesserter Lenkungsdämpfer.

1953

Verbesserte Lenkung mit kugelgelagerter Lenksäule, weichere Motorlagerung (weniger Geräusche), Heizung mit Drehknopf, Drehfenster in den Fahrerhaustüren, nadelgelagerte Bundbolzen. 2. bis 4. Gang synchronisiert.

1954

Stärkerer Motor 1192 ccm (Bohrung auf 77 mm erweitert), Verdichtung 6,6 : 1 (bis August 6,1 : 1), Leistung bei 3400 U/min. Ölbadluftfilter, hintere Stoßstangen an allen Transporter-Modellen. Höchstgeschwindigkeit ca. 90 km/h.

1955

Weichere Federung durch 9 Blatt-Federstäbe mit längerem Federweg, neue Stoßdämpfer, neues Lenkrad. Neue Reifen 6.40–15 auf Felgen 4½ K x 15, Vorderradbremsen als Duplexbremsen, neuer Hauptbremszylinder mit leichterer Betätigung, Gashebel als Trittplatte. Ersatzrad hinter Fahrersitz, Tank über Hinterachse, größerer Laderaum. Neue Rückwandklappe. Nach oben vergrößerte Windschutzscheibe, Frischluftanlage im Dach.

1956

Transporter-Produktion in eigenes Werk nach Hannover verlegt. Neue Zündspule, neuer stärkerer Anlasser.

1957

Verbesserte Motor-Schmierung durch größere Ölkanäle, Kupplung mit Federelementen und Kugeldrucklager, Magnet-Ölablaßschrauben im Getriebe.

1958

Neue Benzinpumpe mit Filter und höherer Förderleistung, weichere Getriebeaufhängung, Fahrzeugunterseite zusätzlich lackiert. Schiebedach (Achtsitzer-L) aus PVC, gepolsterte Sonnenblenden, Verteiler fernentstört, neue Stoßstangen.

1959

Neuer Motor (wie später 34 PS, aber noch 30 PS und Vergaser 28 PCI), neuer tropenfester Keilriemen, bessere Heizleistung, verstärkte Vorderachse, Lichtmaschine 180 Watt. Vollsynchron-Getriebe. Spitze 95 km/h.

1960

Vergaser 28 PICT mit Startautomatik, Motorleistung auf 34 PS erhöht, Luftfilter mit Vorwärmung, Sitzbank im Fahrerhaus verstellbar, elektrische Leitungen mit Steckverbindungen, asymmetrisches Abblendlicht.

1961

Wartungsfreie Spurstangen, dazu Fußhebelwerk und Handbremsseile wartungsfrei. Neue Befestigung des Lenkungsdämpfers. Lenk-Anlaßschloß serienmäßig. Zweikammer-Heckleuchte, Benzinuhr, Kurbelgehäuse-Entlüftung ins Luftfilter.

1962

Ventiltrieb verbessert, verstärkte Kühlung, verstellbarer Einzelsitz für Fahrer.

1963

Schiebetür für Kastenwagen und Bus. Zusätzliches Eintonner-Modell, zusätzlich 1,5 Liter-Motor mit 42 PS bei 3800 U/min lieferbar, Spitze 105 km/h. Vergaser 28 PICT-1 mit verbesserter Startautomatik, neue breite Heckklappe. Für den Eintonner neue Niederquerschnitt-Reifen 7.00–14 auf Fünflochfelgen 5 JK x 14. Neue größere Blinkleuchten vorn, Leergewicht ohne Fahrer 1000 kg. Frischluftheizung.

1964

Neue Kühlluftregelung mit Klappen statt Drosselring, damit stark verbesserte Heizung. Alle 1,5 Liter-Motoren serienmäßig mit Drehzahlbegrenzer (früher Sonderwunsch). Automatisch abschaltende Scheibenwischer, serienmäßig Scheibenwaschanlage (Eintonner). Produktion des 1200er Modells eingestellt.

1965

Motorleistung jetzt 44 PS, Vergaser 30 PICT-2 mit Drehzahlbegrenzer, Zündkabel mit Metall-Seele, Drehstab-Stabilisator an der Vorderachse, neue Stoßdämpfer. Trag- und Lenkhebel besser abgedichtet, Abschmieren der Vorderachse jetzt nur noch alle 5000 km nötig. Abblenden mit dem Blinkerhebel, Lichthupe, zwei Scheibenwischer-Geschwindigkeiten. Früh einschaltende Lichtmaschine (6 Volt), die bereits im Leerlauf Strom abgibt. Wartung nur noch alle 10 000 km.

1966

12 Volt-Elektrik, neue Drehfallen-Türschlösser. Größeres Schwungrad mit 130 statt 109 Zähnen, erleichtertes Anlassen, »kürzerer« 3. Gang für besseres Überholen.

1967

Völlig neuer Transporter mit längerer und breiterer Karosserie, mit wesentlich komfortablerem Fahrerhaus und großer durchgehender Windschutzscheibe. Wesentlich bessere Sichtverhältnisse auch nach den Seiten und nach hinten. Langhubige und komfortable Federung wieder an Drehstäben; vorn Kugelgelenkachse ohne Bundbolzen, Abschmieren nur noch alle 10 000 km nötig. Hinten Schräglenkerachse ohne wesentliche Sturzveränderungen beim Durchfedern. Keine zusätzlichen Untersetzungsgetriebe mehr an den Rädern. Neue Luftung, neue Heizungsbetätigung, neues Armaturenbrett (dem VW 1600 ähnlich). Fahrerhaus-Türen mit Kurbelfenstern und (auf Wunsch) mit Ausstellfenstern, Ausstellfenster in der Schiebetür und in der hinteren linken Seitenscheibe. Serienmäßig Druckluft-Scheibenwascher, große Scheibenwischer mit zwei Geschwindigkeiten. Motor 1,6 Liter, 47 PS bei 4000 U/min, Spitze 105 km/h. Motor zusätzlich an einem hinteren Querträger aufgehängt.

1968

Neue Türgriffe mit Innendrücker, stärkere Lichtmaschine 540 Watt (ebenfalls früh einschaltend), Symbole auf den Kontrolleuchten, Scheibenwischer mit Hutmuttern befestigt, wesentlich verbesserte Geräuschdämpfung. Diagnose-System zur Wartung.

1969

Motor mit vergrößerten Ölkanälen und stärkerer Ölpumpe, thermostatisch geregelte Ansaugluft-Vorwärmung. Zwei Öldruck-Regelventile. Vordere Innenleuchte über Türschalter betätigt. Felgen und Radschüsseln silberfarbig lackiert.

1970

Neuer Motor mit 50 PS bei 4000 U/min (Spitze 110 km/h), neuer Vergaser 34 PICT-3 mit Umluft-System für den Leerlauf, doppeltes Saugrohr, Zylinderköpfe mit doppelten Ansaugkanälen. Kurbelgehäuse aus anderer Legierung für größere Festigkeit, neuer Ölkühler aus Aluminium an neuer Stelle. 5 mm breiteres Gebläserad, vergrößerte Ölpumpe. Thermostat zur Ansaugluft-Regelung im Luftfilter-Schnorchel. Verteiler mit Fliehkraft- und doppelter Unterdruckverstellung. Tellerfeder-Kupplung mit geringerem Pedaldruck. Scheibenbremsen vorn, neue Lochscheibenräder 5½ J x 14 mit flachen Radkappen.

1971

Wahlweise Modell mit stärkerem Motor: 1,7 Liter, 66 PS (nicht als Pritschenwagen). Vom Typ 411 abgeleiteter Motor mit zwei Vergasern und Drehstrom-Lichtmaschine, Flach-Bauart. Spitze 125 km/h, Karosserie teilweise verstärkt, Nutzlast ca. 20 kg geringer. Zusatzgebläse für Heizung. 66-PS-Modell serienmäßiger Bremskraftverstärker und serienmäßige Gürtel-Reifen 185 SR 14 reinforced. Alle Modelle mit größeren Heckleuchten, neuen Heckblenden, besserer Geräuschdämpfung und größeren Luftschlitzen seitlich am Heck. Dazu fest installiertes Bord-Prüfnetz für die Computer-Diagonse. In den Türen verschließbare Entlüftungsöffnungen. Verteiler beim 50-PS-Motor wieder mit Fliehkraft- und einfacher Unterdruck-Verstellung. Hintere Stoßstange 20 mm höher gelegt, hintere Federstäbe verstärkt, hintere Radbremszylinder vergrößert. Schraubdeckel für Tank.

1972

Geänderte Frontpartie mit hochgelegten Blinkleuchten und kleinerem VW-Zeichen. Verstärkte Stoßstangen, vorn mit Deformationselement. Vordere Trittstufen ins Wageninnere verlegt. Drei statt vier Heizhebel mit geänderten Funktionen, verbesserte Heiz- und Frischluftführung. Scheibenwischerschalter am Lenkrad. Geänderte Kurbelgehäuseentlüftung, Gummiventil entfällt. Stärke der Bremsbeläge von 10 auf 14 mm erhöht, Schauloch im Bremsträgerblech nach oben verlegt. Für Fahrzeuge mit 1,7-Liter-Motor: Wartungsdeckel im Laderaum für besseren Zugang zum Motor, Papierluftfilter-Einsatz in Kunststoffgehäuse statt Ölbadfilter, vernickelter Auspuff. Auf Wunsch Getriebeautomatik (1700 cm³, 62 PS).

1973

1,6 Liter-Motor serienmäßig mit Drehstrom-Lichtmaschine. Türinnenverriegelung durch Knopfsicherung, geändertes Schiebetürschloß. Tankklappe entfällt. Sicherheitsgurte vorn serienmäßig. Flachmotor mit vergrößertem Hubraum (1,8 Liter, 68 PS; auch in Verbindung mit Automatik). Schaltgetriebe mit verstärktem Gehäuse und geänderten Übersetzungen. Geänderter Wählhebel bei Getriebeautomatik.

1974

Verbesserter Fahrer- und Beifahrersitz. 1,6-Liter-Motor mit Papierluftfilter, Drehstrom-Lichtmaschine beim 50-PS-Motor mit direkt angeschraubtem (integriertem) Regler. Anhängelast für 1,8-Liter-Modelle mit Schaltgetriebe für gebremste Anhänger auf 1200 kg erhöht, mit Getriebeautomatik für ungebremste und gebremste Anhänger bis 600 kg freigegeben. Kastenwagen auf Wunsch mit 1,2 Tonnen Nutzlast.

1975

Garantie auf ein Jahr ohne Kilometerbegrenzung verlängert. 1,8-Liter-Motor mit 68 PS durch eine Zweiliter-Maschine mit 70 PS Leistung ersetzt. Geänderte Übersetzungen des Achsantriebs und des 4. Gangs beim 2000/70 PS: 4,57 bzw. 0,88. Auf Wunsch gibt es auch den Kombi mit der erhöhten Nutzlast von 1,2 Tonnen.

1976

Bus 7- und 8-Sitzer ohne Fahrerhaustrennwand, längere Sitzschienen für Fahrersitz, Beifahrersitz mit verbesserten Verstellmöglichkeiten. 1,6-Liter-Motor mit verkleinerten Einlaßventilen 33,1 mm ⌀ statt 35,6 mm. Kupplungsscheibe beim 50-PS-Motor von 200 mm ⌀ auf 215 mm vergrößert. Schaltgetriebe mit Lebensdauer-Ölbefüllung, Ölwechsel bei Kilometerstand 1000 entfällt.

1977

Entfall des zentralen Diagnose-Prüfnetzes. Neues Lenkrad mit geänderter Kunststoffummantelung und verbreiteter Speiche. Der L-Bus erhält zwei Schiebefenster im Fahrgastraum anstelle der Drehfenster (bei Bus und Kombi gegen Aufpreis).

1978

Alle Transporter-Modelle werden serienmäßig mit Automatic-Dreipunktgurten für Fahrer- und Beifahrersitz geliefert.

1979

Produktionseinstellung des »Typ-2-Transporters«. Für das Nachfolgermodell, den »EA 162«, erscheint in Bälde ein Handbuch in dieser Reihe.

Stichwortverzeichnis

Stromlaufplan Teil 1

VW Transporter/Bus 2,0 Liter ab August 1975

Bezeichnung der Teile		im Strompfad
A	– Batterie	7
B	– Anlasser	7– 8
C	– Drehstrom-Lichtmaschine	1– 3
C[1]	– Regler	1– 3
D	– Zündschloß	8–10
E	– Scheibenwischerschalter	11–12
E[1]	– Lichtschalter	16–21
E[2]	– Schalter für Gebläse vorn	27–28
E[16]	– Schalter für Heizluftgebläse	4
J	– Relais für Handabblendung und Lichthupe	14–16
J[14]	– Relais für Heizluftgebläse	4– 6
K[1]	– Kontrollampe für Fernlicht	16
L[1]	– Zweifadenlampe für Scheinwerfer links	14
L[2]	– Zweifadenlampe für Scheinwerfer rechts	18
L[10]	– Instrumentenbeleuchtung	19
M[1]	– Lampe für Standlicht links	24
M[2]	– Lampe für Schlußlicht rechts	25
M[3]	– Lampe für Standlicht rechts	23
M[4]	– Lampe für Schlußlicht links	22
S[1] bis S[12]	– Sicherungen in der Sicherungsdose	
S[18]	– Sicherung für Heizluftgebläse (16 A)	7
T	– Leitungsverteiler	
T[1a]	– Steckverbindung, einfach, im Motorraum rechts	4
T[2a]	– Steckverbindung, zweifach, im Motorraum	6
T[2]	– Steckverbindung, zweifach, hinter dem Schalttafeleinsatz	27–28
T[8]	– Steckverbindung, achtfach, hinter dem Schalttafeleinsatz	
V	– Scheibenwischermotor	10–12
V[4]	– Gebläsemotor vorn	27–28
X	– Heizluftgebläse	6
①	– Kennzeichenleuchte	26
V[2]	– Masseband von der Batterie zum Aufbau	
②	– Masseband vom Getriebe zum Rahmen	
⑩	– Massepunkt Armaturenbrett	
⑪	– Massepunkt Tachometer	

Die Zahlen in den Kabeln kennzeichnen deren Stärke in Quadratmillimetern (mm^2). Die Kabelfarben sind abgekürzt angegeben:

bl = blau, br = braun, ge = gelb, gn = grün, gr = grau, ro = rot, sw = schwarz, vi = violett, ws = weiß.

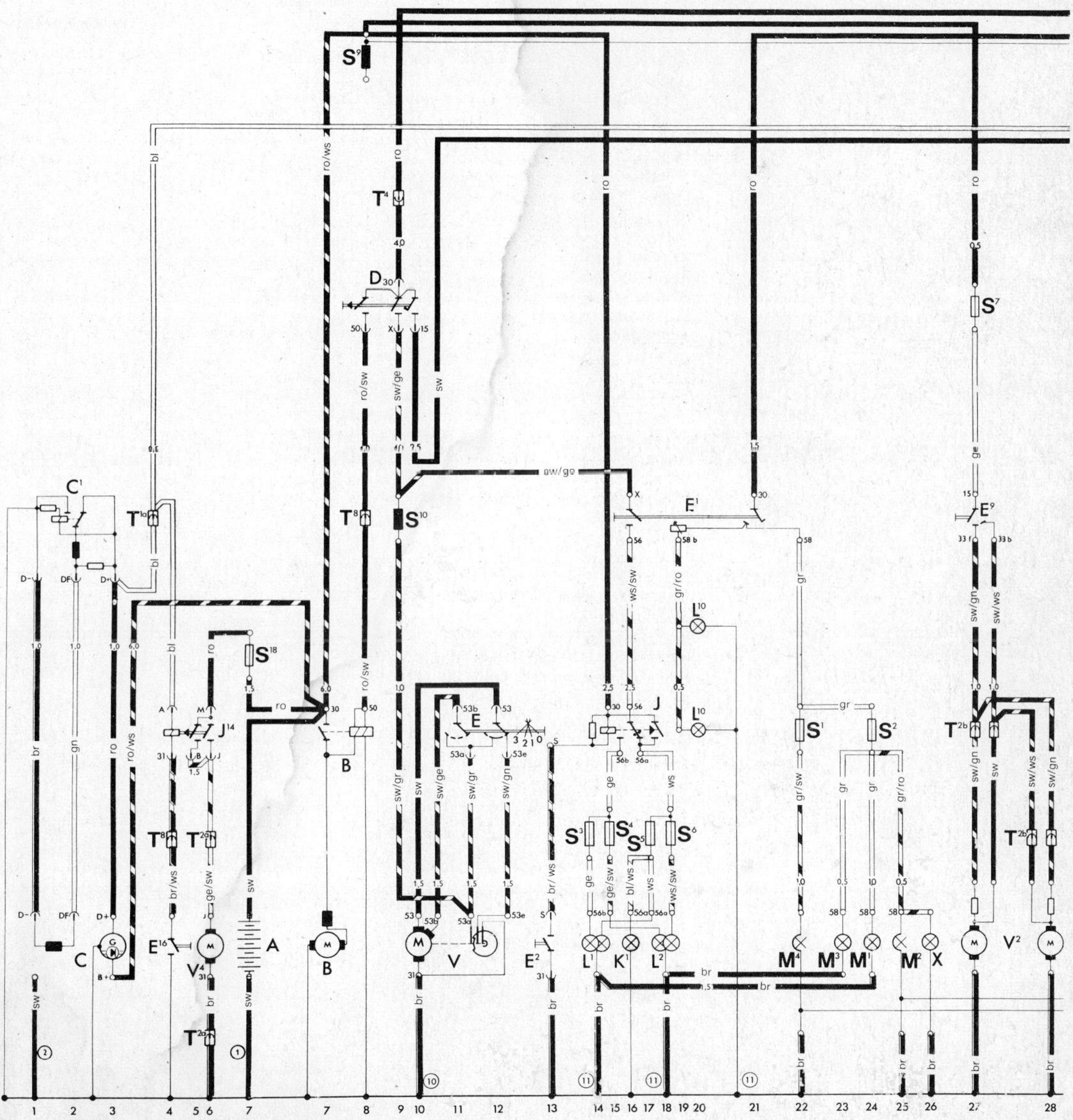
S9
T4
D30
T8
S10
E1
E9
S7
C1
T1a
J14
S18
T2b
L10
J
S1
S2
S3
S4
S5
S6
E
B
T2a
E16
V4
A
C
V
E2
L1
K1
L2
M4
M3
M1
M2
X
V2
1 2 3 4 5 6 7 7 8 9 10 11 12 13 14 15 16 17 18 19 20 21 22 23 24 25 26 27 28

Stromlaufplan Teil 2

VW Transporter/Bus 2,0 Liter ab August 1975

Bezeichnung der Teile		Im Strompfad
E^2	– Blinkerschalter (Abblendschalter und Lichthupe)	38
E^3	– Schalter für Warnblinkanlage	38–42
E^{15}	– Schalter für heizbare Heckscheibe	43–44
F	– Bremslichtschalter	47–49
F^1	– Öldruckschalter	33
F^2	– Türkontaktschalter (Fahrertür)	30
F^4	– Schalter für Rückfahrleuchten	50
F^7	– Türkontaktschalter (Schiebetür)	31
G	– Geber für Benzinuhr	34
G^1	– Benzinuhr	34
H	– Hupenknopf	45
H^1	– Signalhorn	45
J^2	– Warnblinkrelais	38–39
J^6	– Konstanter für Benzinuhr	34
K^2	– Ladekontrolle	35
K^3	– Öldruck-Warnlampe	33
K^5	– Blinker-Kontrollampe	35
K^6	– Kontrollampe für Warnblinkanlage	42
K^7	– Kontrollampe für Zweikreisbremsanlage	48
K^{10}	– Kontrollampe für heizbare Heckscheibe	44
M^3	– Lampe für Blinklicht vorn links	38
M^6	– Lampe für Blinklicht hinten links	37
M^7	– Lampe für Blinklicht vorn rechts	40
M^8	– Lampe für Blinklicht hinten rechts	41
M^9	– Lampe für Bremslicht links	48
M^{10}	– Lampe für Bremslicht rechts	47
M^{16}	– Lampe für Rückfahrleuchte links	51
M^{17}	– Lampe für Rückfahrleuchte rechts	50
N	– Zündspule	55
N^1	– Vergaserstartautomatik links	58
N^2	– Vergaserstartautomatik rechts	60
N^3	– Elektromagnetisches Absperrventil links	57
N^4	– Elektromagnetisches Absperrventil rechts	59
O	– Verteiler	55–56
P	– Zündkerzenstecker	55–56
Q	– Zündkerzen	55–56
S^1 bis S^{12}	– Sicherungen in der Sicherungsdose	
S^{13}	– Sicherung für Rückfahrleuchten	50
T^1	– Steckverbindung, einfach, im Motorraum	33
T^1	– Steckverbindung, einfach, neben dem Tank rechts	34
T^{1d}	– Steckverbindung, einfach, nahe der linken Schlußleuchte	50
T^{3a}	– Steckverbindung, dreifach, im Motorraum	52
T^8	– Steckverbindung, achtfach, hinter der Schalttafel	
W	– Innenleuchte vorn	29–30
W^1	– Innenleuchte hinten	31–32
Z^1	– heizbare Heckscheibe	43
⑩	– Massepunkt Armaturenbrett	
⑪	– Massepunkt Tachometer	

Die Zahlen in den Kabeln kennzeichnen deren Stärke in Quadratmillimetern (mm^2). Die Kabelfarben sind abgekürzt angegeben:

bl = blau, br = braun, ge = gelb, gn = grün, gr = grau, ro = rot, sw = schwarz, vi = violett, ws = weiß.

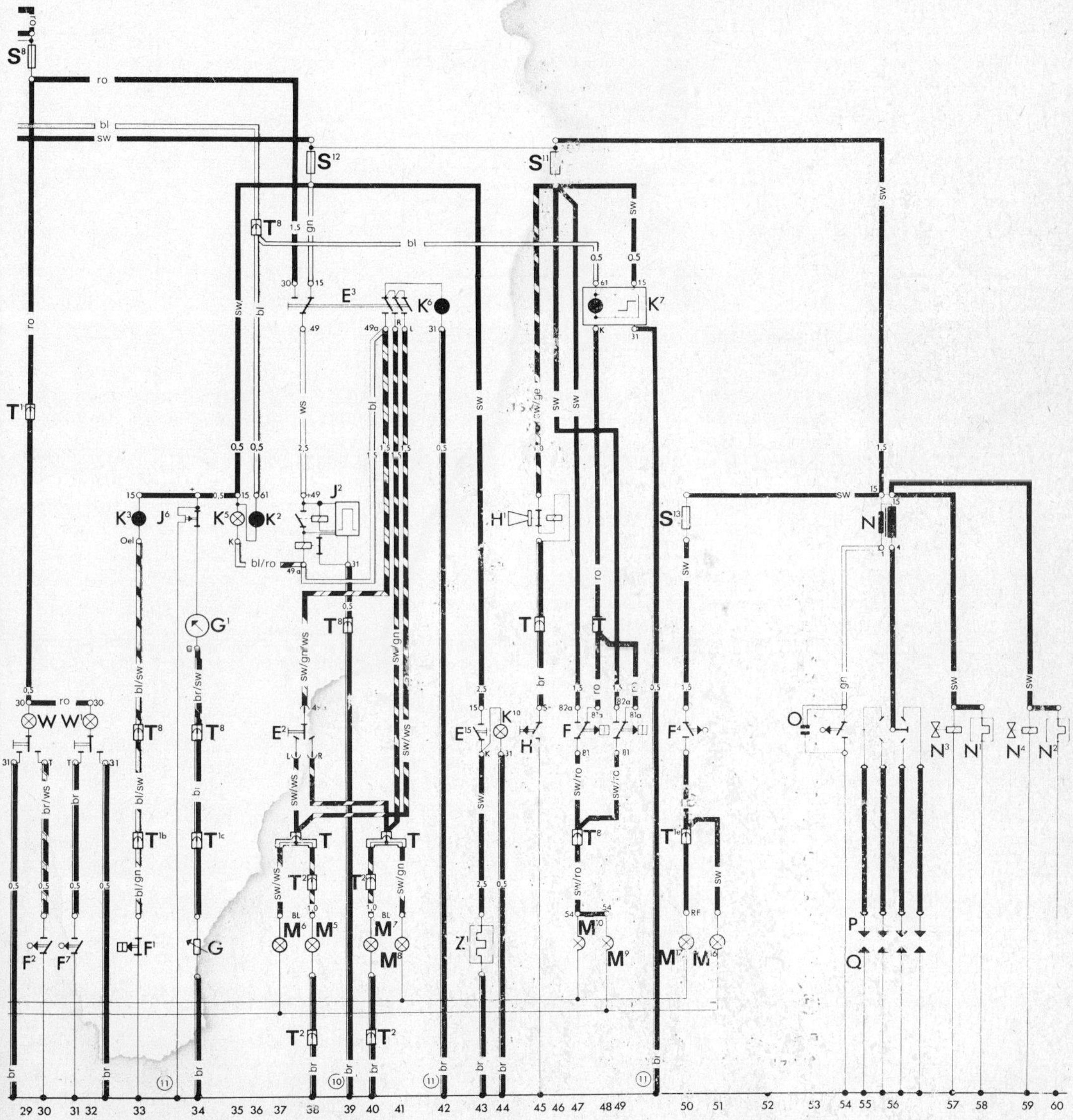

Erläuterungen zum Schaltplan in der hinteren Buchklappe

Lassen Sie sich von dem buntgedruckten Kabelgewirr unserer Zeichnung nicht erschrecken. Die Farben und die jeweiligen Breiten der Linien entsprechen den Kabelfarben und -stärken im Wagen. Die Buchstaben und Ziffern der nachfolgenden Tabellen sollen Ihnen zu weiterer Übersicht verhelfen. Wenn Sie nun mit spitzem Stift den einzelnen Linien folgen, werden Sie rasch hinter die Kabelgeheimnisse kommen. Der Schaltplan gilt für den Transporter und Bus des Baujahres 1971 in Inland-Ausführung. Die Abweichungen zu den anderen Baujahren (selbst zum älteren Transporter-Modell vor 1968) sind indes nicht groß, so daß man sich auch bei diesen Wagen mit diesem Schema zurechtfindet. Unsere Übersicht über die genormten Klemmenbezeichnungen (unten) hilft weiter, sich zurechtzufinden.

A – Batterie
B – Anlasser
C – Lichtmaschine
C_1 – Reglerschalter
D – Zündanlaßschloß
E – Scheibenwischerschalter
E_1 – Lichtschalter
E_2 – Handschalter Blinker, Lichthupe, Abblendung
E_3 – Warnblinkschalter
F – Bremslichtschalter
F_1 – Öldruckschalter
$F_{2,3}$ – Türkontaktschalter
G – Geber der Kraftstoffanzeige
G_1 – Kraftstoffanzeige
H – Signalhornknopf
H_1 – Signalhorn
J – Abblendrelais
J_2 – Warnblinkrelais
K_1 – Fernlichtkontrolle
K_2 – Ladekontrolle
K_3 – Öldruckkontrolle
K_5 – Blinkerkontrolle
K_6 – Warnblinkkontrolle
$L_{1,2}$ – Scheinwerfer-Hauptlampen
$L_{6,8,10}$ – Instrumentenbeleuchtung
$M_{1,3}$ – Standlichter vorne
$M_{2,4}$ – Schluß-Bremslichter
$M_{5,7}$ – Blinkerlampen vorne
$M_{6,8}$ – Blinkerlampen hinten
N – Zündspule
N_1 – Startautomatik
N_3 – Elektromagnetisches Leerlaufventil
O – Zündverteiler
P – Zündkerzenstecker
Q – Zündkerzen (Bezifferung entspricht nicht der Motoranordnung)
S – Sicherungsleiste
T – Mehrfach-Kabelstecker
T_{20} – Zentralstecker für die Computer-Diagnose
V – Scheibenwischermotor
W, W_1 – Innenleuchte
X – Nummernschildbeleuchtung
(1) – Masseband Batterie – Fahrgestell
(2) – Masseband Getriebe – Fahrgestell

Genormte Klemmenbezeichnungen im Schaltplan

Die nachstehenden Klemmenbezeichnungen sind sowohl im Schaltplan an den betreffenden Stellen eingedruckt als auch zumeist auf den entsprechenden Bauteilen im Auto eingeprägt. Diese Klemmenbezeichnungen sind allgemeinverbindlich für alle hierzulande hergestellten Kraftfahrzeuge genormt.

Klemmen-Norm	Kabelführung und Hinweise
1	Stromweg zwischen Zündspule und Unterbrecher; grünes Kabel
4	Zündfunkenstromweg zwischen Zündspule und Zündverteiler; dicke Zündkabel
15	Stromführend bei eingeschalteter Zündung ab Zündschloß für Zündspule und sonstige Stromverbraucher, die nur bei eingeschalteter Zündung arbeiten sollen, z. B. Blinker, Hupe, Scheibenwischer; meist schwarze oder schwarz-bunte Kabel
X	Stromführende Leitungen bei eingeschalteter Zündung (aber nicht in Anlaßstellung) für Hauptscheinwerfer, heizbare Heckscheibe und Frischluftgebläse; schwarz-bunte Kabel
30 (B +)	Stets stromführend ab Pluspol der Batterie oder Lichtmaschine zum Zündschloß und allen Stromverbrauchern, die auch ohne Zündung funktionieren sollen, z. B. Warnblinkschalter, Innenleuchte, Zeituhr; grundsätzlich rote oder rot-bunte Kabel
31	Sogenannte Masseanschlüsse und Massekabel, die zum Schließen eines Stromkreises gebraucht werden; grundsätzlich braune Kabel

Klemmen-Norm	Kabelführung und Hinweise
49	Stromanschluß des Blinkgebers
49 a	Stromweg des Blinkrhythmus zwischen Blinkgeber und Blink- bzw. Warnblinkschalter
L, R	Stromwege zwischen den Blinkerschaltern und den Blinkerlampen links und rechts
50	Anlasser-Schaltstrom zwischen Zündschloß und Anlasser, nur während des Startvorgangs unter Strom
53, a, b, e	Stromzuführung für den Scheibenwischermotor
56 a	Fernlichtstromweg; weiße und weiß-schwarze Kabel
56 b	Abblendlichtstromweg; gelbe und gelb-schwarze Kabel
58	Standlichtstromweg; grau-schwarze und grau-rote Kabel
61	Stromweg zwischen Klemme D + des Spannungsreglers der Lichtmaschine und der Ladekontrollampe; blaues Kabel
85, 86	Schaltstromweg durch ein Schaltrelais, bewirkt das Einschalten des »Arbeitsstroms«
87	Arbeitsstromklemme an einem Schaltrelais, erhält bei geschlossenem Schaltstromkreis Strom von Klemme 30 des Relais